AutoCAD 2024 中文版
建筑与土木工程制图快速入门实例教程

主　编　何　渝

副主编　何真玲　樊馨媛　徐　星

参　编　胡仁喜　康士廷　刘昌丽　单春阳

机 械 工 业 出 版 社

本书以中文版AutoCAD 2024作为设计软件平台，全面介绍了建筑CAD的设计方法。全书共分为12章，完整地讲解了AutoCAD 2024基础知识，绘制二维图形，基本绘图工具，二维图形的编辑方法，文字、表格和尺寸标注，图形设计辅助工具，建筑设计基础知识，总平面图的绘制，建筑平面图绘制，建筑立面图绘制，建筑剖面图绘制和建筑详图绘制。本书中的诸多实例，旨在协助讲解AutoCAD在建筑设计中的应用操作。

随书配送的电子资料包包含全书所有的讲解实例和图库源文件，以及实例操作过程动画录音讲解AVI文件，可以帮助读者轻松自如地学习本书。

本书具有很强的指导性和操作性，可以作为建筑工程技术人员和AutoCAD技术人员的参考书，也可以作为高等院校相关专业师生计算机辅助设计和建筑设计课程参考用书，以及AutoCAD培训班的配套教材。

图书在版编目（CIP）数据

AutoCAD 2024中文版建筑与土木工程制图快速入门实例教程 / 何渝主编 .—北京：机械工业出版社，2023.10

ISBN 978-7-111-73718-6

Ⅰ. ①A… Ⅱ. ①何… Ⅲ. ①建筑制图 – AutoCAD软件 – 教材 ②土木工程 – 建筑制图 – AutoCAD软件 – 教材 Ⅳ. ① TU204-39

中国国家版本馆CIP数据核字（2023）第157901号

机械工业出版社（北京市百万庄大街22号 邮政编码100037）

策划编辑：王 珑 责任编辑：王 珑

责任校对：张亚楠 张 薇 责任印制：任维东

北京中兴印刷有限公司印刷

2023年11月第1版第1次印刷

184mm × 260mm · 18.5印张 · 467千字

标准书号：ISBN 978-7-111-73718-6

定价：79.00元

电话服务 网络服务

客服电话：010-88361066 机 工 官 网：www.cmpbook.com

010-88379833 机 工 官 博：weibo.com/cmp1952

010-68326294 金 书 网：www.golden-book.com

 机工教育服务网：www.cmpedu.com

前　言

AutoCAD 是美国 Autodesk 公司开发研制的计算机辅助设计软件，它在建筑、机械、电子、服装、气象、地理等领域都有广泛的应用。自 1982 年推出第一个版本以来，目前已升级至第 25 个版本，最新版本为 2024。在推陈出新的过程中，其功能逐渐变得强大而丰富，越来越容易与各个行业的实际情况相适应。

建筑行业是使用 AutoCAD 的主要行业之一。AutoCAD 也是我国建筑设计领域接受较早、应用较为广泛的 CAD 软件，它几乎成了建筑绘图的默认软件，在国内拥有强大的用户群体。AutoCAD 的教学还是我国建筑学专业和相关专业 CAD 教学的重要组成部分。就目前的情况来看，AutoCAD 主要用于绘制二维建筑图形，这些图形是建筑设计文件中的主要组成部分。其三维功能也可用来建模、协助方案设计和推敲等，其矢量图形处理功能还可用来帮助一些技术参数的求解，例如：日照分析、地形分析、距离或面积的求解等。其他一些二维或三维效果图制作软件（如 3DS MAX、Photoshop 等）也往往有赖于 AutoCAD 的设计成果。此外，AutoCAD 能为用户提供良好的二次开发平台，便于用户自行定制适于本专业的绘图格式和附加功能。由此看来，学好、用好 AutoCAD 软件是建筑从业人员的必备业务技能。

本书以中文版 AutoCAD 2024 作为设计软件平台，全面介绍建筑 CAD 设计方法。全书共分为 12 章，完整地讲解了 AutoCAD 2024 基础知识，绘制二维图形，基本绘图工具，二维图形的编辑方法，文字、表格和尺寸标注，图形设计辅助工具，建筑设计基础知识，总平面图的绘制，建筑平面图绘制，建筑立面图绘制，建筑剖面图绘制和建筑详图绘制。由于 AutoCAD 2024 功能强大，同一个图形的绘制往往可以通过多种途径来实现，本书中介绍的方法不一定是唯一的或是最佳的，但希望能够抛砖引玉，给读者提供一个解决问题的思路。读者在对软件比较熟悉后，可以按照自己的绘图习惯或所在单位的通用惯例总结出一套绘图思路和方法。此外，本书中的各种实例，旨在协助讲解 AutoCAD 在建筑设计中的应用操作，其中也存在一些不尽完善的地方，希望读者留意，不可将图样内容作为实际工程设计、施工的依据。

全书具有很强的指导性和操作性，可以作为建筑工程技术人员和 AutoCAD 技术人员的参考书，也可以作为高校相关专业师生计算机辅助设计和建筑设计课程参考用书，以及 AutoCAD 培训班配套教材。

为了配合学校师生利用本书进行教学的需要，随书配赠了电子资料包，内容包含了全书实例操作过程 AVI 文件和实例源文件，以及专为老师教学准备的 PowerPoint 多媒体电子教案。另外，为了延伸读者的学习范围，电子资料包中还包含了 AutoCAD 操作技巧 170 例、实用 AutoCAD 图样 100 套以及长达 500min 的操作过程讲解录音和动画，读者可以登录百度网盘（地址：https://pan.baidu.com/s/1oMXteeOXOBZqnKr8kaHA3Q；密码：swsw）进行下载。也可以扫描下面二维码下载：

本书由三维书屋工作室策划，重庆城市科技学院建筑与土木工程学院的何渝主编，何真玲、樊馨媛、徐星任副主编，其中何渝执笔编写了第 1~3 章，何真玲执笔编写了第 4、5 章，樊馨媛执笔编写了第 6~8 章，徐星执笔编写了第 9~12 章。辽宁建筑职业学院的单春阳老师、河北交通职业技术学院的胡仁喜博士、石家庄三维书屋文化传播有限公司的刘昌丽、康士廷参与了部分章节的编写工作。

由于编者水平有限，书中不足之处在所难免，望广大读者批评指正，编者将不胜感激。有任何问题可以登录网站 www.sjzswsw.com 或联系 714491436 @qq.com，也欢迎加入三维书屋图书学习交流群 QQ：379090620 交流探讨。

编　者

目 录

第 1 章 AutoCAD 2024 基础知识

本章介绍了 AutoCAD 2024 的基础知识和基本操作，内容包括 AutoCAD 2024 的操作界面、图形文件的管理、设置绘图环境显示控制和基本输入操作。

- AutoCAD 2024 的操作界面
- 图形文件的管理
- 设置绘图环境
- 基本输入操作

1.1 AutoCAD 2024 的操作界面

AutoCAD 的操作界面是 AutoCAD 显示、编辑图形的区域，启动 AutoCAD 2024 后的默认界面（见图 1-1）是 AutoCAD 2009 以后出现的新界面风格，为了便于学习和使用过 AutoCAD 2024 以前版本用户学习本书，我们采用 AutoCAD 草图与注释界面来介绍。

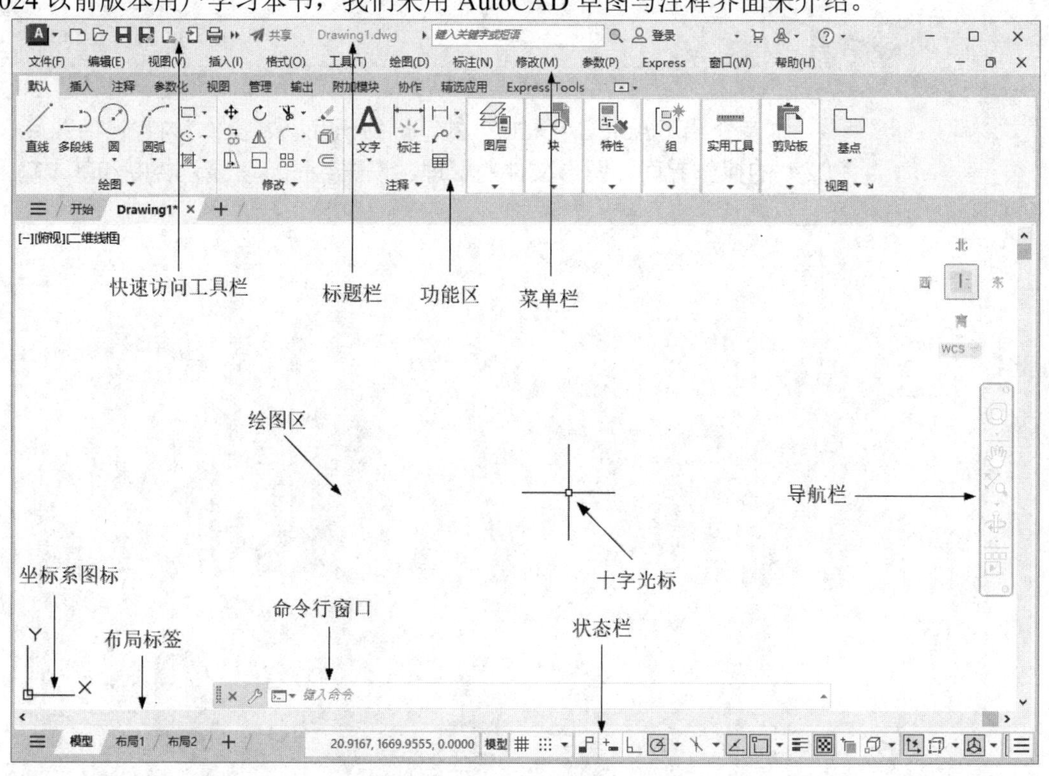

图 1-1　AutoCAD 2024 操作界面

具体的转换方法是：单击界面右下角的“切换工作空间”按钮，在弹出的菜单中选择“草图与注释”选项，如图 1-2 所示，系统转换到 AutoCAD 草图与注释界面。它由标题栏、菜单栏、绘图区、十字光标、坐标系图标、命令行窗口、状态栏、布局标签、导航栏、快速访问工具栏、功能区、交互信息工具栏和状态栏组成。

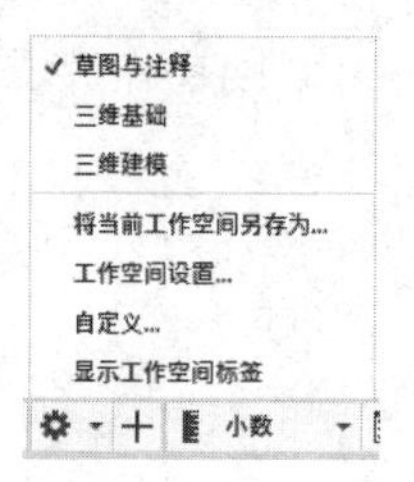

图 1-2　“工作空间”对话框

注意

安装AutoCAD 2024后，默认的界面如图1–3所示。在绘图区中右击，弹出快捷菜单，如图1–4所示，选择“选项”命令，弹出“选项”对话框，如图1–5所示，选择“显示”选项卡，在窗口元素对应的“配色方案”中设置为“明”，继续单击“窗口元素”区域中的“颜色”按钮，将打开如图1–6所示的“图形窗口颜色”对话框，单击“图形窗口颜色”对话框中“颜色”下拉箭头，在打开的下拉列表中，选择白色，然后单击“应用并关闭”按钮，继续单击“确定”按钮，退出对话框，其界面如图1–7所示。

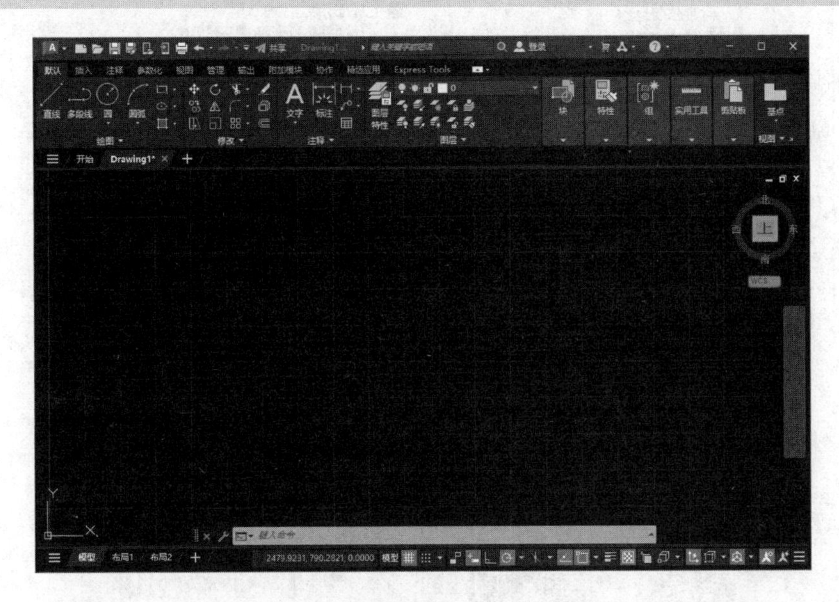

图 1-3　AutoCAD 2024 默认界面

图 1-4　快捷菜单

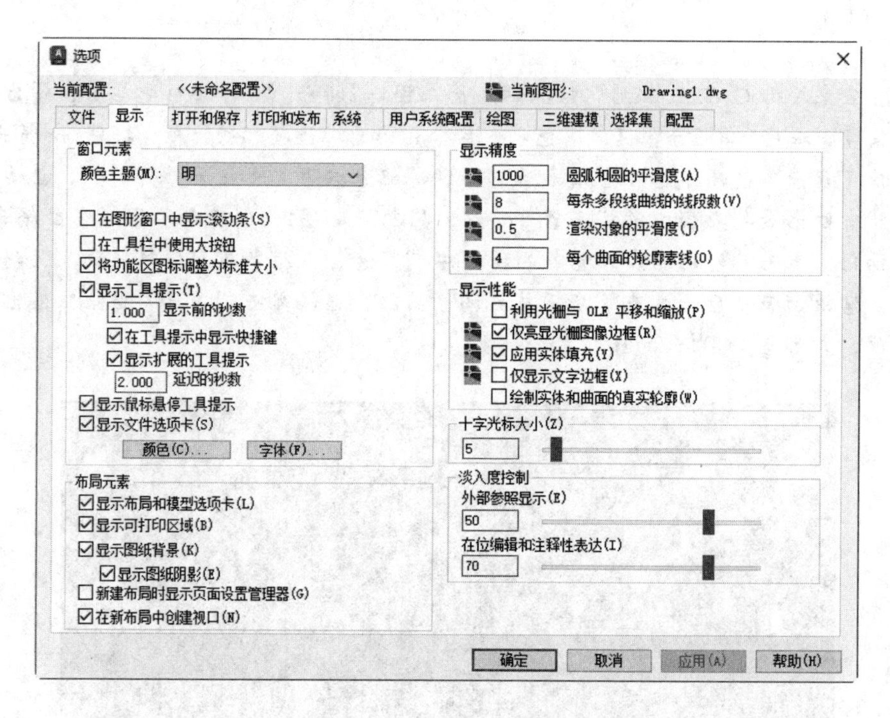

图 1-5 “选项”对话框

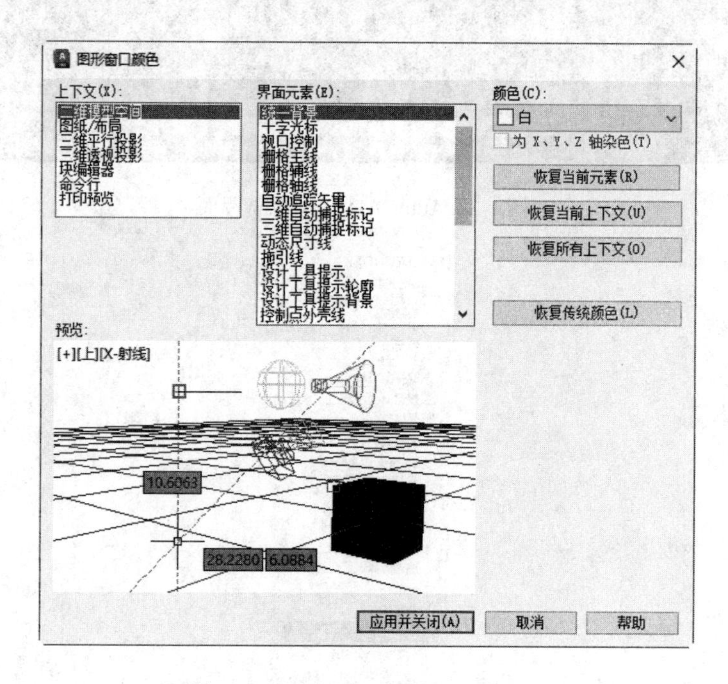

图 1-6 “图形窗口颜色”对话框

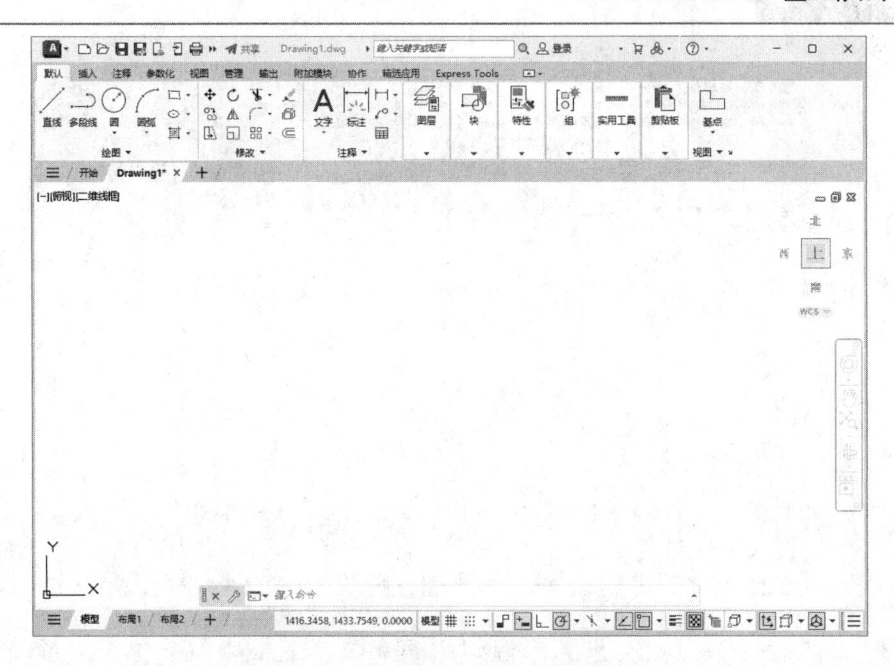

图 1-7　AutoCAD 2024 中文版的操作界面

1.1.1　标题栏

AutoCAD 2024 操作界面的顶部是标题栏，显示了当前软件的名称和用户正在使用的图形文件，“DrawingN.dwg”（N 是数字）是默认图形文件名。最右边的 3 个按钮控制 AutoCAD 2024 当前的状态：最小化、恢复窗口大小和关闭。

1.1.2　菜单栏

在 AutoCAD 2024 默认的“草图与注释”界面中不显示菜单栏，可以单击快速访问工具栏后面的下拉三角按钮，弹出“自定义快速访问工具栏”如图 1-8 所示，单击“显示菜单栏”选项，调出菜单栏。调出菜单栏后的操作界面如图 1-9 所示。

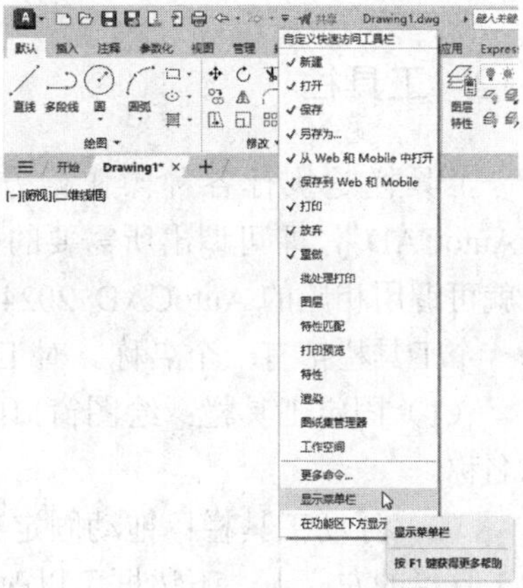

图 1-8　自定义快速访问工具栏

AutoCAD 2024 的菜单栏位于标题栏的下方，其下拉菜单的风格与 Windows 系统完全一致，是执行各种操作的途径之一。单击菜单选项，会显示出相应的下拉菜单，如图 1-10 所示。

AutoCAD 2024下拉菜单有以下3种类型：

1）右边带有小三角形的菜单项，表示该菜单后面带有子菜单，将光标放在上面会弹出它的子菜单。

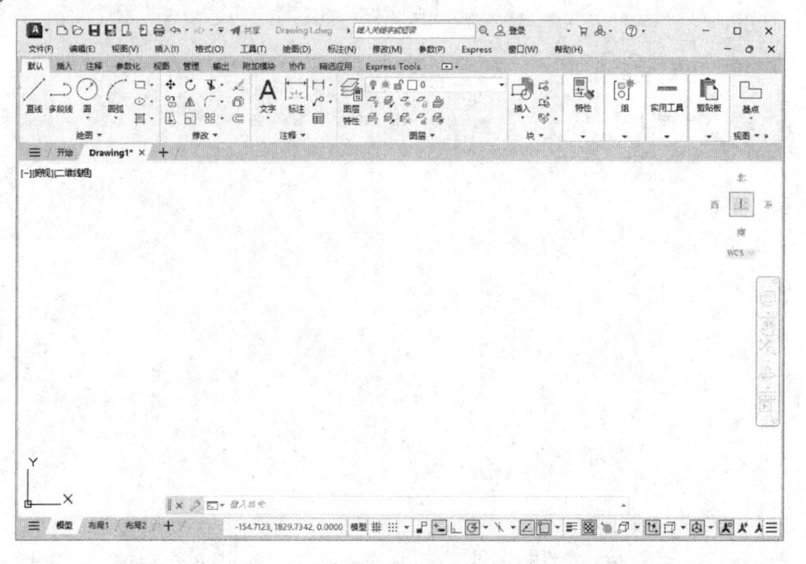

图 1-9　菜单栏

2）右边带有省略号的菜单项，表示单击该项后会弹出一个对话框。

3）右边没有任何内容的菜单项，选择它可以直接执行一个相应的 AutoCAD 2024 命令，在命令提示窗口中显示出相应的提示。

1.1.3　工具栏

工具栏是执行各种操作最方便的途径，选择菜单栏中的“工具”→“工具栏”→“AutoCAD”，即可调出所需要的工具栏。工具栏是一组图标按钮的集合，单击这些图标按钮就可调用相应的 AutoCAD 2024 命令。AutoCAD 2024 的标准菜单提供有几十种工具栏，每一个工具栏都有一个名称。对工具栏的操作有：

（1）固定工具栏：绘图窗口的四周边界为工具栏固定位置，在此位置上的工具栏不显示名称。

（2）浮动工具栏：拖动固定工具栏的句柄到绘图窗口内，工具栏转变为浮动状态，拖动工具栏的左、上、下边框可以改变工具栏的形状。

（3）打开工具栏：将光标放在任一工具栏区域并右击，系统会自动打开单独的工具栏标签，如图 1-11 所示。单击某一个未在界面中显示的工具栏名，系统将自动在界面中打开该工具栏。

（4）弹出工具栏：有些图标按钮的右下角带有“◢”，表示该工具项具有弹出工具栏，打开工具下拉列表，按住鼠标左键，将光标移到某一图标上然后松手，该图标就成为当前图标，如图 1-12 所示。

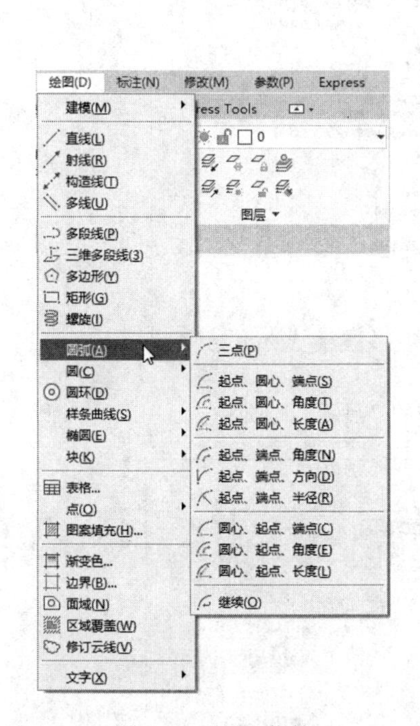

图 1-10　下拉菜单

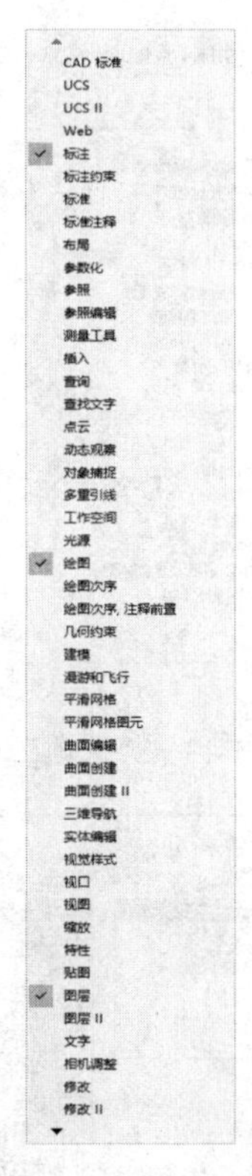

图 1-11　打开工具栏

图 1-12　弹出工具栏

1.1.4　绘图区

绘图区是显示、绘制和编辑图形的矩形区域。左下角是坐标系图标，表示当前使用的坐标系和坐标方向，根据工作需要，用户可以打开或关闭该图标的显示。十字光标由鼠标控制，其交叉点的坐标值显示在状态栏中。

1. 改变绘图窗口的颜色

1）执行“工具”→“选项”菜单命令，弹出“选项”对话框。

2）打开“显示”选项卡，如图 1-13 所示。

3）单击“窗口元素”中的“颜色”按钮，打开如图 1-14 所示的“图形窗口颜色”对话框。

4）从“颜色”下拉列表框中选择某种颜色，例如白色，单击“应用并关闭”按钮，即可将绘图窗口改为白色。

2. 改变十字光标的大小

1）在图 1-13 所示的“显示”选项卡中拖动“十字光标大小”区的滑块，或在文本框中直接输入数值，即可对十字光标的大小进行调整。

2）单击“确定”按钮。

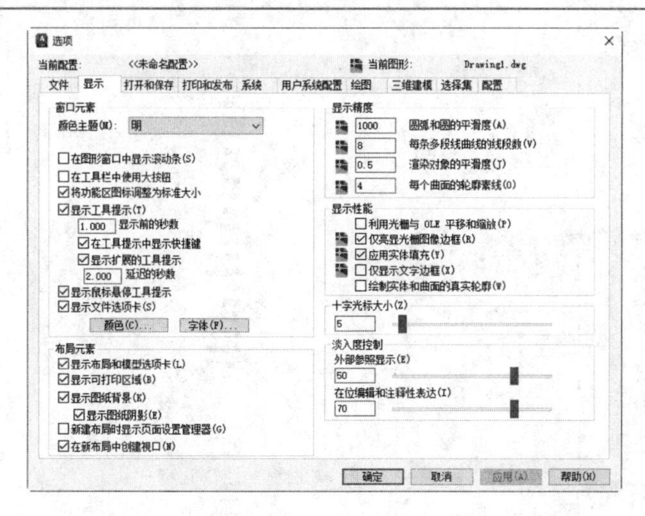

图 1-13 “选项”对话框中的“显示”选项卡

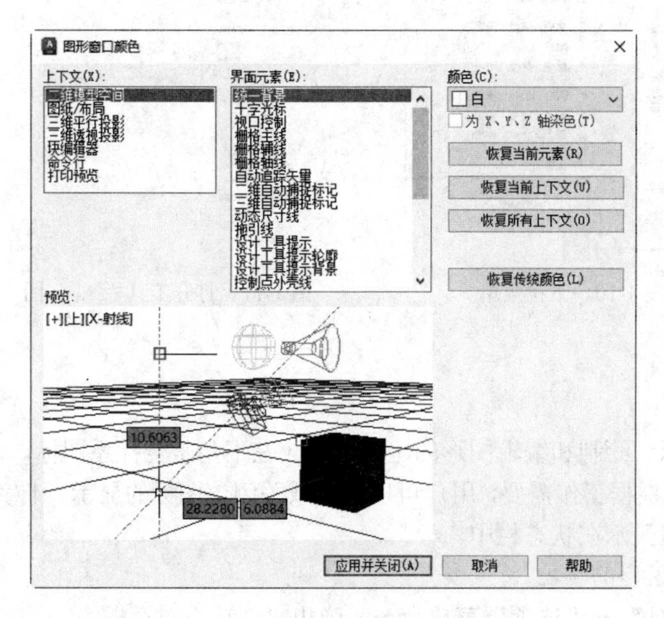

图 1-14 “图形窗口颜色”对话框

3．设置自动保存时间和位置

1）执行“工具”→“选项”菜单命令，弹出“选项”对话框。

2）选择“打开和保存”选项卡，如图 1-15 所示。

3）勾选“文件安全措施”中的“自动保存”复选框，在其下方的输入框中输入自动保存的间隔分钟数，建议设置为 15～30min。

4）在“文件安全措施”中的“临时文件的扩展名”输入框中，可以改变临时文件的扩展名。默认为 .ac$。

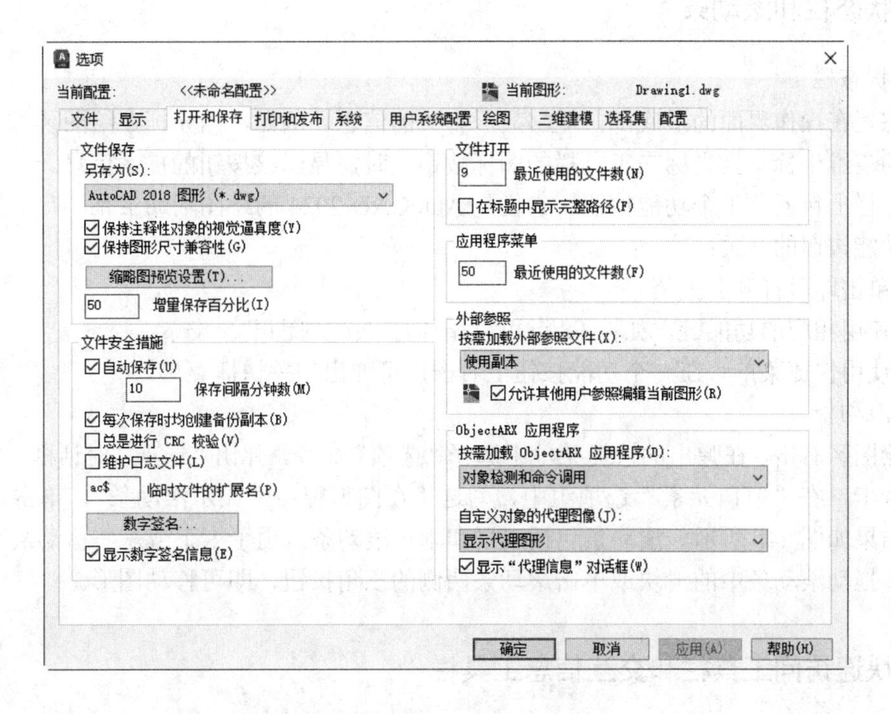

图 1-15　“选项”对话框中的“打开和保存”选项卡

5）打开“文件”选项卡，在“自动保存文件位置”中设置自动保存文件的路径，单击“浏览”按钮修改自动保存文件的存储位置。

6）单击“确定”按钮。

4．布局标签

在绘图窗口左下角有模型空间标签和布局标签来实现模型空间与布局之间的转换。模型空间提供了设计模型（绘图）的环境。布局是指可访问的图纸显示，专用于打印。AutoCAD 2024 可以在一个布局上建立多个视图，同时，一张图纸可以建立多个布局且每一个布局都有相对独立的打印设置。

1.1.5　命令行

命令行位于操作界面的底部，是用户与 AutoCAD 2024 进行交互对话的窗口。在“命令：”提示下，AutoCAD 2024 接受用户使用各种方式输入的命令，然后显示出相应的提示，如命令选项、提示信息和错误信息等。

命令行中显示文本的行数可以改变，将光标移至命令行上边框处，光标变为双箭头后，按住左键拖动即可。命令行的位置可以在操作界面的上方或下方，也可以浮动在绘图窗口内。将光标移至该窗口左边框处，光标变为箭头，单击并拖动即可。按 F2 键能放大显示命令行。

1.1.6 状态栏和滚动条

1．状态栏

状态栏在操作界面的最底部，能够显示有关的信息，例如，当光标在绘图区时，显示十字光标的三维坐标；当光标在工具栏的图标按钮上时，显示该按钮的提示信息。

状态栏上包括若干个功能按钮，它们是 AutoCAD 2024 的绘图辅助工具，有多种方法控制这些功能按钮的开关：

1）单击即可打开 / 关闭。

2）使用相应的功能键。如按 F8 键可以循环打开 / 关闭正交模式。

3）使用快捷菜单。在一个功能按钮上右击，可弹出相关快捷菜单。

2．滚动条

在绘图区右击，在弹出的快捷菜单中选择“选项”命令，弹出“选项”对话框。单击“显示”选项卡，在“窗口元素”选项组中，勾选“在图形窗口中显示滚动条”，单击“确定”按钮，结果如图 1-1 所示。滚动条包括水平和垂直滚动条，用于上下或左右移动绘图窗口内的图形。拖动滚动条中的滑块或单击滚动条两侧的三角按钮，即可移动图形。

1.1.7 快速访问工具栏和交互信息工具栏

1．快速访问工具栏

该工具栏包括“新建”“打开”“保存”“另存为”“打印”“放弃”“重做”和“工作空间”等几个最常用的工具。用户也可以单击本工具栏后面的下拉按钮设置需要的常用工具。

2．交互信息工具栏

该工具栏包括“搜索”“Autodesk Account”“Autodesk App Store”“保持连接”和“单击此处访问帮助”等几个常用的数据交互访问工具。

1.1.8 功能区

功能区包括“默认”“插入”“注释”“参数化”“视图”“管理”“输出”插件和“附加模块”“协作”“精选应用”等几个功能区，每个功能区集成了相关的操作工具，方便了用户的使用。用户可以单击功能区选项后面的按钮控制功能的展开与收缩。

打开或关闭功能区的操作方式如下：

命令行：RIBBON（或 RIBBONCLOSE）

菜单：工具→选项板→功能区

1.1.9 状态栏

状态栏包括一些常见的显示工具和注释工具，包括模型空间与布局空间转换工具，如

图 1-16 所示，通过这些按钮可以控制图形或绘图区的状态。

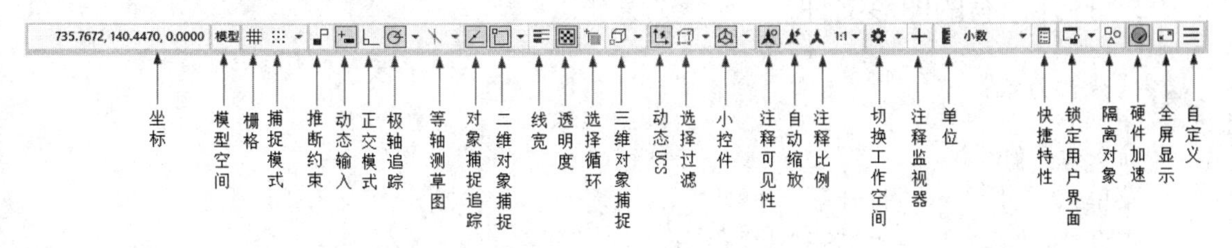

图 1-16　状态栏工具

1.2　图形文件的管理

本节介绍图形文件的管理，即对图形进行新建、打开、浏览和存储等操作。

1.2.1　建立新图形文件

【执行方式】

命令行：NEW
菜单：文件→新建
工具栏：标准→新建

【操作步骤】

执行上述命令后，系统打开如图 1-17 所示“选择样板”对话框，在“文件类型”下拉列表框中有三种格式的图形样板，分别是扩展名为.dwt、.dwg、.dws 的图形样板。一般情况，.dwt 文件是标准的样板文件，通常将一些规定的标准性的样板文件设成.dwt 文件。.dwg 文件是普通的样板文件。而.dws 文件是包含标准图层、标注样式、线型和文字样式的样板文件。选择系统默认的文件，就新建了一个图形文件。

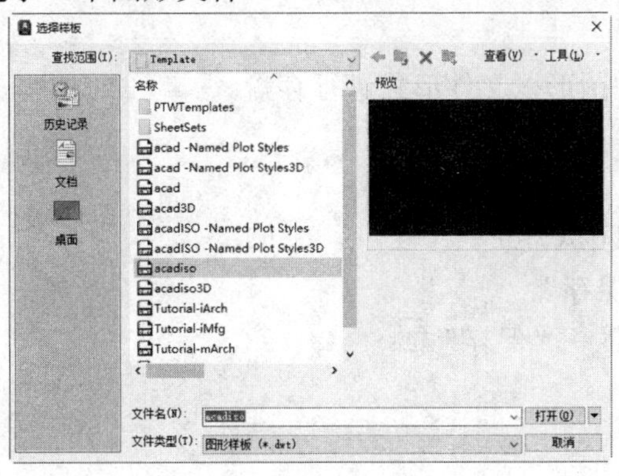

图 1-17　“选择样板”对话框

1.2.2 打开已有的图形文件

【执行方式】

命令行：OPEN

菜单："文件"→"打开"

工具栏："标准"→"打开"

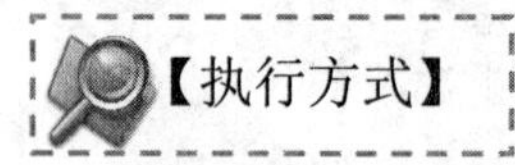【操作步骤】

单击"标准"工具栏中的"打开"按钮，弹出"选择文件"对话框，如图 1-18 所示。

双击文件列表中的文件名（文件类型为.dwg），或输入文件名（不需要后缀），然后单击"打开"按钮，即可打开一个图形。

在"选择文件"对话框中利用"查找范围"下拉列表可以浏览、搜索图形，或利用"工具"菜单中的"查找"项，通过设置条件查找图形文件。

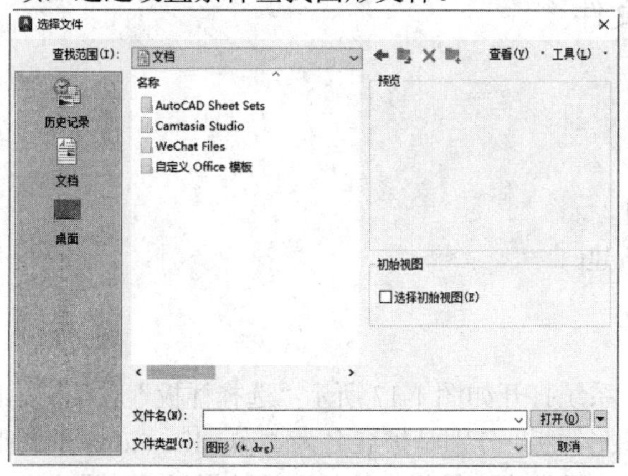

图 1-18 "选择文件"对话框

1.2.3 存储图形文件

用户可以将所绘制的图形以文件形式进行存盘。

【执行方式】

命令名：QSAVE（或 SAVE）

菜单："文件"→"保存"

工具栏："快速访问"→"保存"

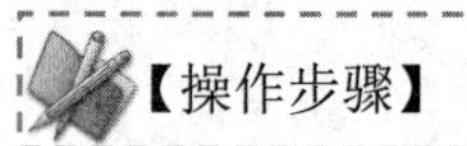【操作步骤】

当单击"标准"工具栏中的"保存"按钮（或执行"文件"→"保存"命令，或输入

QSAVE 命令）时，系统会将当前图形直接以原文件名存盘。如果当前图形没有命名（即为默认名 DrawingN.dwg），则会弹出“图形另存为”对话框，利用该对话框，可以选择路径、文件类型、输入文件名。“图形另存为”命令可以将文件存成 DWG、DXF 或 DWT 格式。

1.3 设置绘图环境

绘图环境包括绘图界限、绘图精度、绘图单位等。设置绘图环境通常有两种方法，下面分别介绍。

1. 设置绘图单位和精度

1）执行“格式”→“单位”命令，弹出“图形单位”对话框，如图 1-19 所示。

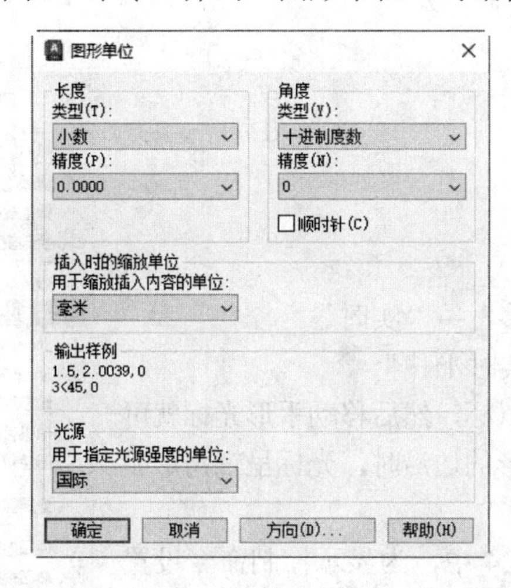

图 1-19 “图形单位”对话框

2）在“长度”区内选择单位类型和精度，工程绘图中一般使用“小数”和 0.0000。

3）在“角度”区内选择角度类型和精度，工程绘图中一般使用“十进制度数”和 0。

4）在“插入时的缩放单位”下拉列表中选择图形单位，默认为“毫米”。

5）单击“确定”按钮。

2. 设置绘图界限

1）执行“格式”→“图形界限”的菜单命令，命令行中提示与操作如下：

命令：LIMITS

重新设置模型空间界限：

指定左下角点或 [开(ON)/关(OFF)] <0.0000,0.0000>:（输入图形边界左下角的坐标后按 Enter 键）

指定右上角点 <12.0000,9.0000>:（输入图形边界右上角的坐标后按 Enter 键）

2）图形界限的右上角坐标，按绘图需要的图纸尺寸进行设置，使用 A0 图纸应输入“1189，841”。

3）在命令行输入 Z（即 Zoom 命令），按 Enter 键。

4）在命令行输入 A，按 Enter 键，以便将所设图形界限全部显示在屏幕上。

1.4 显示控制

为了便于绘图操作，AutoCAD 2024 还提供了一些控制图形显示的命令，一般这些命令只能改变图形在屏幕上的显示方式，可以按操作者所期望的位置、比例和范围进行显示，以便于观察，但不会使图形产生实质性的改变，既不改变图形的实际尺寸，也不影响实体之间的相对关系。本节将主要介绍一些在绘图作业中经常使用的命令，如图形的重画和重生成、图形的缩放和平移等。

1.4.1 平移

1. 实时平移

【执行方式】

命令：PAN

菜单："视图"→"平移"→"实时"

工具栏："标准"→"实时平移"

执行上述命令后，按下鼠标，然后移动手形光标就可以平移图形了。当移动到图形的边沿时，光标呈三角形显示。

另外，在 AutoCAD 2024 中，为显示控制命令设置了一个右键快捷菜单，如图 1-20 所示。在该菜单中，用户可以在显示命令执行的过程中，透明地进行切换。

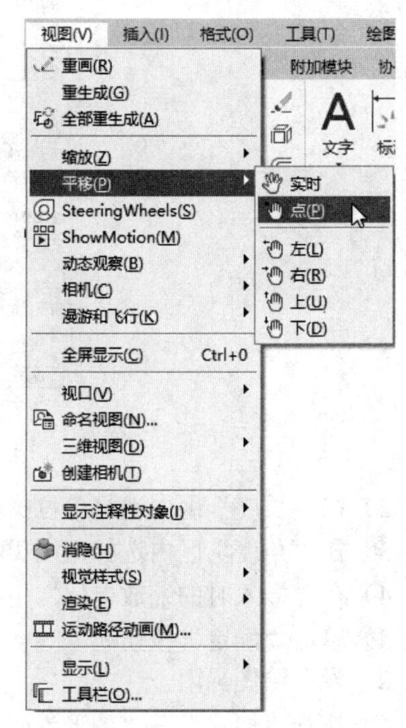

图 1-20 "平移"子菜单

2. 定点平移和方向平移

【执行方式】

命令：–PAN

菜单："视图"→"平移"→"点"（见图 1-20）

【操作步骤】

命令：– PAN ↙

指定基点或位移：（指定基点位置或输入位移值）

指定第二点：（指定第二点，确定位移和方向）

执行上述命令后，当前图形按指定的位移和方向进行平移。另外，在"平移"子菜单中，还有"左""右""上""下"4 个平移命令，选择这些命令时，图形按指定的方向平移一定的距离。

1.4.2 图形的缩放

所谓视图，就是必须有特定的放大倍数、位置及方向。改变视图最一般的方法就是利用“缩放”和“平移”命令。用它们可以在绘图区域放大或缩小图像显示，或者改变观察位置。

缩放并不改变图形的绝对大小，它只是在图形区域内改变视图的大小。AutoCAD 提供了多种缩放视图的方法，下面介绍常用的几种。

1．实时缩放

AutoCAD 2024 为交互式的缩放和平移提供了可能。有了实时缩放，用户就可以通过垂直向上或向下移动光标来放大或缩小图形。利用实时平移，能通过单击和移动光标来重新放置图形。

在实时缩放命令下，可以通过垂直向上或向下移动光标来放大或缩小图形。

【执行方式】

命令行：ZOOM

菜单：“视图”→“缩放”→“实时”

工具栏：“标准”→“实时缩放”

按住鼠标垂直向上或向下移动。从图形的中点向顶端垂直地移动光标就可以将图形放大一倍，向底部垂直地移动光标就可以将图形缩小一倍。

2．放大和缩小

放大和缩小是两个基本缩放命令。放大图像能观察细节，称为“放大”；缩小图像能看到大部分的图形，称为“缩小”，如图 1-21 所示。

【执行方式】

菜单：“视图”→“缩放”→“放大（缩小）”

选取菜单中的“放大（缩小）”命令，当前图形相应地自动放大或缩小一倍。

3．动态缩放

如果“快速缩放”功能已经打开，就可以用动态缩放改变画面显示而不产生重新生成的效果。

动态缩放会在当前视口中显示图形的全部。

【执行方式】

命令行：ZOOM

菜单：“视图”→“缩放”→“动态”

工具栏：“缩放”→“动态缩放”

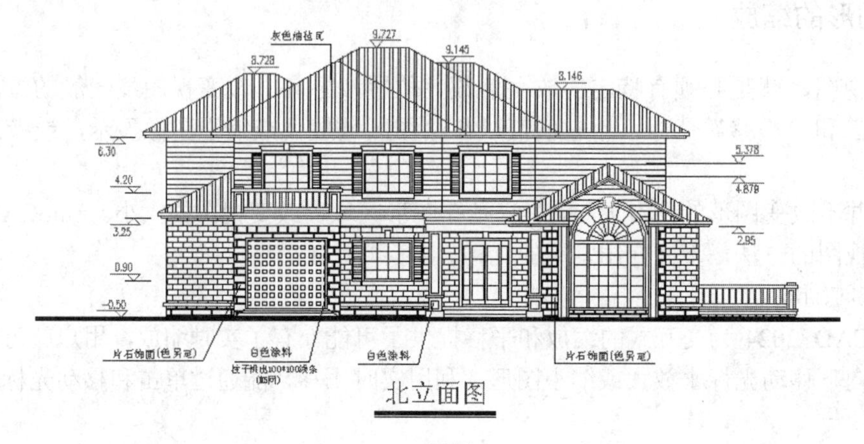

a) 原图

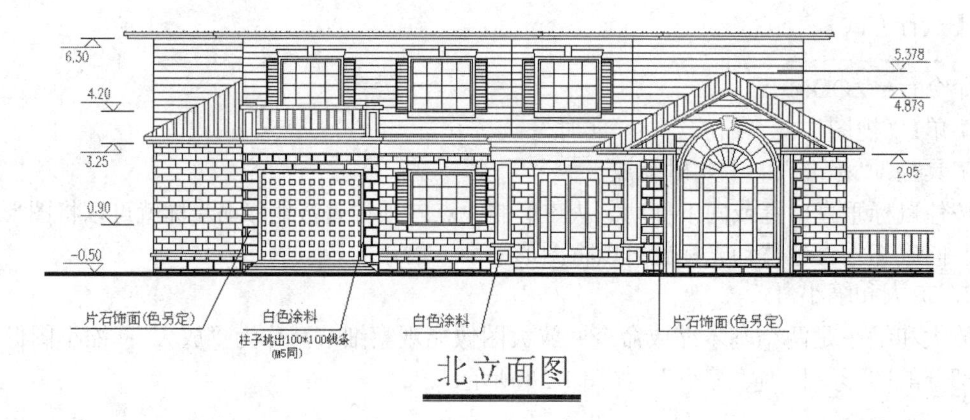

b) 放大

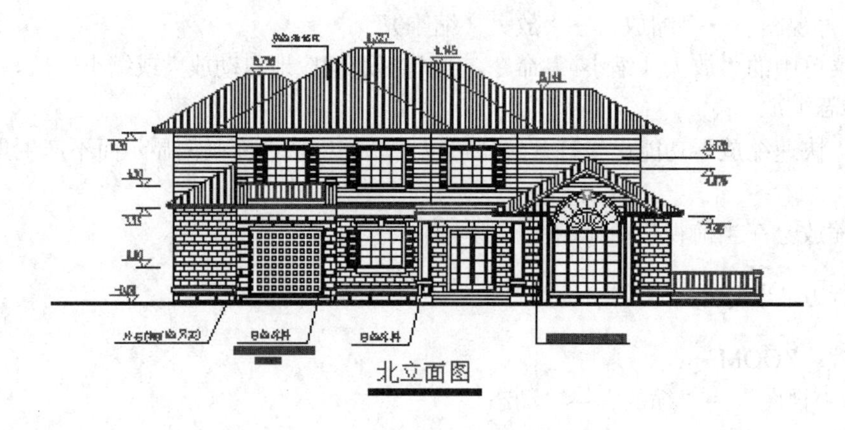

c) 缩小

图 1-21　缩放视图

【操作步骤】

命令：ZOOM↙

指定窗口的角点，输入比例因子 (nX 或 nXP)，或者[全部(A)/中心(C)/动态(D)/范围(E)/上一个(P)/比例(S)/窗口(W)/对象(O)] <实时>：D↙

执行上述命令后，系统弹出一个图框。选取动态缩放前的画面呈绿色点线。如果要动态缩放的图形显示范围与选取动态缩放前的范围相同，则此框与边线重合而不可见。重生成区域的四周有一个蓝色虚线框，用来标记虚拟屏幕。

这时，如果线框中有一个“×”出现，如图 1-22a 所示，就可以拖动线框并把它平移到另外一个区域。如果要放大图形到不同的放大倍数，按下鼠标，“×”就会变成一个箭头，如图 1-22b 所示。这时左右拖动边界线就可以重新确定视口的大小。缩放后的图形如图 1-22c 所示。

另外还有窗口缩放、比例缩放、中心缩放、全部缩放、缩放对象和范围缩放，其操作方法与动态缩放类似，这里不再赘述。

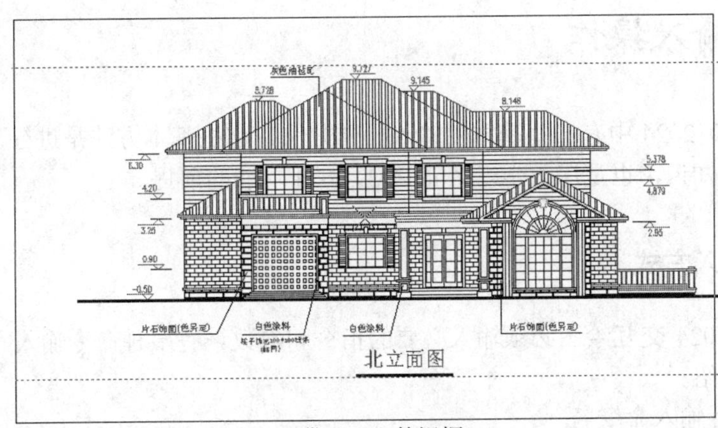

a) 带“×”的视框

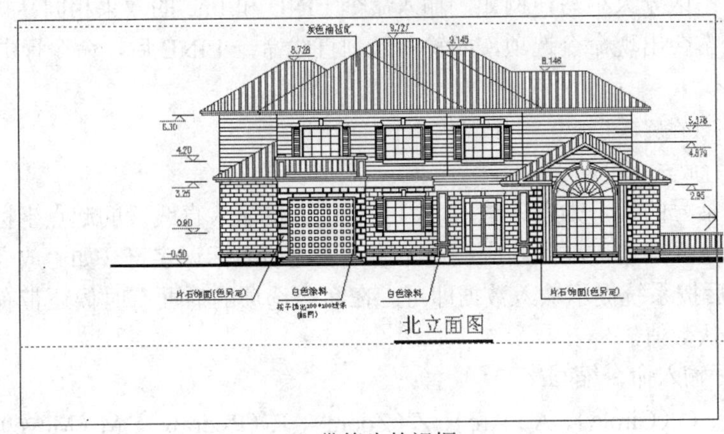

b) 带箭头的视框

图1-22 动态缩放

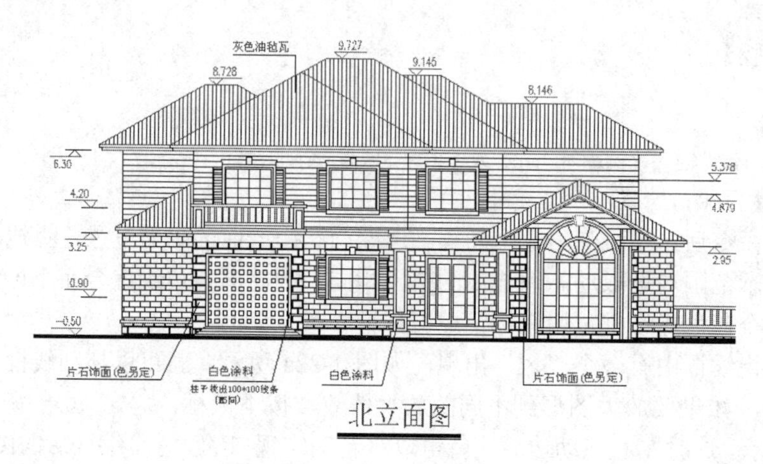

c) 缩放后的图形

图 1-22　动态缩放（续）

1.5　基本输入操作

在 AutoCAD 2024 中有一些基本的输入操作方法，这些基本方法是进行 AutoCAD 2024 绘图的必备基础知识，也是深入学习 AutoCAD 2024 功能的前提。

1.5.1　命令输入方式

AutoCAD 2024 交互绘图必须输入必要的指令和参数。有多种命令输入方式，下面以画直线为例分别介绍。

1．在命令行输入命令名

命令字符可不区分大小写，例如，输入命令 LINE 和 line 的效果相同。执行命令时，在命令行提示中经常会出现命令选项，如输入绘制直线命令 LINE 后，命令行中的提示为：

命令：LINE↙

指定第一个点：(在屏幕上指定一点或输入一个点的坐标)

指定下一点或 [放弃(U)]：

选项中不带括号的提示为默认选项，因此可以直接输入直线段的起点坐标或在屏幕上指定一点，如果要选择其他选项，则应该首先输入该选项的标识字符（如“放弃”选项的标识字符是 U），然后按系统提示输入数据即可。在命令选项的后面有时候还带有尖括号，尖括号内的数值为默认数值。

2．在命令行输入命令缩写字

如 L（Line）、C（Circle）、A（Arc）、Z（Zoom）、R（Redraw）、M（Move）、CO（Copy）、PL（Pline）和 E（Erase）等。

3．选择“绘图”菜单中的“直线”命令

选取该命令后，在状态栏中可以看到对应的命令名及命令说明。

4．单击工具栏中的对应图标

选取该图标后，在状态栏中也可以看到对应的命令名及命令说明。

5．在绘图区打开右键快捷菜单

如果在前面刚使用过要输入的命令，可以在绘图区打开右键快捷菜单，在“最近的输入”子菜单中选择需要的命令，如图 1-23 所示。“最近的输入”子菜单中储存有最近使用的命令，如果经常重复使用某个命令，这种方法就比较快速简捷。

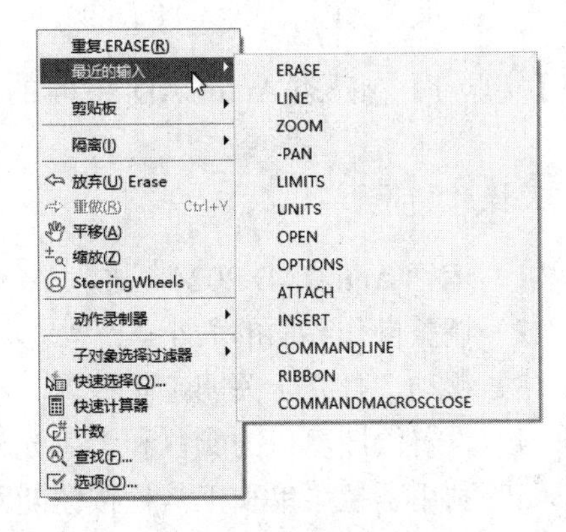

图 1-23　绘图区右键快捷菜单

6．在绘图区右击

如果用户要重复使用上次使用的命令，可以直接在绘图区右击，弹出快捷菜单，选择其中的命令并确认，系统立即重复执行上次使用的命令，这种方法适用于重复执行某个命令。

1.5.2　命令的重复、撤消、重做

1．命令的重复

在命令行中按 Enter 键可重复调用上一个命令，不管上一个命令是完成了还是被取消了。

2．命令的撤消

在命令执行的任何时刻都可以取消和终止命令的执行。

【执行方式】

命令行：UNDO

菜单：“编辑”→“放弃”

快捷键：Esc

3．命令的重做

已被撤消的命令还可以恢复重做。要恢复的是最后一个命令。

【执行方式】

命令行：REDO

菜单：“编辑”→“重做”

该命令可以一次执行多重放弃和重做操作。单击 UNDO 或 REDO 箭头，可以在下拉列表中选择要放弃或重做的多个操作，如图 1-24 所示。

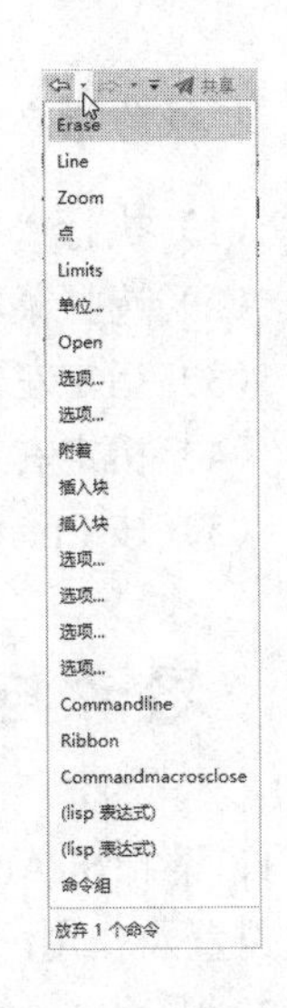

图 1-24　多重放弃或重做

1.6 上机实验

【实验 1】 熟悉 AutoCAD 2024 的操作界面。

操作指导

（1）运行 AutoCAD 2024，进入 AutoCAD 2024 的操作界面。
（2）调整操作界面的大小。
（3）移动、打开、关闭工具栏。
（4）设置绘图窗口的颜色和十字光标的大小。
（5）利用下拉菜单和工具栏按钮随意绘制图形。

【实验 2】 管理图形文件。

操作指导

（1）执行“文件”→“打开”命令，弹出“选择文件”对话框。
（2）搜索选择一图形文件。
（3）添加简单图形。
（4）执行“文件”→“另存为”命令，将图形赋名存盘。

【实验 3】 设置绘图环境。

操作指导

（1）执行“文件”→“新建”命令，新建一个图形文件。
（2）选择菜单栏中的“格式”→“图形界限”。
（3）指定左上角点为 0。
（4）指定右上角点为 420 和 297。
（5）按 Enter 键确认，完成 A3 图幅的设置。

1.7 思考与练习

1．请指出 AutoCAD 2024 操作界面中标题栏、菜单栏、命令行、状态栏、工具栏、功能区的位置及作用。

2．调用 AutoCAD 2024 命令的方法有：

（1）在命令行输入命令名。
（2）在命令行输入命令缩写字。

（3）选择下拉菜单中的菜单选项。

（4）单击工具栏中的对应图标。

（5）以上均可。

3．请将下面左侧所列功能键与右侧相应功能用连线连接。

（1）Esc	（a）剪切
（2）UNDO（在“命令：”提示下）	（b）弹出帮助对话框
（3）F2	（c）取消和终止当前命令
（4）F1	（d）图形窗口/文本窗口切换
（5）Ctrl+X	（e）撤消上次命令

4．请将下面左侧所列文件操作命令与右侧相应命令功能用连线连接。

（1）OPEN	（a）打开已有的图形文件
（2）QSAVE	（b）将当前图形另命名存盘
（3）SAVEAS	（c）退出
（4）QUIT	（d）将当前图形存盘

5．利用缩放与平移命令查看如图 1-25 所示的建筑平面图。

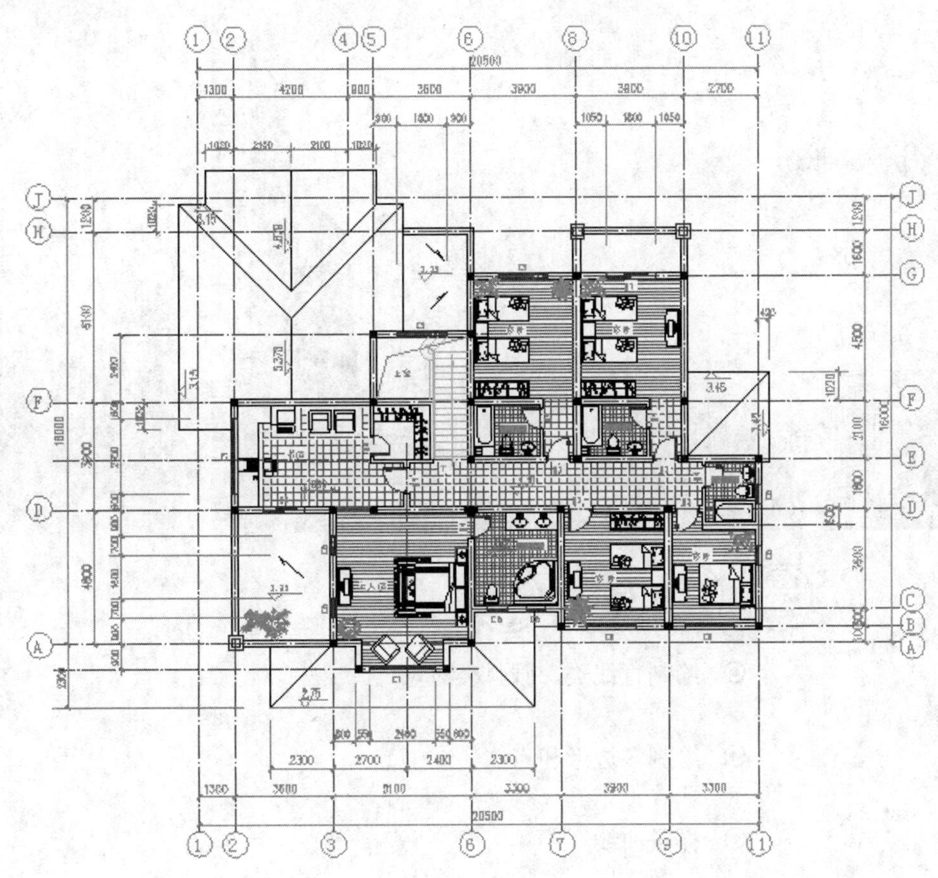

图 1-25　建筑平面图

第 2 章 绘制二维图形

二维图形是指在二维平面空间中绘制的图形，主要由一些基本的图形对象（也称图元）组成，AutoCAD 2024 提供了十余个基本图形对象，包括点、直线、圆弧、圆、椭圆、多段线、矩形、正多边形、圆环和样条曲线等。本章将分类介绍这些基本图形对象的绘制方法，读者应注意绘图中的技巧。

学习要点

- 绘制直线类、圆弧类对象
- 绘制多边形和点
- 样条曲线
- 图案填充和多线

2.1 绘制直线类对象

AutoCAD 2024 提供了 5 种直线对象，包括直线、射线、构造线、多线和多段线。本节主要介绍它们的画法。

2.1.1 直线

单击“绘图”工具栏上的“直线”按钮后，用户只需给定起点和终点，即可画出一条线段。一条线段即是一个图元。在 AutoCAD 2024 中，图元是最小的图形元素，它不能再被分解。一个图形是由若干个图元组成的。

【执行方式】

命令行：LINE
菜单：“绘图”→“直线”（见图 2-1）
工具栏：“绘图”→“直线”╱（见图 2-2）

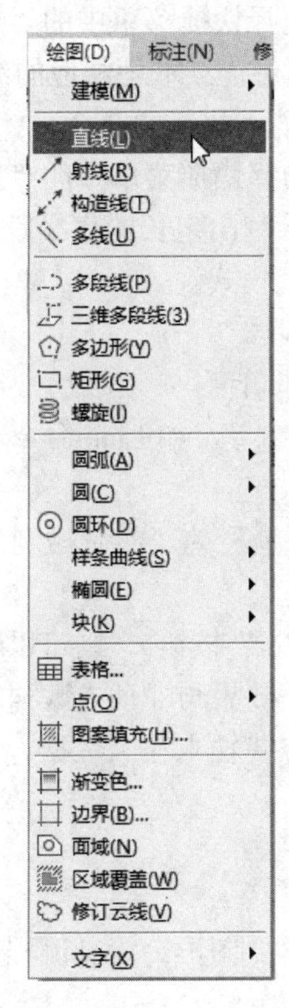

图 2-1 “绘图”菜单

图 2-2 “绘图”工具栏

功能区：单击“默认”选项卡“绘图”面板中的“直线”按钮╱（见图 2-3）

图 2-3 “绘图”面板

【操作步骤】

命令：LINE↙

指定第一个点：(输入直线段的起点，用光标指定点或者指定点的坐标)

指定下一点或 [放弃(U)]：(输入直线段的端点)

指定下一点或 [放弃(U)]：(输入下一直线段的端点。输入选项 U 表示放弃前面的输入；右击选择“确认”命令，或按 Enter 键，结束命令)

指定下一点或 [闭合(C)/放弃(U)]：(输入下一直线段的端点，或输入选项 C 使图形闭合，结束命令)

【选项说明】

1）在响应“指定下一点:”时，若输入“U”或选择快捷菜单中的“放弃”命令，则取消刚刚画出的线段。连续输入“U”并按 Enter 键，即可连续取消相应的线段。

2）在命令行的“命令:”提示下输入“U”，则取消刚执行的命令。

3）在响应“指定下一点:”时，若输入“C”或选择快捷菜单中的“闭合”命令，可使绘出的折线封闭并结束操作。也可直接输入长度值，绘制出定长的直线段。

4）若要画水平线和铅垂线，可按下 F8 键进入正交模式。

5）若要准确画线到某一特定点，可用对象捕捉工具。

6）按 F6 键切换坐标形式，便于确定线段的长度和角度。

7）从命令行输入命令时，可输入某一命令的大写字母，如 Line 命令，输入 L 即可执行绘制直线命令，这样执行有关命令更快捷。

8）若要绘制带宽度信息的直线，可从“特性”工具栏的“线宽控制”列表框中选择线的宽度。

9）若设置动态数据输入方式（按下状态栏上“DYN”按钮），则可以动态输入坐标值或长度值。下面的命令同样可以设置动态数据输入方式，效果与非动态数据输入方式类似。除了特别需要，以后不再强调，而只按非动态数据输入方式输入相关数据。

2.1.2 实例——绘制窗户

本实例利用“直线”命令绘制线段，从而绘制出窗户图形。绘制流程如图 2-4 所示。

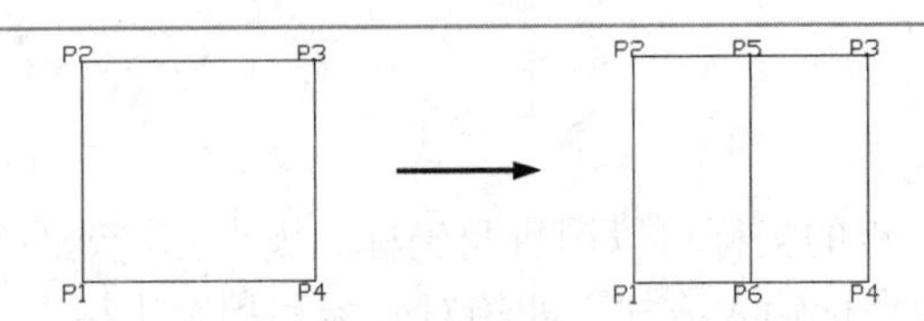

图 2-4　绘制窗户

01 单击“默认”选项卡“绘图”面板中的“直线”按钮╱，绘制窗户外框。命令行提示与操作如下：

命令：L↙（LINE 命令的缩写，AutoCAD 2024 支持这种命令的缩写方式，其效果与完整命令名一样）
LINE
指定第一个点：120,120↙（P1）
指定下一点或 [放弃(U)]：120,400↙（P2）
指定下一点或 [放弃(U)]：420,400↙（P3）
指定下一点或 [闭合(C)/放弃(U)]：420,120↙（P4）
指定下一点或 [闭合(C)/放弃(U)]：120,120↙（P1）
指定下一点或 [闭合(C)/放弃(U)]：↙
命令：↙（直接回车表示重复执行上次命令）

结果如图 2-5 所示。

02 单击“默认”选项卡“绘图”面板中的“直线”按钮╱，绘制窗棱线。命令行提示与操作如下：

命令:LINE
指定第一个点：270,400↙（P5）
指定下一点或 [放弃(U)]：270,120↙（P6）
指定下一点或 [放弃(U)]：↙

结果如图 2-6 所示。

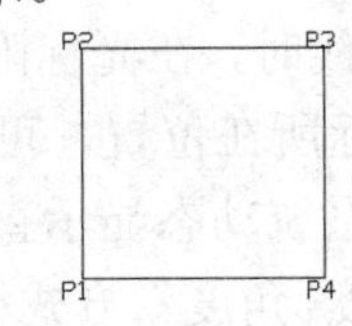

图 2-5　绘制连续线段

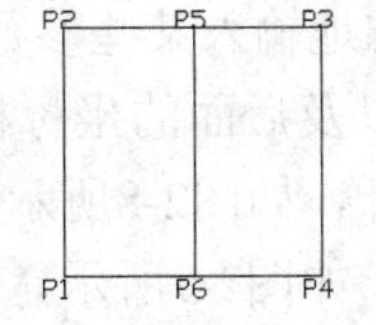

图 2-6　绘制线段

注意

（1）一般每个命令有4种执行方式，这里只给出了命令行执行方式，其他三种执行方式的操作方法与命令行执行方式相同。

（2）命令前加一个下划线表示是采用非命令行输入方式执行命令，其效果与命令行输入方式一样。

（3）坐标中的逗号必须在英文状态下输入，否则会出错。

2.1.3　数据输入方法

在AutoCAD 2024中，点的坐标可以用直角坐标、极坐标、球面坐标和柱面坐标表示，每一种坐标又分别具有两种坐标输入方式，即绝对坐标和相对坐标。其中，直角坐标和极坐标最为常用，下面主要介绍它们的输入。

（1）直角坐标法。用点的X、Y坐标值表示的坐标。

例如，在命令行中输入点的坐标提示下输入“15,18”，则表示输入了一个X、Y的坐标值分别为15、18的点，此为绝对坐标输入方式，表示该点的坐标是相对于当前坐标原点的坐标值，如图2-7a所示。如果输入“@10,20”，则为相对坐标输入方式，表示该点的坐标是相对于前一点的坐标值，如图2-7b所示。

（2）极坐标法。用长度和角度表示的坐标，只能用来表示二维点的坐标。

在绝对坐标输入方式下，表示为“长度<角度”，如“25<50”，其中长度为该点到坐标原点的距离，角度为该点至原点的连线与X轴正向的夹角，如图2-7c所示。

在相对坐标输入方式下，表示为“@长度<角度”，如“@25<45”，其中长度为该点到前一点的距离，角度为该点至前一点的连线与X轴正向的夹角，如图2-7d所示。

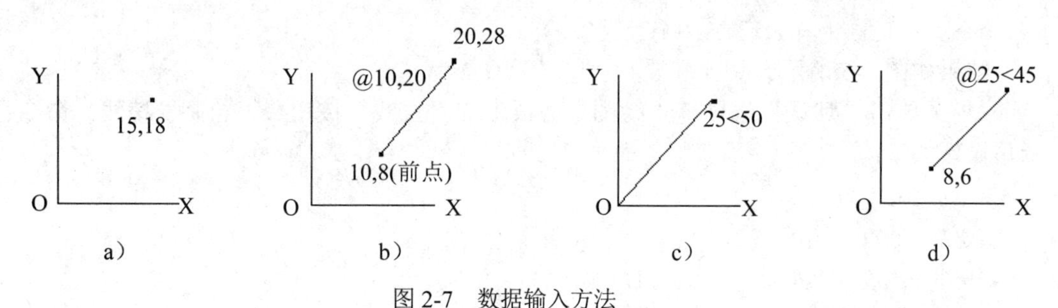

图 2-7　数据输入方法

（3）动态数据输入。单击状态栏中的“动态输入”按钮，系统打开动态输入功能，可以在屏幕上动态地输入某些参数数据，例如，绘制直线时，在光标附近会动态地显示“指定第一个点”，以及后面的坐标框，当前显示的是光标所在位置，可以输入数据，两个数据之间以逗号隔开，如图2-8所示。指定第一个点后，系统动态显示直线的角度，同时要求输入线段长度值，如图2-9所示，其输入效果与“@长度<角度”方式相同。

（4）点的输入。绘图过程中，常需要输入点的位置，AutoCAD 2024提供了如下几种输入点的方式。

☑　用键盘直接在命令行窗口中输入点的坐标。直角坐标有两种输入方式，即“X,Y”（点的绝对坐标值，如“100,50”）和“@X,Y”（相对于前一点的相对坐标值，如“@50,-30”）。坐标值均相对于当前的用户坐标系。

☑　极坐标的输入方式为：长度<角度（其中，长度为点到坐标原点的距离，角度为原点至该点连线与X轴的正向夹角，如“20<45”）或“@长度<角度”（相对于前一点的相对极坐标，如“@50 <-30”）。

☑　用鼠标等定标设备移动光标并单击，在屏幕上直接取点。

☑　用目标捕捉方式捕捉屏幕上已有图形的特殊点（如端点、中点、中心点、插入点、交点、切点、垂足点等）。

☑ 直接距离输入：先用光标拖拉出橡筋线确定方向，然后用键盘输入距离，这样有利于准确控制对象的长度等参数。如要绘制一条10mm长的线段，命令行提示与操作如下：

```
命令：line↙
指定第一个点：(在绘图区指定一点)
指定下一点或 [放弃(U)]：
```

这时在屏幕上移动光标指明线段的方向（但不要单击确认），如图2-10所示，然后在命令行中输入“10”，这样就在指定方向上准确地绘制出了长度为10mm的线段。

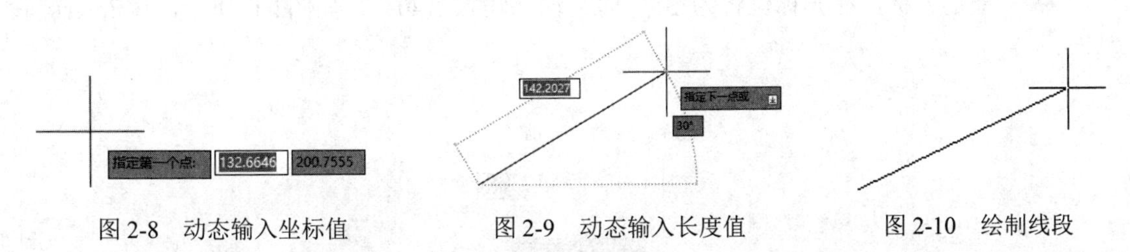

图 2-8　动态输入坐标值　　图 2-9　动态输入长度值　　图 2-10　绘制线段

（5）距离值的输入。在AutoCAD 2024命令中，有时需要提供高度、宽度、半径、长度等距离值。AutoCAD 2024提供了两种输入距离值的方式：一种是用键盘在命令行窗口中直接输入数值；另一种是在屏幕上拾取两点，以两点的距离值定出所需数值。

2.1.4　实例——绘制标高符号

本实例主要练习执行“直线”命令后，在动态输入功能下绘制标高符号流程图，如图2-11所示。

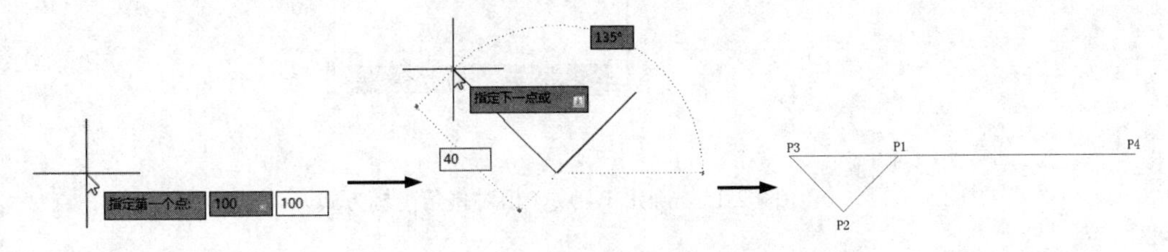

图 2-11　绘制标高符号的流程图

01 系统默认打开动态输入，如果动态输入没有打开，单击状态栏中的“动态输入”按钮，打开动态输入。单击“默认”选项卡“绘图”面板中的“直线”按钮，在动态输入框中输入第一点坐标为（100,100），如图2-12所示。按Enter键确认第1点。

02 拖动光标，然后在动态输入框中输入长度为40，按Tab键切换到角度输入框，输入角度为135，如图2-13所示，按Enter键确认第2点。

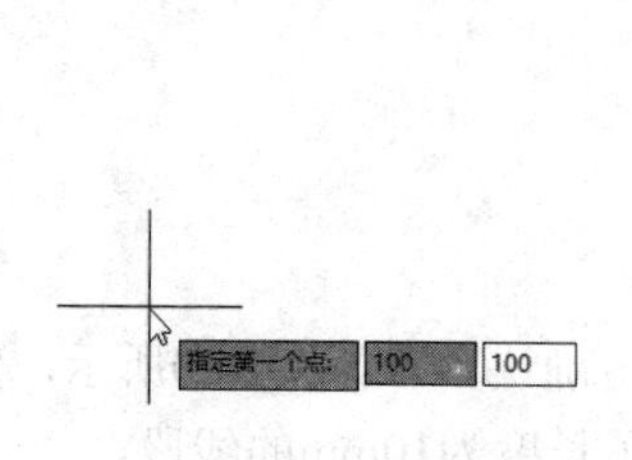

图 2-12　确定 P1 点

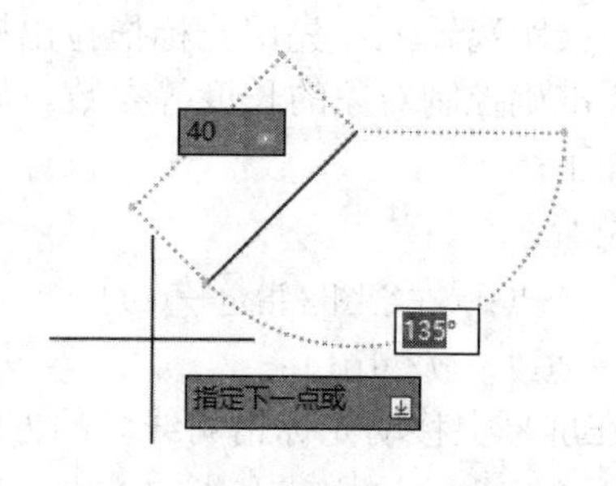

图 2-13　确定 P2 点

03 拖动光标，在光标位置为135°时，动态输入“40”，如图2-14所示，按Enter键确认P3点。

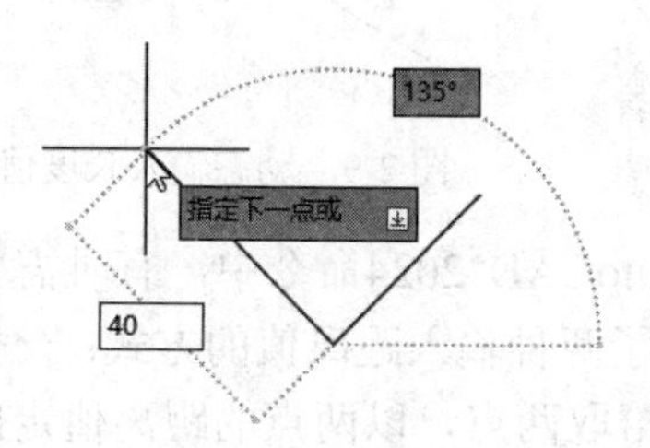

图 2-14　确定 P3 点

04 拖动光标，在动态输入框中输入相对直角坐标（@180，0），按Enter键确认P4点，如图2-15所示。也可以拖动光标，在光标位置为0°时，动态输入“180”，如图2-16所示，按Enter键确认P4点，完成绘制。

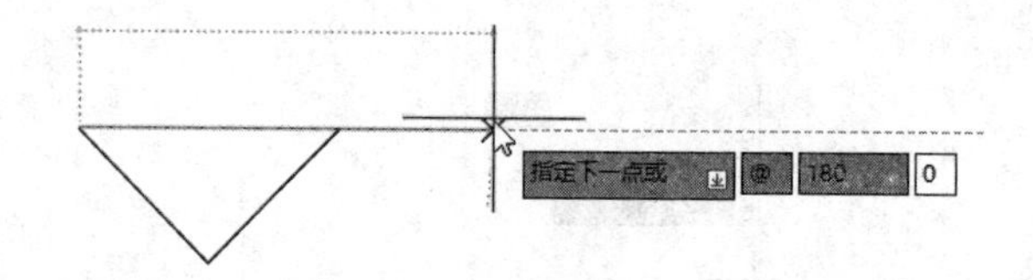

图 2-15　确定 P4 点（相对直角坐标方式）

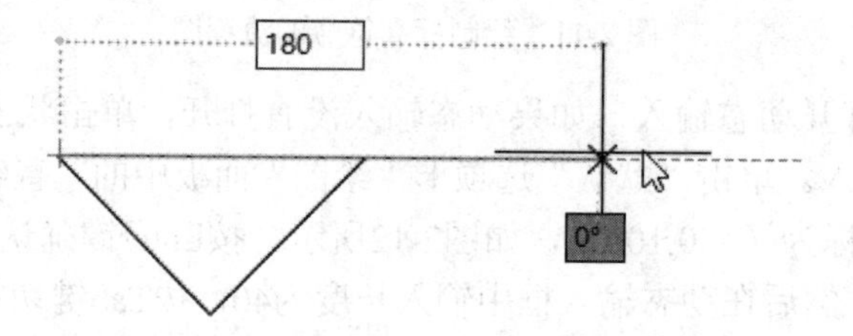

图 2-16　确定 P4 点

2.1.5 构造线

构造线是指在两个方向上无限延长的直线。构造线主要用作绘图时的辅助线。当绘制多视图时，为了保持投影联系，可先画出若干条构造线，再以构造线为基准画图。

【执行方式】

命令行：XLINE

菜单："绘图"→"构造线"

工具栏："绘图"→"构造线"

功能区：单击"默认"选项卡"绘图"面板中的"构造线"按钮

【操作步骤】

```
命令：XLINE↙
指定点或 [水平(H)/垂直(V)/角度(A)/二等分(B)/偏移(O)]：(给出根点 1)
指定通过点：(给定通过点 2，绘制一条双向无限长直线)
指定通过点：(继续给点，继续绘制线，按 Enter 键结束)
```

【选项说明】

1）执行选项中有"指定点""水平""垂直""角度""二等分"和"偏移"6 种方式绘制构造线，分别如图 2-17 所示。

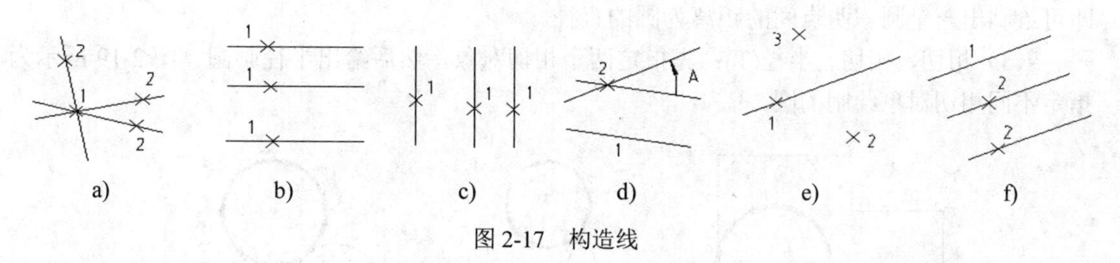

图 2-17 构造线

2）这种线可以模拟手工作图中的辅助作图线。用特殊的线型显示，在绘图输出时可不作输出。常用于辅助作图。

2.2 绘制圆弧类对象

AutoCAD 2024 提供了 5 种圆弧对象，包括圆、圆弧、圆环、椭圆和椭圆弧。本节介绍它们的画法。

2.2.1 圆

AutoCAD 2024 提供了多种画圆方式，用户可根据不同需要选择不同的方法。

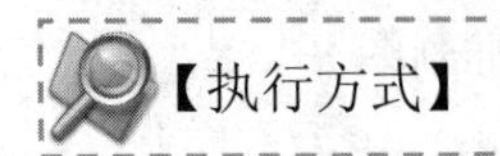
【执行方式】

命令行：CIRCLE

菜单："绘图"→"圆"

工具栏："绘图"→"圆"

功能区：单击"默认"选项卡"绘图"面板中的"圆"下拉菜单（见图 2-18）

【操作步骤】

命令：CIRCLE↙

指定圆的圆心或 [三点(3P)/两点(2P)/切点、切点、半径(T)]：(指定圆心)

指定圆的半径或 [直径(D)]：(直接输入半径数值或用光标指定半径长度)

指定圆的直径：(输入直径数值或用光标指定直径长度)

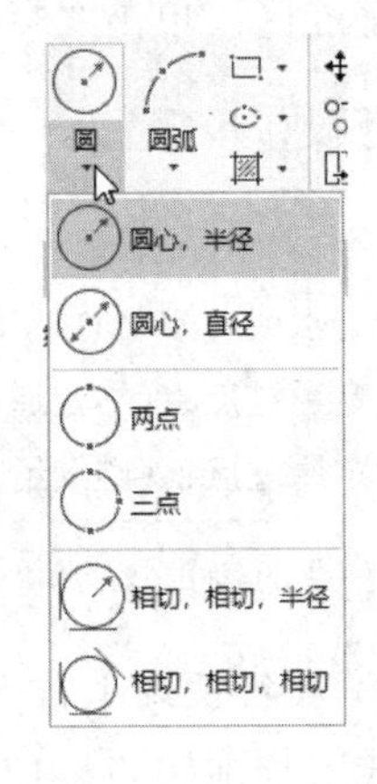

图 2-18 "圆"下拉菜单

【选项说明】

（1）三点(3P)：用指定圆周上 3 点的方法画圆。依次输入 3 个点，即可绘制出一个圆。

（2）两点(2P)：根据直径的两端点画圆。依次输入两个点，即可绘制出一个圆，两点间的距离为圆的直径。

（3）相切、相切、半径(T)：先指定两个相切对象，然后给出半径画圆。图 2-19 所示为指定不同相切对象绘制的圆。

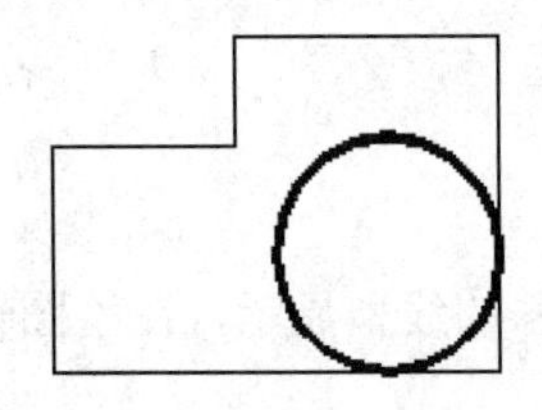
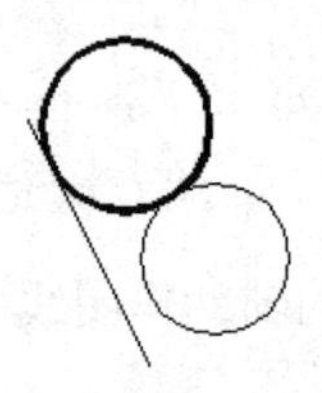
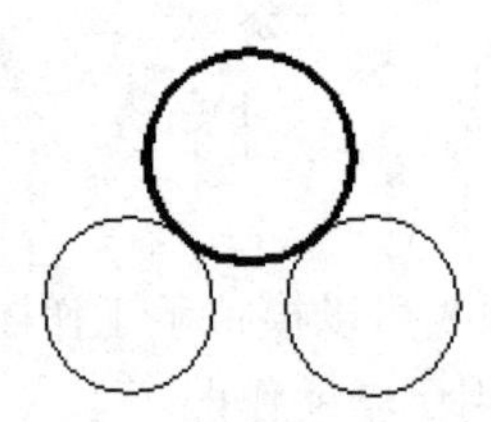

图 2-19 圆与另外两个对象相切的几种情形

1．圆与圆相切的 3 种情况分析

绘制一个圆与另外两个圆相切，切圆决定于选择切点的位置和切圆半径的大小。图 2-20 所示为一个圆与另两个圆相切的 3 种情况，其中图 2-20a 所示为外切时切点的选择情况；图 2-20b 所示为与一个圆内切，与另一个圆外切时切点的选择情况；图 2-20c 所示为内切时切点的选择情况。假定 3 种情况下的条件相同，后两种情况对切圆半径的大小有限制，半径太小时不能出现内切情况。

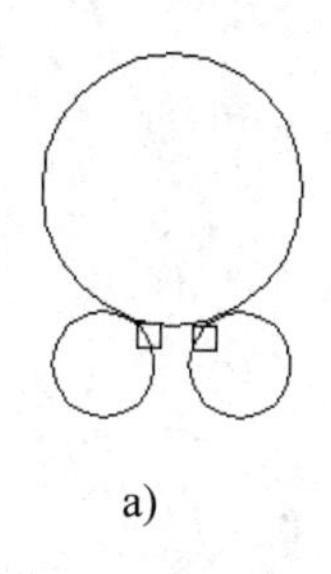
a)

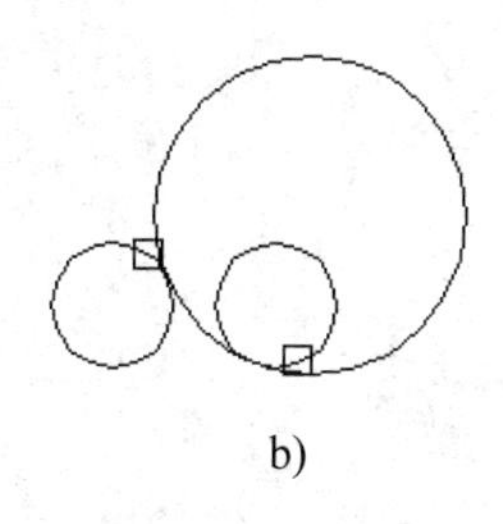
b)

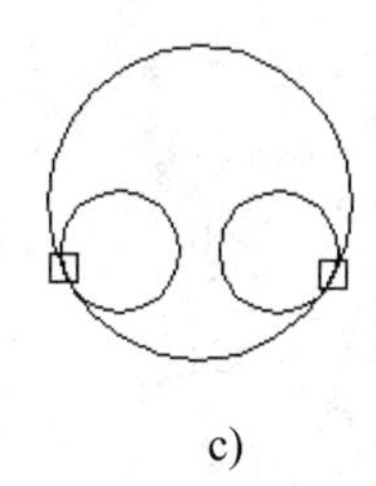
c)

图 2-20　相切类型

2．绘制圆

选择菜单栏中的“绘图”→“圆”命令，显示出绘制圆的 6 种方法。其中“相切、相切、相切”是菜单执行途径特有的方法，用于选择 3 个相切对象以绘制圆。

2.2.2　圆弧

AutoCAD 2024 提供了多种画圆弧的方法，用户可根据不同的情况选择不同的方式。

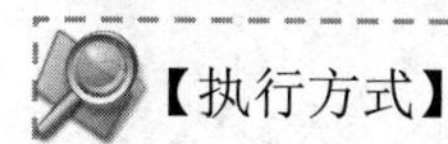
【执行方式】

命令行：ARC（缩写名：A）

菜单：“绘图”→“圆弧”

工具栏：“绘图”→“圆弧”

功能区：单击“默认”选项卡“绘图”面板中的“圆弧”下拉菜单（见图 2-21）

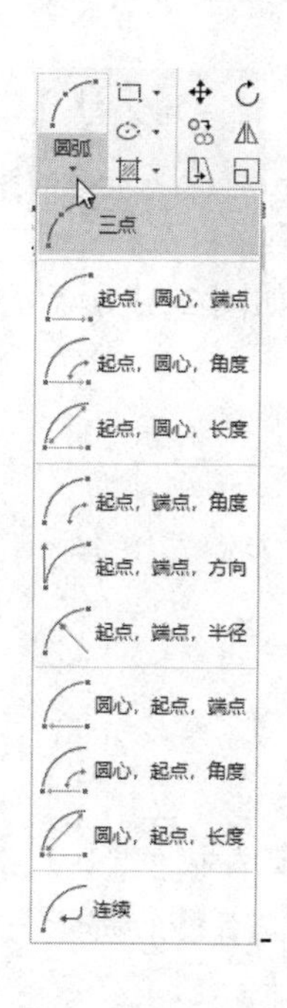

图 2-21　“圆弧”下拉菜单

【操作步骤】

命令：ARC↙

指定圆弧的起点或[圆心(C)]：(指定起点)

指定圆弧的第二点或[圆心(C)/端点(E)]：(指定第二点)

指定圆弧的端点：(指定端点)

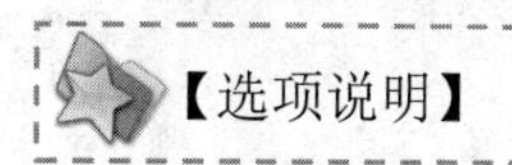
【选项说明】

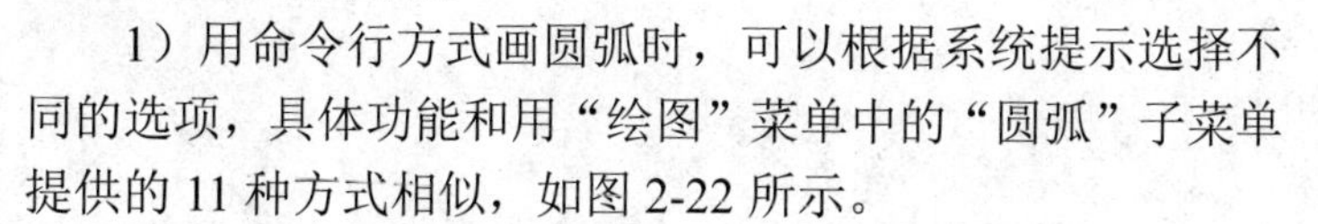

1）用命令行方式画圆弧时，可以根据系统提示选择不同的选项，具体功能和用“绘图”菜单中的“圆弧”子菜单提供的 11 种方式相似，如图 2-22 所示。

2）需要强调的是“继续”方式，绘制的圆弧与上一线段或圆弧相切，继续画圆弧段，因此提供端点即可。

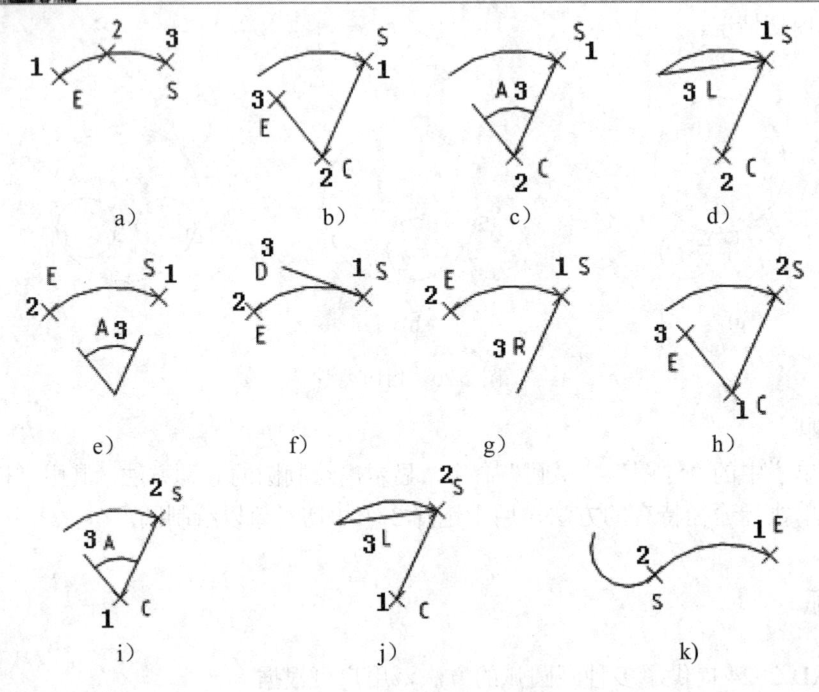

图 2-22　11 种绘制圆弧的方法

2.2.3　实例——绘制椅子

绘制如图 2-23 所示的椅子。

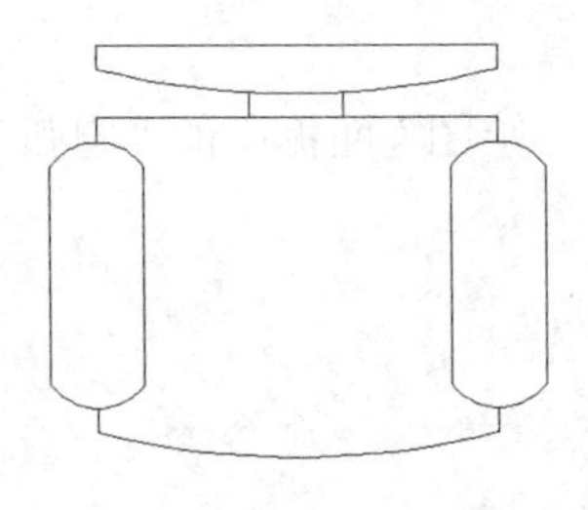

图 2-23　椅子

01 单击“默认”选项卡“绘图”面板中的“直线”按钮，绘制初步轮廓结果如图 2-24 所示。命令行提示与操作如下：

```
命令：LINE↙
指定第一个点：(用光标指定起点)
指定下一点或 [放弃(U)]： (用光标指定第二点)
......
```

02 单击“默认”选项卡“绘图”面板中的“圆弧”按钮，绘制弧线。命令行提示与操作如下：

命令：ARC↙

指定圆弧的起点或 [圆心(C)]：(用光标指定左上方竖线段端点 1，如图 2-24 所示)

指定圆弧的第二点或 [圆心(C)/端点(E)]：(用光标在上方两竖线段正中间指定一点 2)

指定圆弧的端点：(用光标指定右上方竖线段端点 3)

03 单击“默认”选项卡“绘图”面板中的“直线”按钮，绘制直线。

同样方法圆弧上指定一点为起点向下绘制另一条竖线段。再以图 2-24 中的 1、3 两点下面的水平线段的端点为起点各向下适当距离绘制两条竖直线段。

采用同样方法绘制扶手位置的另外三段圆弧，如图 2-25 所示。最后完成图形如图 2-23 所示。

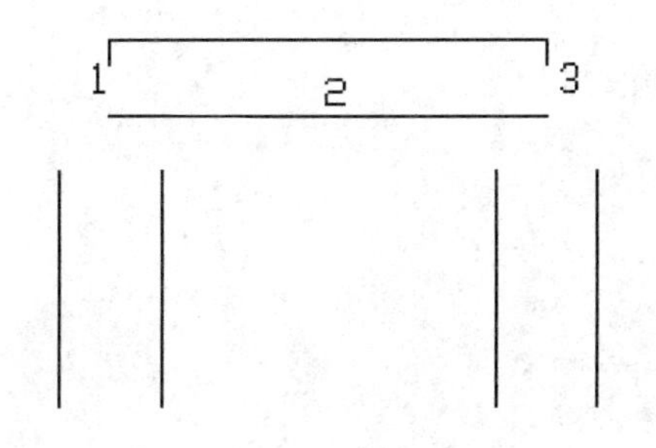

图 2-24　椅子初步轮廓

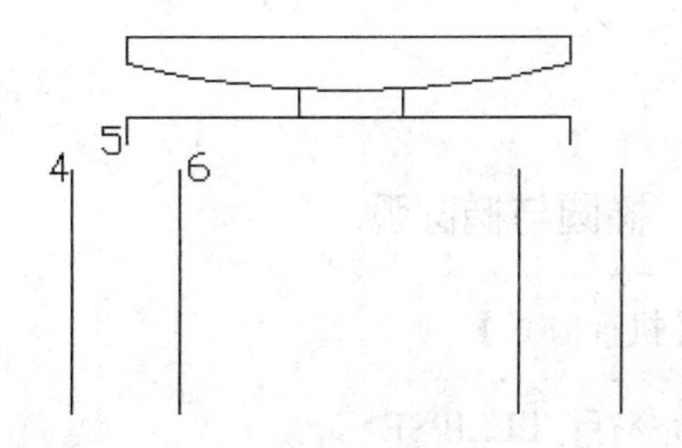

图 2-25 绘制过程

2.2.4　圆环

可通过指定圆环的内、外直径绘制圆环，也可绘制填充圆。

【执行方式】

命令行：DONUT

菜单：“绘图”→“圆环”

功能区：单击“默认”选项卡“绘图”面板中的“圆环”按钮◎

【操作步骤】

命令：DONUT↙

指定圆环的内径 <默认值>：(指定圆环内径)

指定圆环的外径 <默认值>：(指定圆环外径)

指定圆环的中心点或 <退出>：(指定圆环的中心点)

指定圆环的中心点或 <退出>：(继续指定圆环的中心点，则继续绘制相同内外径的圆环。用 Enter 键、空格键或鼠标右键结束命令，如图 2-26a 所示)

【选项说明】

（1）若指定内径为零，则画出实心填充圆（见图 2-26b）。

（2）用命令 FILL 可以控制圆环是否填充，具体方法是：

命令：FILL↙

输入模式 [开(ON)/关(OFF)] <开>：（选择 ON 表示填充，选择 OFF 表示不填充，见图 2-26c）

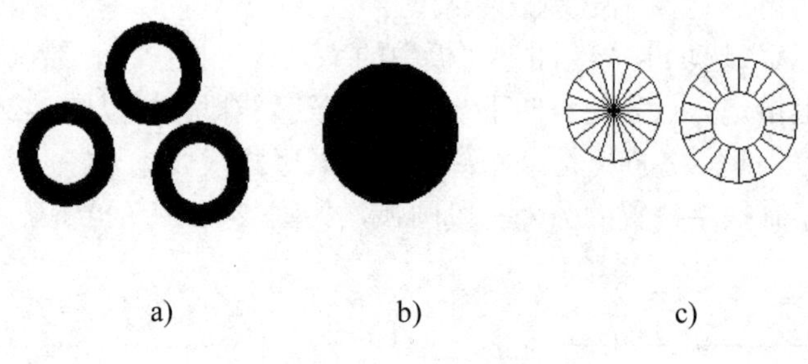

图 2-26　绘制圆环

2.2.5　椭圆与椭圆弧

【执行方式】

命令行：ELLIPSE

菜单："绘图"→"椭圆"→"圆弧"

工具栏："绘图"→"椭圆" 或"绘图"→"椭圆弧"

功能区：单击"默认"选项卡"绘图"面板中的"轴，端点"下拉菜单（见图 2-27）

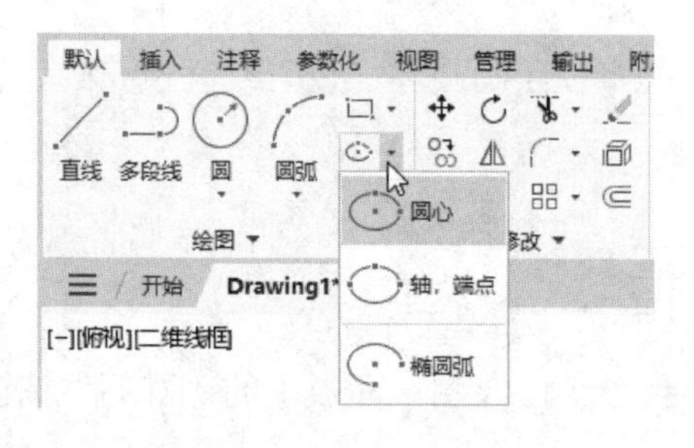

图 2-27　"椭圆"下拉菜单

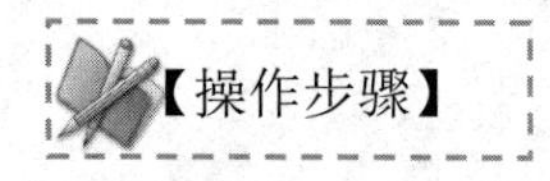【操作步骤】

命令：ELLIPSE↙

指定椭圆的轴端点或 [圆弧(A)/中心点(C)]：(指定轴端点 1，如图 2-28 所示)

指定轴的另一个端点：（指定轴端点 2，如图 2-28 所示）

指定另一条半轴长度或 [旋转(R)]：

【选项说明】

（1）指定椭圆的轴端点：根据两个端点定义椭圆的第一条轴。第一条轴的角度确定了

整个椭圆的角度。第一条轴既可以定义椭圆的长轴也可以定义短轴。

（2）旋转(R)：通过绕第一条轴旋转圆来创建椭圆。相当于将一个圆绕椭圆轴翻转一个角度后的投影视图，如图 2-29 所示。

（3）中心点(C)：通过指定的中心点创建椭圆。

（4）圆弧(A)：用于创建一段椭圆弧。与“绘图”工具栏中的“椭圆弧”按钮的功能相同。其中第一条轴的角度确定了椭圆弧的角度。第一条轴既可定义椭圆弧长轴也可定义椭圆弧短轴。选择该项，系统继续提示：

```
指定椭圆弧的轴端点或 [圆弧(A)/中心点(C)]:（指定端点或输入 C）
指定椭圆弧的轴端点或 [中心点(C)]:
指定轴的另一个端点:（指定另一端点）
指定另一条半轴长度或 [旋转(R)]: （指定另一条半轴长度或输入 R）
指定绕长轴旋转的角度:
指定起始角度或 [参数(P)]:（指定起始角度或输入 P）
指定端点角度或 [参数(P)/夹角(I)]:
```

其中各选项含义如下：

◆ 角度：指定椭圆弧端点的两种方式之一，光标和椭圆中心点连线与水平线的夹角为椭圆端点位置的角度，如图2-30所示。

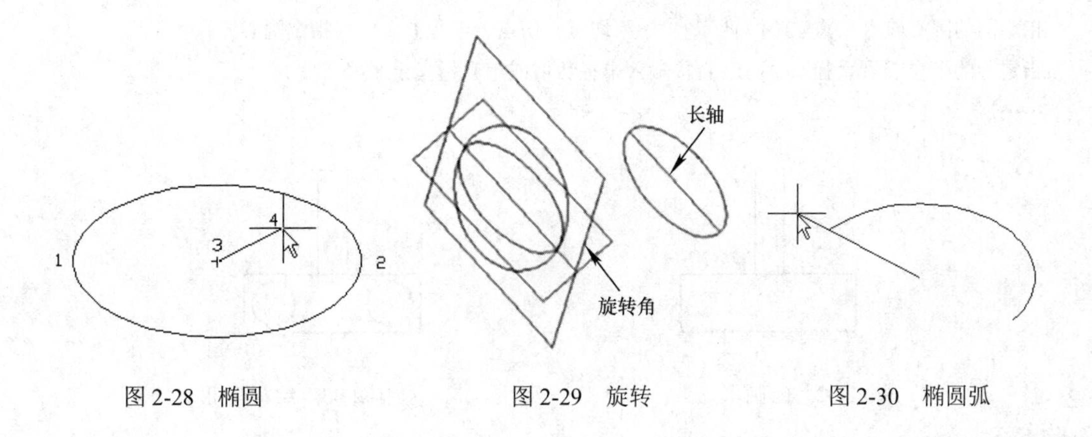

图 2-28　椭圆　　图 2-29　旋转　　图 2-30　椭圆弧

◆ 参数(P)：指定椭圆弧端点的另一种方式，该方式同样是指定椭圆弧端点的角度，但通过以下矢量参数方程式创建椭圆弧。

```
p(u) = c + a* cos(u) + b* sin(u)
```

式中，c是椭圆的中心点；a和b分别是椭圆的长轴和短轴；u为光标与椭圆中心点连线的夹角。

◆ 夹角(I)：定义从起始角度开始的包含角度。

2.2.6 实例——绘制洗脸盆

绘制如图 2-31 所示的洗脸盆。

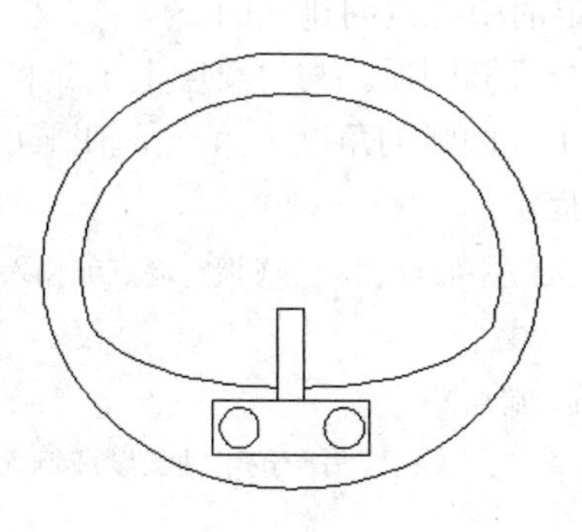

图 2-31 洗脸盆

01 单击“默认”选项卡“绘图”面板中的“直线”按钮⁄，绘制水龙头图形，结果如图 2-32 所示。

02 单击“默认”选项卡“绘图”面板中的“圆”按钮，绘制两个水龙头旋钮，结果如图 2-33 所示。命令行提示与操作如下：

命令：CIRCLE

指定圆的圆心或 [三点(3P)/两点(2P)/ 切点、切点、半径(T)]：(指定圆心)

指定圆的半径或 [直径(D)]：(直接输入半径数值或用光标指定半径长度)

……

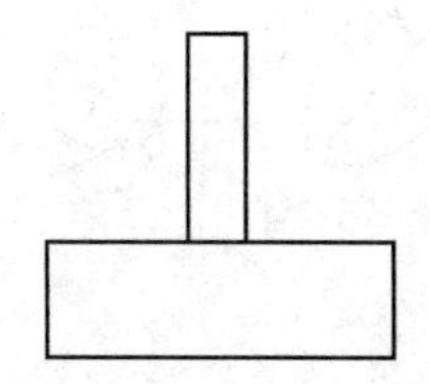

图 2-32 绘制水龙头

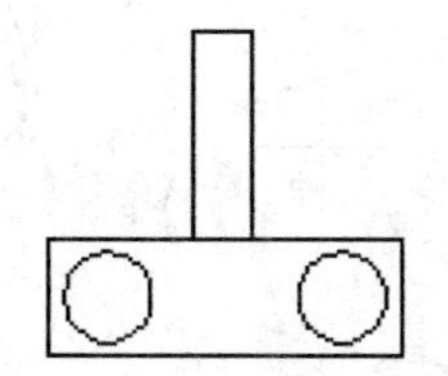

图 2-33 绘制旋钮

03 单击“默认”选项卡“绘图”面板中的“轴，端点”按钮，绘制脸盆外沿，命令行提示与操作如下：

命令：_ellipse

指定椭圆的轴端点或 [圆弧(A)/中心点(C)]：(用光标指定椭圆轴端点)

指定轴的另一个端点：(用光标指定另一端点)

指定另一条半轴长度或 [旋转(R)]：(用光标在屏幕上拉出另一半轴长度)

结果如图2-34所示。

04 单击“默认”选项卡“绘图”面板中的“椭圆弧”按钮，绘制脸盆部分内沿，命令行提示与操作如下：

命令: _ellipse
指定椭圆的轴端点或 [圆弧(A)/中心点(C)]: _a（输入 a 绘制圆弧）
指定椭圆弧的轴端点或 [中心点(C)]: C↙
指定椭圆弧的中心点:（捕捉上步绘制的椭圆中心点）
指定轴的端点: (适当指定一点)
指定另一条半轴长度或 [旋转(R)]: R↙
指定绕长轴旋转的角度:（用光标指定椭圆轴端点）
指定起始角度或 [参数(P)]:（用光标拉出起始角度）
指定端点角度或 [参数(P)/夹角(I)]:（用光标拉出终止角度）

结果如图 2-35 所示。

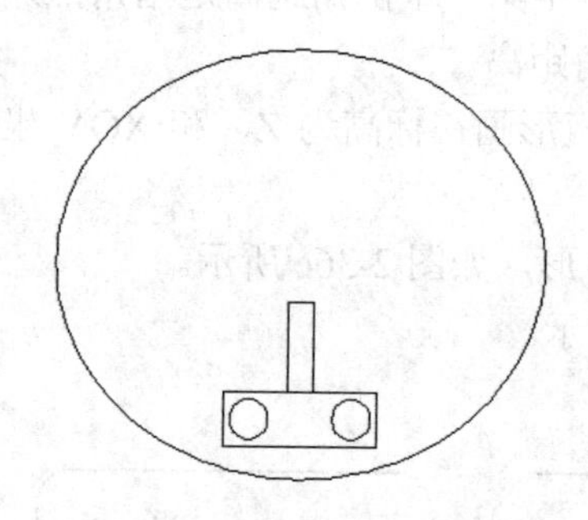
图 2-34 绘制脸盆外沿

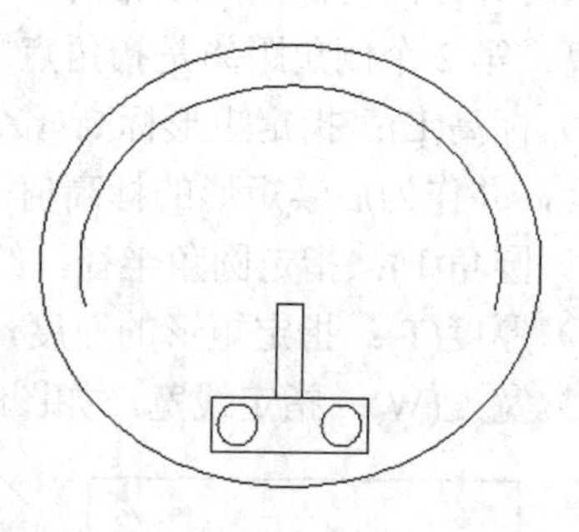
图 2-35 绘制脸盆部分内沿

05 单击“默认”选项卡“绘图”面板中的“圆弧”按钮，绘制脸盆内沿其他部分，最终结果如图 2-31 所示。

2.3 绘制多边形和点

AutoCAD 2024 提供了直接绘制矩形和正多边形的方法，还提供了点、等分点和测量点的绘制方法，用户可根据需要选择。

2.3.1 矩形

用户可直接绘制矩形，也可以对矩形倒角或倒圆，还可以改变矩形的线宽。

【执行方式】

命令行：RECTANG（缩写名：REC）
菜单：“绘图”→“矩形”
工具栏：“绘图”→“矩形”
功能区：单击“默认”选项卡“绘图”面板中的“矩形”按钮

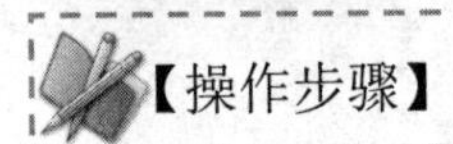

【操作步骤】

命令：RECTANG↙

指定第一个角点或 [倒角(C)/标高(E)/圆角(F)/厚度(T)/宽度(W)]：（指定一点）

指定另一个角点或 [面积(A)/尺寸(D)/旋转(R)]：

【选项说明】

（1）第一个角点：通过指定两个角点确定矩形，如图 2-36a 所示。

（2）倒角(C)：指定倒角距离，绘制带倒角的矩形，如图 2-36b 所示，每一个角点的逆时针和顺时针方向的倒角可以相同，也可以不同，其中第一个倒角距离是指角点逆时针方向倒角距离，第 2 个倒角距离是指角点顺时针方向倒角距离。

（3）标高(E)：指定矩形标高（Z 坐标），即把矩形画在标高为 Z，和 XOY 坐标面平行的平面上，并作为后续矩形的标高值。

（4）圆角(F)：指定圆角半径，绘制带圆角的矩形，如图 2-36c 所示。

（5）厚度(T)：指定矩形的厚度，如图 2-36d 所示。

（6）宽度(W)：指定线宽，如图 2-36e 所示。

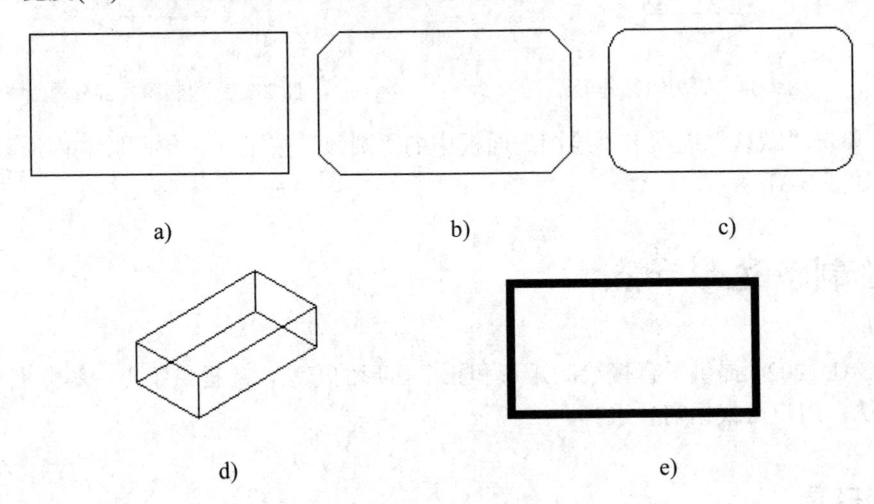

图 2-36　绘制矩形

（7）面积(A)：指定面积和长或宽，创建矩形。选择该项，系统提示：

输入以当前单位计算的矩形面积 <100.0000>：（输入面积值）

计算矩形标注时依据 [长度(L)/宽度(W)] <长度>：（按 Enter 键或输入 W）

输入矩形长度 <10.0000>：（指定长度或宽度）

指定长度或宽度后，系统自动计算另一个维度后绘制出矩形。如果矩形被倒角或圆角，则在长度或宽度计算中会考虑此设置，如图 2-37 所示。

（8）尺寸(D)：使用长和宽创建矩形。第二个指定点将矩形定位在与第一角点相关的四个位置之一内。

（9）旋转(R)：旋转所绘制的矩形的角度。选择该项，系统提示：

指定旋转角度或 [拾取点(P)] <0>:（指定角度）

指定另一个角点或 [面积(A)/尺寸(D)/旋转(R)]:（指定另一个角点或选择其他选项）

指定旋转角度后，系统按指定角度创建矩形，如图 2-38 所示。

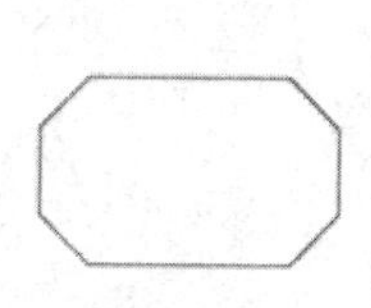

图 2-37 按面积绘制矩形

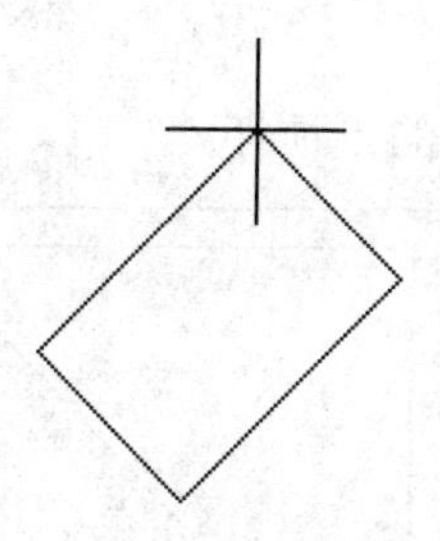

图 2-38 按指定旋转角度创建矩形

2.3.2 正多边形

在 AutoCAD 2024 中可以绘制边数为 3～1024 的多边形，非常方便用户的使用。

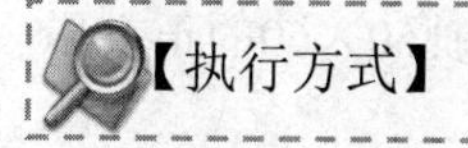【执行方式】

命令行：POLYGON

菜单："绘图"→"多边形"

工具栏："绘图"→"多边形"⬠

功能区：单击"默认"选项卡"绘图"面板中的"多边形"按钮⬠

【操作步骤】

命令：POLYGON↙

输入侧面数 <4>:（指定多边形的边数，默认值为 4）

指定正多边形的中心点或 [边(E)]:（指定中心点）

输入选项 [内接于圆(I)/外切于圆(C)] <I>:（指定是内接于圆或外切于圆，I 表示内接于圆，如图 2-39a 所示，C 表示外切于圆，如图 2-39b 所示）

指定圆的半径:（指定外接圆或内切圆的半径）

【选项说明】

如果选择“边”选项，则只要指定多边形的一条边，系统就会按逆时针方向创建该正多边形，如图 2-39c 所示。

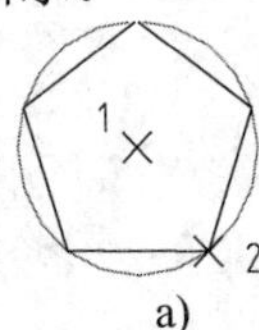

a)

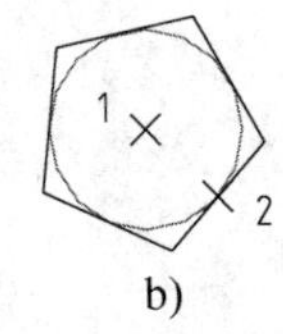

b)

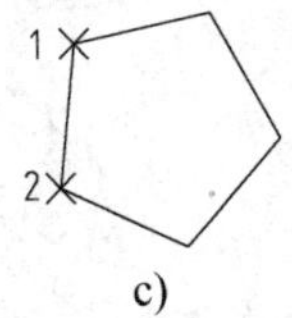

c)

图 2-39　画正多边形

2.3.3　实例——绘制平顶灯

利用矩形命令绘制如图2-40所示的平顶灯。

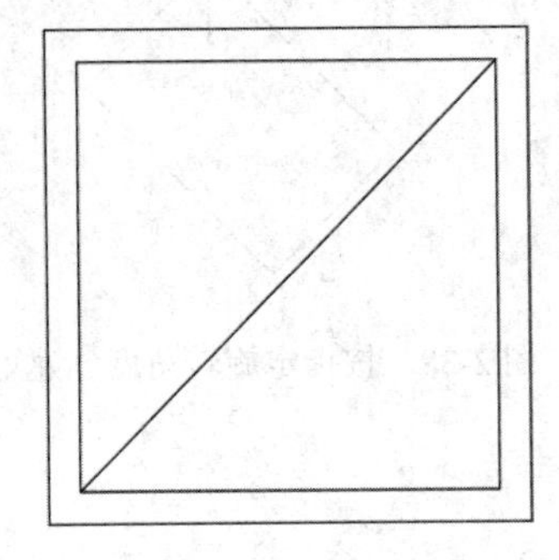

图 2-40　平顶灯

01 单击“默认”选项卡“绘图”面板中的“多边形”按钮⬠，绘制60×60的正方形，命令行提示与操作如下：

命令：POLYGON↙

输入侧面数 <4>:↙

指定正多边形的中心点或 [边(E)]:30,30↙

输入选项 [内接于圆(I)/外切于圆(C)] <I>:↙

指定圆的半径:42.4↙

结果如图2-41所示。

02 单击“默认”选项卡“绘图”面板中的“矩形”按钮□，绘制52×52的正方形，命令行提示与操作如下：

命令：_rectang

指定第一个角点或 [倒角(C)/标高(E)/圆角(F)/厚度(T)/宽度(W)]: 4,4↙

指定另一个角点或 [面积(A)/尺寸(D)/旋转(R)]: @52,52↙

结果如图2-42所示。

图 2-41　作矩形

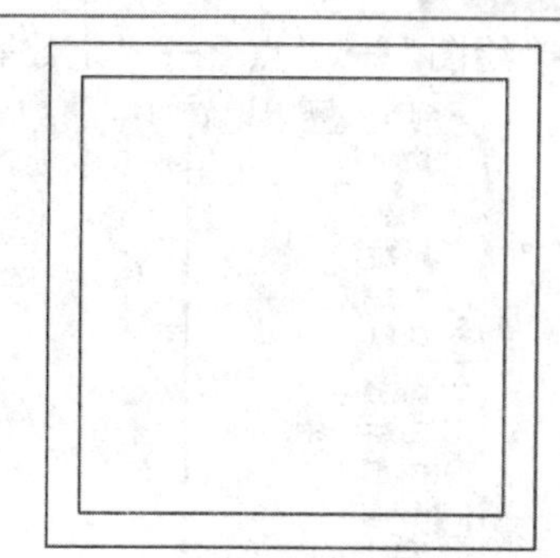

图 2-42　作矩形

03 单击“默认”选项卡“绘图”面板中的“直线”按钮╱，绘制内部矩形的对角线，结果如图2-40所示。

2.3.4　点

【执行方式】

命令行：POINT

菜单：“绘图”→“点”→“单点”/“多点”

工具栏：“绘图”→“点”∵

功能区：单击“默认”选项卡“绘图”面板中的“多点”按钮∵

【操作步骤】

```
命令：POINT↙
当前点模式： PDMODE=0  PDSIZE=0.0000
指定点：(指定点所在的位置)
```

【选项说明】

1）通过菜单方法操作时（见图 2-43），“单点”命令表示只输入一个点，“多点”命令表示可输入多个点。

2）可以打开状态栏中的“对象捕捉”开关设置点捕捉模式，帮助用户拾取点。

3）点在图形中的表示样式共有 20 种，可通过命令 DDPTYPE 或菜单命令“格式”→“点样式”，在弹出的“点样式”对话框中进行设置，如图 2-44 所示。

2.3.5　等分点

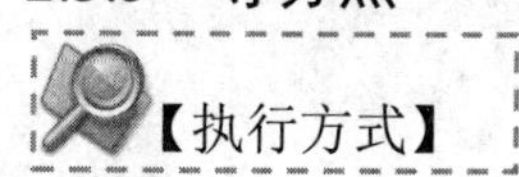

命令行：DIVIDE（缩写名：DIV）

菜单："绘图"→"点"→"定数等分"

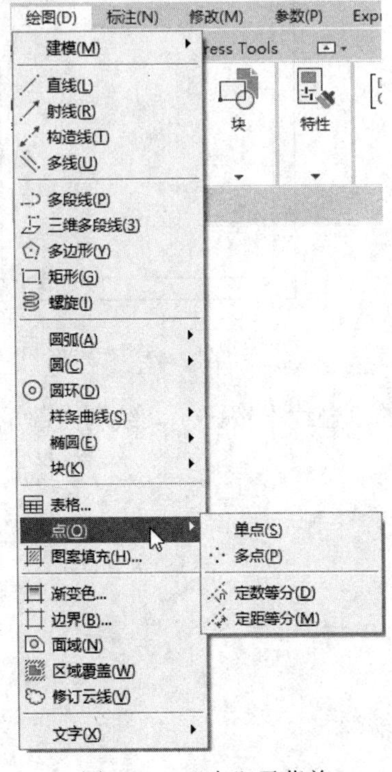

图 2-43 "点"子菜单

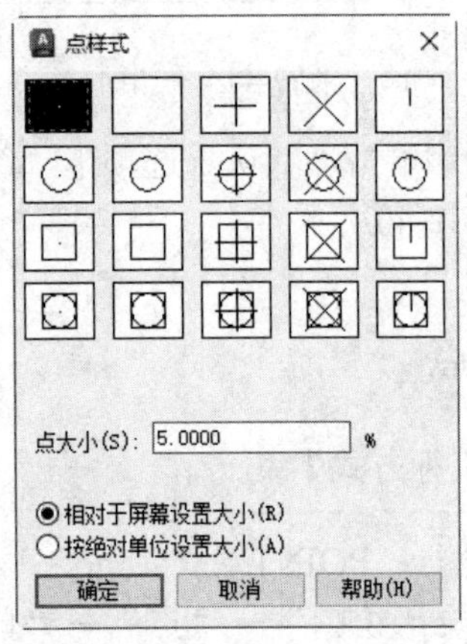

图 2-44 "点样式"对话框

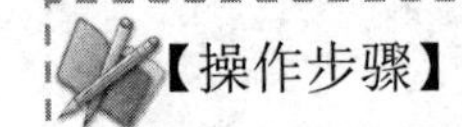

【操作步骤】

命令：DIVIDE↙

选择要定数等分的对象：(选择要等分的实体)

输入线段数目或 [块(B)]：(指定实体的等分数，绘制结果如图 2-45a 所示)

【选项说明】

1）等分数范围 2～32767。

2）在等分点处，按当前点样式设置画出等分点。

3）在第二个提示行中选择"块(B)"选项时，表示在等分点处插入指定的块(BLOCK)（见第 6 章）。

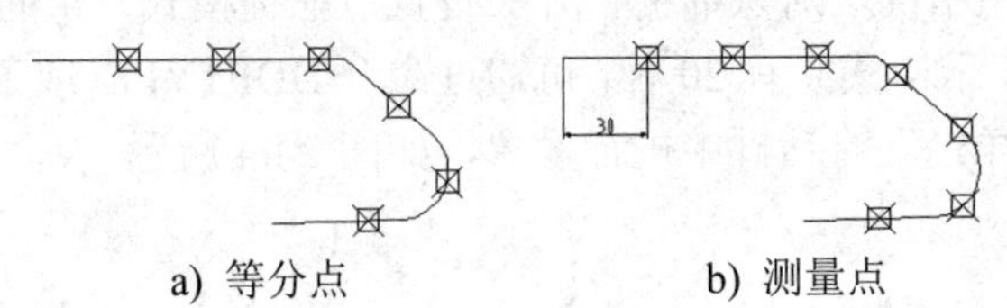

a) 等分点　　b) 测量点

图 2-45 绘制等分点和测量点

2.3.6 测量点

【执行方式】

命令行：MEASURE（缩写名：ME）

菜单：“绘图”→“点”→“定距等分”

功能区：单击“默认”选项卡“绘图”面板中的“定距等分”按钮

【操作步骤】

```
命令：MEASURE↙
选择要定距等分的对象：（选择要设置测量点的实体）
指定线段长度或 [块(B)]：（指定分段长度，绘制结果如图 2-45b 所示）
```

【选项说明】

1）设置的起点一般是指指定线的绘制起点。

2）在第二个提示行中选择“块(B)”选项时，表示在测量点处插入指定的块，后续操作与上节等分点类似。

3）在等分点处，按当前点样式设置绘制出等分点。

4）最后一个测量段的长度不一定等于指定分段长度。

2.3.7 实例——绘制水晶吊灯

本例绘制如图2-46所示的水晶吊灯。

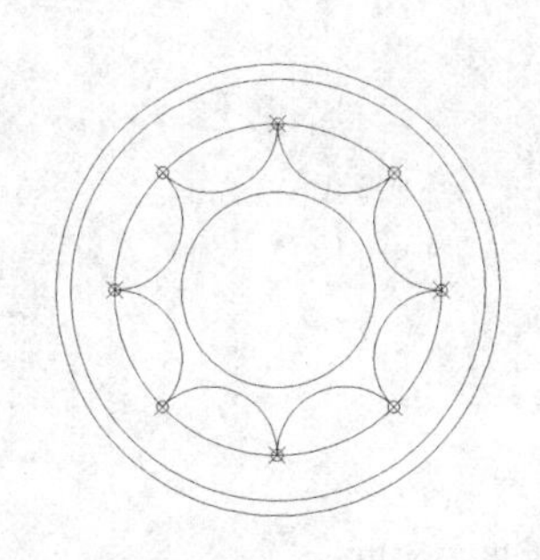

图 2-46 水晶吊灯

01 单击“默认”选项卡“绘图”面板中的“圆”按钮，命令行提示与操作如下：

```
命令：_circle
指定圆的圆心或[三点(3P)/两点(2P)/切点、切点、半径(T)]：（在适当位置指定一点）
指定圆的半径或[直径(D)]:1300↙
```

同样方法，分别绘制半径为2200mm、2800mm和3000mm的同心圆，如图2-47所示。

02 选择菜单栏中的“格式”→“点样式”命令，弹出“点样式”对话框，修改点的显示样式，如图2-48所示。

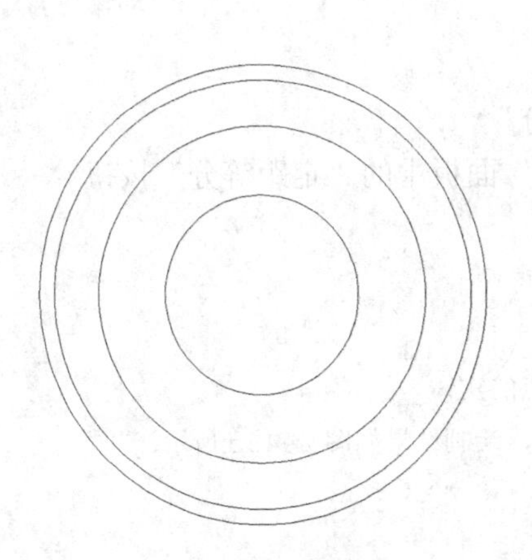

图 2-47　绘制同心圆

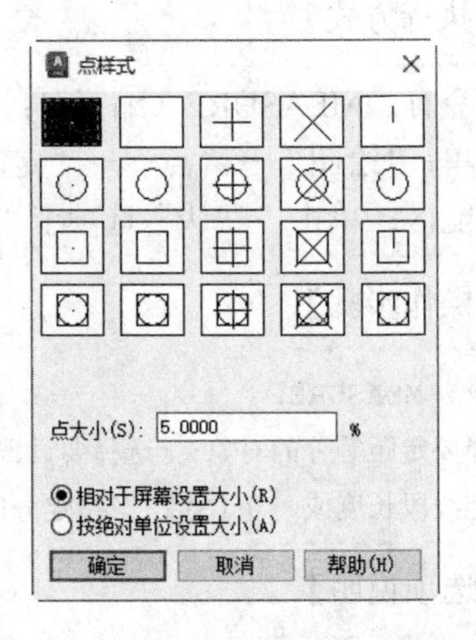

图 2-48　“点样式”对话框

03 单击“默认”选项卡“绘图”面板中的“定数等分”按钮，选择半径为2200mm的圆，在命令行中输入等分数目为8，如图2-49所示。命令行提示与操作如下：

命令：_divide

选择要定数等分的对象：（指定半径为 2200mm 的圆）

输入线段数目或 [块(B)]：8↙

04 单击“默认”选项卡“绘图”面板中的“圆弧”下拉菜单中“起点、端点、方向”按钮，绘制圆弧，如图2-50所示。同样方法绘制圆弧，结果如图2-46所示。

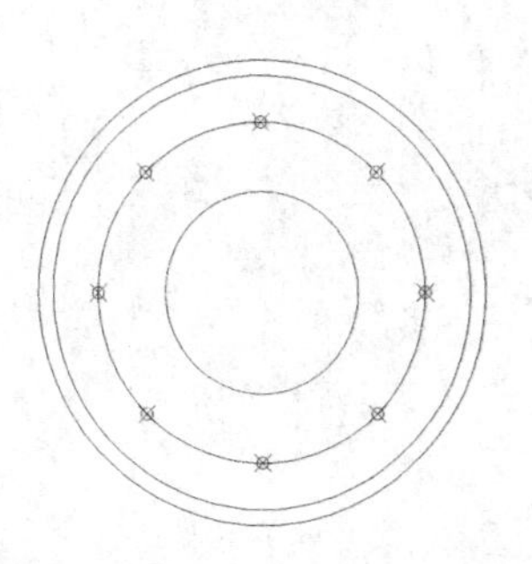

图 2-49　点显示效果

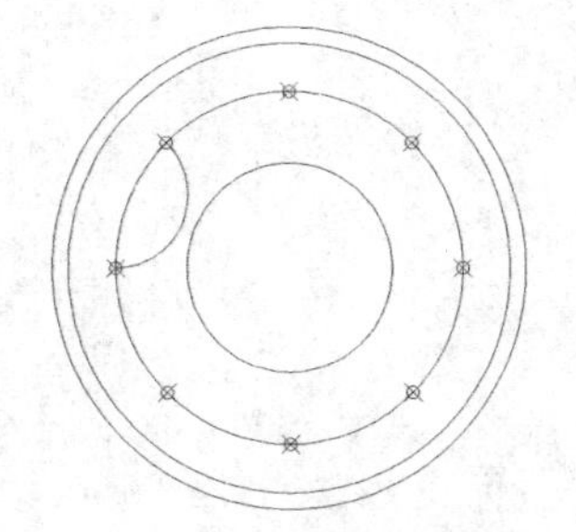

图 2-50　绘制圆弧

2.4　多段线

多段线是由宽窄相同或不同的线段和圆弧组合而成的。图 2-51 所示为调用多段线绘制的图形。用户可以用 PEDIT（多段线编辑）命令对多段线进行各种编辑。

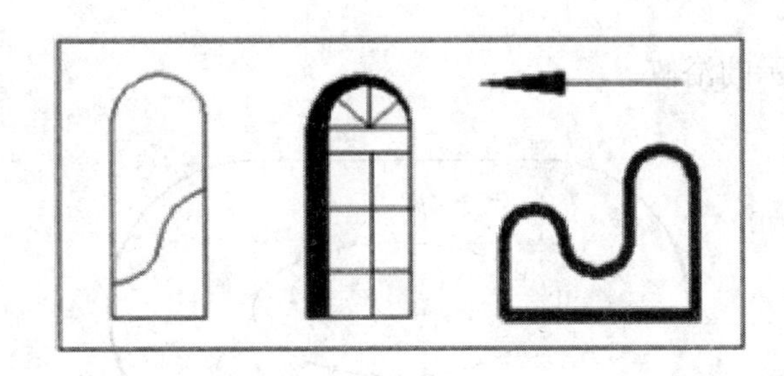

图 2-51　调用多段线绘制的图形

2.4.1　绘制多段线

【执行方式】

命令行：PLINE（缩写名：PL）
菜单："绘图"→"多段线"
工具栏："绘图"→"多段线"
功能区：单击"默认"选项卡"绘图"面板中的"多段线"按钮

【操作步骤】

命令：PLINE↙
指定起点：(指定多段线的起点)
当前线宽为 0.0000
指定下一个点或 [圆弧(A)/半宽(H)/长度(L)/放弃(U)/宽度(W)]：(指定多段线的下一点)
指定下一点或 [圆弧(A)/闭合(C)/半宽(H)/长度(L)/放弃(U)/宽度(W)]：(继续指定多段线的下一点)

【选项说明】

（1）圆弧(A)：该选项使 Pline 命令由绘直线方式变为绘圆弧方式，并给出绘圆弧的提示：
指定圆弧的端点(按住 Ctrl 键以切换方向)或[角度(A)/圆心(CE)/方向(D)/半宽(H)/直线(L)/半径(R)/第二个点(S)/放弃(U)/宽度(W)]：

（2）闭合(C)：执行该选项，系统从当前点到多段线的起点以当前宽度画一条直线，构成封闭的多段线，并结束 Pline 命令的执行。

（3）半宽(H)：用来确定多段线的半宽度。

（4）长度(L)：用于确定多段线的长度。

（5）放弃(U)：可以删除多段线中刚画出的直线段（或圆弧段）。

（6）宽度(W)：用于确定多段线的宽度，操作方法与半宽度选项类似。

2.4.2 实例——绘制浴缸

绘制如图 2-52 所示的浴缸。

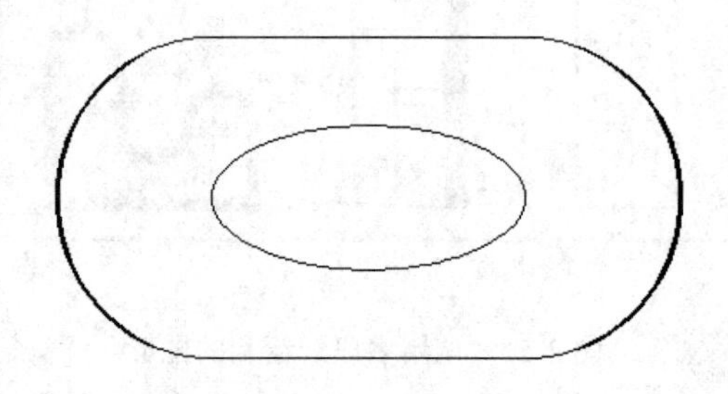

图 2-52 浴缸

01 单击“默认”选项卡“绘图”面板中的“多段线”按钮，绘制外沿线，命令行提示与操作如下：

命令：pl↙

PLINE 指定起点：200,100↙

当前线宽为 0.0000

指定下一个点或 [圆弧(A)/半宽(H)/长度(L)/放弃(U)/宽度(W)]：500,100↙

指定下一点或 [圆弧(A)/闭合(C)/半宽(H)/长度(L)/放弃(U)/宽度(W)]：h↙

指定起点半宽 <0.0000>：0↙

指定端点半宽 <0.0000>：2↙

指定下一点或 [圆弧(A)/闭合(C)/半宽(H)/长度(L)/放弃(U)/宽度(W)]：a↙

指定圆弧的端点(按住 Ctrl 键以切换方向)或[角度(A)/圆心(CE)/闭合(CL)/方向(D)/半宽(H)/直线(L)/半径(R)/第二个点(S)/放弃(U)/宽度(W)]：a↙

指定夹角：90↙

指定圆弧的端点(按住 Ctrl 键以切换方向)或 [圆心(CE)/半径(R)]：ce↙

指定圆弧的圆心：500,250↙

指定圆弧的端点(按住 Ctrl 键以切换方向)或[角度(A)/圆心(CE)/闭合(CL)/方向(D)/半宽(H)/直线(L)/半径(R)/第二个点(S)/放弃(U)/宽度(W)]：h↙

指定起点半宽 <2.0000>：2↙

指定端点半宽 <2.0000>：0↙

指定圆弧的端点(按住 Ctrl 键以切换方向)或[角度(A)/圆心(CE)/闭合(CL)/方向(D)/半宽(H)/直线(L)/半径(R)/第二个点(S)/放弃(U)/宽度(W)]：d↙

指定圆弧的起点切向：(将光标指向适当方向)

指定圆弧的端点(按住 Ctrl 键以切换方向)：500,400↙

指定圆弧的端点(按住 Ctrl 键以切换方向)或[角度(A)/圆心(CE)/闭合(CL)/方向(D)/半宽(H)/直线(L)/半径(R)/第二个点(S)/放弃(U)/宽度(W)]：l↙

指定下一点或 [圆弧(A)/闭合(C)/半宽(H)/长度(L)/放弃(U)/宽度(W)]: 200,400↙

指定下一点或 [圆弧(A)/闭合(C)/半宽(H)/长度(L)/放弃(U)/宽度(W)]: h↙

指定起点半宽 <0.0000>: 0↙

指定端点半宽 <0.0000>: 2↙

指定下一点或 [圆弧(A)/闭合(C)/半宽(H)/长度(L)/放弃(U)/宽度(W)]: a↙

指定圆弧的端点(按住 Ctrl 键以切换方向)或[角度(A)/圆心(CE)/闭合(CL)/方向(D)/半宽(H)/直线(L)/半径(R)/第二个点(S)/放弃(U)/宽度(W)]: ce↙

指定圆弧的圆心: 200,250↙

指定圆弧的端点(按住 Ctrl 键以切换方向)或 [角度(A)/长度(L)]: a↙

指定夹角(按住 Ctrl 键以切换方向): 90↙

指定圆弧的端点(按住 Ctrl 键以切换方向)或[角度(A)/圆心(CE)/闭合(CL)/方向(D)/半宽(H)/直线(L)/半径(R)/第二个点(S)/放弃(U)/宽度(W)]: h↙

指定起点半宽 <2.0000>: 2↙

指定端点半宽 <2.0000>: 0↙

指定圆弧的端点(按住 Ctrl 键以切换方向)或 [角度(A)/圆心(CE)/闭合(CL)/方向(D)/半宽(H)/直线(L)/半径(R)/第二个点(S)/放弃(u)/宽度 (W) :CL↙

02 单击“默认”选项卡“绘图”面板中的“轴，端点”按钮，绘制缸底，结果如图 2-52 所示。

2.5 样条曲线

2.5.1 绘制样条曲线

样条曲线常用于绘制不规则零件轮廓，如零件断裂处的边界。

【执行方式】

命令行：SPLINE

菜单：“绘图”→“样条曲线”

工具栏：“绘图”→“样条曲线”

功能区：单击“默认”选项卡“绘图”面板中的“样条曲线拟合”按钮或“样条曲线控制点”按钮（见图 2-53）

【操作步骤】

命令: SPLINE

当前设置: 方式=拟合　节点=弦

指定第一个点或 [方式(M)/节点(K)/对象(O)]: _M

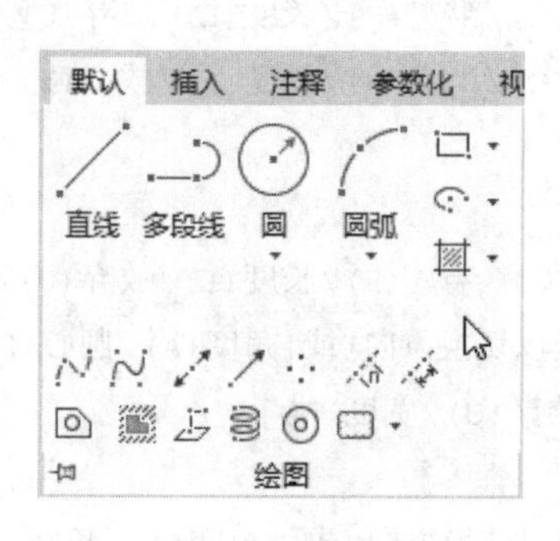

图 2-53 “绘图”面板

输入样条曲线创建方式 [拟合(F)/控制点(CV)] <拟合>: _FIT

当前设置: 方式=拟合 节点=弦

指定第一个点或 [方式(M)/节点(K)/对象(O)]:(指定一点或选择“对象 O”)

输入下一个点或 [起点切向(T)/公差(L)]: (输入下一个点)

输入下一个点或 [端点相切(T)/公差(L)/放弃(U)]: (输入下一个点)

输入下一个点或 [端点相切(T)/公差(L)/放弃(U)/闭合(C)]:

【选项说明】

(1)对象(O):将二维或三维的二次或三次样条曲线拟合多段线转换为等价的样条曲线,然后(根据 DELOBJ 系统变量的设置)删除该多段线。

(2)闭合(C):将最后一点定义为与第一点一致,并使它在连接处相切,这样可以闭合样条曲线。

(3)拟合公差(F):修改当前样条曲线的拟合公差。根据新公差以现有点重新定义样条曲线。公差表示样条曲线拟合所指定的拟合点集时的拟合精度。公差越小,样条曲线与拟合点越接近。公差为 0,样条曲线将通过该点。输入大于 0 的公差,将使样条曲线在指定的公差范围内通过拟合点。在绘制样条曲线时,可以改变样条曲线拟合公差以查看效果。

(4)<起点切向>:定义样条曲线的第一点和最后一点的切向。如果在样条曲线的两端都指定切向,可以输入一个点或者使用“切点”和“垂足”对象捕捉模式使样条曲线与已有的对象相切或垂直。如果按 Enter 键,AutoCAD 2024 将计算默认切向。

(5)<端点相切>:停止基于切向创建曲线。可通过指定拟合点继续创建样条曲线。 选择“端点相切”后,将提示指定最后一个输入拟合点的最后一个切点。

(6)变量控制:系统变量 Splframe 用于控制绘制样条曲线时是否显示样条曲线的线框。将该变量的值设置为 1 时,会显示出样条曲线的线框。

2.5.2 实例——绘制雨伞

绘制如图 2-54 所示的雨伞。

01 单击“默认”选项卡“绘图”面板中的“圆弧”按钮,绘制伞的外框(半圆)。

如图 2-55 所示。

图 2-54　雨伞

02 单击“默认”选项卡“绘图”面板中的“样条曲线拟合”按钮，绘制伞的底边，命令行提示与操作如下：

命令：SPLINE↙
当前设置：方式=拟合　节点=弦
指定第一个点或 [方式(M)/节点(K)/对象(O)]：_M
输入样条曲线创建方式 [拟合(F)/控制点(CV)] <拟合>：_FIT
当前设置：方式=拟合　节点=弦
指定第一个点或 [方式(M)/节点(K)/对象(O)]：(指定样条曲线的起点)
输入下一个点或 [起点切向(T)/公差(L)]：(输入下一个点)
输入下一个点或 [端点相切(T)/公差(L)/放弃(U)]：(指定样条曲线的下一个点)
输入下一个点或 [端点相切(T)/公差(L)/放弃(U)/闭合(C)]：(指定样条曲线的下一个点)
输入下一个点或 [端点相切(T)/公差(L)/放弃(U)/闭合(C)]：(指定样条曲线的下一个点)
输入下一个点或 [端点相切(T)/公差(L)/放弃(U)/闭合(C)]：(指定样条曲线的下一个点)
输入下一个点或 [端点相切(T)/公差(L)/放弃(U)/闭合(C)]：(指定样条曲线的下一个点)
输入下一个点或 [端点相切(T)/公差(L)/放弃(U)/闭合(C)]：↙
指定起点切向：(在 1 点左边顺着曲线往外指定一点并鼠标右击确认)
指定端点切向：(在 7 点左边顺着曲线往外指定一点并鼠标右击确认)

03 单击“默认”选项卡“绘图”面板中的“圆弧”按钮，绘制伞面辐条，命令行提示与操作如下：

命令：ARC↙
指定圆弧的起点或 [圆心(C)]：(在圆弧大约正中点 8 位置指定圆弧的起点，如图 2-56 所示)
指定圆弧的第二个点或 [圆心(C)/端点(E)]：(在点 9 位置指定圆弧的第二个点)
指定圆弧的端点：(在点 2 位置指定圆弧的端点)

采用同样方法，单击“默认”选项卡“绘图”面板中的“圆弧”按钮，绘制其他雨伞辐条，绘制结果如图 2-57 所示。

04 单击“默认”选项卡“绘图”面板中的“多段线”按钮，绘制伞顶和伞把，命令行提示与操作如下：

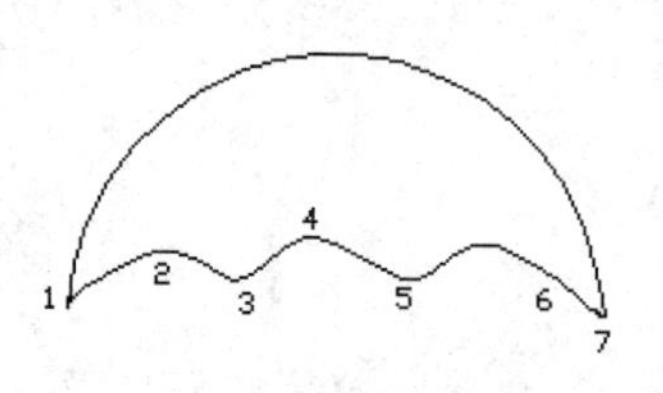

图 2-55　绘制伞边

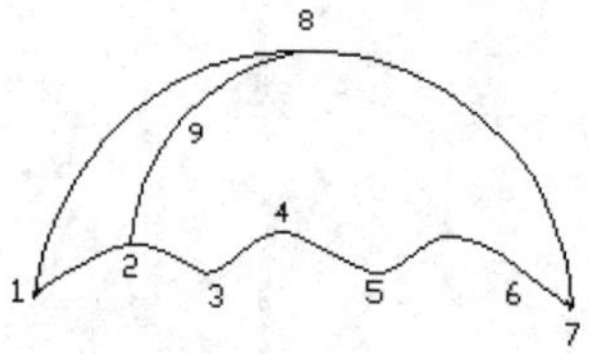

图 2-56　绘制伞面辐条

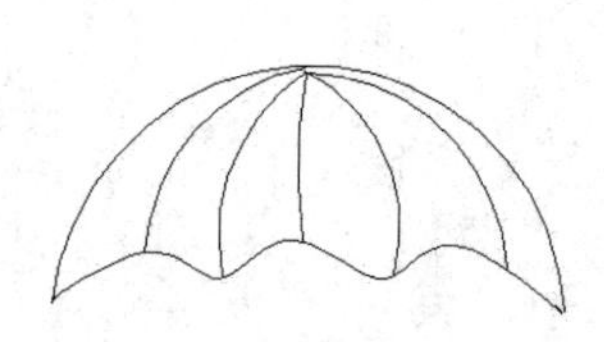

图 2-57　绘制伞面

命令：PLINE↙

指定起点：(在图 2-56 的点 8 位置指定伞顶起点)

当前线宽为 3.0000

指定下一个点或 [圆弧(A)/半宽(H)/长度(L)/放弃(U)/宽度(W)]：W↙

指定起点宽度 <3.0000>：4↙

指定端点宽度 <4.0000>：2↙

指定下一个点或 [圆弧(A)/半宽(H)/长度(L)/放弃(U)/宽度(W)]：(指定伞顶终点)

指定下一点或 [圆弧(A)/闭合(C)/半宽(H)/长度(L)/放弃(U)/宽度(W)]：U↙　(位置不合适，取消)

指定下一个点或 [圆弧(A)/半宽(H)/长度(L)/放弃(U)/宽度(W)]：(重新在往上适当位置指定伞顶终点)

指定下一点或 [圆弧(A)/闭合(C)/半宽(H)/长度(L)/放弃(U)/宽度(W)]：(右击确认)

命令：PLINE↙

指定起点：(在图 2-56 的点 8 正下方点 4 位置附近指定伞把起点)

当前线宽为 2.0000

指定下一个点或 [圆弧(A)/半宽(H)/长度(L)/放弃(U)/宽度(W)]：H↙

指定起点半宽 <1.0000>：1.5↙

指定端点半宽 <1.5000>：↙

指定下一个点或 [圆弧(A)/半宽(H)/长度(L)/放弃(U)/宽度(W)]：(往下适当位置指定下一点)

指定下一点或 [圆弧(A)/闭合(C)/半宽(H)/长度(L)/放弃(U)/宽度(W)]:A↙

指定圆弧的端点(按住 Ctrl 键以切换方向)或[角度(A)/圆心(CE)/闭合(CL)/方向(D)/半宽(H)/直线(L)/半径(R)/第二个点(S)/放弃(U)/宽度(W)]：(指定圆弧的端点)

指定圆弧的端点(按住 Ctrl 键以切换方向)或[角度(A)/圆心(CE)/闭合(CL)/方向(D)/半宽(H)/直线(L)/半径(R)/第二个点(S)/放弃(U)/宽度(W)]：(鼠标右击确认)

最终绘制的图形如图 2-54 所示。

2.6　图案填充

当用户需要用一个重复的图案（pattern）填充一个区域时，可以使用 BHATCH 命令建立一个相关联的填充阴影对象，然后指定相应的区域进行填充，即所谓的图案填充。

2.6.1 基本概念

1．图案边界

当进行图案填充时，首先要确定填充图案的边界。定义边界的对象只能是直线、双向射线、单向射线、多段线、样条曲线、圆弧、圆、椭圆、椭圆弧和面域等对象，或用这些对象定义的块，而且作为边界的对象在当前屏幕上必须全部可见。

2．孤岛

在进行图案填充时，把位于总填充域内的封闭区域称为孤岛，如图 2-58 所示。在用 BHATCH 命令填充时，系统允许用户以点取点的方式确定填充边界，即在希望填充的区域内任意点取一点，系统会自动确定出填充边界，同时也确定该边界内的岛。如果用户是以点取对象的方式确定填充边界的，则必须确切地点取这些岛。

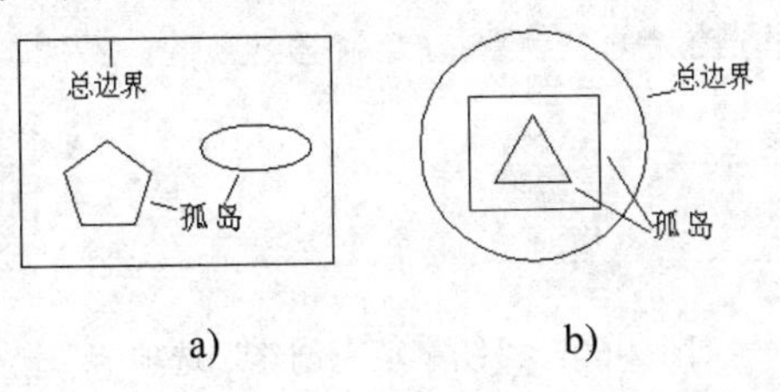

图 2-58　孤岛

3．填充方式

在进行图案填充时，需要控制填充的范围，AutoCAD 2024 为用户设置了 3 种填充方式实现对填充范围的控制。

1）普通方式，如图 2-59a 所示，该方式从边界开始，由每条填充线或每个填充符号的两端向里画，遇到内部对象与之相交时，填充线或符号断开，直到遇到下一次相交时再继续画。采用这种方式时，要避免剖面线或符号与内部对象的相交次数为奇数。该方式为系统内部的默认方式。

2）最外层方式，如图 2-59b 所示，该方式从边界向里画剖面符号，只要在边界内部与对象相交，剖面符号便由此断开，而不再继续画。

3）忽略方式，如图 2-59c 所示，该方式忽略边界内的对象，所有内部结构都被剖面符号覆盖。

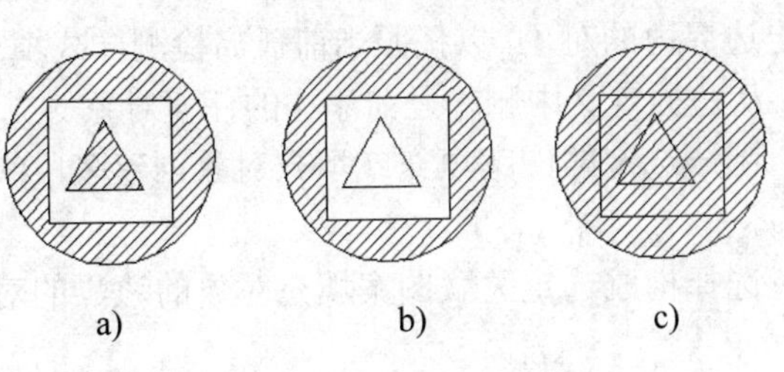

图 2-59　填充方式

2.6.2 图案填充的操作

【执行方式】

命令行：BHATCH

菜单："绘图"→"图案填充"

工具栏："绘图"→"图案填充"或"绘图"→"渐变色"

功能区：单击"默认"选项卡"绘图"面板中的"图案填充"按钮或"渐变色"按钮

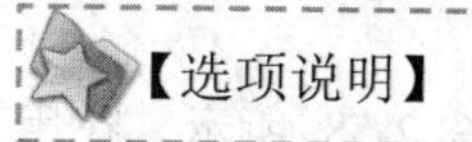

【选项说明】

1."图案填充"选项

执行上述命令后，系统打开如图 2-60 所示的"图案填充创建"选项卡，下面介绍各面板按钮的含义。

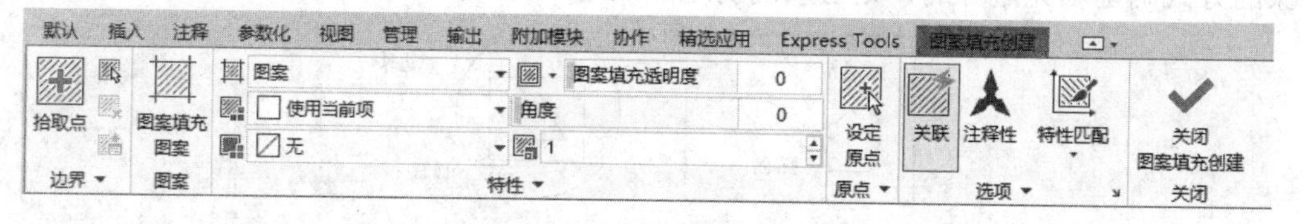

图 2-60 "图案填充创建"选项卡

（1）"边界"面板。

1）拾取点：通过选择由一个或多个对象形成的封闭区域内的点，确定图案填充边界（见图 2-61）。指定内部点时，可以随时在绘图区域中右击以显示包含多个选项的快捷菜单。

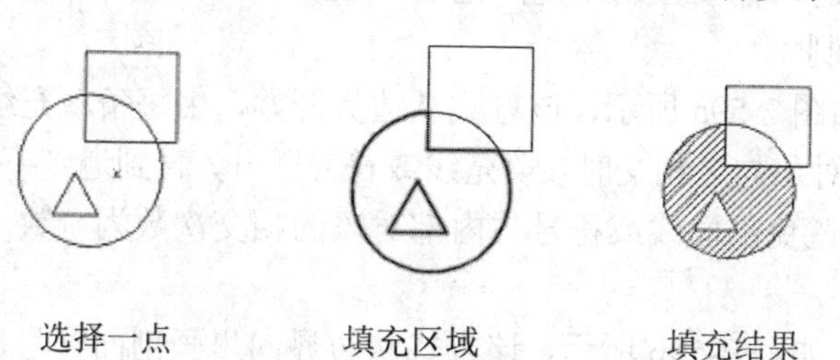

选择一点　　填充区域　　填充结果

图 2-61 边界确定

2）选择边界对象：指定基于选定对象的图案填充边界。使用该选项时，不会自动检测内部对象，必须选择选定边界内的对象，以按照当前孤岛检测样式填充这些对象（见图 2-62）。

3）删除边界对象：从边界定义中删除之前添加的任何对象（见图 2-63）。

4）重新创建边界：围绕选定的图案填充或填充对象创建多段线或面域，并使其与图案填充对象相关联（可选）。

5）显示边界对象：选择构成选定关联图案填充对象的边界的对象，使用显示的夹点可修改图案填充边界。

6）保留边界对象：指定如何处理图案填充边界对象。选项包括：

①不保留边界（仅在图案填充创建期间可用）。不创建独立的图案填充边界对象。

②保留边界多段线（仅在图案填充创建期间可用）。创建封闭图案填充对象的多段线。

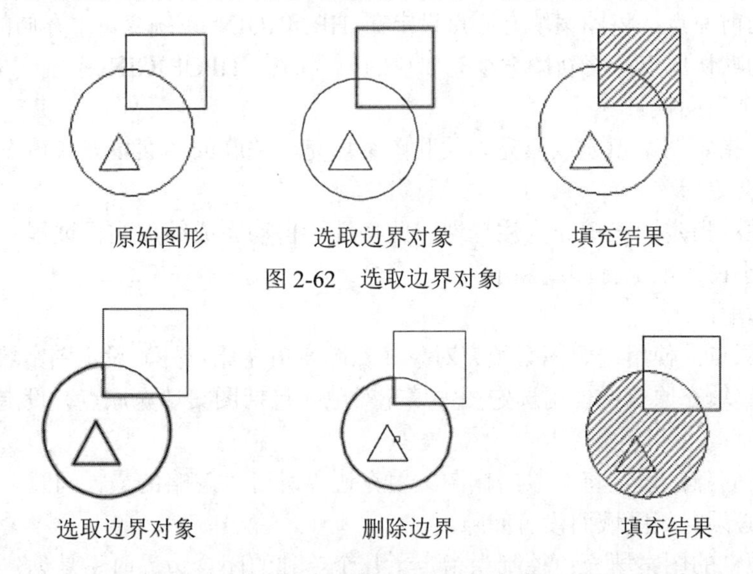

图 2-62　选取边界对象

图 2-63　删除“岛”后的边界

③保留边界面域（仅在图案填充创建期间可用）。创建封闭图案填充对象的面域对象。

④选择新边界集。指定对象的有限集（称为边界集），以便通过创建图案填充时的拾取点进行计算。

（2）“图案”面板。显示所有预定义和自定义图案的预览图像。

（3）“特性”面板。

1）图案填充类型：指定是使用纯色、渐变色、图案还是用户定义的填充。

2）图案填充颜色：替代实体填充和填充图案的当前颜色。

3）背景色：指定填充图案背景的颜色。

4）图案填充透明度：设定新图案填充或填充的透明度，替代当前对象的透明度。

5）图案填充角度：指定图案填充或填充的角度。

6）填充图案比例：放大或缩小预定义或自定义填充图案 。

7）相对于图纸空间（仅在布局中可用）：相对于图纸空间单位缩放填充图案。使用此选项，可很容易地做到以适合于布局的比例显示填充图案。

8）双向（仅当“图案填充类型”设定为“用户定义”时可用）：将绘制第二组直线，与原始直线成 90°，从而构成交叉线。

9）ISO 笔宽（仅对于预定义的 ISO 图案可用）：基于选定的笔宽缩放 ISO 图案。

（4）“原点”面板。

1）指定新原点：直接指定新的图案填充原点。

2）左下：将图案填充原点设定在图案填充边界矩形范围的左下角。

3）右下：将图案填充原点设定在图案填充边界矩形范围的右下角。

4）左上：将图案填充原点设定在图案填充边界矩形范围的左上角。

5）右上：将图案填充原点设定在图案填充边界矩形范围的右上角。

6）中心：将图案填充原点设定在图案填充边界矩形范围的中心。

7）使用当前原点：将图案填充原点设定在 HPORIGIN 系统变量中存储的默认位置。

8）存储为默认原点：将新图案填充原点的值存储在 HPORIGIN 系统变量中。

（5）“选项”面板。

1）关联：指定图案填充或填充为关联图案填充。关联的图案填充或填充在用户修改其边界对象时将会更新。

2）注释性：指定图案填充为注释性。此特性会自动完成缩放注释过程，从而使注释能够以正确的大小在图纸上打印或显示。

3）特性匹配：

使用当前原点：使用选定图案填充对象（除图案填充原点外）设定图案填充的特性。

使用源图案填充原点：使用选定图案填充对象（包括图案填充原点）设定图案填充的特性。

4）允许的间隙：设定将对象用作图案填充边界时可以忽略的最大间隙。默认值为 0，此值指定对象必须封闭区域而没有间隙。

5）创建独立的图案填充：控制当指定了几个单独的闭合边界时，是创建单个图案填充对象，还是创建多个图案填充对象。

6）孤岛检测：

普通孤岛检测：从外部边界向内填充。如果遇到内部孤岛，填充将关闭，直到遇到孤岛中的另一个孤岛。

外部孤岛检测：从外部边界向内填充。此选项仅填充指定的区域，不会影响内部孤岛。

忽略孤岛检测：忽略所有内部的对象，填充图案时将通过这些对象。

7）绘图次序：为图案填充或填充指定绘图次序。选项包括不更改、后置、前置、置于边界之后和置于边界之前。

（6）“关闭”面板。

关闭“图案填充创建”：退出 HATCH 并关闭上下文选项卡。也可以按 Enter 键或 Esc 键退出 HATCH。

2．“渐变色”选项

执行上述命令后系统打开图 2-64 所示的“图案填充创建”选项卡，各面板中的按钮含义与图案填充的类似，这里不再赘述。

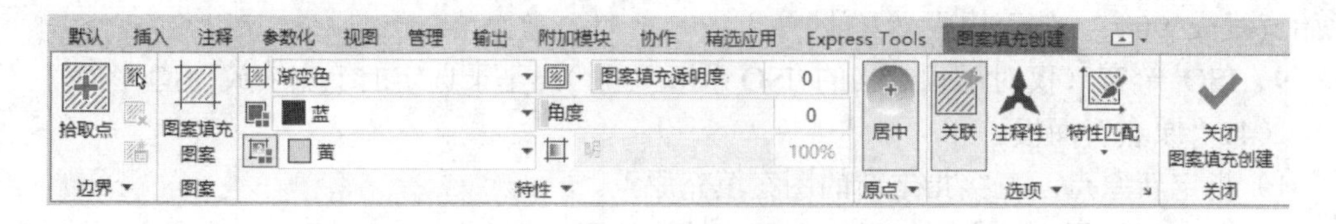

图 2-64 “图案填充创建”选项卡

2.6.3　编辑填充的图案

调用 HATCHEDIT 命令可以编辑已经填充的图案。

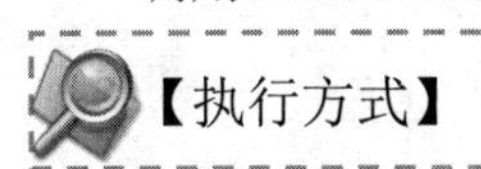

【执行方式】

命令行：HATCHEDIT
菜单："修改"→"对象"→"图案填充"
工具栏："修改 II"→"编辑图案填充"
功能区：单击"默认"选项卡"修改"面板中的"编辑图案填充"按钮
快捷菜单：选中填充的图案右击，在打开的快捷菜单中选择"图案填充编辑"命令
快捷方法：直接选择填充的图案，打开"图案填充编辑器"选项卡

【操作步骤】

执行上述命令后，系统会给出下面提示：

选择图案填充对象：

选取关联填充对象后，系统弹出如图 2-65 所示的"图案填充编辑"对话框。

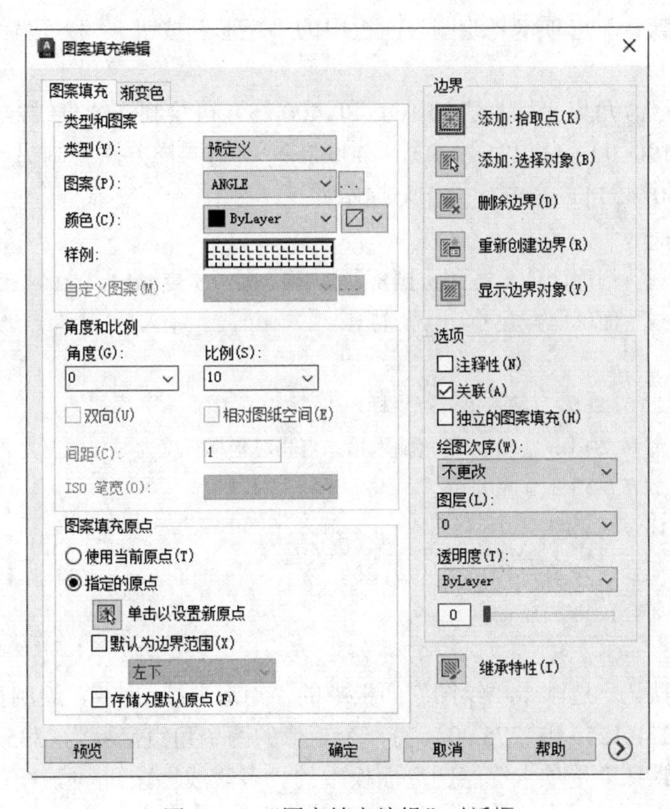

图 2-65　"图案填充编辑"对话框

在图 2-65 中，只有正常显示的选项才可以对其进行操作。利用该对话框，可以对已选中的图案进行一系列的编辑修改。

2.6.4 实例——绘制小屋

绘制如图 2-66 所示的小屋。

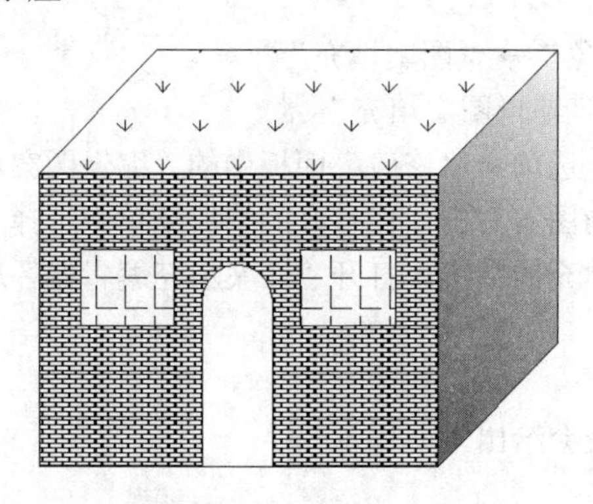

图 2-66 小屋

01 单击“默认”选项卡“绘图”面板中的“矩形”按钮 和“直线”按钮 绘制房屋外框。

先绘制一个矩形，角点坐标为(210,160)和(400,25)。再绘制连续直线，坐标为{(210,160)、(@80<45)、(@190<0)、(@135<-90)、(400,25)}。用同样方法绘制另一条直线，坐标为{(400,160)、(@80<45)}。命令行操作与提示如下：

```
命令：_rectang
指定第一个角点或 [倒角(C)/标高(E)/圆角(F)/厚度(T)/宽度(W)]: 210,160(输入角点坐标)
指定另一个角点或 [面积(A)/尺寸(D)/旋转(R)]: 400,25(输入另一个角点坐标)
命令：LINE
指定第一个点: 210,160↙(输入第一点坐标)
指定下一点或 [放弃(U)]: @80<45↙(输入第二点相对坐标长度为 80,角度为 45°)
指定下一点或 [放弃(U)]: @190,0↙
指定下一点或 [闭合(C)/放弃(U)]: @135<-90↙
指定下一点或 [闭合(C)/放弃(U)]: 400,25↙
指定下一点或 [闭合(C)/放弃(U)]: ↙
......
```

02 单击“默认”选项卡“绘图”面板中的“矩形”按钮 ，绘制窗户。一个矩形的两个角点坐标为(230,125)和(275,90)。另一个矩形的两个角点坐标为(335,125)和(380,90)。

03 单击“默认”选项卡“绘图”面板中的“多段线”按钮 ，绘制门。命令行提示与操作如下：

```
命令：PL↙
```

指定起点：288,25↙

当前线宽为 0.0000

指定下一点或 [圆弧(A)/闭合(C)/半宽(H)/长度(L)/放弃(U)/宽度(W)]：288,76↙

指定下一点或 [圆弧(A)/闭合(C)/半宽(H)/长度(L)/放弃(U)/宽度(W)]：a↙

指定圆弧的端点(按住 Ctrl 键以切换方向)或[角度(A)/圆心(CE)/闭合(CL)/方向(D)/半宽(H)/直线(L)/半径(R)/第二点(S)/放弃(U)/宽度(W)]：a↙（用给定圆弧的包角方式画圆弧）

指定夹角：-180↙（夹角值为负，则顺时针画圆弧；反之，则逆时针画圆弧）

指定圆弧的端点(按住 Ctrl 键以切换方向)或 [圆心(CE)/半径(R)]：322,76↙（给出圆弧端点的坐标值）

指定圆弧的端点(按住 Ctrl 键以切换方向)或[角度(A)/圆心(CE)/闭合(CL)/方向(D)/半宽(H)/直线(L)/半径(R)/第二点(S)/放弃(U)/宽度(W)]：l↙

指定下一点或 [圆弧(A)/闭合(C)/半宽(H)/长度(L)/放弃(U)/宽度(W)]：@51<-90↙

指定下一点或 [圆弧(A)/闭合(C)/半宽(H)/长度(L)/放弃(U)/宽度(W)]：↙

04 单击“默认”选项卡“绘图”面板中的“图案填充”按钮，进行填充。命令行提示与操作如下：

命令：BHATCH↙ （图案填充命令，输入该命令后将出现“图案填充创建”选项卡，选择预定义的 GRASS 图案，角度为 0，比例为 1，填充屋顶小草，如图 2-67 所示）

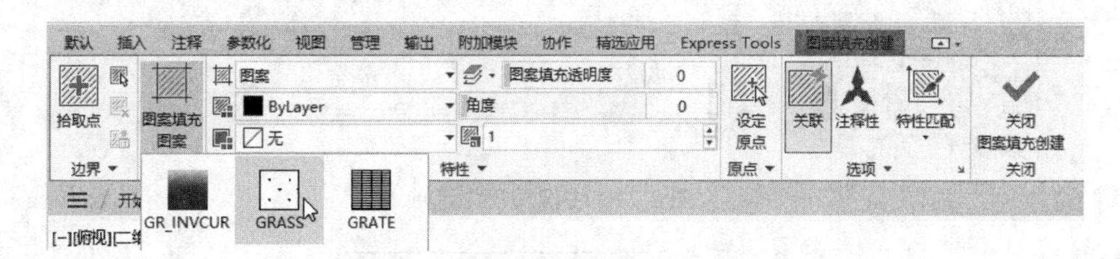

图 2-67 “图案填充创建”选项卡

拾取内部点或 [选择对象(S)/放弃(U)/设置(T)]：（点按“拾取点”按钮，用光标在屋顶内拾取如图 2-68 所示的点 1，按 Enter 键完成填充）

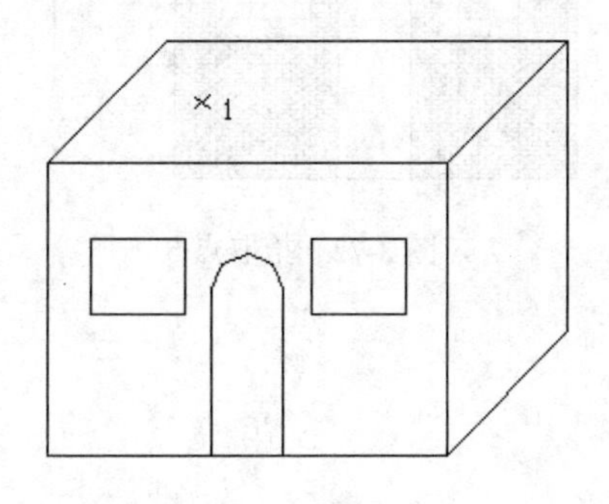

图 2-68 拾取点 1

05 单击“默认”选项卡“绘图”面板中的“图案填充”按钮，选择预定义的 ANGLE

图案，角度为 0，比例为 1，拾取如图 2-69 所示 2、3 两个位置的点填充窗户。

06 单击“默认”选项卡“绘图”面板中的“图案填充”按钮，选择预定义的 BRSTONE 图案，角度为 0，比例为 0.25，拾取如图 2-70 所示点 4 位置的点填充小屋前面的砖墙。

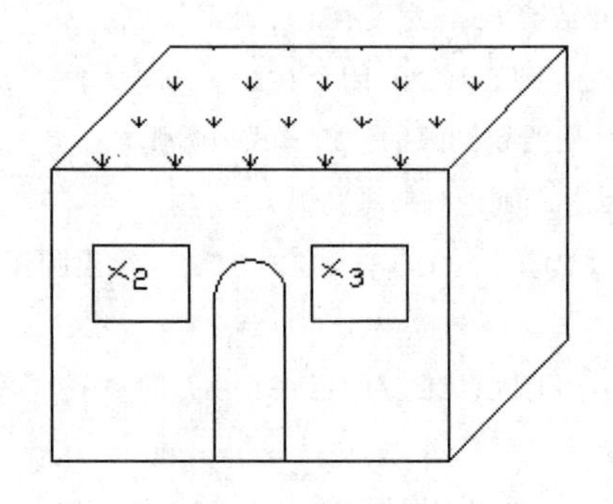

图 2-69 拾取点 2、点 3

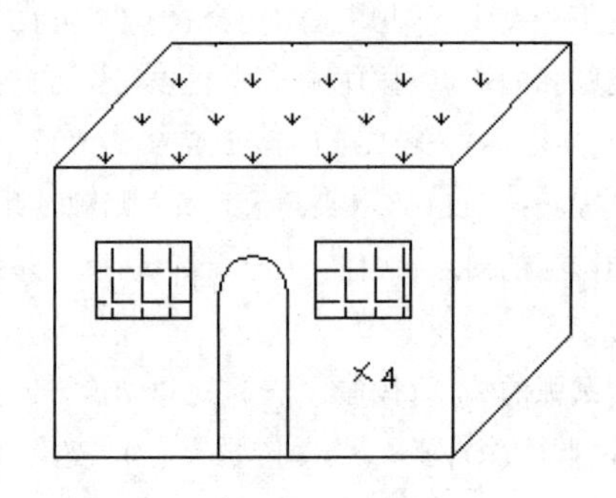

图 2-70 拾取点 4

07 单击“默认”选项卡“绘图”面板中的“渐变色”按钮，按照图 2-71 所示进行设置，拾取如图 2-72 所示点 5 位置的填充小屋前面的砖墙。最终结果如图 2-66 所示。

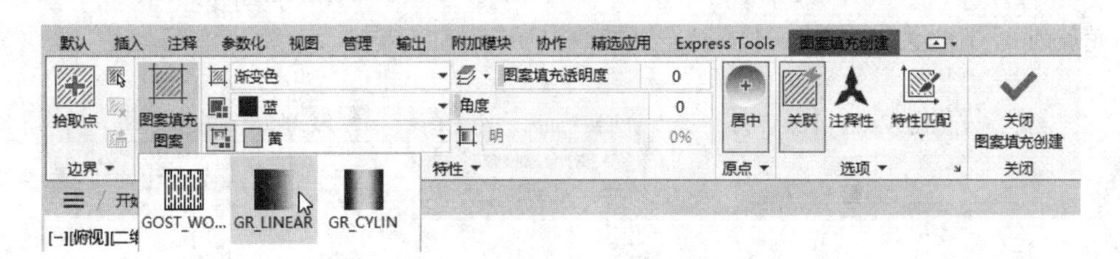

图 2-71 “渐变色”选项卡

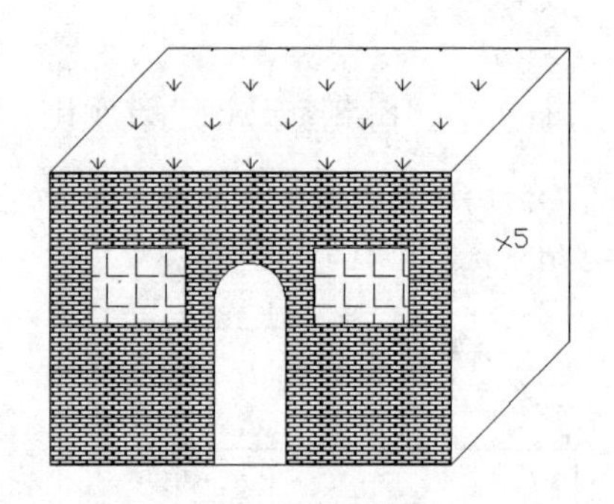

图 2-72 拾取点 5

2.7 多线

多线是一种复合线，由连续的直线段复合组成。这种线一个突出的优点是能够提高绘图效率，保证图线之间的统一性，建筑的墙体设置过程中需要大量用到这种命令。

2.7.1 绘制多线

【执行方式】

命令行：MLINE

菜单：绘图→多线

【操作步骤】

```
命令：MLINE↙
当前设置：对正 = 上，比例 = 20.00，样式 = STANDARD
指定起点或 [对正(J)/比例(S)/样式(ST)]：(指定起点)
指定下一点：(给定下一点)
指定下一点或 [放弃(U)]：(继续给定下一点绘制线段。输入“U”，则放弃前一段的绘制；右击或按
Enter 键，结束命令)
指定下一点或 [闭合(C)/放弃(U)]：(继续给定下一点绘制线段。输入“C”，则闭合线段，结束命令)
```

【选项说明】

（1）对正（J）：该项用于给定绘制多线的基准。共有三种对正类型“上”“无”和“下”。其中，“上（T）”表示以多线上侧的线为基准，依次类推。

（2）比例（S）：选择该项，要求用户设置平行线的间距。输入值为零时平行线重合，值为负时多线的排列倒置。

（3）样式（ST）：该项用于设置当前使用的多线样式。

2.7.2 定义多线样式

【执行方式】

命令行：MLSTYLE

【操作步骤】

```
命令：MLSTYLE↙
```

系统自动执行该命令，打开如图 2-73 所示的“多线样式”对话框。在该对话框中，用户可以对多线样式进行定义、保存和加载等操作。

2.7.3 编辑多线

【执行方式】

命令行：MLEDIT

菜单：“修改”→“对象”→“多线”

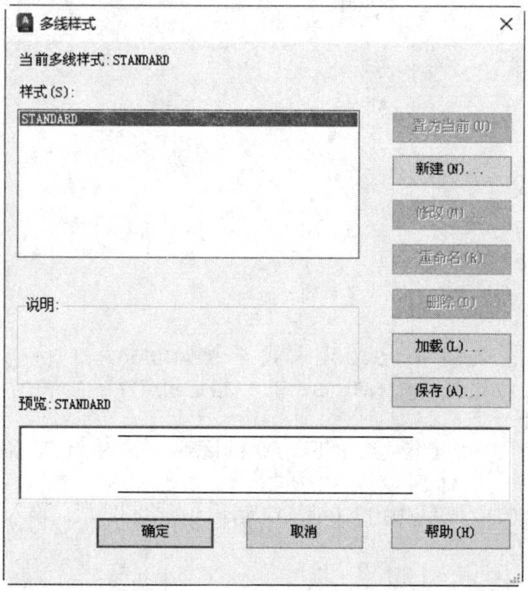

多线样式

当前多线样式：STANDARD

样式(S)：

STANDARD

置为当前(U)

新建(N)...

修改(M)...

重命名(R)

删除(D)

说明：

加载(L)...

保存(A)...

预览：STANDARD

确定　取消　帮助(H)

图 2-73　“多线样式”对话框

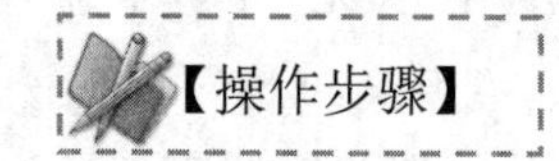【操作步骤】

调用该命令后，打开“多线编辑工具”对话框，如图 2-74 所示。

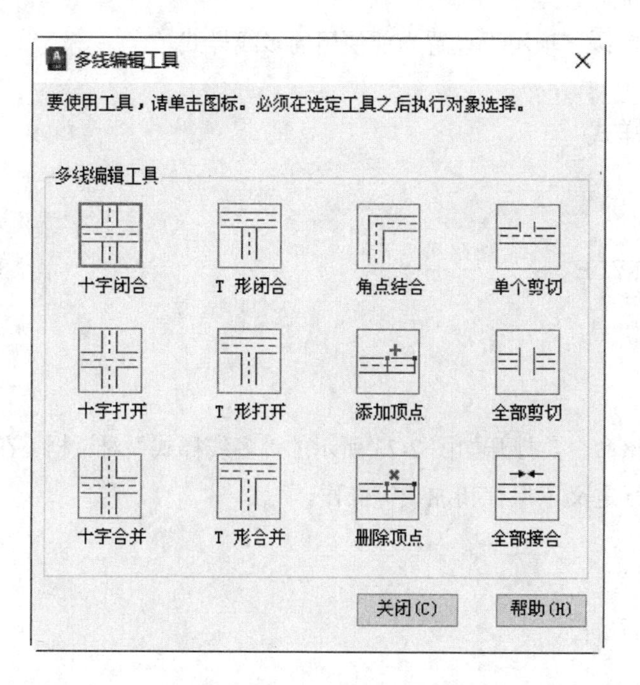

图 2-74　“多线编辑工具”对话框

利用该对话框，可以创建或修改多线的模式。对话框中分 4 列显示了示例图形。其中，第 1 列管理十字交叉形式的多线，第 2 列管理 T 形多线，第 3 列管理拐角接合点和节点，第 4 列管理多线被剪切或连接的形式。

单击选择某个示例图形，然后单击“确定”按钮，就可以调用该项编辑功能。

下面以“十字打开”为例介绍多段线编辑方法。把选择的两条多线进行打开交叉。选择该选项后，出现如下提示：

选择第一条多线：（选择第一条多线）

选择第二条多线：（选择第二条多线）

选择完毕后，第二条多线被第一条多线横断交叉。系统继续提示：

选择第一条多线或 [放弃（U）]：

可以继续选择多线进行操作。选择“放弃（U）”功能会撤消前次操作。操作过程和执行结果如图 2-75 所示。

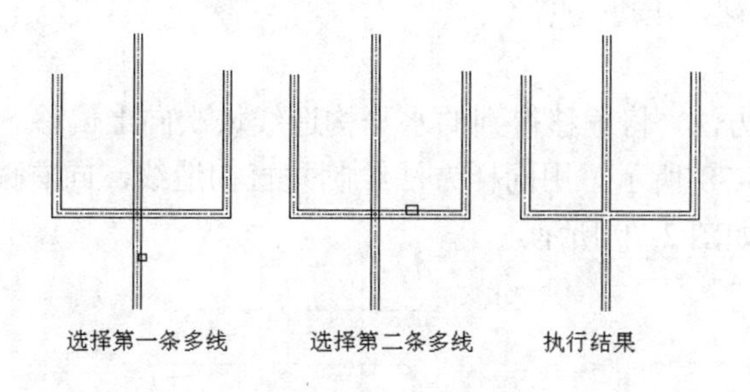

图 2-75　十字打开

2.7.4　实例——绘制墙体

绘制如图 2-76 所示的墙体。

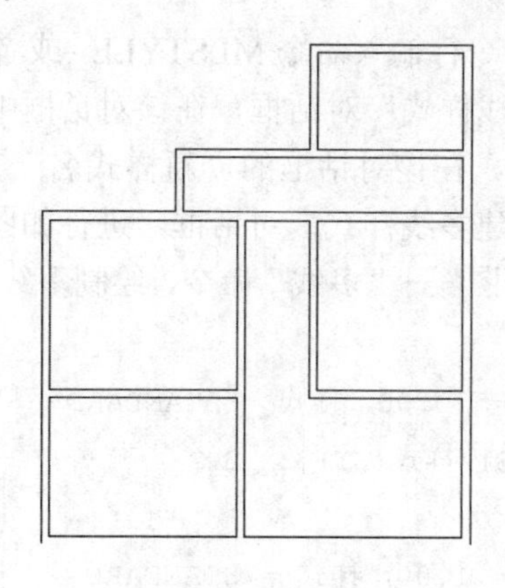

图 2-76　墙体

01 单击“默认”选项卡“绘图”面板中的“构造线”按钮 ╱，绘制辅助线。绘制出一条水平构造线和一条竖直构造线，组成“十”字构造线，如图 2-77 所示。命令行操作与提

示如下：

命令：XLINE↙

指定点或 [水平(H)/垂直(V)/角度(A)/二等分(B)/偏移(O)]：(指定一点)

指定通过点：(指定水平方向一点)

指定通过点：(指定竖直方向一点)

指定通过点：↙

02 单击“默认”选项卡“绘图”面板中的“构造线”按钮，绘制辅助线。命令行提示与操作如下：

命令：XLINE↙

指定点或 [水平(H)/垂直(V)/角度(A)/二等分(B)/偏移(O)]：O↙

指定偏移距离或 [通过(T)]:4500↙

选择直线对象：(选择刚绘制的水平构造线)

指定向哪侧偏移：(指定上边一点)

选择直线对象：↙

03 采用相同方法，将偏移得到的水平构造线依次向上偏移 5100、1800 和 3000，绘制的水平构造线如图 2-78 所示。用同样方法绘制垂直构造线，向右偏移依次是 3900、1800、2100 和 4500，结果如图 2-79 所示。

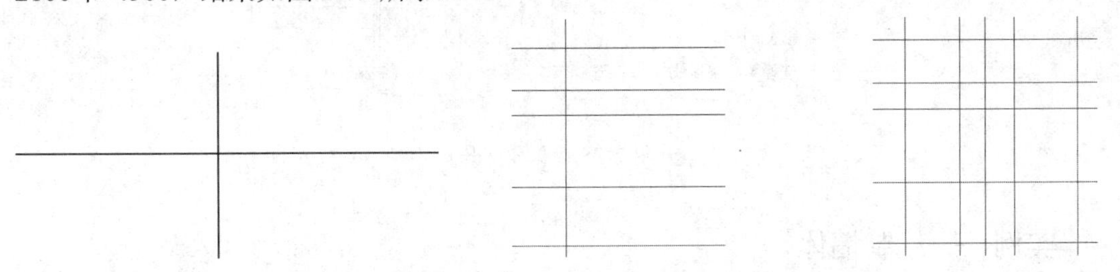

图 2-77 “十”字构造线　　图 2-78 水平方向的主要辅助线　　图 2-79 居室的辅助线网格

04 定义多线样式。在命令行输入命令 MLSTYLE，或者选择菜单栏中的“格式”→“多线样式”命令，系统打开“多线样式”对话框，在该对话框中单击“新建”按钮，系统打开“创建新的多线样式”对话框，在该对话框的“新样式名”文本框中键入“墙体线”，单击“继续”按钮。系统打开“新建多线样式”对话框，进行如图 2-80 所示的设置。

05 选择菜单栏中的“绘图”→“多线”命令，绘制多线墙体。命令行提示与操作如下：

命令：MLINE↙

当前设置：对正 = 上，比例 = 20.00，样式 = STANDARD

指定起点或 [对正(J)/比例(S)/样式(ST)]： S↙

输入多线比例 <20.00>： 1↙

当前设置：对正 = 上，比例 = 1.00，样式 = STANDARD

指定起点或 [对正(J)/比例(S)/样式(ST)]： J↙

输入对正类型 [上(T)/无(Z)/下(B)] <上>： Z↙

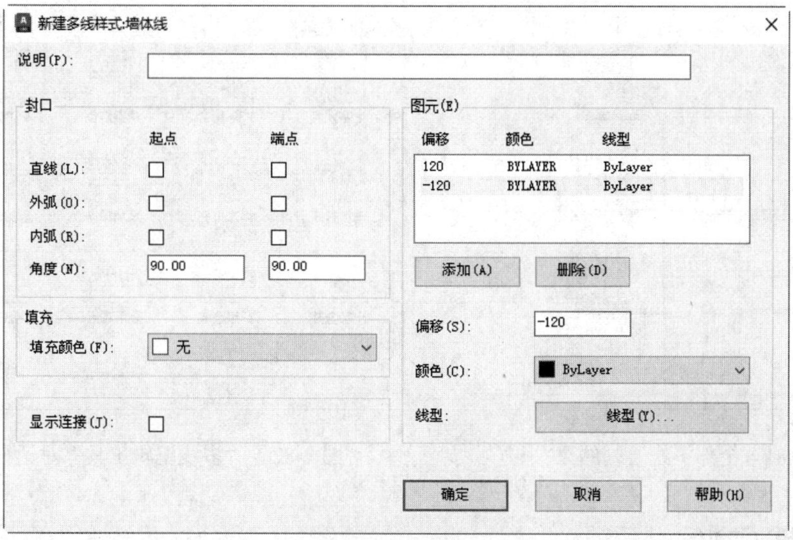

图 2-80　设置多线样式

当前设置：对正 = 无，比例 = 1.00，样式 = STANDARD

指定起点或 [对正(J)/比例(S)/样式(ST)]： ST↙

输入多线样式名或 [?]： 墙体线↙

指定起点或 [对正(J)/比例(S)/样式(ST)]：(在绘制的辅助线交点上指定一点)

指定下一点：（在绘制的辅助线交点上指定下一点）

指定下一点或 [放弃(U)]：（在绘制的辅助线交点上指定下一点）

指定下一点或 [闭合(C)/放弃(U)]：（在绘制的辅助线交点上指定下一点）

……

指定下一点或 [闭合(C)/放弃(U)]:C↙

06 采用相同方法根据辅助线网格绘制多线，绘制结果如图 2-81 所示。

07 编辑多线。选择菜单栏中的“修改”→“对象”→“多线”命令，系统打开“多线编辑工具”对话框，如图 2-82 所示。选择其中的“T 形合并”选项，确认后，命令行提示与操作如下：

命令：MLEDIT↙

选择第一条多线：(选择多线)

选择第二条多线：(选择多线)

选择第一条多线或 [放弃(U)]：(选择多线)

……

选择第一条多线或 [放弃(U)]：↙

08 采用同样方法继续进行多线编辑，编辑的最终结果如图 2-76 所示。

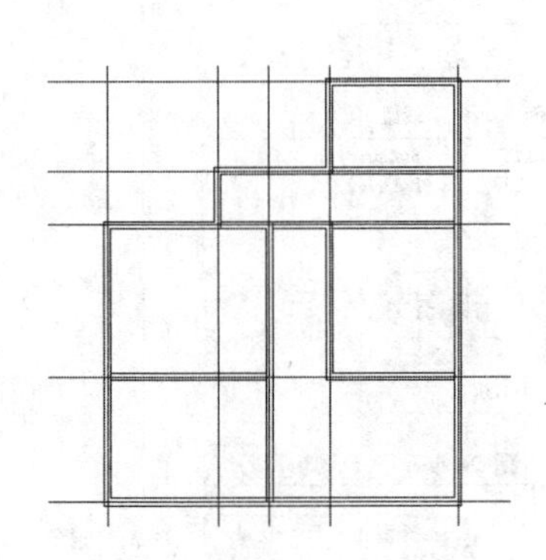

图 2-81　全部多线绘制结果

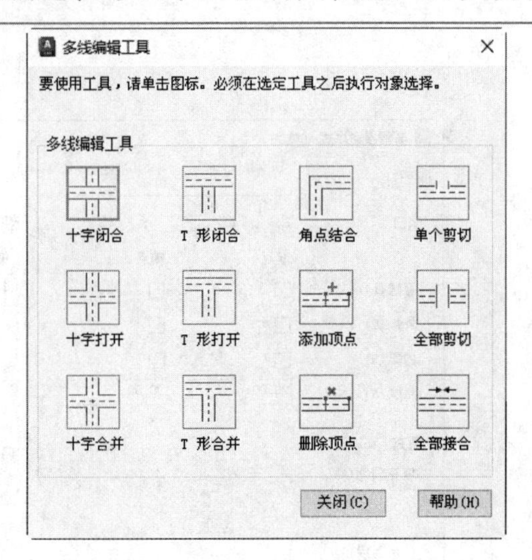

图 2-82　“多线编辑工具”对话框

2.8　上机实验

【实验 1】　绘制如图 2-83 所示的圆形。

操作指导

（1）调用“圆心、半径”方法绘制两个小圆。

（2）调用“相切、相切、半径”方法绘制中间与两个小圆均相切的大圆。

（3）执行“绘图”→“圆”→“相切、相切、相切”菜单命令，以已经绘制的 3 个圆为相切对象，绘制最外面的大圆。

【实验 2】　调用图案填充绘制如图 2-84 所示的草坪。

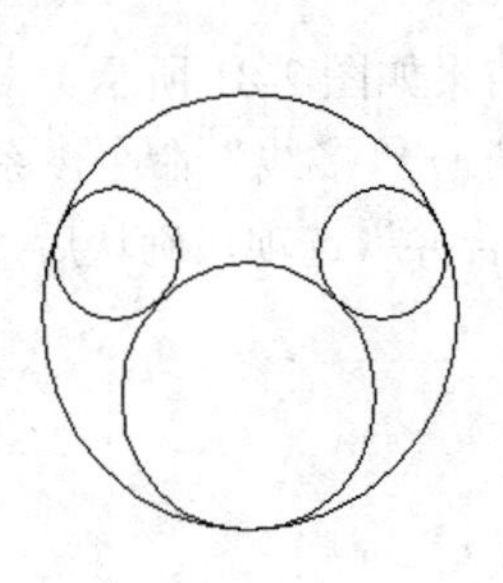

图 2-83　绘制圆形

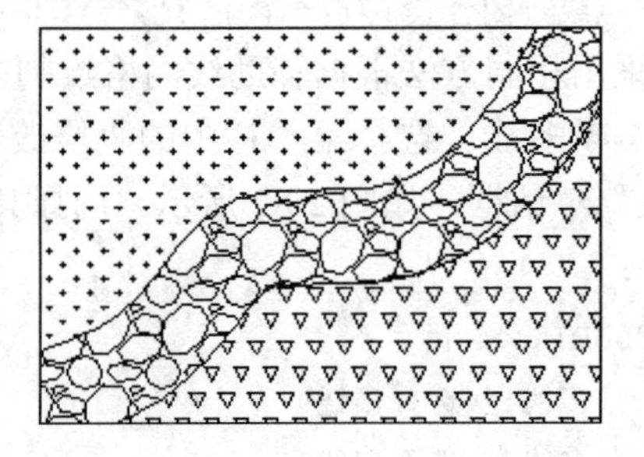

图 2-84　草坪

操作指导

（1）调用“矩形”和“样条曲线”命令绘制初步轮廓。

（2）调用“图案填充”命令在各个区域填充图案。

2.9 思考与练习

1．可以有宽度的线有：

（1）构造线　　（2）多段线　　（3）多线　　（4）直线

2．调用下面的命令能绘制出线段或类似线段图形的有：

（1）LINE　　（2）PLINE　　（3）RECTANG　　（4）ARC

3．绘制如图 2-85 所示的弯月亮。

图 2-85　弯月亮造型

第 3 章 基本绘图工具

导读

AutoCAD 2024 提供了多种功能强大的辅助绘图工具，包括图层相关工具、绘图定位工具和显示控制工具等。利用这些工具，可以方便、快速、准确地进行绘图。

学 习 要 点

- 精确定位工具
- 对象捕捉
- 设置图层、颜色和线型
- 对象约束

Chapter 03

基本绘图工具

3.1 精确定位工具

精确定位工具是指能够帮助用户快速准确地定位某些特殊点（如端点、中点和圆心等）和特殊位置（如水平位置、垂直位置）的工具，依次显示的有“坐标”“模型空间”“栅格”“捕捉模式”“推断约束”“动态输入”“正交模式”“极轴追踪”“等轴测草图”“对象捕捉追踪”“二维对象捕捉”“线宽”“透明度”“选择循环”“三维对象捕捉”“动态 UCS”“选择过滤”“小控件”“注释可见性”“自动缩放”“注释比例”“切换工作空间”“注释监视器”“单位”“快捷特性”“锁定用户界面”“隔离对象”“硬件加速”“全屏显示”“自定义”这 30 个功能按钮。单击部分开关按钮，可以实现这些功能的开关。通过部分按钮也可以控制图形或绘图区的状态，如图 3-1 所示。

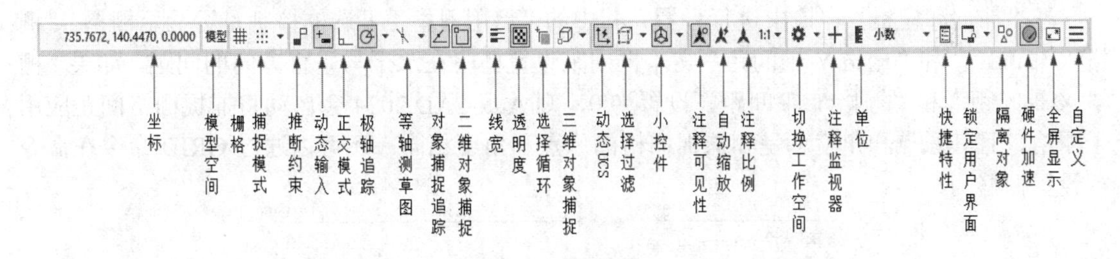

图 3-1　状态栏按钮

3.1.1　正交模式

在用 AutoCAD 2024 绘图的过程中，经常需要绘制水平直线和垂直直线，但是用光标拾取线段的端点时很难保证两个点严格沿水平或垂直方向，为此，AutoCAD 2024 提供了正交功能。当启用正交模式时，画线或移动对象时只能沿水平方向或垂直方向移动光标，因此只能画平行于坐标轴的正交线段。

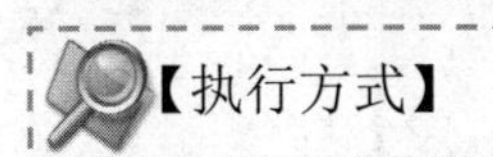
【执行方式】

命令行：ORTHO

状态栏：“正交”按钮

快捷键：F8

【操作步骤】

命令：ORTHO↙

输入模式［开(ON)/关(OFF)］<开>：(设置开或关)

3.1.2 栅格工具

用户可以应用显示栅格工具使绘图区域上出现可见的网格，它是一个形象的画图工具，就像传统的坐标纸一样。本节主要介绍控制栅格的显示及设置栅格参数的方法。

【执行方式】

菜单：“工具”→“绘图设置”（打开“草图设置”对话框，如图 3-2 所示）

状态栏：“栅格”按钮（仅限于打开与关闭）

快捷键：F7（仅限于打开与关闭）

【操作步骤】

在打开的“草图设置”对话框中，选择“捕捉和栅格”选项卡，如图 3-2 所示。

在“捕捉和栅格”窗口中进行设置，其中的“启用栅格”复选框控制是否显示栅格。“栅格 X 轴间距”和“栅格 Y 轴间距”文本框用来设置栅格在水平与垂直方向的间距，如果“栅格 X 轴间距”和“栅格 Y 轴间距”设置为 0，则 AutoCAD 2024 会自动将捕捉栅格间距应用于栅格，且其原点和角度总是和捕捉栅格的原点和角度相同。还可以通过 GRID 命令在命令行设置栅格间距。

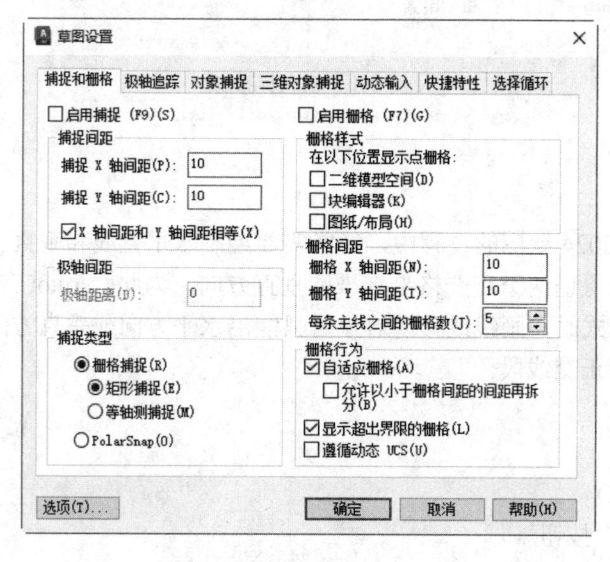

图 3-2 “草图设置”对话框

3.1.3 捕捉工具

为了准确地在屏幕上捕捉点，AutoCAD 2024 提供了捕捉工具，可以在屏幕上生成一个隐含的栅格（捕捉栅格），这个栅格能够捕捉光标，约束它只能落在栅格的某一个节点上，使用户能够高精确度地捕捉和选择这个栅格上的点。本节主要介绍设置捕捉参数的方法。

【执行方式】

菜单：“工具”→“绘图设置”
状态栏：“捕捉”按钮（仅限于打开与关闭）
快捷键：F9（仅限于打开与关闭）

【操作步骤】

按前面讲述的方法打开“草图设置”对话框，并打开其中的“捕捉和栅格”选项卡，如图 3-2 所示。

【选项说明】

1.“启用捕捉”复选框

这是控制捕捉功能的开关，与 F9 键或状态栏上的“捕捉”按钮功能相同。

2.“捕捉间距”选项组

可设置捕捉参数。其中“捕捉 X 轴间距”与“捕捉 Y 轴间距”确定捕捉栅格点在水平和垂直两个方向上的间距。

3.“捕捉类型”选项组

在此确定捕捉类型和样式。AutoCAD 2024 提供了两种捕捉栅格的方式：“栅格捕捉”和“PolarSnap（极轴捕捉）”。“栅格捕捉”是指按正交位置捕捉位置点，而“PolarSnap”则可以根据设置的任意极轴角捕捉位置点。

“栅格捕捉”又分为“矩形捕捉”和“等轴测捕捉”两种方式。在“矩形捕捉”方式下捕捉栅格是标准的矩形；在“等轴测捕捉”方式下捕捉栅格和光标十字线不再互相垂直，而是成绘制等轴测图时的特定角度，这种方式对于绘制等轴测图是十分方便的。

4.“极轴间距”选项组

该选项组只有在“极轴捕捉”类型下可用。可在“极轴距离”文本框中输入距离值。也可以通过命令行命令 SNAP 设置捕捉有关参数。

3.2 对象捕捉

利用 AutoCAD 2024 画图时经常要用到一些特殊的点，如圆心、切点、线段或圆弧的端点、中点等，如果仅用光标拾取，要准确地找到这些点是十分困难的。为此，AutoCAD 2024 提供了识别这些点的工具，通过这些工具很容易构造出新的几何体，使创建的对象精确地画出来，其结果比传统手工绘图更精确且更容易维护,这种功能称之为对象捕捉功能。

3.2.1 特殊位置点捕捉

在绘制图形时，有时需要指定一些特殊位置的点，比如圆心、端点、中点和平行线上的

点等。可以通过对象捕捉功能来捕捉这些点。

AutoCAD 2024 提供了命令行、工具栏和右键快捷菜单 3 种执行特殊点对象捕捉的方法。

1．命令方式

绘图时，当在命令行中提示输入一点时，输入相应特殊位置点命令，见表 3-1，然后根据提示操作即可。

表 3-1　特殊位置点捕捉

特殊位置点	功能
临时追踪点	建立临时追踪点
捕捉自	建立一个临时参考点，作为指定后继点的基点
两点之间的中点	捕捉两个独立点之间的中点
点过滤器	由坐标选择点
端点	线段或圆弧的端点
中点	线段或圆弧的中点
交点	线、圆弧或圆等的交点
外观交点	图形对象在视图平面上的交点
延长线	指定对象的延伸线
圆心	圆或圆弧的圆心
几何中心	捕捉到任意闭合多段线和样条曲线的质心
象限点	距光标最近的圆或圆弧上可见部分的象限点，即圆周上0°、90°、180°、270°位置上的点
切点	最后生成的一个点到选中的圆或圆弧上引切线的切点位置
垂足	在线段、圆、圆弧或它们的延长线上捕捉一个点，使之和最后生成的点的连线与该线段、圆或圆弧正交
平行线	绘制与指定对象平行的图形对象
节点	捕捉用POINT或DIVIDE等命令生成的点
插入点	文本对象和图块的插入点
最近点	离拾取点最近的线段、圆、圆弧等对象上的点
无	关闭对象捕捉模式
对象捕捉设置	设置对象捕捉

2．工具栏方式

利用如图 3-3 所示的“对象捕捉”工具栏可以使用户更方便地实现捕捉点的目的。当命令行提示输入一点时，从“对象捕捉”工具栏上单击相应的按钮（当把光标放在某一图标上时，会显示出该图标功能的提示），然后根据提示操作即可。

3．快捷菜单方式

快捷菜单可通过同时按下 Shift 键和鼠标右键来激活，菜单中列出了 AutoCAD 2024 提供的对象捕捉模式，如图 3-4 所示。操作方法与工具栏相似，只要在 AutoCAD 2024 提示输入点时单击快捷菜单上相应的菜单项，然后按提示操作即可。

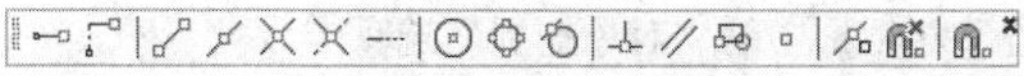

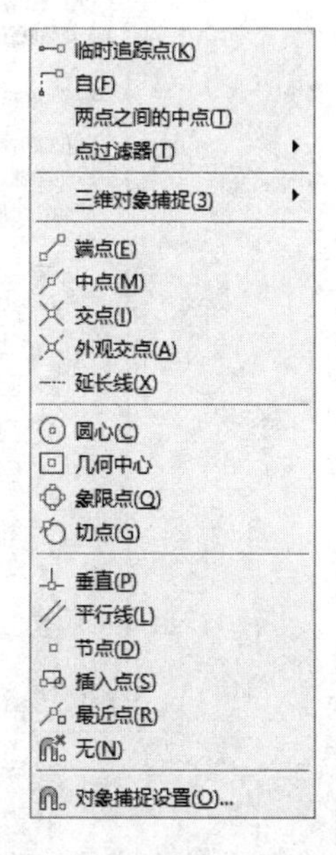

图 3-3　“对象捕捉”工具栏

图 3-4　对象捕捉快捷菜单

3.2.2　设置对象捕捉

在用 AutoCAD 2024 绘图之前，可以根据需要事先设置运行一些对象捕捉模式，绘图时 AutoCAD 2024 能自动捕捉这些特殊点，从而加快绘图速度，提高绘图质量。

【执行方式】

命令行：DDOSNAP

菜单：“工具”→“ 绘图设置”

工具栏：“对象捕捉”→“对象捕捉设置”

状态栏：“对象捕捉”按钮（功能仅限于打开与关闭）

快捷键：F3（功能仅限于打开与关闭）

【操作步骤】

命令：DDOSNAP↙

系统打开“草图设置”对话框，在该对话框中单击“对象捕捉”标签，打开“对象捕捉”选项卡，如图 3-5 所示。利用此对话框可以设置对象捕捉方式。

【选项说明】

（1）“启用对象捕捉”复选框：打开或关闭对象捕捉方式。当选中此复选框时，在“对象捕捉模式”选项组中选中的捕捉模式处于激活状态。

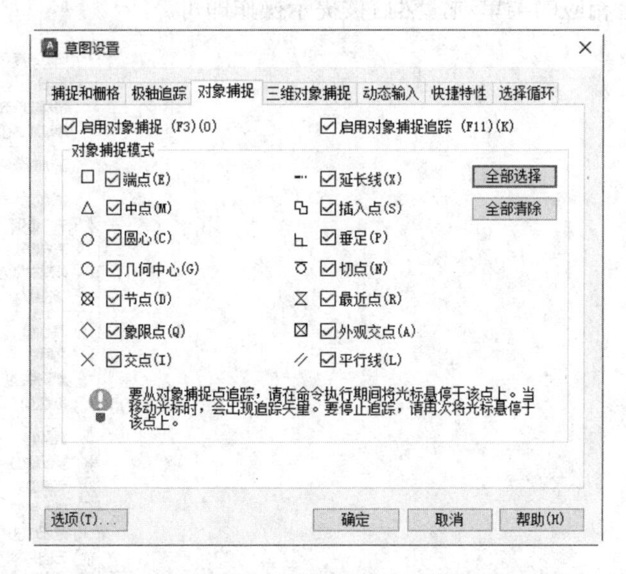

图 3-5 “草图设置”对话框中的“对象捕捉”选项卡

（2）“启用对象捕捉追踪”复选框：打开或关闭自动追踪功能。

（3）“对象捕捉模式”选项组：此选项组中列出各种捕捉模式，选中某个复选框，则该模式被激活。单击“全部清除”按钮，则所有模式均被清除。单击“全部选择”按钮，则所有模式均被选中。

另外，在该对话框的左下角有一个“选项”按钮，单击它可打开“选项”对话框的“草图”选项卡，利用该对话框可决定捕捉模式的各项设置。

3.2.3 实例——绘制灯

绘制如图3-6所示的灯，操作步骤如下：

（1）选择菜单栏中的“工具”→“绘图设置”命令，打开“草图设置”对话框，在“对象捕捉”选项卡中单击“全部选择”按钮，并勾选“启用对象捕捉”复选框，如图3-5所示。

（2）单击“默认”选项卡“绘图”面板中的“圆”按钮，在坐标原点，绘制半径为分别为180和30的同心圆。命令行提示与操作如下：

命令：_circle

指定圆的圆心或 [三点(3P)/两点(2P)/切点、切点、半径(T)]：（用光标适当指定一点）

指定圆的半径或 [直径(D)]:180↙

命令：↙（直接回车，表示重复执行上面命令）

指定圆的圆心或 [三点(3P)/两点(2P)/切点、切点、半径(T)]:（用光标捕捉刚绘制圆的圆心）

指定圆的半径或 [直径(D)]:30↙

结果如图3-7所示。

（3）单击“默认”选项卡“绘图”面板中的“直线”按钮，绘制直线。命令行提示与操作如下：

```
命令: _line
指定第一个点：（捕捉外面圆左象限点）
指定下一点或 [放弃(U)]：（捕捉外面圆右象限点）
指定下一点或 [放弃(U)]：↙
命令：↙（直接按 Enter 键表示重复执行上次命令）
指定第一个点：（捕捉外面圆上象限点）
指定下一点或 [放弃(U)]：（捕捉外面圆下象限点）
指定下一点或 [放弃(U)]：↙
```

结果如图3-8所示。

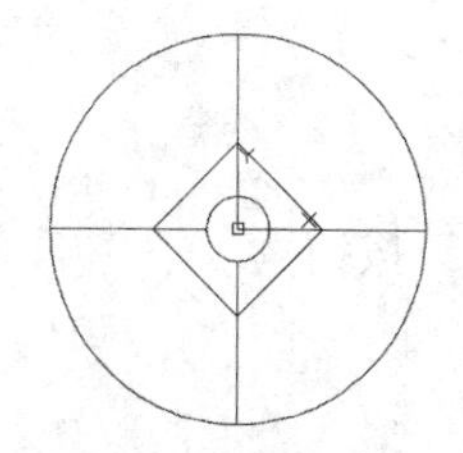

图 3-6　绘制灯

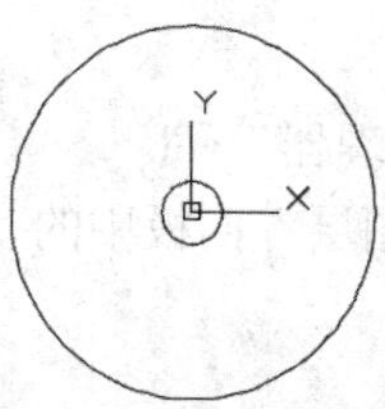

图 3-7　绘制同心圆

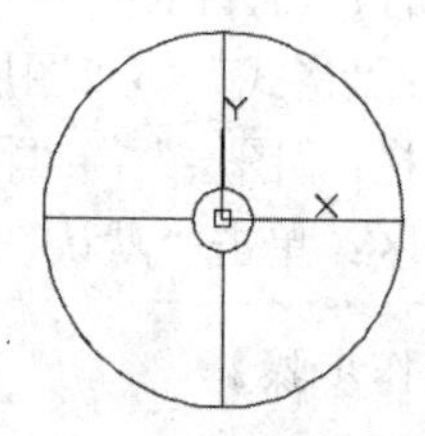

图 3-8　绘制直线

（4）单击“默认”选项卡“绘图”面板中的“直线”按钮╱，绘制封闭直线，四个点的坐标顺次捕捉为四个半径的中点，结果如图3-6所示。

3.3　设置图层

图层的概念类似投影片，将不同属性的对象分别画在不同的投影片（图层）上，例如，将图形的主要线段、中心线和尺寸标注等分别画在不同的图层上，每个图层可设定不同的线型、线条颜色，然后把不同的图层堆栈在一起成为一张完整的视图，如此可使视图层次分明、有条理，方便图形对象的编辑与管理。一个完整的图形就是将它所包含的所有图层上的对象叠加在一起，如图 3-9 所示。在用图层功能绘图之前，首先要对图层的各项特性进行设置，包括建立和命名图层、设置当前图层、设置图层的颜色和线型、图层是否关闭、是否冻结、是否锁定以及图层删除等。本节主要对图层的这些相关操作进行介绍。

3.3.1　利用对话框设置图层

AutoCAD 2024 提供了详细直观的“图层特性管理器”对话框，用户可以方便地通过对该对话框中的各选项及其二级对话框进行设置，实现建立新图层、设置图层颜色及线型等各种操作。

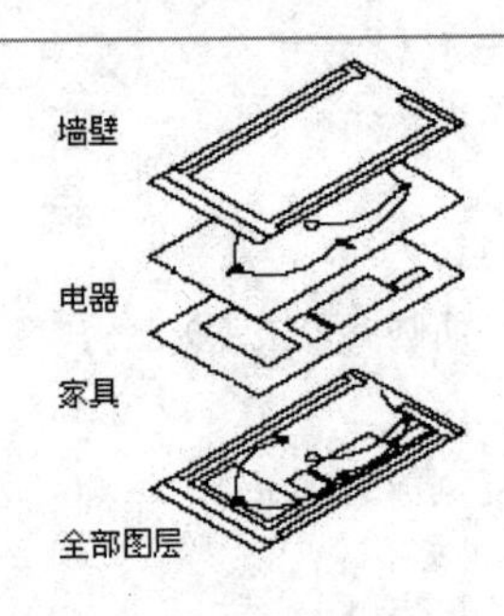

图 3-9　图层效果

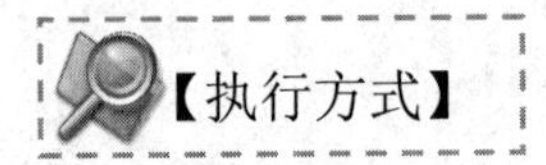
【执行方式】

命令行：LAYER

菜单："格式"→"图层"

工具栏："图层"→"图层特性管理器"

功能区：单击"默认"选项卡"图层"面板中的"图层特性"按钮

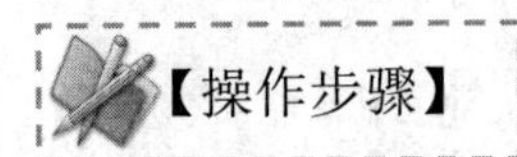
【操作步骤】

命令：LAYER↙

系统打开如图 3-10 所示的"图层特性管理器"对话框。

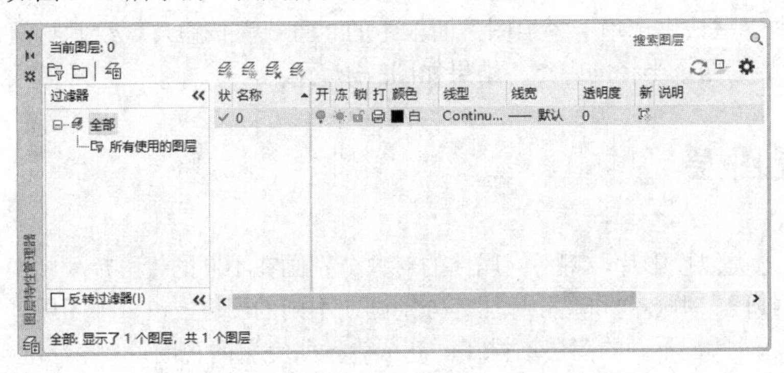

图 3-10　"图层特性管理器"对话框

【选项说明】

（1）"新建特性过滤器"按钮：显示"图层过滤器特性"对话框，如图 3-11 所示。从中可以基于一个或多个图层特性创建图层过滤器。

（2）"新建组过滤器"按钮：创建一个图层过滤器，其中包含用户选定并添加到该过滤器的图层。

（3）"图层状态管理器"按钮：显示"图层状态管理器"对话框，如图 3-12 所示。在其中可以将图层的当前特性设置保存到命名图层状态中，以后可以再恢复这些设置。

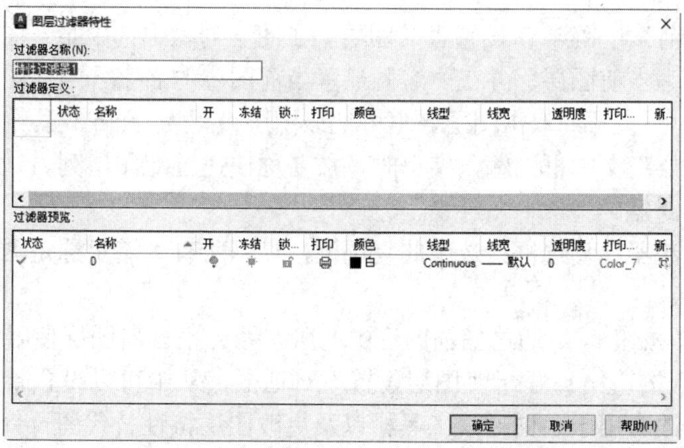

图 3-11 “图层过滤器特性”对话框

（4）“新建图层”按钮：建立新图层。单击此按钮，图层列表中出现一个新的图层名称“图层 1”，用户可使用此名字，也可改名。要想同时产生多个图层，可选中一个图层名后，输入多个名字，各名字之间以逗号分隔。图层的名字可以包含字母、数字、空格和特殊符号，AutoCAD 2024 支持长达 255 个字符的图层名字。新的图层继承了建立新图层时所选中的已有图层的所有特性（包括颜色、线型和 ON/OFF 状态等），如果新建图层时没有图层被选中，则新图层具有默认的设置。

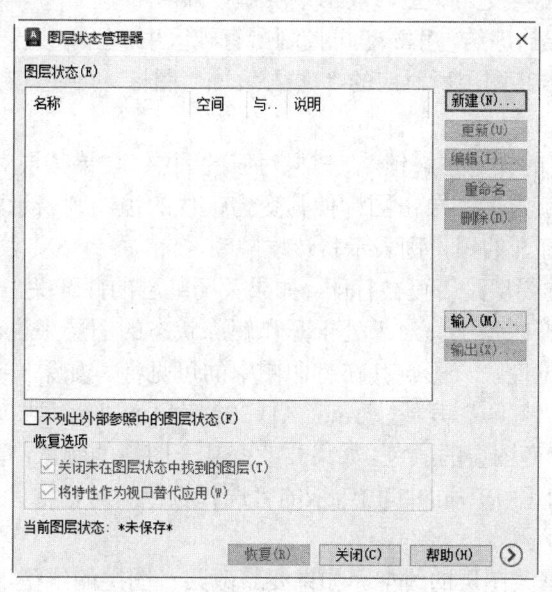

图 3-12 “图层状态管理器”对话框

（5）“在所有视口都被冻结的新图层适口”按钮：创建新图层，然后在所有现有布局视口中将其冻结。可以在“模型”选项卡或“布局”选项卡上访问此按钮。

（6）“删除图层”按钮：删除所选图层。在图层列表中选中某一图层，然后单击此按

钮，则把该层删除。

（7）“置为当前”按钮：设置当前图层。在图层列表中选中某一图层，然后单击此按钮，则把该层设置为当前图层，并在✓右侧显示当前图层的名字。当前图层的名字存储在系统变量 CLAYER 中。另外，双击图层名也可把该图层设置为当前图层。

（8）“搜索图层”文本框：输入字符时，按名称快速过滤图层列表。关闭图层特性管理器时并不保存此过滤器。

（9）“反转过滤器”复选框：选中此复选框，显示所有不满足选定图层特性过滤器中条件的图层。

（10）“刷新”按钮：通过扫描图形中的所有图元来刷新图层使用信息。

（11）“设置”按钮：显示“图层设置”对话框，从中可以设置新图层通知设置、是否将图层过滤器更改应用于“图层”工具栏以及更改图层特性替代的背景色。

（12）图层列表区：显示已有的图层及其特性。要修改某一图层的某一特性，单击它所对应的图标即可。右击空白区域，利用打开的快捷菜单可快速选中所有图层。下面介绍列表区中各列的含义。

- 名称：显示满足条件的图层的名字。如果要对某层进行修改，首先要选中该层，使其逆反显示。
- 开：控制打开或关闭图层。此项对应的图标是小灯泡，如果灯泡颜色是黄色，即该层是打开的，单击使其变为灰色，表示该层被关闭。如果灯泡颜色是灰色，即该层是关闭的，单击使其变为黄色，表示该层被打开。
- 冻结：控制图层的冻结与解冻。可控制所有视区中、当前视区中和新建视区中的图层冻结与否。单击某图层所对应的“冻结/解冻”图标，可使其在冻结与解冻之间转换。当前图层不能冻结。
- 锁定：控制图层的锁定与解锁。在该栏对应的列中，如果某层对应的图标是打开的锁，表示该层是非锁定的，单击图标使其变为锁住的锁，则表示将该层锁定；再次单击图标使其变为打开的锁，则表示将该层解锁。
- 打印：控制所选图层是否可被打印。如果关闭某层的此开关，该层上的图形对象仍旧可见但不可以打印输出。对于处于开和解冻状态的图层来说，关闭此开关不影响其在屏幕上的可见性，只影响其在打印图中的可见性。如果某个图层处于冻结和关状态，即使打开“打印”开关，AutoCAD 2024也无法把该层打印出来。
- 颜色：显示和改变图层的颜色。如果要改变某一图层的颜色，单击其对应的颜色图标，AutoCAD 2024将打开如图3-13所示的“选择颜色”对话框，用户可从中选取需要的颜色。
- 线型：显示和修改图层的线型。如果要修改某一图层的线型，单击该图层的“线型”项，打开“选择线型”对话框，如图3-14所示，其中列出了当前可用的线型，用户可从中选取。
- 线宽：显示和修改图层的线宽。如果要修改某一图层的线宽，单击该图层的“线宽”项，打开“线宽”对话框，如图3-15所示。其中“线宽”列表框显示可以选用的线宽值，包括一些绘图中经常用到的线宽，用户可从中选取需要的线宽。“旧的”显示行显示前面赋予图层的线宽。当建立一个新图层时，采用默认线宽（其值为0.01inch，即0.25 mm），默认线宽的值由系统变量LWDEFAULT设置。“新的”显示行显示赋予图层的新的线宽。

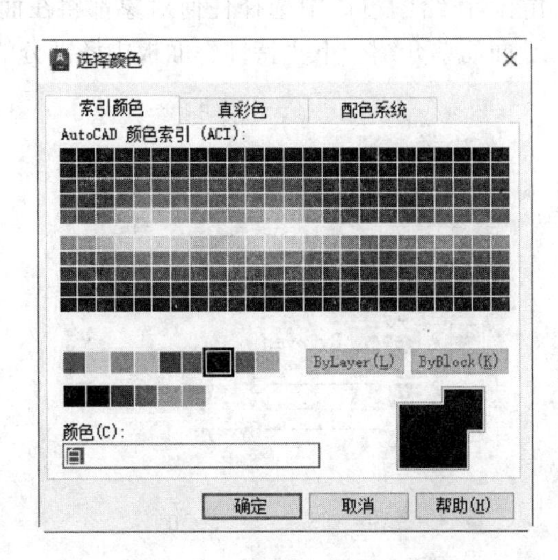

图 3-13　“选择颜色”对话框

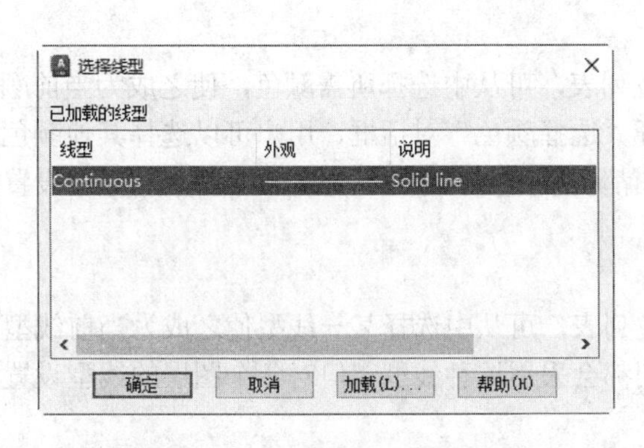

图 3-14　“选择线型”对话框

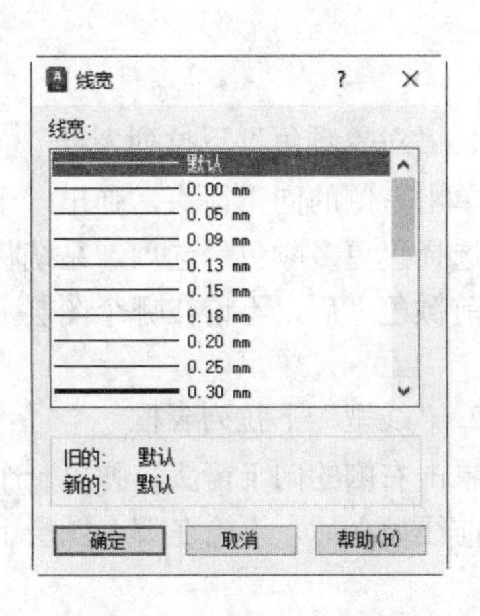

图 3-15　“线宽”对话框

- 透明度：设定当前图形中选定图层的透明度级别。
- 打印样式：修改图层的打印样式。所谓打印样式，是指打印图形时各项属性的设置。
- 新视口冻结：在新布局视口中冻结选定图层。例如，在所有新视口中冻结 DIMENSIONS 图层，将在所有新创建的布局视口中限制该图层上的标注显示，但不会影响现有视口中的 DIMENSIONS 图层。如果以后创建了需要标注的视口，则可以通过更改当前视口设置来替代默认设置。
- 说明：描述图层或图层过滤器。

3.3.2 利用面板设置图层

AutoCAD 2024 提供了一个“特性”面板，如图 3-16 所示。用户可以通过该面板上的工具图标快速地查看和改变所选对象的图层、颜色、线型和线宽等特性。“特性”面板增强了查看和编辑对象属性的功能。在绘图窗口中选择任何对象都将在面板上自动显示它所在图层、颜色和线型等属性。下面简单介绍一下“特性”面板中各部分的功能。

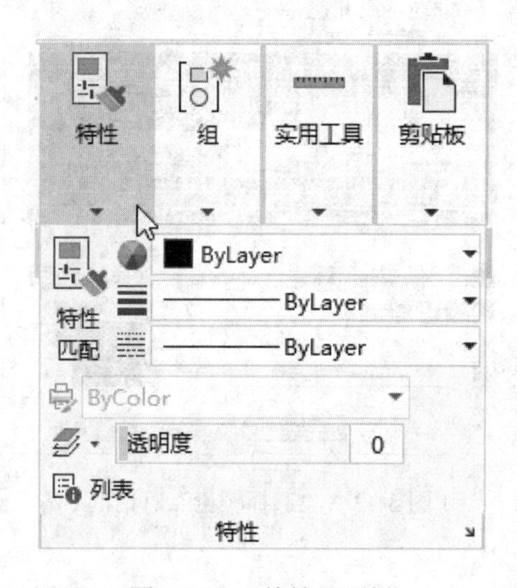

图 3-16 “特性”面板

1.“对象颜色”下拉列表框

单击右侧的向下箭头，弹出一个下拉列表，可从中选择所需颜色，使之成为当前颜色。如果选择“更多颜色”选项，系统将打开“选择颜色”对话框，用户可以选择其他颜色。修改当前颜色之后，不论在哪个图层上绘图都会采用这种颜色，但对各个图层的颜色设置没有影响。

2.“线型”下拉列表框

单击右侧的向下箭头，弹出一个下拉列表，可从中选择某一线型使之成为当前线型。修改当前线型之后，不论在哪个图层上绘图都会采用这种线型，但对各个图层的线型设置没有影响。

3.“线宽”下拉列表框

单击右侧的向下箭头，弹出一个下拉列表，可从中选择一个线宽使之成为当前线宽。修改当前线宽之后，不论在哪个图层上绘图都会采用这种线宽，但对各个图层的线宽设置没有影响。

4.“打印样式”下拉列表框

单击右侧的向下箭头，弹出一个下拉列表，可从中选择一种打印样式使之成为当前打印样式。

3.4 颜色的设置

AutoCAD 2024 绘制的图形对象都具有一定的颜色，为使绘制的图形清晰明了，对同一类的图形对象可用相同的颜色绘制，而使不同类的对象具有不同的颜色以示区分。为此，需要适当地对颜色进行设置。AutoCAD 2024 允许用户为图层设置颜色，为新建的图形对象设置当前颜色，还可以改变已有图形对象的颜色。

命令行：COLOR

菜单：“格式”→“颜色”

功能区：单击“默认”选项卡“特性”面板中“对象颜色”下拉菜单中的“更多颜色”按钮

【操作步骤】

```
命令：COLOR↙
```

单击相应的菜单项或在命令行输入 COLOR 命令后按 Enter 键，AutoCAD 2024 将打开如图 3-13 所示的“选择颜色”对话框。也可在图层操作中打开此对话框，具体方法上节已讲述。

1.“索引颜色”选项卡

打开此选项卡，可以在系统所提供的 255 色索引表中选择所需要的颜色，如图 3-13 所示。

2.“真彩色”选项卡

打开此选项卡，用户可以选择需要的任意颜色，如图 3-17 所示。用户可以拖动调色板中的颜色指示光标和“亮度”滑块选择颜色及其亮度。也可以通过“色调”“饱和度”和“亮度”调节钮来选择需要的颜色。所选择的颜色的红、绿、蓝值显示在下面的“颜色”文本框中，当然也可以直接在该文本框中输入自己设定的红、绿、蓝值来选择颜色。

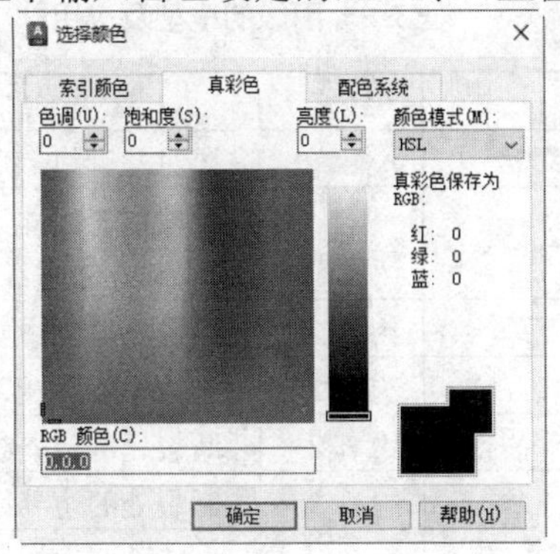

图 3-17 “真彩色”选项卡

在该选项卡的右边，有一个“颜色模式”下拉列表框，默认的颜色模式为 HSL 模式。如果选择 RGB 模式，则如图 3-18 所示，在该模式下选择颜色的方式与 HSL 模式类似。

3．“配色系统”选项卡

打开此选项卡，用户可以从标准配色系统（比如DIC COLOR GUIDE(R)）中选择预定义的颜色，如图3-19所示。可以在“配色系统”下拉列表框中选择需要的配色系统，然后拖动右边的滑块来选择具体的颜色，所选择的颜色编号将显示在下面的“颜色”文本框中，也可以直接在该文本框中输入编号值来选择颜色。

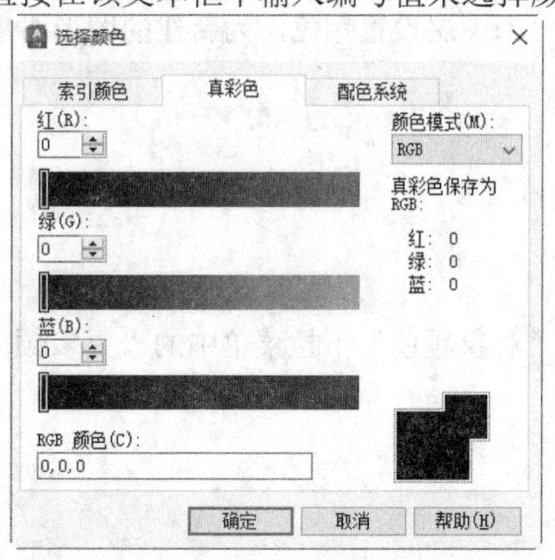

图3-18　RGB模式

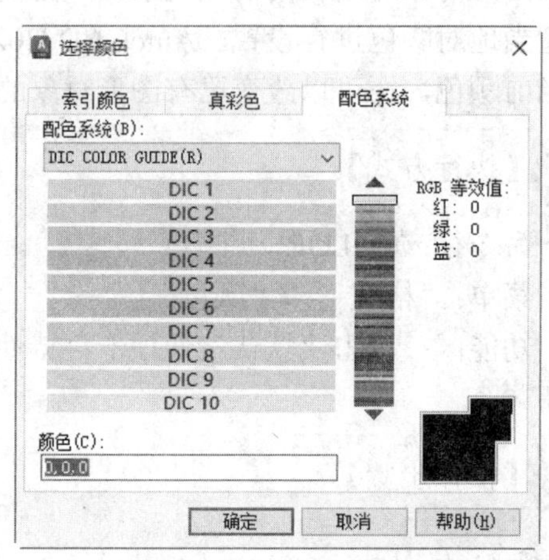

图3-19　“配色系统”选项卡

3.5　线型的设置

在国家标准中对机械图样中使用的各种图线名称、线型、线宽以及在图样中的应用作了规定（见表3-2），其中常用的图线有4种，即粗实线、细实线、细点画线、虚线。图线分为粗、细两种，粗线的宽度 b 应按图样的大小和图形的复杂程度，在0.5 ~ 2mm之间选择。细线的宽度约为 $b/2$。

表3-2　图线的线型及应用

图线名称	线型	线宽	主要用途
粗实线		b	可见轮廓线，可见过渡线
细实线		约 $b/2$	尺寸线、尺寸界线、剖面线、引出线、弯折线、牙底线、齿根线、辅助线等
细点画线		约 $b/2$	轴线、对称中心线、齿轮节线等
虚线		约 $b/2$	不可见轮廓线、不可见过渡线
波浪线		约 $b/2$	断裂处的边界线、剖视与视图的分界线
双折线		约 $b/2$	断裂处的边界线
粗点画线		b	有特殊要求的线或面的表示线
双点画线		约 $b/2$	相邻辅助零件的轮廓线、极限位置的轮廓线、假想投影的轮廓线

3.5.1 在“图层特性管理器”中设置线型

按照 3.3.1 节讲述的方法，打开“图层特性管理器”对话框（见图 3-10）。在图层列表的“线型”栏中单击线型名，系统打开“选择线型”对话框，如图 3-14 所示。该对话框中各选项的含义如下：

1.“已加载的线型”列表框

显示在当前绘图中加载的线型，可供用户选用，其右侧显示出线型的外观和说明。

2.“加载”按钮

单击此按钮，打开“加载或重载线型”对话框，如图 3-20 所示，用户可通过此对话框加载线型并把它添加到线型列表中，不过加载的线型必须在线型库（LIN）文件中定义过。标准线型都保存在 acad.lin 文件中。

3.5.2 直接设置线型

用户也可以直接设置线型。

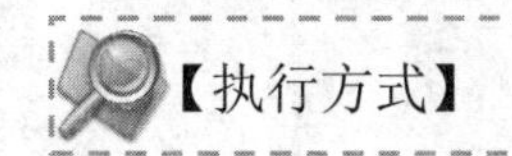
【执行方式】

命令行：LINETYPE

在命令行输入上述命令后，系统打开“线型管理器”对话框，如图 3-21 所示。该对话框与前面讲述的相关知识相同，这里不再赘述。

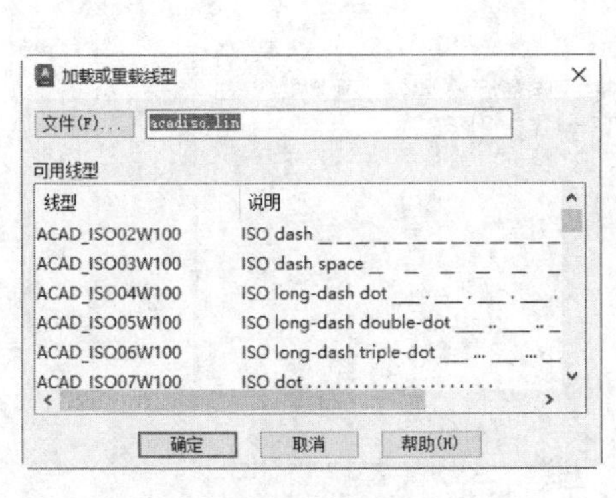

图 3-20 “加载或重载线型”对话框

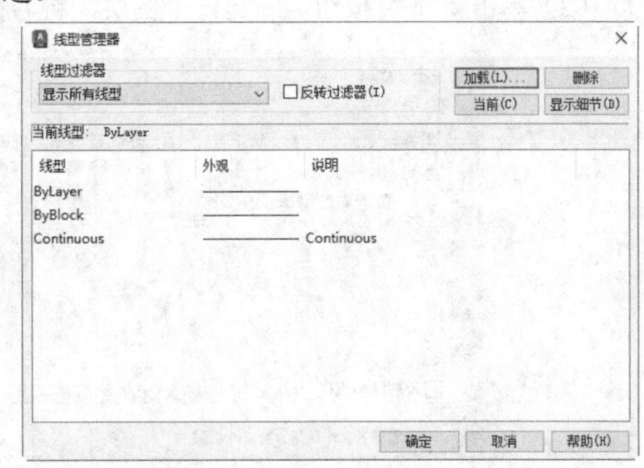

图 3-21 “线型管理器”对话框

3.5.3 实例——绘制水龙头

绘制如图3-22所示的水龙头，操作步骤如下：

（1）单击“默认”选项卡“图层”面板中的“图层特性”按钮，打开“图层特性管理器”对话框，如图3-23所示。

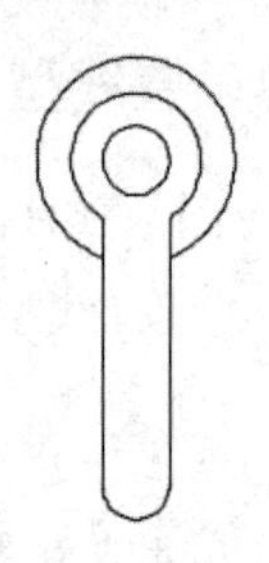

图3-22　绘制水龙头

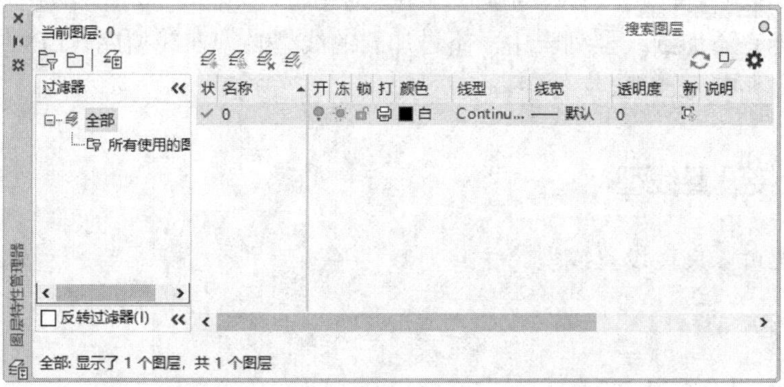

图3-23　“图层特性管理器”对话框

（2）单击新建按钮，新建一个图层，将名称设置为中心线，如图3-24所示。

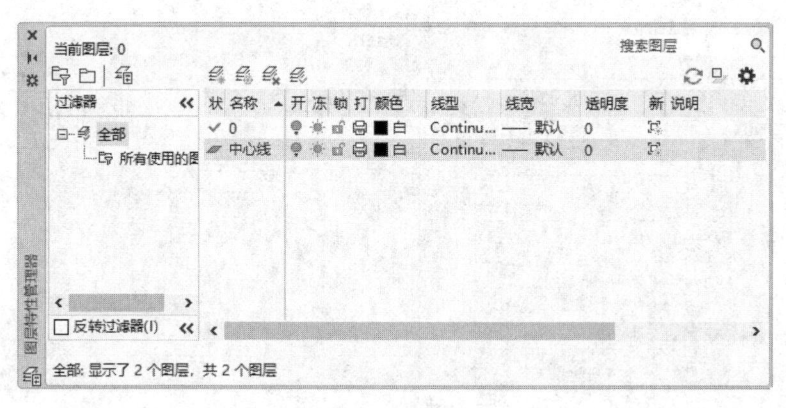

图 3-24　新建图层

（3）单击图层的颜色图标，打开“选择颜色”对话框，将颜色设置为红色，如图3-25所示。

（4）单击图层所对应的线型图标，打开“选择线型”对话框，如图3-26所示。单击“加载”按钮，打开“加载或重载线型”对话框，如图3-27所示，可以看到AutoCAD 2024提供了许多线型，选择“CENTER”线型，单击“确定”按钮，即可把该线型加载到“已加载的线型”列表框中，继续单击“确定”按钮，结果如图3-28所示。

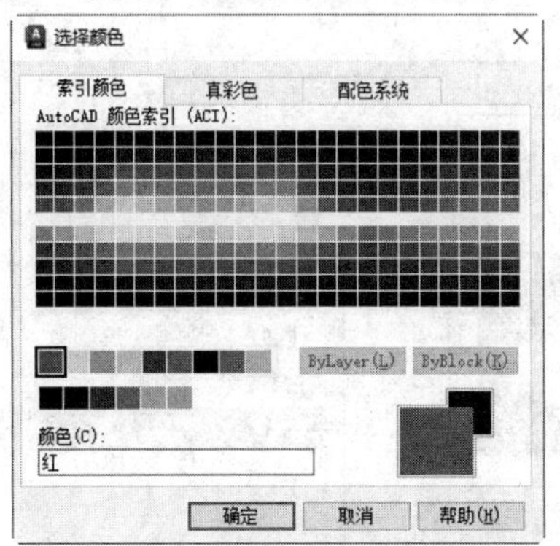

图3-25 “选择颜色”对话框

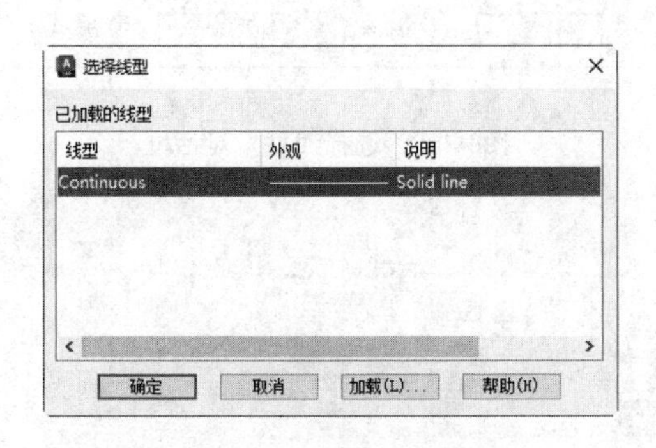

图3-26 “选择线型”对话框

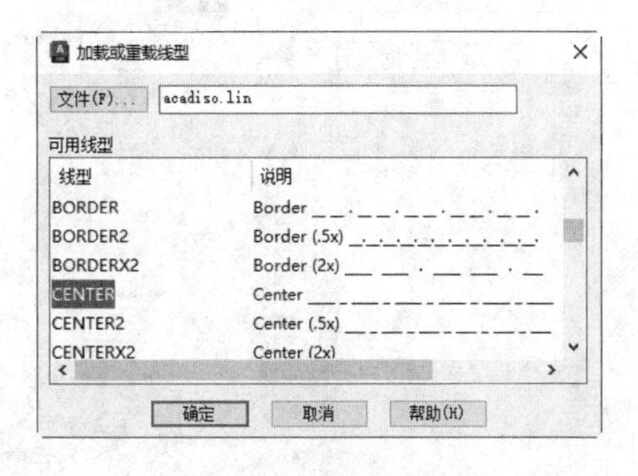

图3-27 “加载或重载线型”对话框

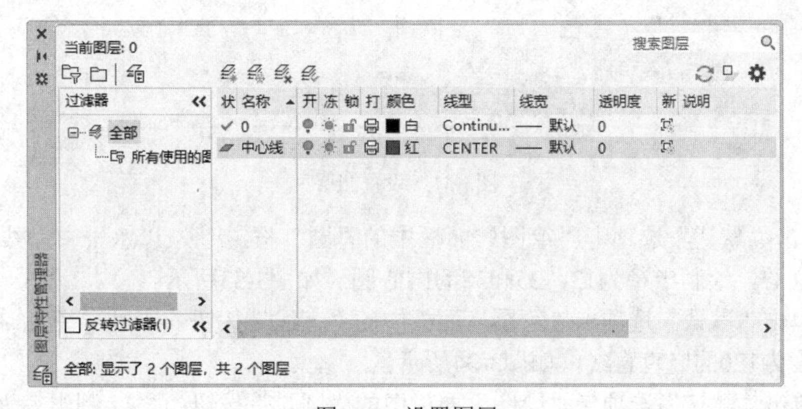

图3-28 设置图层

（5）单击新建按钮，新建一个新的图层，将图层的名称设置为“水龙头”图层。

（6）单击图层的颜色图标，打开“选择颜色”对话框，将颜色设置为白色，如图3-29所示。

（7）单击图层所对应的线型图标，打开“选择线型”对话框，如图3-30所示，选择“Continuous”线型，单击“确定”按钮，返回到“图层特性管理器”对话框，最后将“中心线”图层设置为当前图层，如图3-31所示。

（8）单击“默认”选项卡“绘图”面板中的“直线”按钮╱，绘制水平直线和竖直直线，如图3-32所示。

图3-29　“选择颜色”对话框

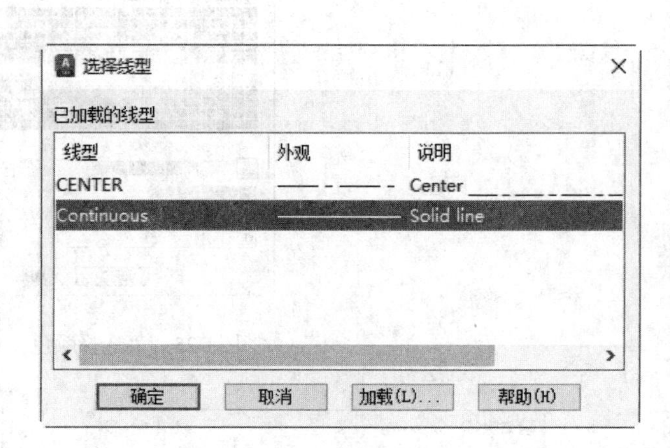

图3-30　“选择线型”对话框

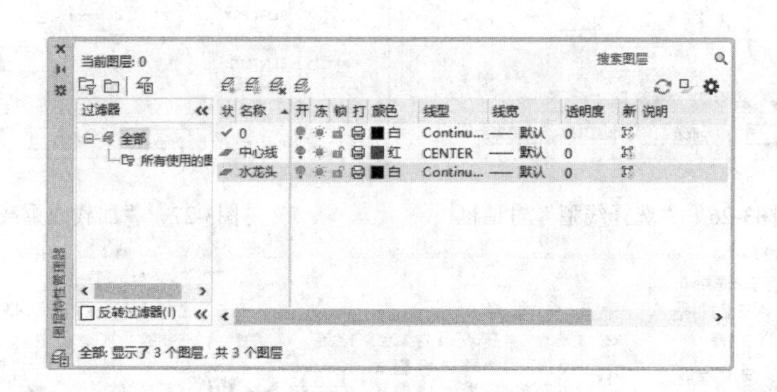

图3-31　设置图层

（9）单击“默认”选项卡“绘图”面板中的“圆”按钮◯，以水平中心线和竖直中心线的交点为圆心，绘制半径为13、25和38的同心圆，如图3-33所示。

（10）单击“默认”选项卡“绘图”面板中的“直线”按钮╱，过半径为13的圆的象限点，绘制长度为120的竖直直线，如图3-34所示。

（11）单击“默认”选项卡“绘图”面板中的“圆弧”按钮◜，绘制半径为13的半圆，如图3-35所示。

（12）单击“默认”选项卡“修改”面板中的“修剪”按钮✂（此命令会在以后的章节中介绍），修剪多余的圆弧。

（13）利用钳夹功能，选择竖直中心线和水平中心线，将其长度进行调整，结果如图3-36所示。

（14）打开“图层特性管理器”对话框，将中心线图层进行关闭，结果如图3-22所示。

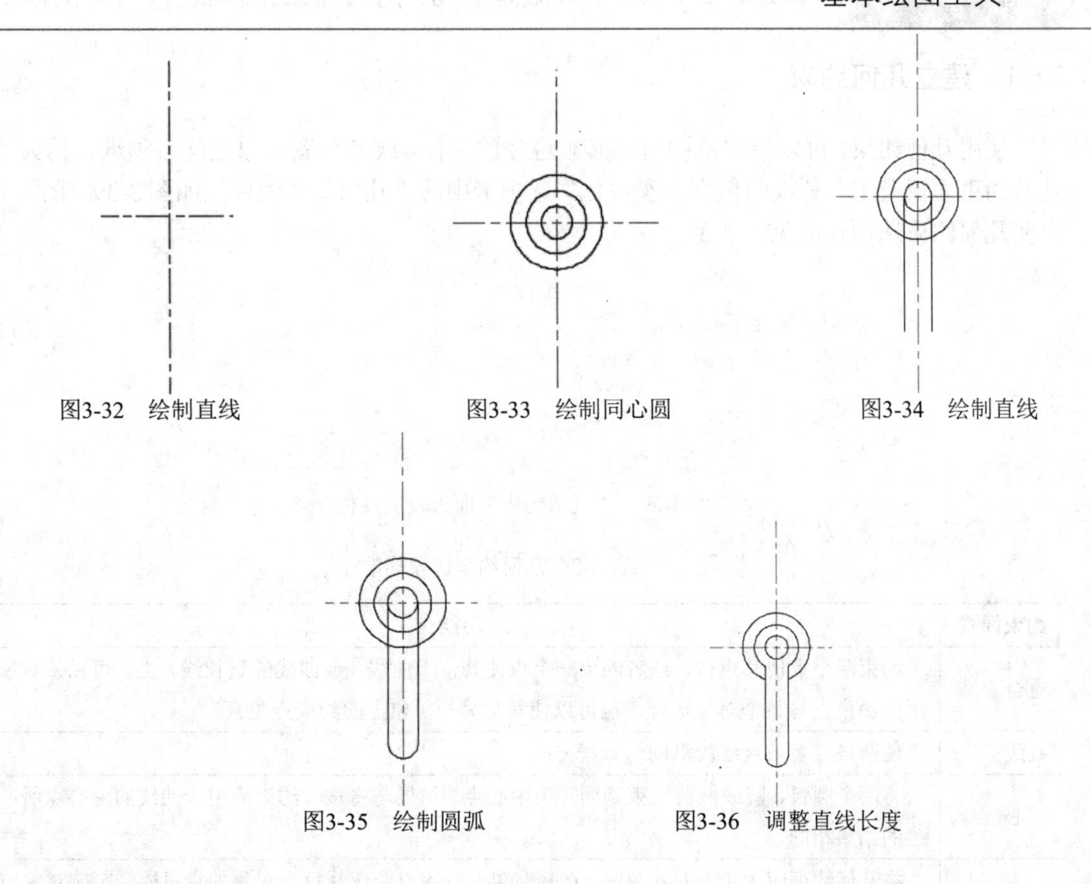

图3-32 绘制直线 图3-33 绘制同心圆 图3-34 绘制直线

图3-35 绘制圆弧 图3-36 调整直线长度

3.6 对象约束

约束能够用于精确地控制草图中的对象。草图约束有两种类型：尺寸约束和几何约束。

几何约束建立起草图对象的几何特性（如要求某一直线具有固定长度）或是两个或更多草图对象的关系类型（如要求两条直线垂直或平行，或是几个弧具有相同的半径）。在图形区用户可以使用“参数化”选项卡内的“全部显示”“全部隐藏”或“显示”来显示有关信息，并显示代表这些约束的直观标记（如图 3-37 所示的水平标记 ═ 和共线标记 ⁄）。

尺寸约束建立起草图对象的大小（如直线的长度、圆弧的半径等）或是两个对象之间的关系（如两点之间的距离）。图 3-38 所示为一带有尺寸约束的示意图。

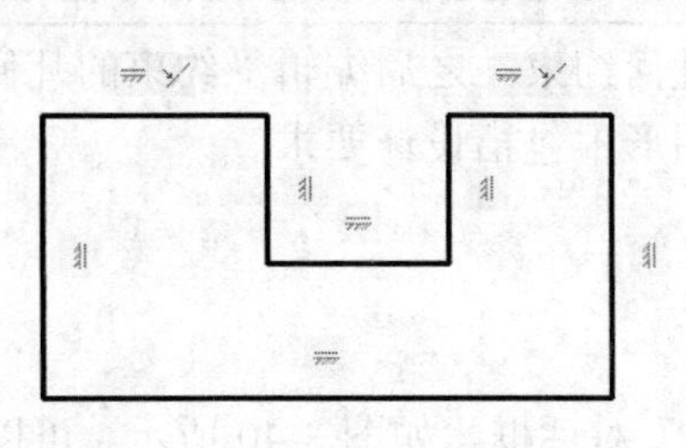

图 3-37 “几何约束”示意图

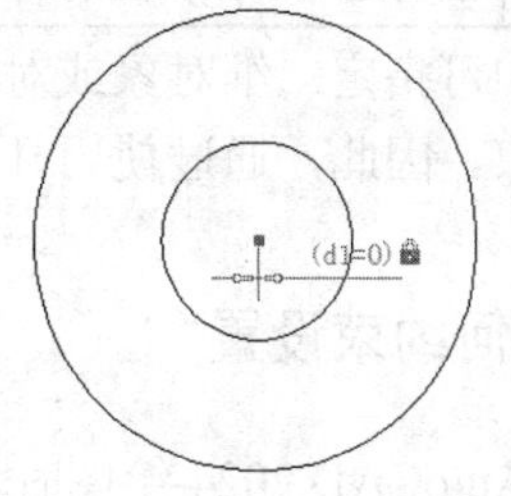

图 3-38 “尺寸约束”示意图

3.6.1 建立几何约束

使用几何约束，可以指定草图对象必须遵守的条件，或是草图对象之间必须维持的关系。几何约束面板及工具栏（面板在“参数化”选项卡中的“几何”面板中）如图 3-39 所示，其主要几何约束选项功能见表 3-3。

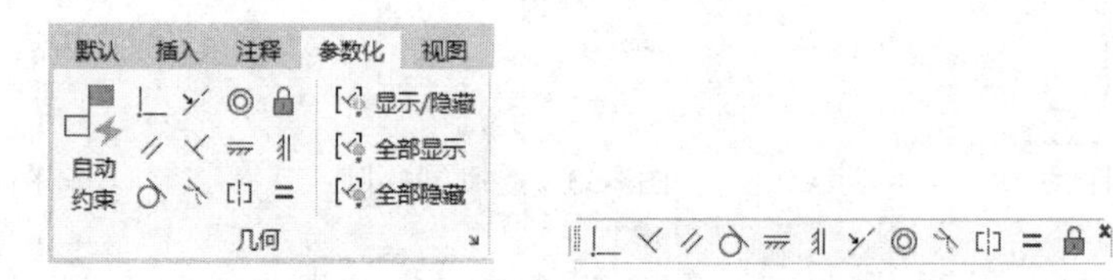

图 3-39 “几何约束”面板及工具栏

表 3-3 几何约束选项功能

约束模式	功能
重合	约束两个点使其重合，或者约束一个点使其位于曲线（或曲线的延长线）上。可以使对象上的约束点与某个对象重合，也可以使其与另一对象上的约束点重合
共线	使两条或多条直线段沿同一直线方向
同心	将两个圆弧、圆或椭圆约束到同一个中心点。结果与将重合约束应用于曲线的中心点所产生的结果相同
固定	将几何约束应用于一对对象时，选择对象的顺序以及选择每个对象的点可能会影响对象彼此间的放置方式
平行	使选定的直线位于彼此平行的位置。平行约束在两个对象之间应用
垂直	使选定的直线位于彼此垂直的位置。垂直约束在两个对象之间应用
水平	使直线或点对位于与当前坐标系的 X 轴平行的位置。默认选择类型为对象
竖直	使直线或点对位于与当前坐标系的 Y 轴平行的位置
相切	将两条曲线约束为保持彼此相切或其延长线保持彼此相切。相切约束在两个对象之间应用
平滑	将样条曲线约束为连续，并与其他样条曲线、直线、圆弧或多段线保持 G2 连续性
对称	使选定对象受对称约束，相对于选定直线对称
相等	将选定圆弧和圆的尺寸重新调整为半径相同，或将选定直线的尺寸重新调整为长度相同

绘图中可指定二维对象或对象上的点之间的几何约束。之后编辑受约束的几何图形时，将保留约束。因此，通过使用几何约束，可以在图形中包括设计要求。

3.6.2 几何约束设置

在用 AutoCAD 2024 绘图时，使用“约束设置”对话框，如图 3-40 所示，可以控制约束栏上显示或隐藏的几何约束类型。

图 3-40　“约束设置”对话框“几何”选项卡

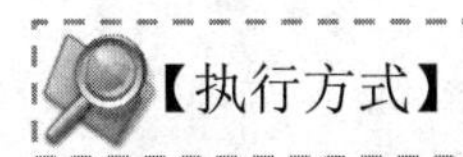

【执行方式】

命令行：CONSTRAINTSETTINGS

菜单：参数→约束设置

快捷键：CSETTINGS

功能区：单击“参数化”选项卡“几何”面板中的“约束设置，几何”按钮

工具栏：参数化→约束设置

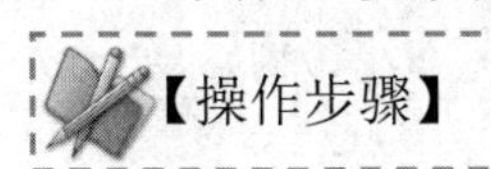

【操作步骤】

命令：CONSTRAINTSETTINGS↙

系统打开“约束设置”对话框，在该对话框中，单击“几何”标签打开“几何”选项卡，如图 3-40 所示。利用此对话框可以控制约束栏上约束类型的显示。

【选项说明】

（1）“约束栏显示设置”选项组：此选项组控制图形编辑器中是否为对象显示约束栏或约束点标记。例如，可以为水平约束和竖直约束隐藏约束栏的显示。

（2）“全部选择”按钮：选择几何约束类型。

（3）“全部清除”按钮：清除选定的几何约束类型。

（4）“仅为处于当前平面中的对象显示约束栏”复选框：仅为当前平面上受几何约束的对象显示约束栏。

（5）“约束栏透明度”选项组：设置图形中约束栏的透明度。

（6）“将约束应用于选定对象后显示约束栏”复选框：手动应用约束后或使用 AUTOCONSTRAIN 命令时显示相关约束栏。

（7）“选定对象时显示约束栏”复选框：临时显示选定对象的约束栏。

3.6.3 实例——绘制同心相切圆

绘制如图 3-41 所示同心相切圆。

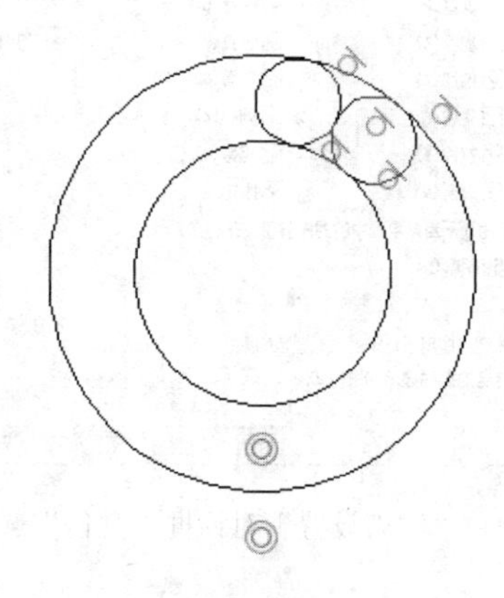

图 3-41 圆的公切线

01 单击“默认”选项卡“绘图”面板中的“圆”按钮，以适当半径绘制 4 个圆，结果如图 3-42 所示。

02 单击“参数化”选项卡“几何”面板中的“相切”按钮，绘制使两圆相切。命令行提示与操作如下：

命令：_GcTangent

输入约束类型[水平(H)/竖直(V)/垂直(P)/平行(PA)/相切(T)/平滑(SM)/重合(C)/同心(CON)/共线(COL)/对称(S)/相等(E)/固定(F)]<相切>:t↙

选择第一个对象:（使用光标指针选择圆 1）

选择第二个对象：（使用光标指针选择圆 2）

03 系统自动将圆 2 向左移动与圆 1 相切，结果如图 3-43 所示。

04 单击“参数化”选项卡“几何”面板中的“同心”按钮，使其中两圆同心。命令行提示与操作如下：

命令：_GcConcentric

选择第一个对象:（选择圆 1）

选择第二个对象:（选择圆 3）

系统自动建立同心的几何关系，如图 3-44 所示。

05 采用同样方法，使圆 3 与圆 2 建立相切几何约束，如图 3-45 所示。

06 采用同样方法，使圆 1 与圆 4 建立相切几何约束，如图 3-46 所示。

07 采用同样方法，使圆 4 与圆 2 建立相切几何约束，如图 3-47 所示。

08 采用同样方法，使圆 3 与圆 4 建立相切几何约束，最终结果如图 3-41 所示。

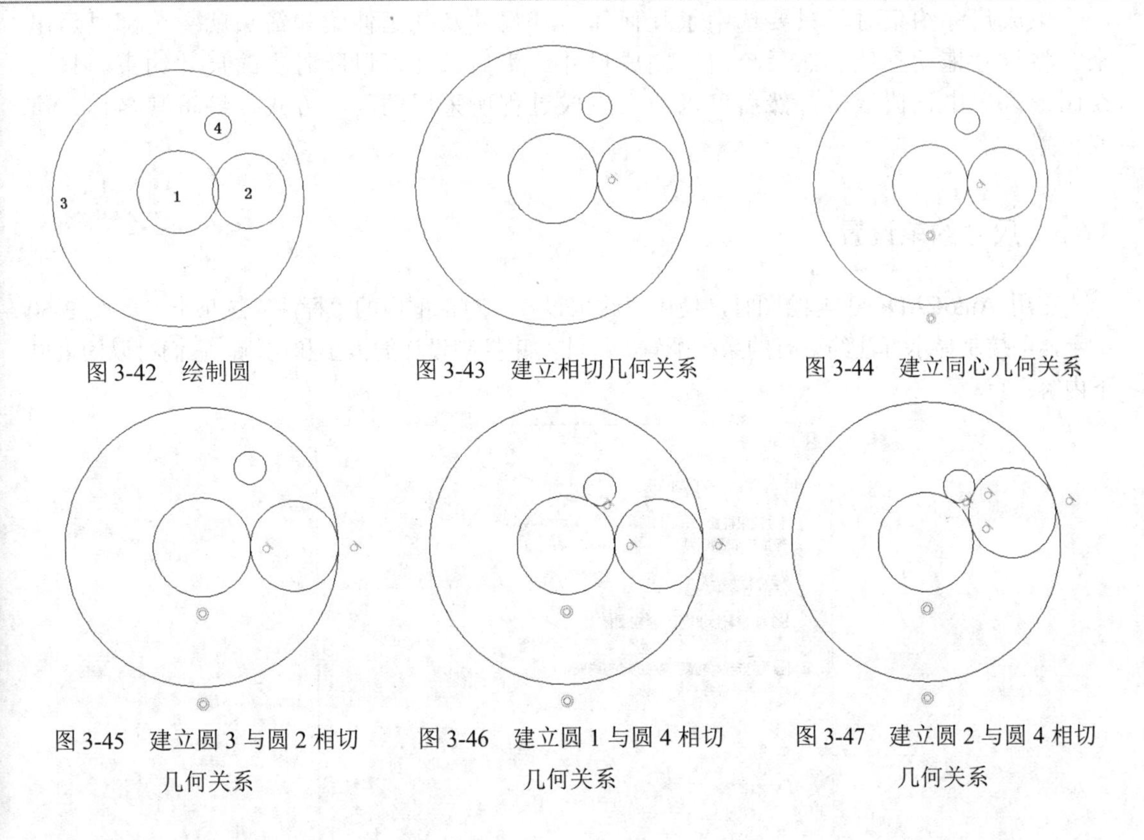

图 3-42　绘制圆　　图 3-43　建立相切几何关系　　图 3-44　建立同心几何关系

图 3-45　建立圆 3 与圆 2 相切几何关系　　图 3-46　建立圆 1 与圆 4 相切几何关系　　图 3-47　建立圆 2 与圆 4 相切几何关系

3.6.4　建立尺寸约束

建立尺寸约束是限制图形几何对象的大小，也就是与在草图上标注尺寸相似，同样设置尺寸标注线，与此同时在建立相应的表达式，不同的是可以在后续的编辑工作中实现尺寸的参数化驱动。标注约束面板及工具栏（面板在“参数化”标签内的“标注”面板中）如图 3-48 所示。

在生成尺寸约束时，用户可以选择草图曲线、边、基准平面或基准轴上的点，以生成水平、竖直、平行、垂直和角度尺寸。

生成尺寸约束时，系统会生成一个表达式，其名称和值显示在一弹出的对话框文本区域中，如图 3-49 所示，用户可以接着编辑该表达式的名和值。

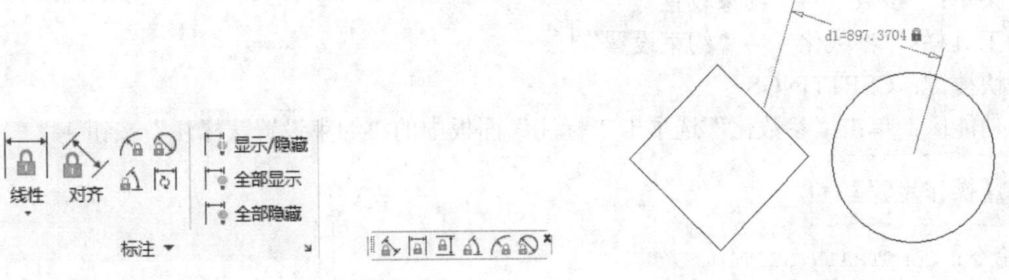

图 3-48　“标注约束”面板及工具栏　　图 3-49　“尺寸约束编辑”示意图

生成尺寸约束时，只要选中了几何体，其尺寸及其延伸线和箭头就会全部显示出来。将尺寸拖动到位，然后单击。完成尺寸约束后，还可以随时更改尺寸约束。只需在图形区选中该值双击，然后可以使用生成过程所采用的同一方式，编辑其名称、值或位置。

3.6.5 尺寸约束设置

在用 AutoCAD 2024 绘图时，使用“约束设置”对话框内的“标注”选项卡，如图 3-50 所示，可控制显示标注约束时的系统配置。标注约束控制设计的大小和比例。它们可以约束以下内容：

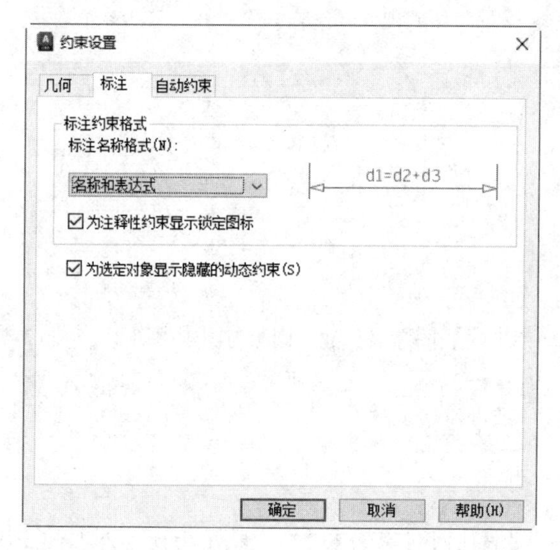

图 3-50 “约束设置”对话框“标注”选项卡

1）对象之间或对象上的点之间的距离。

2）对象之间或对象上的点之间的角度。

命令行：CONSTRAINTSETTINGS

菜单：“参数”→“约束设置”

工具栏：“参数化”→“约束设置”

快捷键：CSETTINGS

功能区：单击“参数化”选项卡“标注”面板中的“约束设置，标注”按钮

```
命令: CONSTRAINTSETTINGS↙
```

系统打开“约束设置”对话框，在该对话框中，单击“标注”标签打开“标注”选项卡。

利用此对话框可以控制约束栏上约束类型的显示。

【选项说明】

（1）“标注约束格式”选项组：该选项组内可以设置标注名称格式和锁定图标的显示。

（2）“标注名称格式”下拉框：为应用标注约束时显示的文字指定格式。将名称格式设置为显示：名称、值或名称和表达式。例如，宽度=长度/2。

（3）“为注释性约束显示锁定图标”复选框：针对已应用注释性约束的对象显示锁定图标。

（4）“为选定对象显示隐藏的动态约束”复选框：显示选定时已设置为隐藏的动态约束。

3.6.6 实例——更改椅子扶手长度

绘制如图 3-51 所示的椅子。

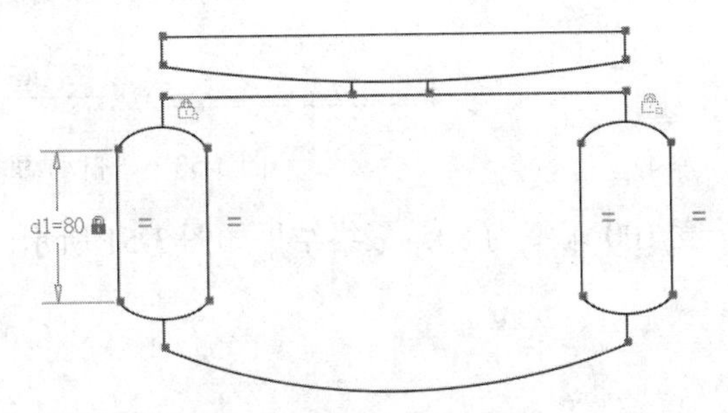

图 3-51 扶手长度为 80 的椅子

01 绘制椅子或打开 2.2.3 节所绘椅子，如图 3-52 所示。

02 单击“参数化”选项卡“几何”面板中的“固定”按钮，使椅子扶手上部两圆弧均建立固定的几何约束。

03 重复单击“参数化”选项卡“几何”面板中的“相等”按钮 =，使最左端竖直线与右端各条竖直线建立相等的几何约束。

04 设置自动约束。选择菜单栏中的“参数”→“约束设置”命令，打开“约束设置”对话框。打开“自动约束”选项卡，选择“重合”约束，取消其余约束方式，如图 3-53 所示。

05 单击“参数化”选项卡“几何”面板中的“自动约束”按钮，然后选择全部图形。将图形中所有交点建立“重合”约束。

06 单击“参数化”选项卡“标注”面板中的“竖直”，更改竖直尺寸。命令行提示与操作如下：

```
命令：_DcVertical
指定第一个约束点或 [对象(O)] <对象>：(单击最左端直线上端)
指定第二个约束点：(单击最左端直线下端)
指定尺寸线位置：(在合适位置单击)
```

```
标注文字 = 100（输入长度 80）
```

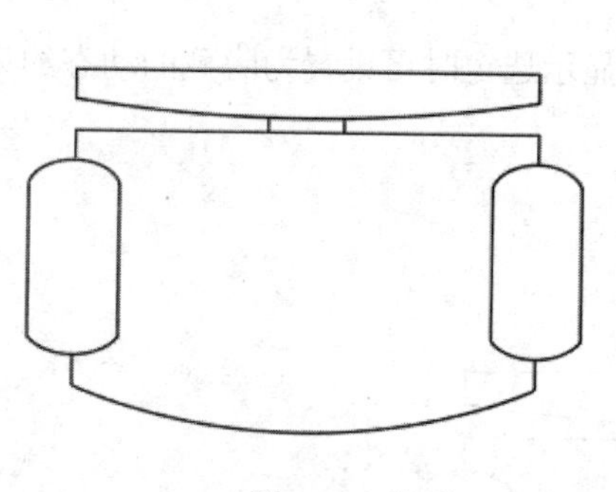

图 3-52 椅子

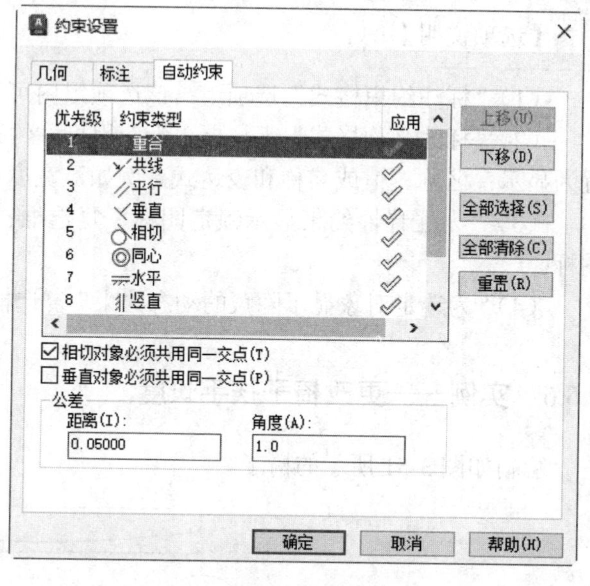

图 3-53 “自动约束”设置

07 系统自动将长度 100 调整为 80，最终结果如图 3-51 所示。

3.7 上机实验

【实验 1】 绘制如图 3-54 所示的三环旗。

操作指导

（1）调用图层命令 LAYER 建立 5 个图层。
（2）调用“直线”“多段线”“圆环”“圆弧”等命令在不同图层绘制图线。
（3）每绘制一种颜色的图线前先进行图层转换。

【实验 2】 绘制如图 3-55 所示的徽章。

操作指导

（1）调用“圆”命令，绘制一个圆。

（2）调用“多边形”命令，用圆心捕捉方式捕捉所画圆的圆心来定位该正六边形的外接圆圆心。然后用端点捕捉方式捕捉所画正六边形的端点，并将它们分别连接起来。

（3）调用“修剪”命令，对其进行修剪（后面章节学习，这里可以暂时不执行此步）。

（4）调用“圆弧”命令的三点方式画圆弧（圆弧的三个点分别采用端点捕捉和圆心捕捉而得到）。

图 3-54　三环旗

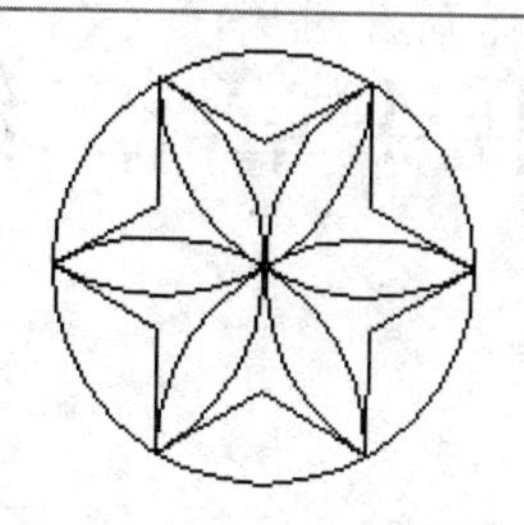

图 3-55　徽章

3.8　思考与练习

1．新建图层的方法有：

（1）命令行：LAYER

（2）菜单："格式"→"图层"

（3）工具栏："图层"→"图层特性管理器"

（4）功能区：单击"默认"选项卡"图层"面板中的"图层特性"按钮

2．试分析如果在绘图时不设置图层，将会给绘图带来什么样的后果？

3．试分析图层的三大控制功能：打开/关闭，冻结/解冻和锁定/解锁有什么不同之处？

4．执行对象捕捉的方式有哪些？简要说明这些捕捉方式。

5．绘制图形时，需要一种前面没有用到过的线型，请给出解决步骤。

第 4 章 二维图形的编辑方法

导读

图形编辑是对已有的图形进行修改、移动、复制和删除等操作。AutoCAD 2024 为用户提供了 30 多种图形编辑命令。在实际绘图中，绘图命令与编辑命令交替使用，可大量节省绘图时间。

学习要点

- 构造选择集
- 使用夹点功能进行编辑
- 调整对象位置和尺寸
- 圆角及倒角

4.1 构造选择集

选择集可以仅由一个图形对象构成，也可以是一个复杂的对象组，如位于某一特定层上具有某种特定颜色的一组对象。选择集的构造可以在调用编辑命令之前或之后。

AutoCAD 2024 提供以下几种方法构造选择集：

◆ 先选择一个编辑命令，然后选择对象，用Enter键结束操作。

◆ 使用SELECT命令。

◆ 用单击设备选择对象，然后调用编辑命令。

◆ 定义对象组。

无论使用哪种方法，AutoCAD 2024 都将提示用户选择对象，并且光标的形状由十字光标变为拾取框。

下面结合 SELECT 命令说明选择对象的方法。

SELECT 命令可以单独使用，即在命令行键入 SELECT 后按 Enter 键，也可以在执行其他编辑命令时被自动调用。此时，屏幕出现提示：

选择对象：

等待用户以某种方式选择对象作为回答。AutoCAD 2024 提供多种选择方式，可以键入“？”查看这些选择方式。选择该选项后，出现如下提示：

需要点或 窗口(W)/上一个(L)/窗交(C)/框(BOX)/全部(ALL)/栏选(F)/圈围(WP)/圈交(CP)/编组(G)/添加(A)/删除(R)/多个(M)/前一个(P)/放弃(U)/自动(AU)/单个(SI)/子对象(SU)/对象(O)

选择对象：

各选项含义如下：

1．点

该选项表示直接通过单击的方式选择对象。这是较常用也是系统默认的一种对象选择方法。用鼠标或键盘移动拾取框，使其框住要选取的对象，然后单击，就会选中该对象并高亮显示。该点的选定也可以使用键盘输入一个点坐标值来实现。当选定点后，系统将立即扫描图形，搜索并且选择穿过该点的对象。

移动“拾取框大小”选项组的滑动标尺可以调整拾取框的大小。左侧的空白区中会显示相应的拾取框的尺寸大小。

2．窗口(W)

用由两个对角顶点确定的矩形窗口选取位于其范围内部的所有图形，与边界相交的对象不会被选中。指定对角顶点时应该按照从左向右的顺序。

3．上一个(L)

在“选择对象：”提示下键入 L 后按 Enter 键，系统会自动选取最后绘出的一个对象。

4．窗交(C)

该方式与上述“窗口”方式类似，区别在于它不但选择矩形窗口内部的对象，也选中与矩形窗口边界相交的对象。

5．框(BOX)

该方式没有命令缩写字。使用时，系统根据用户在屏幕上给出的两个对角点的位置而自动引用“窗口”或“窗交”选择方式。若从左向右指定对角点，为“窗口”方式；反之，为“窗交”方式。

6．全部(ALL)

选取图面上所有对象。在“选择对象：”提示下键入ALL，按Enter键。此时，绘图区域内的所有对象均被选中。

7．栏选(F)

用户临时绘制一些直线，这些直线不必构成封闭图形，凡是与这些直线相交的对象均被选中。这种方式对选择相距较远的对象比较有效。交线可以穿过本身。

8．圈围(WP)

使用一个不规则的多边形来选择对象。

9．圈交(CP)

类似于“圈围”方式，在提示后键入CP，后续操作与WP方式相同。区别在于与多边形边界相交的对象也被选中。

其他对象选择方式与上面所述方式类似。

4.2 使用夹点功能进行编辑

使用夹点功能可以方便地进行移动、旋转、缩放和拉伸等编辑操作，这是编辑对象非常方便和快捷的方法，读者应熟练掌握。

4.2.1 夹点概念

在使用“先选择后编辑”方式选择对象时，用户可单击欲编辑的对象，或按住鼠标左键拖出一个矩形框，框住欲编辑的对象，松开后，所选择的对象上就出现若干个小正方形，同时对象高亮显示。这些小正方形称为夹点，如图4-1所示。

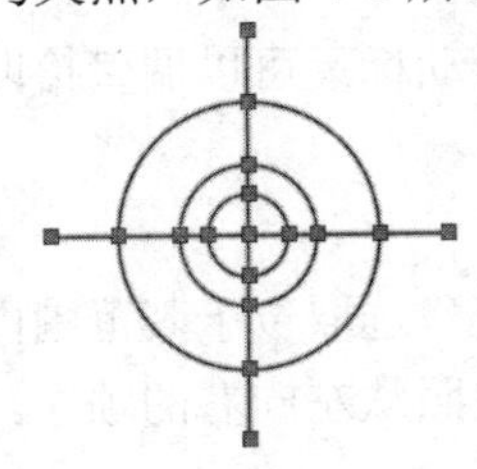

图4-1 夹点

若要移去夹点可按Esc键。要从夹点选择集中移去指定对象，请在选择对象时按Shift键。

4.2.2 使用夹点进行编辑

要使用夹点功能编辑对象，需选择一个夹点作为基点，方法是：将十字光标的中心对准夹点并左键，此时夹点即成为基点，并且显示为红色小方块。调用夹点进行编辑的模式有“拉伸”“移动”“旋转”“缩放”或“镜像”。可以用空格键、Enter 键或快捷菜单（右击弹出快捷菜单）循环切换这些模式。

有关拉伸、移动、旋转、缩放和镜像的编辑功能，以及调用夹点进行编辑的详细内容见下面相应章节。

4.3 删除与恢复

对于不需要的图形在选中后可以删除，如果删除有误，还可以调用有关命令进行恢复。

4.3.1 删除命令

【执行方式】

命令行：ERASE

菜单：“修改”→“删除”（见图 4-2）

工具栏：“修改”→“删除”（见图 4-3）

快捷菜单：选择要删除的对象，在绘图区域右击，从打开的快捷菜单中选择“删除”命令

功能区：单击“默认”选项卡“修改”面板中的“删除”按钮

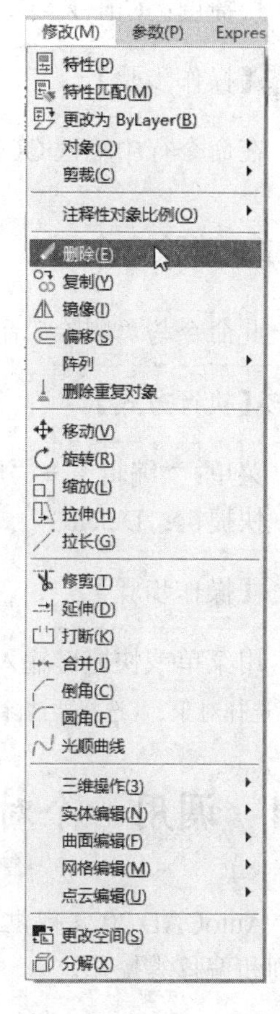

图 4-2 “修改”菜单

【操作步骤】

可以先选择对象，然后调用“删除”命令；也可以先调用“删除”命令，然后再选择对象。选择对象时可以使用前面介绍的各种选择对象的方法。

图4-3 “修改”工具栏

当选择多个对象时，多个对象都被删除；若选择的对象属于某个对象组，则该对象组的所有对象都被删除。

4.3.2　恢复命令

若不小心误删除了图形，可以使用恢复命令 OOPS 恢复误删除的对象。

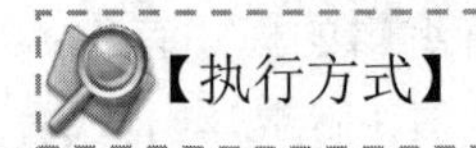【执行方式】

命令行：OOPS　或　U
工具栏："标准"→"放弃"
快捷键：Ctrl+Z

【操作步骤】

在命令行中输入 OOPS，按 Enter 键。

4.3.3　清除命令

此命令与"删除"命令功能完全相同。

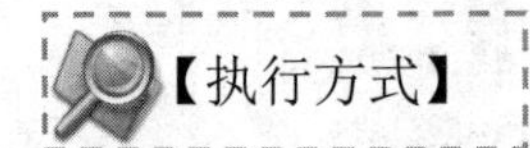【执行方式】

菜单："编辑"→"删除"
快捷键：Delete

【操作步骤】

用菜单或快捷键输入上述命令后，系统提示：

选择对象：(选择要清除的对象，按 Enter 键执行清除命令)

4.4　调用一个对象生成多个对象

AutoCAD 2024 提供了调用一个对象生成多个相同或相似对象的方法，包括复制、镜像、阵列和偏移等操作。

4.4.1　复制

根据需要，可以将选择的对象复制一次，也可以复制多次（即多重复制）。在复制对象时，需创建一个选择集并为复制对象指定一个起点和终点，这两点分别称为基点和第二个位移点，可位于图形内的任何位置。

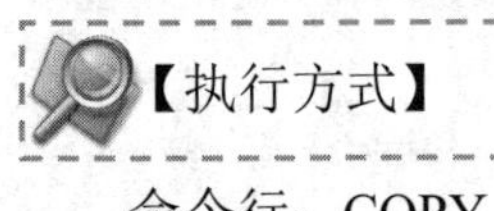【执行方式】

命令行：COPY

菜单："修改"→"复制"

工具栏："修改"→"复制"

快捷菜单：选择要复制的对象，在绘图区域右击，从打开的快捷菜单上选择"复制选择"命令

功能区：单击"默认"选项卡"修改"面板中的"复制"按钮

【操作步骤】

命令：COPY↙

选择对象：（选择要复制的对象）

用前面介绍的对象选择方法选择一个或多个对象，按 Enter 键结束选择操作。系统继续提示：

当前设置： 复制模式 = 多个

指定基点或 [位移(D)/模式(O)] <位移>：（指定基点或位移）

指定第二个点或 [阵列(A)] <使用第一个点作为位移>：

指定第二个点或 [阵列（A）/退出（E）/放弃（U）] <退出>：

【选项说明】

（1）指定基点：指定一个坐标点后，AutoCAD 2024 把该点作为复制对象的基点，并提示：

指定第二个点或 [阵列(A)]<使用第一个点作为位移>：

指定第二个点后，系统将根据这两点确定的位移矢量把选择的对象复制到第二点处。如果此时直接按 Enter 键，即选择默认的"使用第一个点作为位移"，则第一个点被当作相对于 X、Y、Z 的位移。例如，如果指定基点为（2,3）并在下一个提示下按 Enter 键，则该对象从它当前的位置开始在 X 方向上移动 2 个单位，在 Y 方向上移动 3 个单位。

复制完成后，系统会继续提示：

指定第二个点或[[阵列(A)/退出(E)/放弃(U)]<退出>：

这时，可以不断指定新的第二点，从而实现多重复制。

（2）位移：直接输入位移值，表示以选择对象时的拾取点为基准，以拾取点坐标为移动方向纵横比，移动指定位移后确定的点为基点。例如，选择对象时拾取点坐标为（2,3），输入位移为 5，则表示以（2,3）点为基准，沿纵横比为 3:2 的方向移动 5 个单位所确定的点为基点。

（3）模式：控制是否自动重复该命令。

4.4.2 实例——绘制洗手台

绘制如图 4-4 所示的洗手台。

01 绘制洗手台结构。运用前面学到的直线和矩形命令绘制洗手台，如图 4-5 所示。

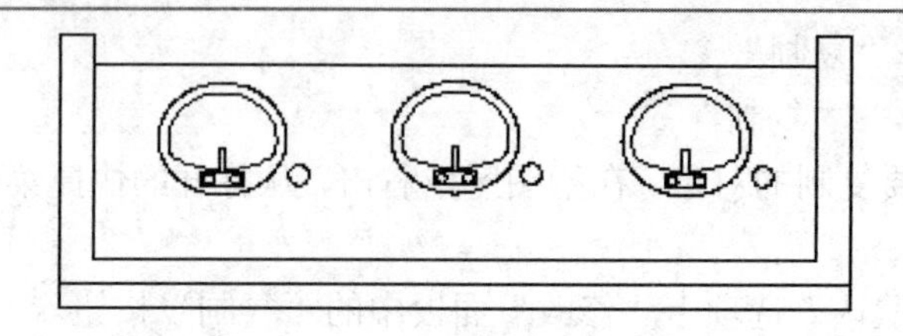

图 4-4　洗手台图形

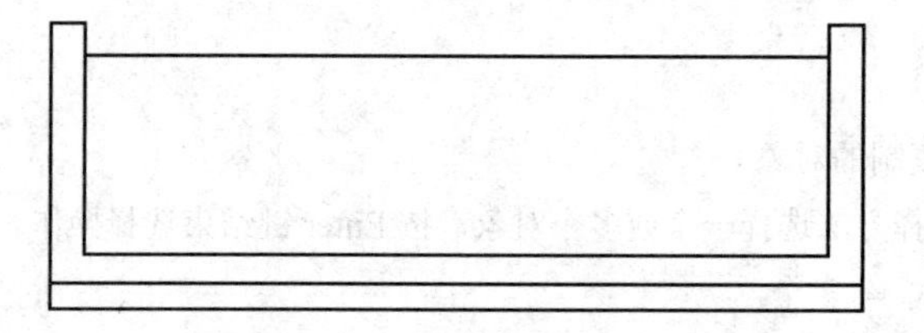

图 4-5　绘制洗手台

02 绘制一个洗脸盆。方法如 2.2.6 节所绘制的洗脸盆，绘制结果如图 4-6 所示。

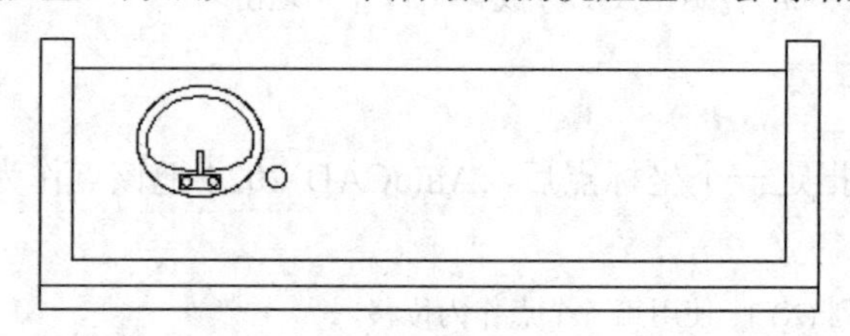

图 4-6　绘制洗脸盆

03 复制洗脸盆。单击“默认”选项卡“修改”面板中的“复制”按钮，复制洗脸盆，命令行提示与操作如下：

命令：copy↙

选择对象：(把洗脸盆全部框选)

选择对象：↙

当前设置：　复制模式 = 多个

指定基点或 [位移(D)/模式(O)] <位移>：(在洗脸盆位置任意指定一点)

指定第二个点或[阵列(A)] <使用第一个点作为位移>：(指定第二个洗脸盆的位置)

指定第二个点或[阵列(A)/退出(E)/放弃(U)] <退出>：(指定第三个洗脸盆的位置)

指定第二个点或[阵列(A)/退出(E)/放弃(U)] <退出>：↙

结果如图 4-4 所示。

4.4.3　镜像

将指定的对象按给定的镜像线作反像复制，即镜像。镜像操作适用于对称图形，是一种常用的编辑方法。

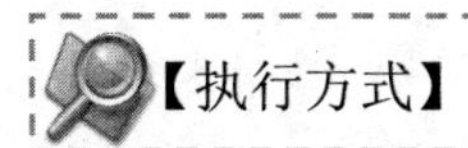【执行方式】

命令行：MIRROR

菜单："修改"→"镜像"

工具栏："修改"→"镜像"

功能区：单击"默认"选项卡"修改"面板中的"镜像"按钮

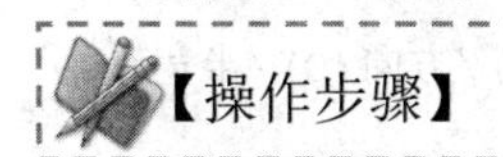【操作步骤】

命令：MIRROR↙

选择对象：（选择要镜像的对象）

选择对象：↙

指定镜像线的第一点：（指定镜像线的第一个点）

指定镜像线的第二点：（指定镜像线的第二个点）

要删除源对象吗？[是(Y)/否(N)] <否>：（确定是否删除源对象）

这两点确定一条镜像线，被选择的对象以该线为对称轴进行镜像。包含该线的镜像平面与用户坐标系统的 XY 平面垂直，即镜像操作工作在与用户坐标系统的 XY 平面平行的平面上。

4.4.4 实例——绘制锅

绘制如图 4-7 所示锅。

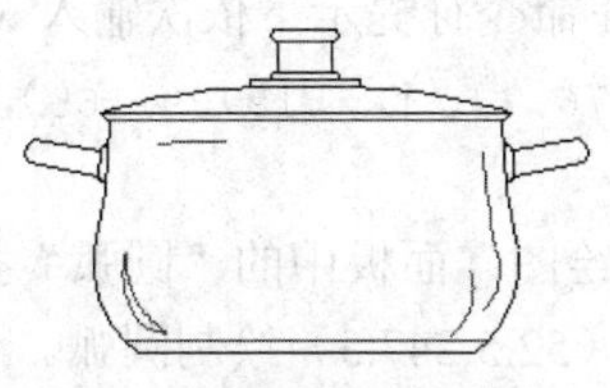

图 4-7 锅

01 图层设计。新建两个图层：

❶"1"图层，颜色为绿色，其余属性默认。

❷"2"图层，颜色为黑色，其余属性默认。

02 将"2"图层置为当前图层，单击"默认"选项卡"绘图"面板中的"多段线"按钮，绘制锅轮廓线。命令行提示与操作如下：

命令：_pline↙

指定起点：0,0↙

当前线宽为 0.0000

指定下一个点或 [圆弧(A)/半宽(H)/长度(L)/放弃(U)/宽度(W)]：157.5,0↙

指定下一点或 [圆弧(A)/闭合(C)/半宽(H)/长度(L)/放弃(U)/宽度(W)]：a↙

指定圆弧的端点(按住 Ctrl 键以切换方向)或[角度(A)/圆心(CE)/闭合(CL)/方向(D)/半宽(H)/

直线(L)/半径(R)/第二个点(S)/放弃(U)/宽度(W)]: s↙

指定圆弧上的第二个点: 196.4,49.2↙

指定圆弧的端点: 201.5,94.4↙

指定圆弧的端点(按住 Ctrl 键以切换方向)或 [角度(A)/圆心(CE)/闭合(CL)/方向(D)/半宽(H)/直线(L)/半径(R)/第二个点(S)/放弃(U)/宽度(W)]: s↙

指定圆弧上的第二个点: 191,155.6↙

指定圆弧的端点: 187.5,217.5↙

指定圆弧的端点(按住 Ctrl 键以切换方向)或[角度(A)/圆心(CE)/闭合(CL)/方向(D)/半宽(H)/直线(L)/半径(R)/第二个点(S)/放弃(U)/宽度(W)]: s↙

指定圆弧上的第二个点: 192.3,220.2↙

指定圆弧的端点: 195,225↙

指定圆弧的端点(按住 Ctrl 键以切换方向)或[角度(A)/圆心(CE)/闭合(CL)/方向(D)/半宽(H)/直线(L)/半径(R)/第二个点(S)/放弃(U)/宽度(W)]: l↙

指定下一点或 [圆弧(A)/闭合(C)/半宽(H)/长度(L)/放弃(U)/宽度(W)]: 0,225↙

指定下一点或 [圆弧(A)/闭合(C)/半宽(H)/长度(L)/放弃(U)/宽度(W)]: ↙

03 将当前图层设为“1”图层，调用“直线”命令，绘制坐标为{（0,10.5）（172.5,10.5）}{（0,217.5）（187.5,217.5）的两条直线。绘制结果如图 4-8 所示。

04 单击“默认”选项卡“绘图”面板中的“多段线”按钮，绘制扶手。在命令行提示下依次输入（188,194.6）、A、S、（193.6,192.7）（196.7,187.7）、L、（197.9,165）、A、S、（195.4,160.5）（190.8,158），最后按 Enter 键确认。

继续执行“多段线”命令，在命令行提示下依次输入（196.7,187.7）（259.2,198.7）、A、S、（267.3,188.9）（263.8,176.7）、L、（197.9,165），最后按 Enter 键确认，绘制结果如图 4-9 所示。

05 单击“默认”选项卡“绘图”面板中的“圆弧”按钮，以（195,225）为起点，第二点为（124.5,241.3），端点为（52.5,247.5）绘制圆弧。

06 单击“默认”选项卡“绘图”面板中的“矩形”按钮，分别以{(52.5,247.5)(−52.5,255)}和{（31.4,255）（@−62.8,6）}为角点绘制矩形。

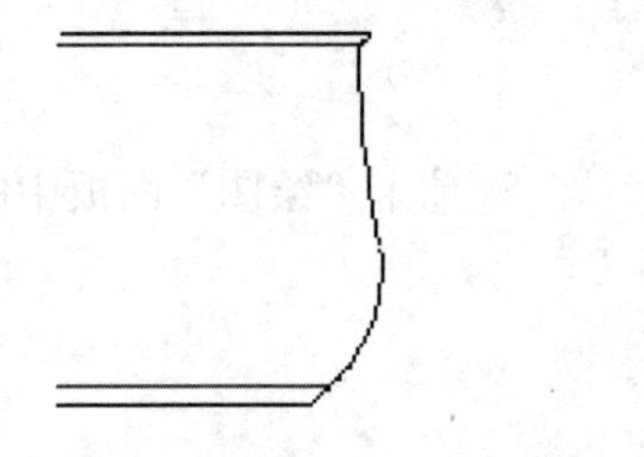

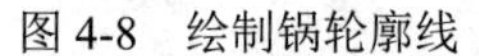

图 4-8　绘制锅轮廓线

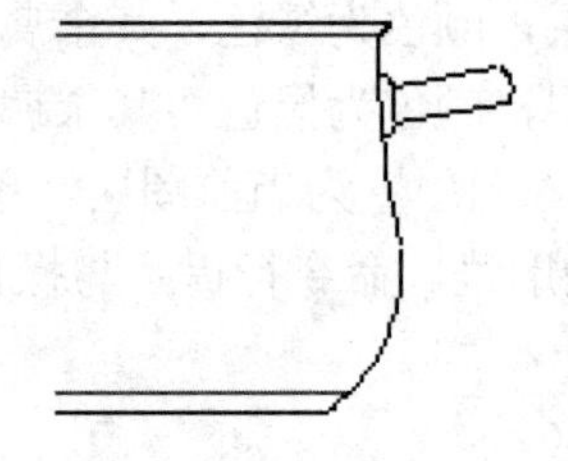

图 4-9　绘制扶手

07 单击“默认”选项卡“绘图”面板中的“多段线”按钮，绘制锅盖把弧线。在命令行提示下依次输入（26.3,261）（@0,30）、A、S、（31.5,296.3）（26.3,301.5）、L、（0,301.5），最后按 Enter 键确认。

08 单击“默认”选项卡“绘图”面板中的“直线”按钮╱，绘制坐标点为{(25.3,291)(0,291)}的直线。绘制结果如图 4-10 所示。

09 单击“默认”选项卡“修改”面板中的“镜像”按钮，将整个对象以端点坐标为（0,0）和（0,10）的线段为对称线镜像处理，绘制结果如图 4-11 所示，命令行操作与提示如下：

命令：_mirror
选择对象：（选择整个对象）
选择对象：↙
指定镜像线的第一点：0,0（输入第一点坐标）
指定镜像线的第二点：0,10（输入第二点坐标）
要删除源对象吗？[是(Y)/否(N)] <否>:↙（不删除原对象）

10 单击“默认”选项卡“绘图”面板中的“圆弧”按钮，绘制锅面上的装饰，结果如图 4-7 所示。

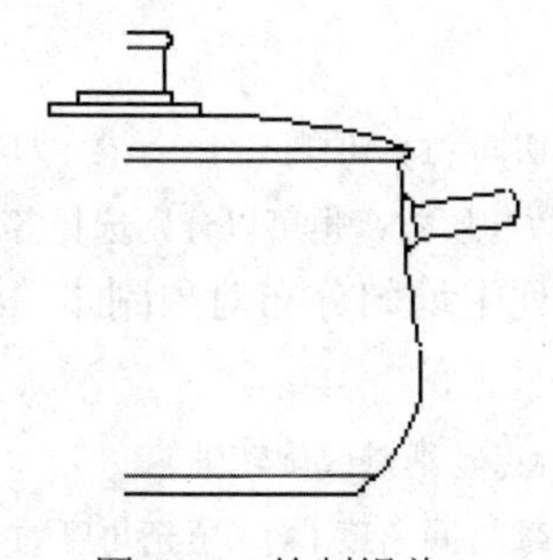
图 4-10　绘制锅盖

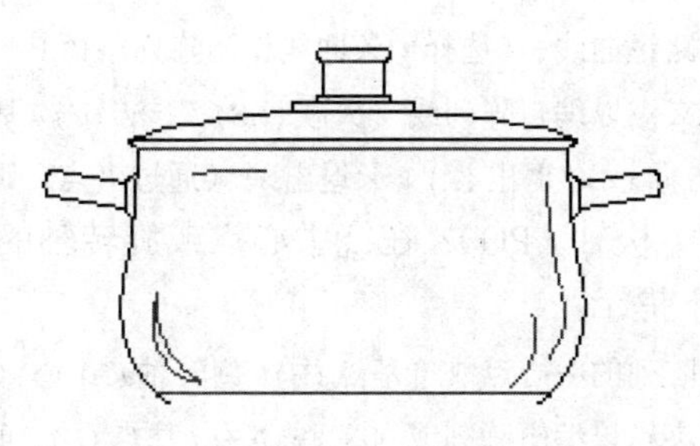
图 4-11　锅具

4.4.5　阵列

阵列是按环形或矩形排列形式复制对象或选择集。对于环形阵列，可以控制复制对象的数目和是否旋转对象。对于矩形阵列，可以控制行和列的数目以及间距。

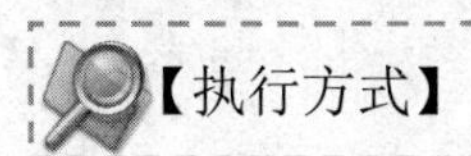
【执行方式】

命令行：ARRAY
菜单：“修改”→“阵列”→“矩形阵列”“路径阵列”“环形阵列”
工具栏：“修改”→“矩形阵列”按钮、“路径阵列”按钮、“环形阵列”按钮
功能区：单击“默认”选项卡“修改”面板中的“矩形阵列”按钮/“路径阵列”按钮/“环形阵列”按钮（见图 4-12）

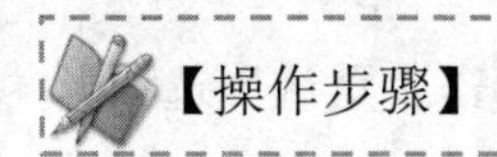
【操作步骤】

命令：ARRAY↙
选择对象：(使用对象选择方法)
选择对象：↙

输入阵列类型[矩形（R）/路径（PA）/极轴（PO）]<矩形>:

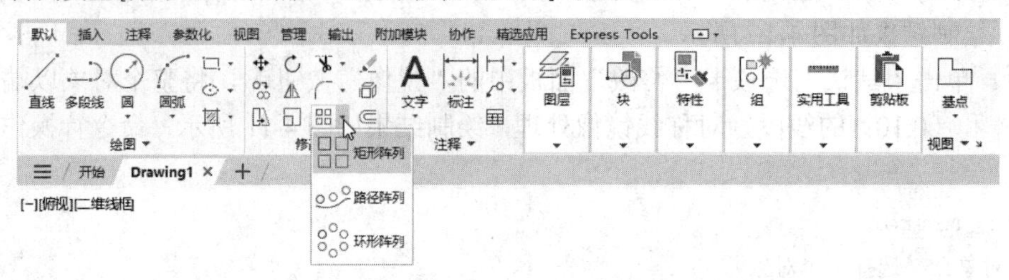

图 4-12　“修改”面板

【选项说明】

（1）矩形（R）：将选定对象的副本分布到行数、列数和层数的任意组合。

（2）路径（PA）：沿路径或部分路径均匀分布选定对象的副本。选择该选项后出现如下提示：

选择路径曲线：（选择一条曲线作为阵列路径）

选择夹点以编辑阵列或 [关联(AS)/方法(M)/基点(B)/切向(T)/项目(I)/行(R)/层(L)/对齐项目(A)/Z 方向(Z)/退出(X)] <退出>：（通过夹点，调整阵列数和层数；也可以分别选择各选项输入数值）

（3）极轴（PO）：在绕中心点或旋转轴的环形阵列中均匀分布对象副本。选择该选项后出现如下提示：

指定阵列的中心点或 [基点(B)/旋转轴(A)]：（选择中心点、基点或旋转轴）

选择夹点以编辑阵列或 [关联(AS)/基点(B)/项目(I)/项目间角度(A)/填充角度(F)/行(ROW)/层(L)/旋转项目(ROT)/退出(X)] <退出>：（通过夹点，调整角度，填充角度；也可以分别选择各选项输入数值）

4.4.6　实例——绘制紫荆花

绘制如图 4-13 所示的紫荆花图形。

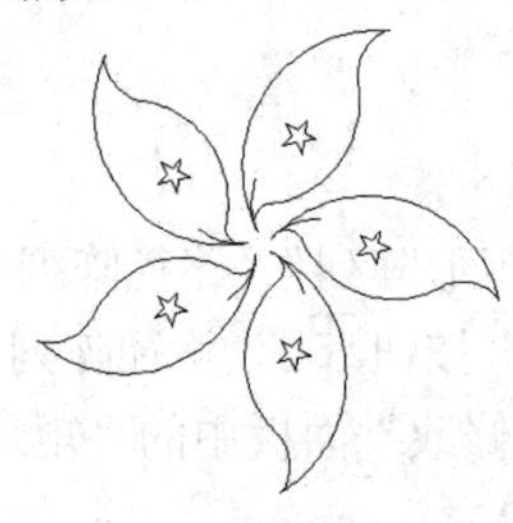

图 4-13　紫荆花

01 单击“默认”选项卡“绘图”面板中的“多段线”按钮及单击“默认”选项卡“绘图”面板中的“圆弧”按钮，绘制花瓣外框，如图 4-14 所示。

02 单击“默认”选项卡“绘图”面板中的“多边形”按钮及“直线”按钮，在花瓣外框内绘制一个五边形，并连接五边形的各个顶点，如图 4-15 所示。

03 单击“默认”选项卡“修改”面板中的“删除”按钮及“修剪”按钮（修剪命令在以后章节会详细讲述），将五边形删除并修剪得到的五角星，如图 4-16 所示。命令行操作与提示如下：

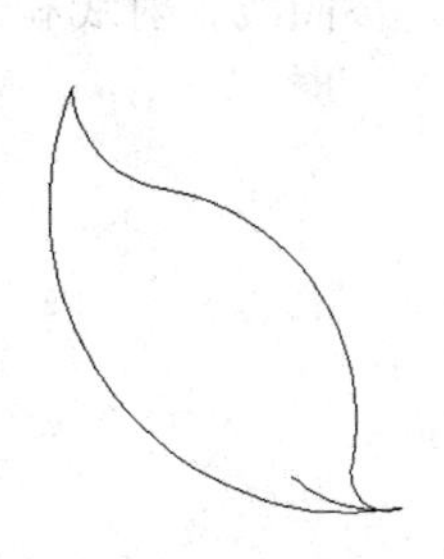

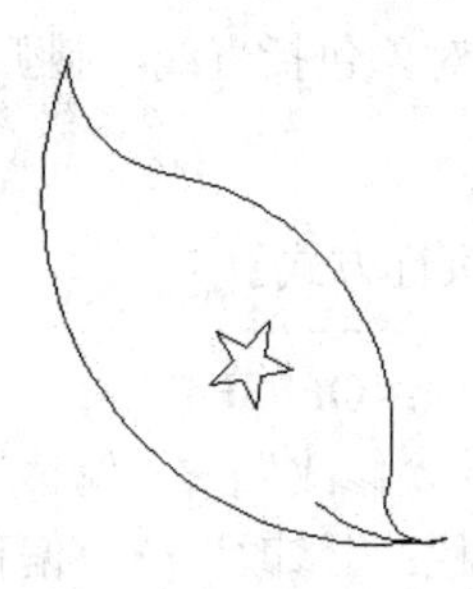

图 4-14　花瓣外框　　图 4-15　绘制五边形和连线　　图 4-16　绘制花瓣

命令：_erase

选择对象：（选择五边形，并按 Enter 键删除五边形）

命令：_trim

当前设置:投影=UCS，边=无,模式=标准

选择剪切边...

选择对象或[模式(O)]<全部选择>:↙

选择要修剪的对象，或按住 Shift 键选择要延伸的对象，或[剪切边(T)/栏选(F)/窗交(C)/模式(O)/投影(P)/边(E)/删除(R)]:（选择多余直线）

......

04 单击“默认”选项卡“修改”面板中的“环形阵列”按钮，命令行中的操作与提示如下：

命令：_arraypolar

选择对象：（选择上面绘制的图形）

选择对象：↙

类型 = 极轴　关联 = 是

指定阵列的中心点或[基点（B）/旋转轴（A）]:（指定阵列的中心点）

选择夹点以编辑阵列或 [关联(AS)/基点(B)/项目(I)/项目间角度(A)/填充角度(F)/行(ROW)/层(L)/旋转项目(ROT)/退出(X)] <退出>: I↙

输入阵列中的项目数或[表达式（E）]<4>: 5↙

选择夹点以编辑阵列或 [关联(AS)/基点(B)/项目(I)/项目间角度(A)/填充角度(F)/行(ROW)/层(L)/旋转项目(ROT)/退出(X)] <退出>: F↙

指定填充角度（+=逆时针、-=顺时针）或[表达式（EX）]<,360>:↙（填充角度为 360°）

选择夹点以编辑阵列或 [关联(AS)/基点(B)/项目(I)/项目间角度(A)/填充角度(F)/行(ROW)/层(L)/旋转项目(ROT)/退出(X)] <退出>:↙

最终绘制的紫荆花图案如图 4-13 所示。

4.4.7 偏移

偏移是根据确定的距离和方向，在不同的位置创建一个与选择的对象相似的新对象。可以偏移的对象包括直线、圆弧、圆、二维多段线、椭圆、椭圆弧、参照线、射线和平面样条曲线等。

【执行方式】

命令行：OFFSET

菜单："修改"→"偏移"

工具栏："修改"→"偏移"⊆

功能区：单击"默认"选项卡"修改"面板中的"偏移"按钮⊆

【操作步骤】

命令：OFFSET↙

当前设置：删除源=否　图层=源　OFFSETGAPTYPE=0

指定偏移距离或［通过(T)/删除(E)/图层(L)］<通过>:（指定距离值）

选择要偏移的对象，或［退出(E)/放弃(U)］<退出>:（选择要偏移的对象。按 Enter 键结束操作）

指定要偏移的那一侧上的点，或［退出(E)/多个(M)/放弃(U)］<退出>:（指定偏移方向）

选择要偏移的对象，或［退出(E)/放弃(U)］<退出>:

【选项说明】

（1）指定偏移距离：输入一个距离值，或按 Enter 键使用当前的距离值，系统把该距离值作为偏移距离，如图 4-17 所示。

（2）通过(T)：指定偏移的通过点。选择该选项后会出现如下提示：

选择要偏移的对象，或［退出(E)/放弃(U)］<退出>:（选择要偏移的对象。按 Enter 键结束操作）

指定通过点或［退出(E)/多个(M)/放弃(U)］<退出>:（指定偏移对象的一个通过点）

操作完毕后系统根据指定的通过点绘出偏移对象，如图 4-18 所示。

（3）删除（E）：偏移源对象后将其删除。选择该选项后会出现如下提示：

要在偏移后删除源对象吗？［是(Y)/否(N)］<否>:

（4）图层（L）：确定将偏移对象创建在当前图层上还是源对象所在的图层上。选择该选项后会出现如下提示：

输入偏移对象的图层选项［当前(C)/源(S)］<源>:

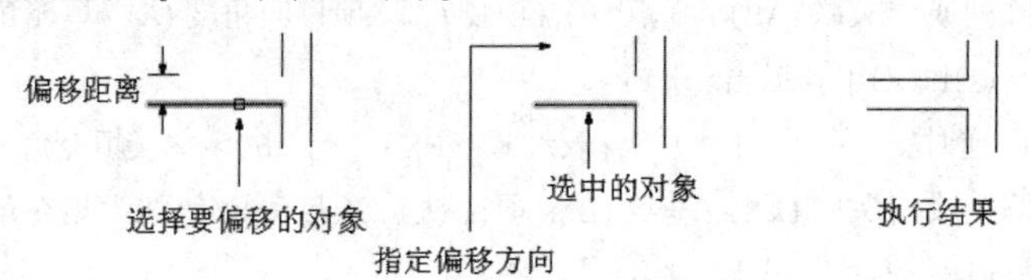

图 4-17　指定距离偏移对象

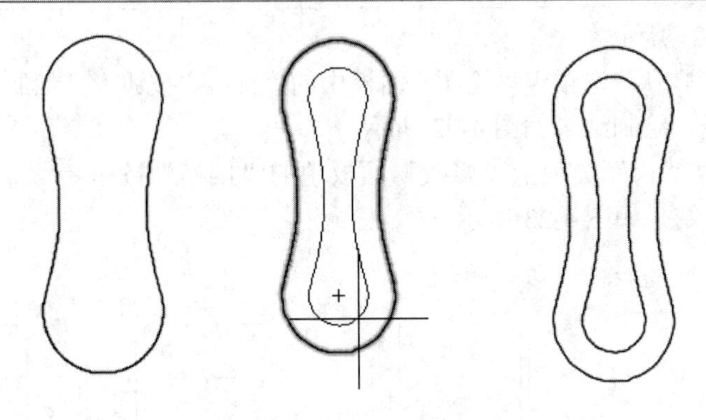

图 4-18　指定通过点偏移对象

4.4.8　实例——绘制门

绘制如图 4-19 所示的门。

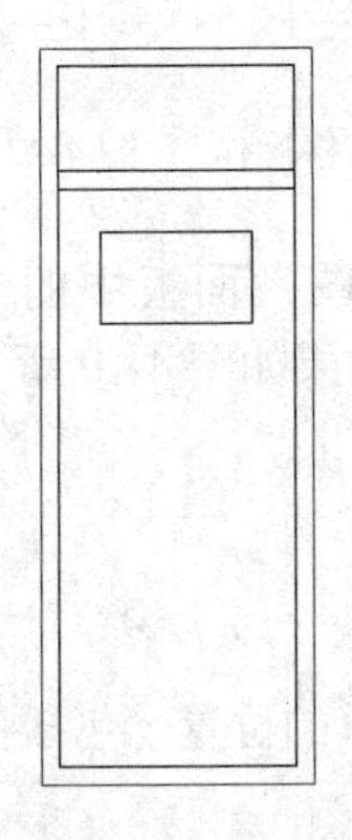

图 4-19　门

01 单击“默认”选项卡“绘图”面板中的“矩形”按钮，以第一角点为（0,0），第二角点为（@900,2400）的矩形，绘制结果如图 4-20 所示。

02 单击“默认”选项卡“修改”面板中的“偏移”按钮，将步骤 **01** 绘制的矩形向内偏移 60。命令行提示与操作如下：

```
命令: _offset↙
当前设置: 删除源=否　图层=源　OFFSETGAPTYPE=0
指定偏移距离或 [通过(T)/删除(E)/图层(L)] <通过>:  60↙
选择要偏移的对象, 或 [退出(E)/放弃(U)] <退出>:（选择上述矩形）
指定要偏移的那一侧上的点, 或 [退出(E)/多个(M)/放弃(U)] <退出>: （选择矩形内侧）
选择要偏移的对象, 或 [退出(E)/放弃(U)] <退出>:↙
```

结果如图 4-21 所示。

03 单击“默认”选项卡“绘图”面板中的“直线”按钮╱，绘制坐标点为{（60,2000）(@780,0)}的直线，绘制结果如图 4-22 所示。

04 单击“默认”选项卡“修改”面板中的“偏移”按钮⊆，将步骤 03 绘制的直线向下偏移 60，结果如图 4-23 所示。

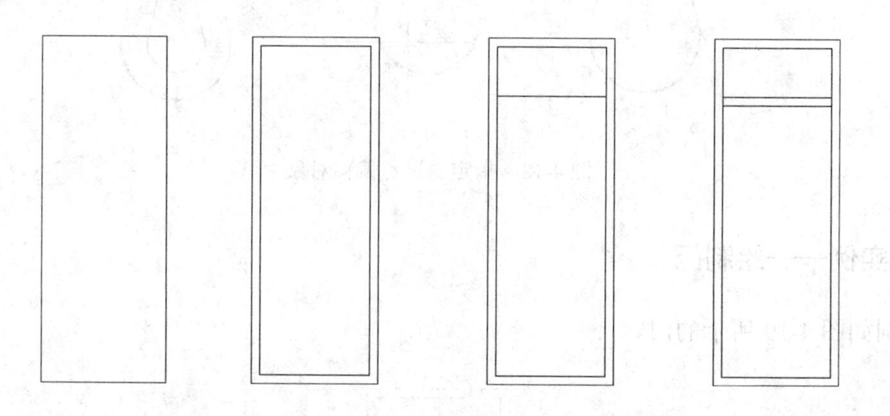

图 4-20　绘制矩形　图 4-21　偏移操作　图 4-22　绘制直线　图 4-23　偏移操作

05 单击“默认”选项卡“绘图”面板中的“矩形”按钮□，绘制角点坐标为{(200,1500)(700,1800)}的矩形。绘制结果如图 4-19 所示。

4.5　调整对象位置

在编辑对象时，用户可以调整对象的位置，包括移动、对齐和旋转对象。

4.5.1　移动

移动对象是将对象位置平移，而不改变对象的方向和大小。如果要精确地移动对象，需配合使用捕捉、坐标、夹点和对象捕捉模式。

【执行方式】

命令行：MOVE

菜单：“修改”→“移动”

工具栏：“修改”→“移动”✥

快捷菜单：选择要移动的对象，在绘图区域右击，从打开的快捷菜单中选择“移动”命令

功能区：单击“默认”选项卡“修改”面板中的“移动”按钮✥

【操作步骤】

命令：MOVE↙

选择对象：(选择对象)

选择对象：↙

指定基点或 [位移(D)] <位移>：(指定基点)

指定第二个点或 <使用第一个点作为位移>：

【选项说明】

（1）如果对“指定第二点：”提示不输入而按 Enter 键，则第一次输入的值为相对坐标@X，Y。选择的对象从它当前的位置以第一次输入的坐标为位移量而移动。

（2）可以使用夹点进行移动。当对所操作的对象选取基点后，按空格键以切换到“移动”模式。

4.5.2 实例——绘制电视柜组合图形

绘制如图 4-24 所示的电视柜组合图形。

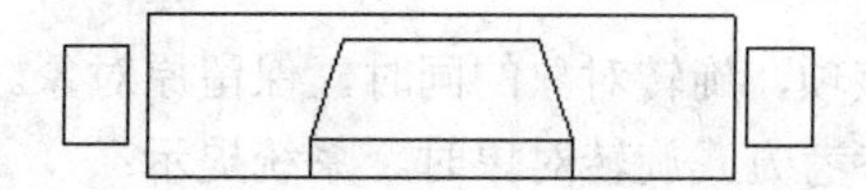

图 4-24 电视柜组合图形

01 利用前面所学知识绘制电视柜图形，如图 4-25 所示。

02 利用前面所学知识绘制电视图形，如图 4-26 所示。

03 单击“默认”选项卡“修改”面板中的“移动”按钮✥，将电视图形移动到电视柜图形上。命令行提示与操作如下：

命令：MOVE↙

选择对象：(选择电视图形)

选择对象：↙

指定基点或 [位移(D)] <位移>：(指定电视图形外边的中点)

指定第二个点或 <使用第一个点作为位移>：(选取电视图形外边的中点到电视柜外边中点)

绘制结果如图 4-24 所示。

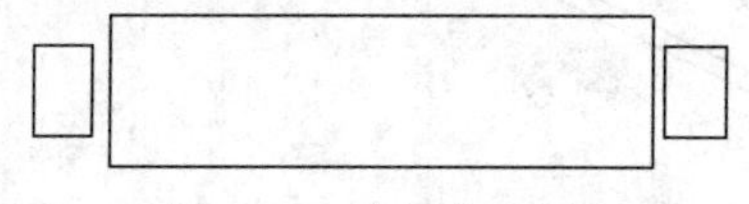

图 4-25 电视柜图形

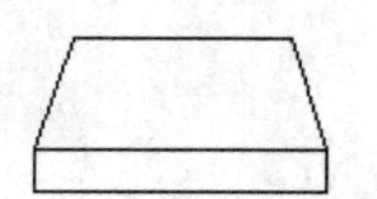

图 4-26 电视图形

4.5.3 旋转

旋转是将所选对象绕指定点（即基点）旋转至指定的角度，以便调整对象的位置。

【执行方式】

命令行：ROTATE

菜单："修改"→"旋转"

工具栏："修改"→"旋转" ↻

快捷菜单：选择要旋转的对象，在绘图区域右击，从打开的快捷菜单中选择"旋转"命令

功能区：单击"默认"选项卡"修改"面板中的"旋转"按钮 ↻

【操作步骤】

命令：ROTATE↙

UCS 当前的正角方向：ANGDIR=逆时针 ANGBASE=0

选择对象：（选择要旋转的对象）

选择对象：↙

指定基点：（指定旋转的基点，在对象内部指定一个坐标点）

指定旋转角度或 [复制(C)/参照(R)] <0>:（指定旋转角度或其他选项）

【选项说明】

（1）复制(C)：选择该项，旋转对象的同时，保留原对象。

（2）参照(R)：采用参考方式旋转对象时，系统提示：

指定参照角 <0>:（指定要参考的角度，默认值为 0）

指定新角度或 [点(P)] <0>:（输入旋转后的角度值）

操作完毕后，对象被旋转至指定的角度位置。

4.5.4 实例——绘制计算机

绘制如图 4-27 所示的计算机。

01 图层设计。新建两个图层：

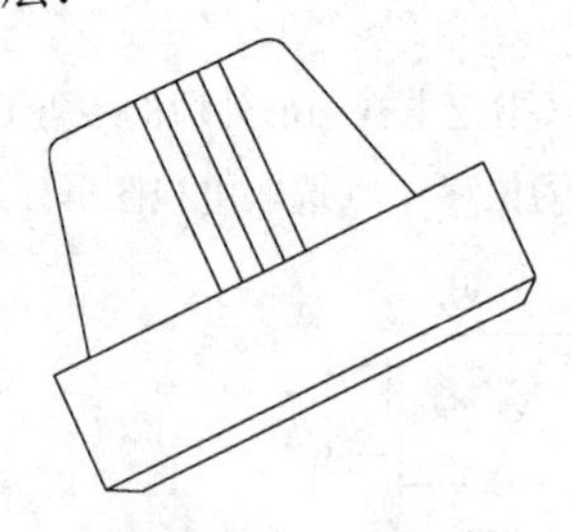

图 4-27 计算机

❶"1"图层，颜色为红色，其余属性默认。

❷"2"图层，颜色为绿色，其余属性默认。

02 将当前图层设为"1"，单击"默认"选项卡"绘图"面板中的"矩形"按钮 ▭，绘制一个矩形，命令行提示与操作如下：

命令：_rectang
指定第一个角点或 [倒角(C)/标高(E)/圆角(F)/厚度(T)/宽度(W)]：0,16↙
指定另一个角点或 [面积(A)/尺寸(D)/旋转(R)]:450,130↙

绘制结果如图 4-28 所示。

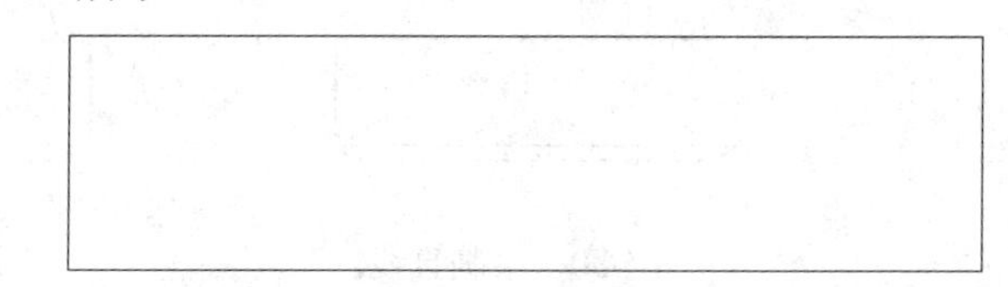

图 4-28　绘制矩形

03 单击“默认”选项卡“绘图”面板中的“多段线”按钮，绘制计算机外框。在命令行提示下依次输入（0,16）（30,0）（430,0）（450,16），按 Enter 键确认。

继续执行“多段线”命令，在命令行提示下依次输入（37,130）（80,308）、A、（101,320）、L、（306,320）、A、（326,308）、L、（380,130），按 Enter 键确认，绘制结果如图 4-29 所示。

04 将当前图层设为“2”图层，单击“默认”选项卡“绘图”面板中的“直线”按钮，绘制一条直线，命令行提示与操作如下：

命令：_line
指定第一个点：176,130↙
指定下一点或 [放弃(U)]：176,320↙
指定下一点或 [放弃(U)]：↙

绘制结果如图 4-30 所示。

05 单击“默认”选项卡“修改”面板中的“矩形阵列”按钮，阵列对象为步骤 **04** 中绘制的直线，行数设为 1，列数设为 5，列间距设为 22，绘制结果如图 4-31 所示，命令行提示与操作如下：

命令：_arrayrect
选择对象：（选择直线）↙
选择对象：↙（按 Enter 键结束选择）
类型 = 矩形　关联 = 是
选择夹点以编辑阵列或 [关联(AS)/基点(B)/计数(COU)/间距(S)/列数(COL)/行数(R)/层数(L)/退出(X)] <退出>：R↙
输入行数数或 [表达式(E)] <3>：1↙（指定行数）
指定 行数 之间的距离或 [总计(T)/表达式(E)] <1528.2344>:↙
指定 行数 之间的标高增量或 [表达式(E)] <0>:↙
选择夹点以编辑阵列或 [关联(AS)/基点(B)/计数(COU)/间距(S)/列数(COL)/行数(R)/层数(L)/退出(X)] <退出>：COL↙
输入列数数或 [表达式(E)] <4>：5↙（指定列数）
指定 列数 之间的距离或 [总计(T)/表达式(E)] <2245.3173>：22↙（指定列间距）

选择夹点以编辑阵列或 [关联(AS)/基点(B)/计数(COU)/间距(S)/列数(COL)/行数(R)/层数(L)/退出(X)] <退出>:↙

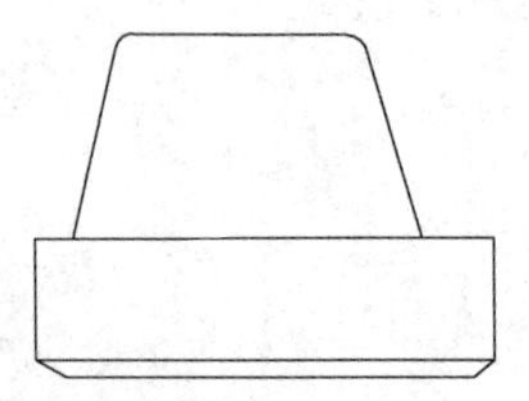

图 4-29　绘制多段线

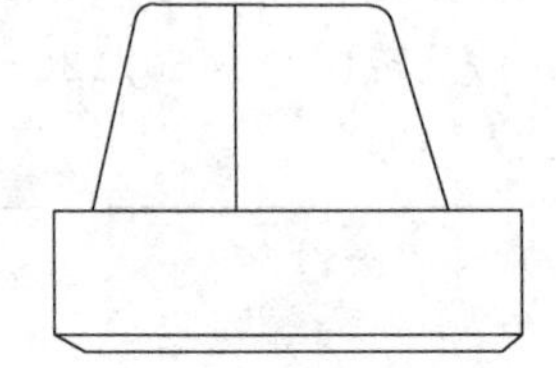

图 4-30　绘制直线

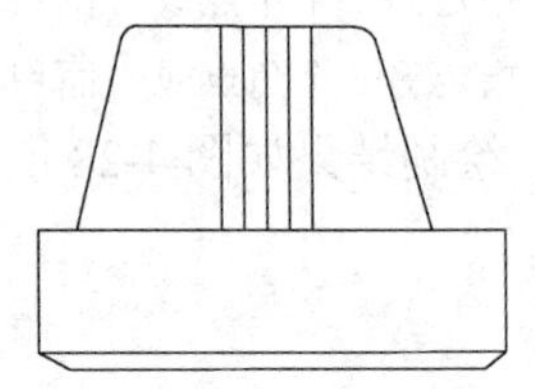

图 4-31　阵列

06 单击“默认”选项卡“修改”面板中的“旋转”按钮 ，旋转绘制的计算机。命令行提示与操作如下：

命令：_rotate↙

UCS 当前的正角方向： ANGDIR=逆时针　ANGBASE=0

选择对象：all↙(输入 all 为选择全部对象)

选择对象：↙（按 Enter 键结束选择）

指定基点：0,0↙

指定旋转角度，或 [复制(C)/参照(R)] <0>： 25↙（旋转的角度为 25°）

绘制结果如图 4-27 所示。

4.6　调整对象尺寸

在绘图时可对已有对象进行尺寸调整，包括缩放、延伸、拉伸、拉长、修剪和打断等操作。

4.6.1　缩放

缩放是使对象整体放大或缩小，通过指定一个基点和比例因子来缩放对象。

【执行方式】

命令行：SCALE

菜单：“修改”→“缩放”

工具栏：“修改”→“缩放”

功能区：单击“默认”选项卡“修改”面板中的“缩放”按钮

快捷菜单：选择要缩放的对象，在绘图区域右击，从打开的快捷菜单中选择“缩放”命令

命令：SCALE↙

选择对象：(选择要缩放的对象)

选择对象：↙

指定基点：(指定缩放操作的基点)

指定比例因子或 [复制(C)/参照(R)] <1.0000>:

【选项说明】

1）采用参考方式缩放对象时，系统提示：

指定参照长度 <1.0000>：(指定参考长度值)

指定新长度或[点(P)]<1.0000>：(指定新长度值)

若新长度值大于参考长度值，则放大对象，否则缩小对象。操作完毕后，系统以指定的点为基点按指定的比例因子缩放对象。如果选择“点(p)”选项，则指定两点来定义新的长度。

2）可以用拖动鼠标的方法缩放对象。选择对象并指定基点后，从基点到当前光标位置会出现一条连线，线段的长度即为比例大小。移动鼠标，选择的对象会动态地随着该连线长度的变化而缩放，按 Enter 键会确认缩放操作。

3）选择“复制(C)”选项时，可以复制缩放对象，即缩放对象时，保留原对象。

4.6.2 实例——绘制装饰盘

绘制如图 4-32 所示的装饰盘。

01 单击“默认”选项卡“绘图”面板中的“圆”按钮，绘制盘外轮圆形，如图 4-33 所示。命令行提示与操作如下：

命令：_circle

指定圆的圆心或[三点(3P)/两点(2P)/切点、切点、半径(T)]：100,100↙

指定圆的半径或 [直径(D)] <10.0000>：200↙

02 单击“默认”选项卡“绘图”面板中的“圆弧”按钮，绘制花瓣，如图 4-34 所示。命令行提示与操作如下：

命令：_arc

指定圆弧的起点或 [圆心(C)]：(选取圆中心点)

指定圆弧的第二个点或 [圆心(C)/端点(E)]：(圆内一点)

指定圆弧的端点：(圆边)

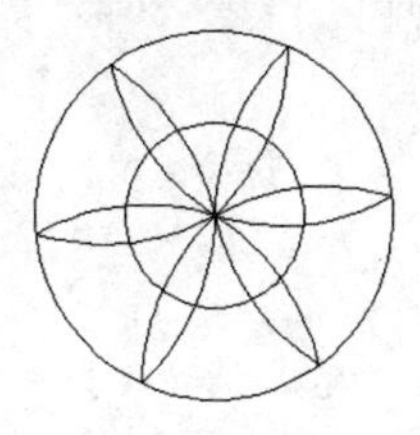
图 4-32 装饰盘

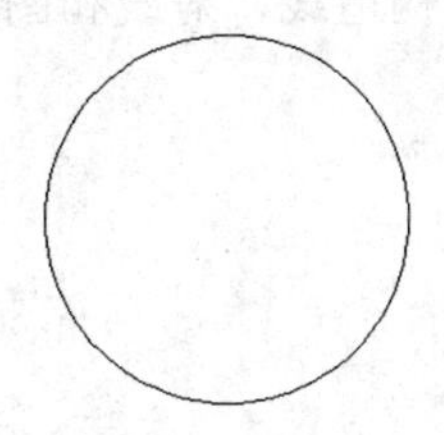
图 4-33 绘制圆形

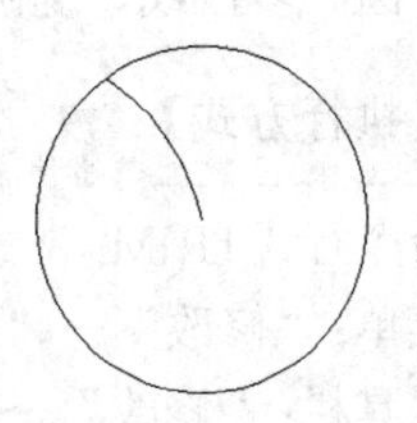
图 4-34 绘制花瓣

03 单击“默认”选项卡“修改”面板中的“镜像”按钮⚠，镜像花瓣线，如图 4-35 所示。命令行提示与操作如下：

命令：_mirror

选择对象：选择图 4-35 中的圆弧线）

选择对象：↙

指定镜像线的第一点：（指定圆弧的一个端点）

指定镜像线的第二点：（指定圆弧的另一个端点）

要删除源对象吗？[是(Y)/否(N)] <否>:↙

04 单击“默认”选项卡“修改”面板中的“环形阵列”按钮，进行环形阵列，选择花瓣为阵列对象，以圆心为阵列中心点阵列花瓣，如图 4-36 所示。

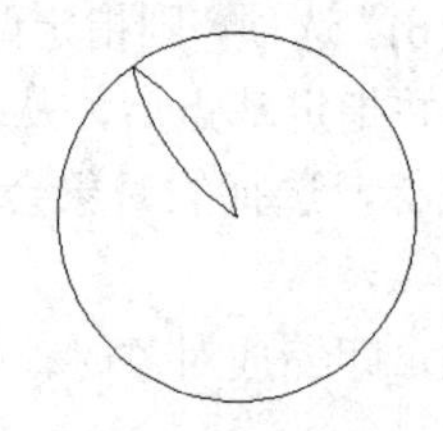

图 4-35　镜像花瓣线

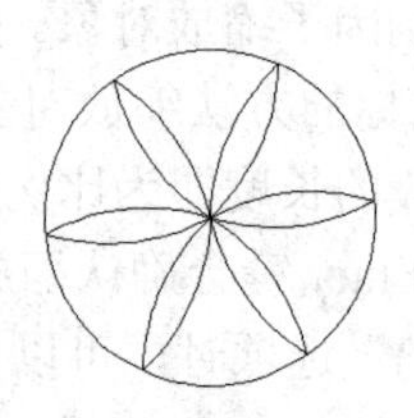

图 4-36　阵列花瓣

05 单击“默认”选项卡“修改”面板中的“缩放”按钮，缩放一个圆作为装饰盘内装饰圆，命令行提示与操作如下：

命令：SCALE↙

选择对象：（选择圆）

选择对象：↙

指定基点：（指定圆心）

指定比例因子或 [复制（C）/参照（R）]<1.0000>: C↙

指定比例因子或 [复制（C）/参照（R）]<1.0000>:0.5↙

绘制完成如图 4-32 所示。

4.6.3　修剪

用指定的边界（由一个或多个对象定义的剪切边）修剪指定的对象。剪切边可以是直线、圆弧、圆、多段线、椭圆、样条曲线、构造线、射线和图纸空间中的视口。

【执行方式】

命令行：TRIM

菜单：“修改”→“修剪”

工具栏：“修改”→“修剪”

功能区：单击“默认”选项卡“修改”面板中的“修剪”按钮

【操作步骤】

命令：TRIM↙

当前设置：投影=UCS，边=无,模式=标准

选择剪切边...

选择对象或[模式(O)] <全部选择>:（选择用作修剪边界的对象）

选择对象：

选择要修剪对象，或按住 Shift 键选择要延伸的对象或[剪切边(T)/栏选(F)/窗交(C)/模式(O)/投影(P)/边(E)/删除(R)/放弃(U)]：（选择修剪对象）

【选项说明】

1）在选择对象时，如果按住 Shift 键，系统就自动将“修剪”命令转换成“延伸”命令，“延伸”命令将在下一小节介绍。

2）选择“边”选项时，可以选择对象的修剪方式。

- 延伸(E)：延伸边界进行修剪。在此方式下，如果剪切边没有与要修剪的对象相交，系统会延伸剪切边直至与对象相交，然后再修剪，如图4-37所示。
- 不延伸(N)：不延伸边界修剪对象，只修剪与剪切边相交的对象。

3）选择“栏选(F)”选项时，系统以栏选的方式选择被修剪对象。

4）选择“窗交(C)”选项时，系统以窗交方式选择被修剪对象。

5）被选择的对象可以互为边界和被修剪对象，此时系统会在选择的对象中自动判断边界。

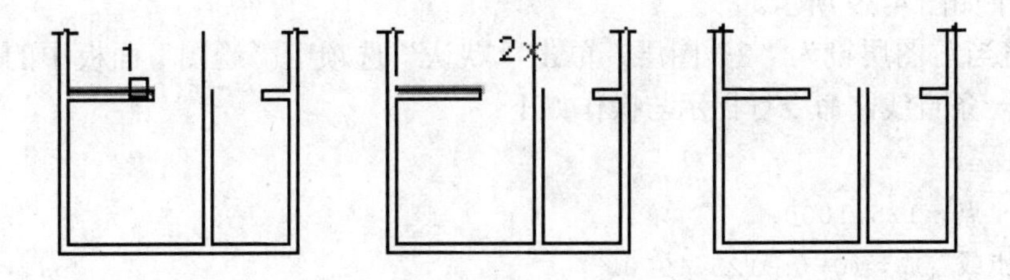

选择剪切边　　选择要修剪的对象　　修剪后的结果

图 4-37　延伸方式修剪对象

4.6.4　实例——绘制床

绘制如图 4-38 所示的床。

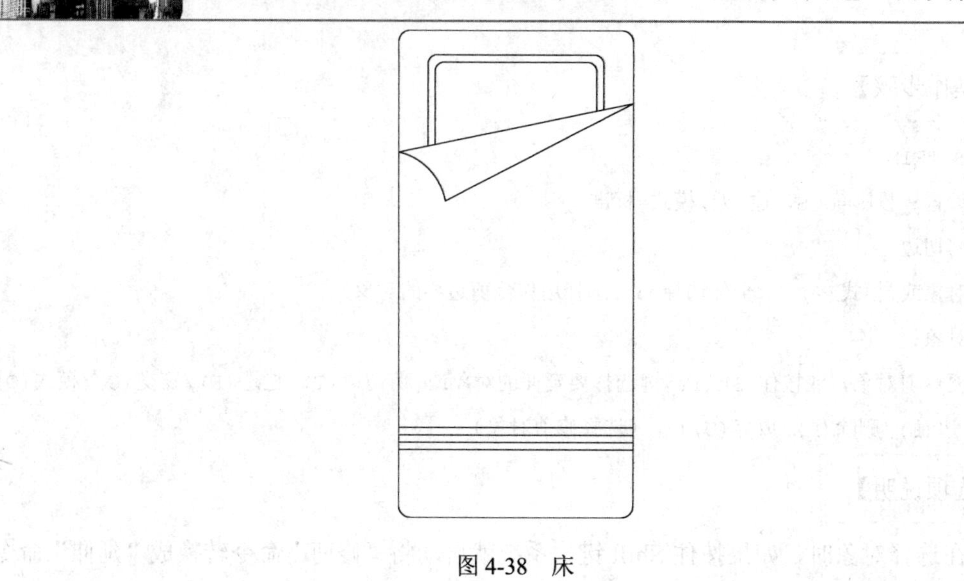

图 4-38　床

01 图层设计。新建 3 个图层：

❶图层 1：颜色为蓝色，其余属性默认。

❷图层 2：颜色为绿色，其余属性默认。

❸图层 3：颜色为白色，其余属性默认。

02 将当前图层设为“1”图层，单击“默认”选项卡“绘图”面板中的“矩形”按钮□，绘制一个矩形，命令行提示与操作如下：

```
命令: _rectang↙
指定第一个角点或 [倒角(C)/标高(E)/圆角(F)/厚度(T)/宽度(W)]: 0,0↙
指定另一个角点或 [面积(A)/尺寸(D)/旋转(R)]:@1000,2000↙
```

绘制结果如图 4-39 所示。

03 将当前图层设为“2”图层，单击“默认”选项卡“绘图”面板中的“直线”按钮╱，绘制一条直线，命令行提示与操作如下：

```
命令:_line↙
指定第一个点: 125,1000↙
指定下一点或 [放弃(U)]: 125,1900↙
指定下一点或 [放弃(U)]: 875,1900↙
指定下一点或 [闭合(C)/放弃(U)]: 875,1000↙
指定下一点或 [闭合(C)/放弃(U)]: ↙
命令: line↙
指定第一个点: 155,1000↙
指定下一点或 [放弃(U)]: 155,1870↙
指定下一点或 [放弃(U)]: 845,1870↙
指定下一点或 [闭合(C)/放弃(U)]: 845,1000↙
```

指定下一点或 [闭合(C)/放弃(U)]：↙

04 将当前图层设为“3”图层，继续单击“默认”选项卡“绘图”面板中的“直线”按钮╱。

命令：line ↙

指定第一个点：0,280↙

指定下一点或 [放弃(U)]：@1000,0↙

指定下一点或 [放弃(U)]：↙

绘制结果如图 4-40 所示。

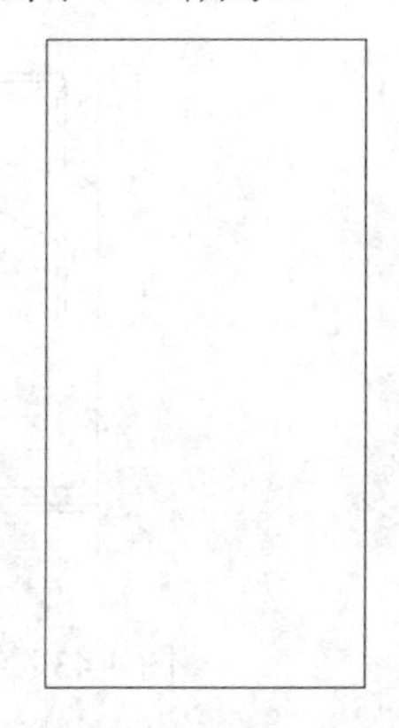

图 4-39　绘制矩形

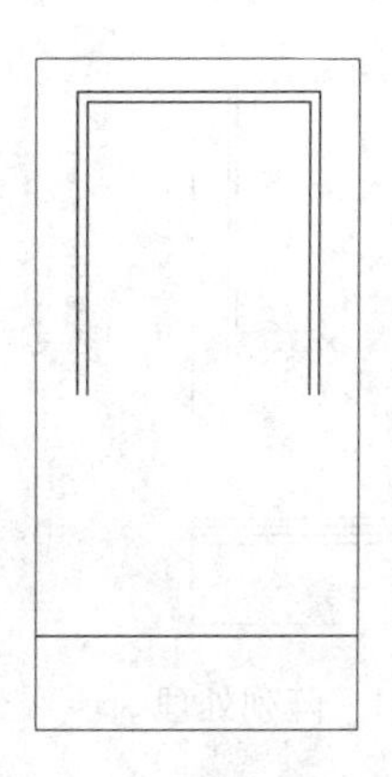

图 4-40　绘制直线

05 单击“默认”选项卡“修改”面板中的“矩形阵列”按钮▦，选择步骤 **04** 绘制的直线为阵列对象，行数为 4，列数 1，行偏移设为 30，绘制结果如图 4-41 所示。

06 单击“默认”选项卡“修改”面板中的“圆角”按钮⌜，将外轮廓线的圆角半径设为 50，内衬圆角半径为 40，绘制结果如图 4-42 所示（“圆角”命令在下面章节会详细讲述）。命令行提示和操作如下：

命令：_fillet

当前设置：模式 = 修剪，半径 = 0.0000

选择第一个对象或 [放弃(U)/多段线(P)/半径(R)/修剪(T)/多个(M)]：R↙

指定圆角半径 <0.0000>：50（指定圆角半径）↙

选择第一个对象或 [放弃(U)/多段线(P)/半径(R)/修剪(T)/多个(M)]：(选择外部矩形上边)

选择第二个对象，或按住 Shift 键选择对象以应用角点或 [半径(R)]：(选择外部矩形侧边)

……

07 将当前图层设为“2”图层，单击“默认”选项卡“绘图”面板中的“直线”按钮╱，绘制直线，命令行提示与操作如下：

命令：_line↙

指定第一个点：0,1500↙

指定下一点或 [放弃(U)]：@1000,200↙

指定下一点或 [放弃(U)]：@-800,-400↙

指定下一点或 [闭合(C)/放弃(U)]：↙

08 单击“默认”选项卡“绘图”面板中的“圆弧”按钮，绘制圆弧，命令行提示与操作如下：

命令：_arc

指定圆弧的起点或 [圆心(C)]：200,1300↙

指定圆弧的第二个点或 [圆心(C)/端点(E)]：130,1430↙

指定圆弧的端点：0,1500↙

绘制结果如图 4-43 所示。

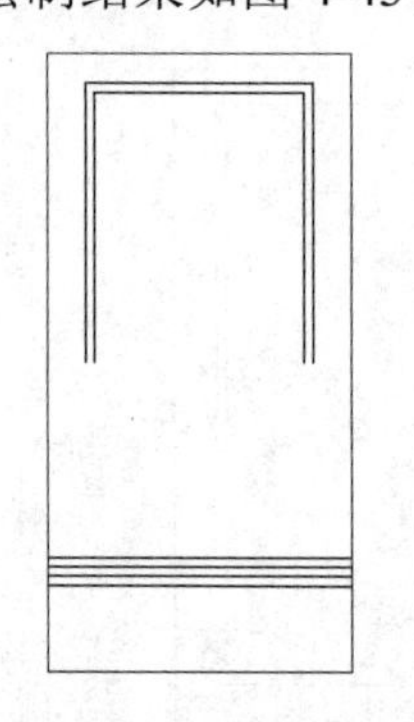

图 4-41　阵列处理

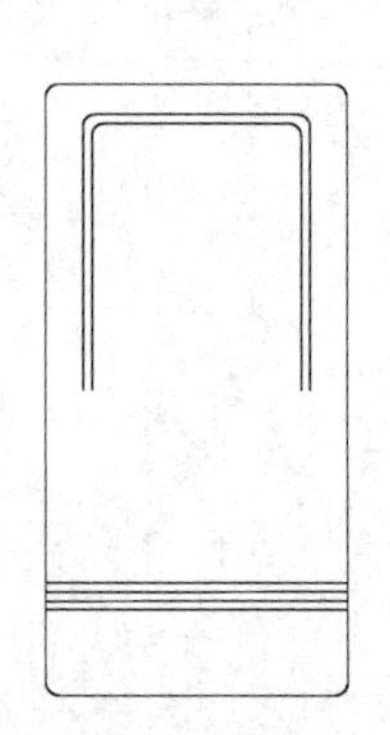

图 4-42　圆角处理

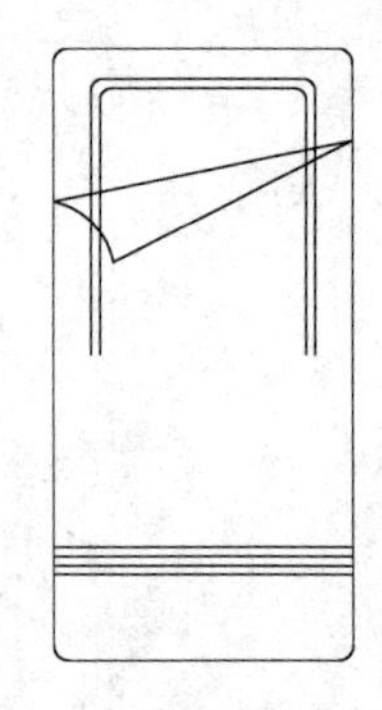

图 4-43　绘制直线与圆弧

09 单击“默认”选项卡“修改”面板中的“修剪”按钮，修剪图形，命令行提示与操作如下：

命令：_trim

当前设置:投影=UCS，边=无,模式=标准

选择剪切边...

选择对象或[模式(O)]　<全部选择>:（选择所有图形）

选择对象：↙

选择要修剪的对象，或按住 Shift 键选择要延伸的对象，或[剪切边(T)/栏选(F)/窗交(C)/模式(O)/投影(P)/边(E)/删除(R)]：（选择被角内的竖直直线）

绘制结果如图 4-38 所示。

4.6.5　延伸

延伸是将对象延伸至另一个对象的边界线（或隐含边界线）。

【执行方式】

命令行：EXTEND

菜单：“修改”→“延伸”

工具栏：“修改”→“延伸”

功能区：单击“默认”选项卡“修改”面板中的“延伸”按钮

【操作步骤】

命令：EXTEND↙

当前设置:投影=UCS，边=无,模式=标准

选择边界边...

选择对象或 [模式(O)] <全部选择>:（选择边界对象，若直接按 Enter 键，则选择所有对象作为可能的边界对象）

选择要延伸的对象，或按住 Shift 键选择要修剪的对象，或[边界边(B)/栏选(F)/窗交(C)/模式(O)/投影(P)/边(E)]:

【选项说明】

1）如果要延伸的对象是适配样条多段线，则延伸后会在多段线的控制框上增加新节点。如果要延伸的对象是锥形的多段线，AutoCAD 2024 会修正延伸端的宽度，使多段线从起始端平滑地延伸至新的终止端。如果延伸操作导致终止端的宽度可能为负值，则取宽度值为 0，如图 4-44 所示。

2）切点也可以作为延伸边界。

3）选择对象时，如果按住 Shift 键，系统就自动将“延伸”命令转换成“修剪”命令。

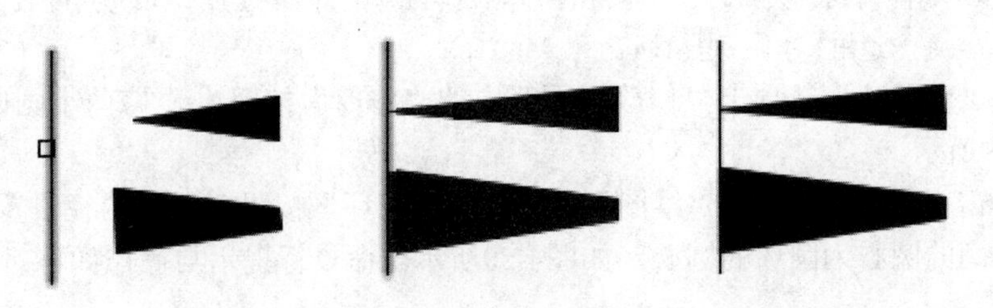

选择边界对象　选择要延伸的多段线　延伸后的结果

图 4-44　延伸对象

4.6.6　实例——绘制灯罩

绘制如图 4-45 所示的灯罩。

01 单击“默认”选项卡“绘图”面板中的“圆”按钮，绘制半径为75和150的圆，如图4-46所示。

02 单击“默认”选项卡“绘图”面板中的“直线”按钮，连接象限点，绘制一条竖直直线，如图4-47所示。

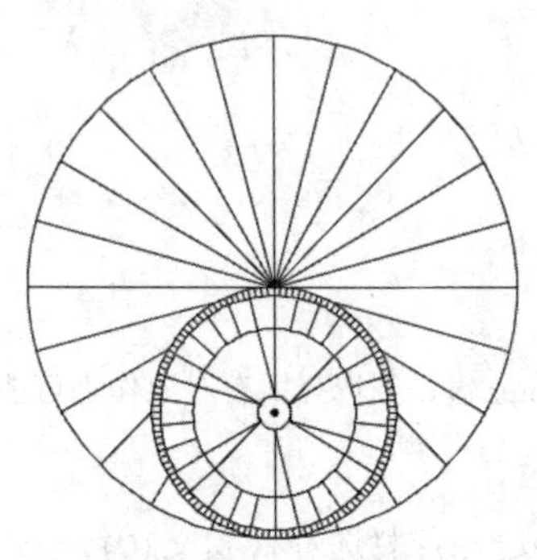
图4-45　绘制灯罩

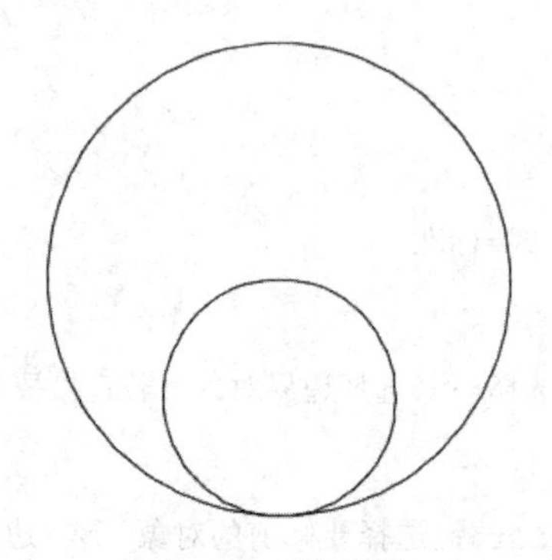
图4-46　绘制圆

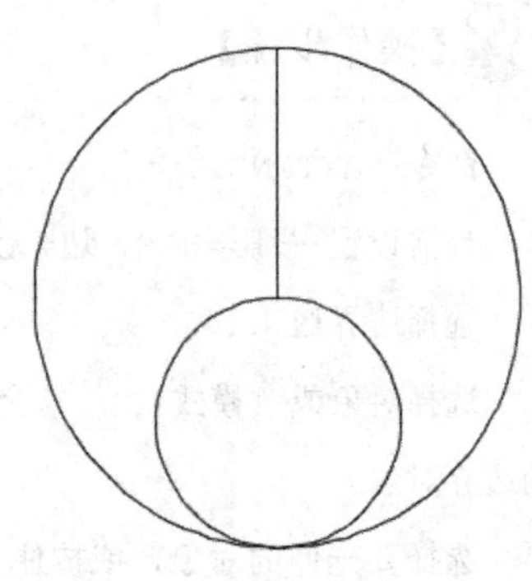
图4-47　绘制直线

03 单击“默认”选项卡“修改”面板中的“环形阵列”按钮，将绘制的直线以圆心为阵列的中心点，进行环形阵列，阵列的角度为360°，如图4-48所示。命令行提示与操作如下：

命令：_arrayrect
选择对象：（选择竖直直线）
类型 = 极轴　关联 = 否
指定阵列的中心点或 [基点(B)/旋转轴(A)]：（选择大圆的圆心）
选择夹点以编辑阵列或 [关联(AS)/基点(B)/项目(I)/项目间角度(A)/填充角度(F)/行(ROW)/层(L)/旋转项目(ROT)/退出(X)] <退出>：I↙
输入阵列中的项目数或 [表达式(E)] <6>：24↙
选择夹点以编辑阵列或 [关联(AS)/基点(B)/项目(I)/项目间角度(A)/填充角度(F)/行(ROW)/层(L)/旋转项目(ROT)/退出(X)] <退出>：↙

04 单击“默认”选项卡“修改”面板中的“修剪”按钮，修剪小圆内部的多余直线，如图4-49所示。

05 单击“默认”选项卡“绘图”面板中的“圆环”按钮，将内径设置为0，外径设置为4，以小圆的圆心为圆环的圆心，如图4-50所示。命令行提示与操作如下：

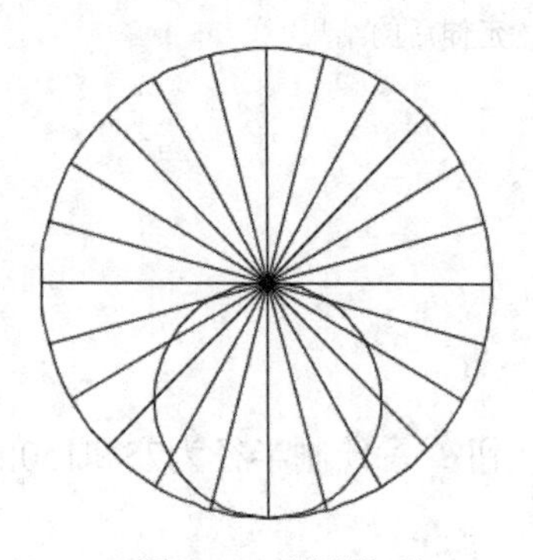
图4-48　环形阵列

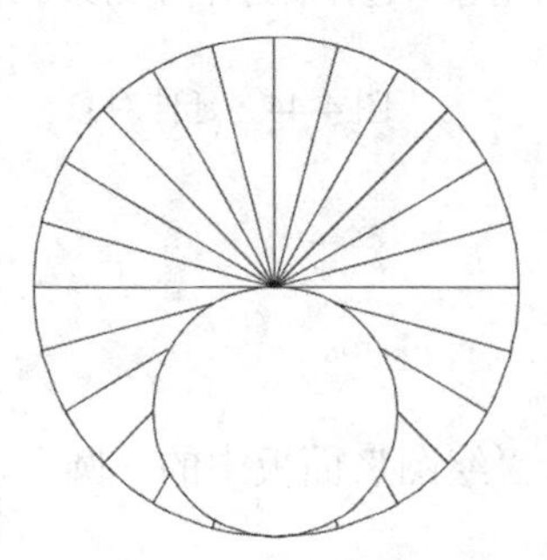
图4-49　修剪直线

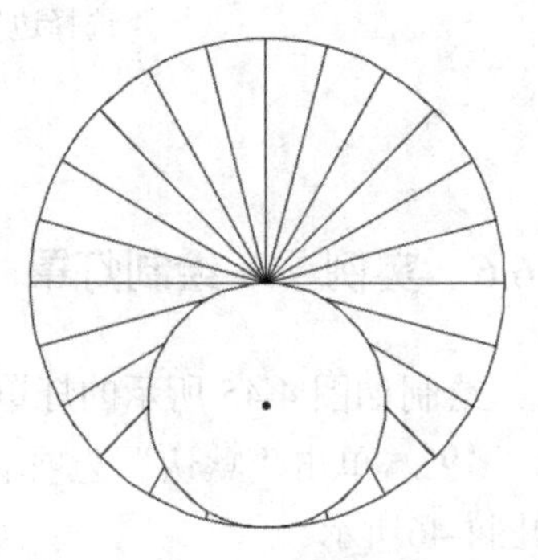
图4-50　绘制圆环

命令：DONUT↙

指定圆环的内径 <0.0000>: 0↙

指定圆环的外径 <2.0000>: 4↙

指定圆环的中心点或 <退出>:（选择小圆的圆心）

06 单击“默认”选项卡“修改”面板中的“偏移”按钮⊆，将小圆向内偏移，偏移距离为5mm、20mm、40mm，如图4-51所示。

07 单击“默认”选项卡“绘图”面板中的“直线”按钮／，绘制一条竖直短线，如图4-52所示。

08 单击“默认”选项卡“修改”面板中的“环形阵列”按钮，以小圆圆心为阵列的中心点，进行环形阵列，数目为120，阵列的角度为360°，如图4-53所示。

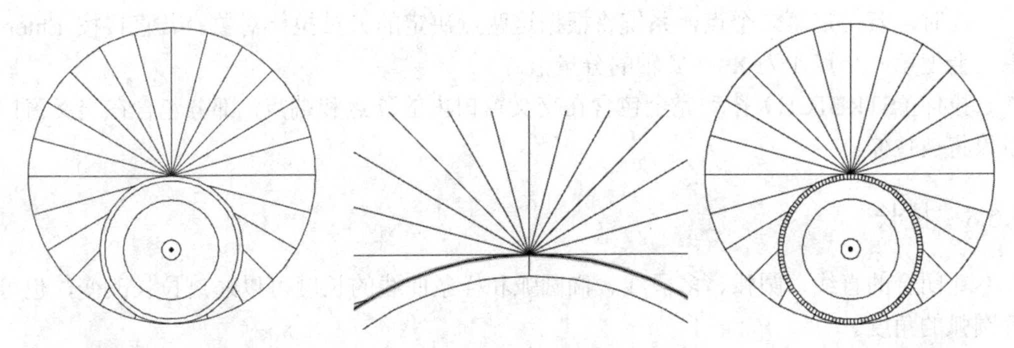

图4-51 偏移圆　　图4-52 绘制短线　　图4-53 环形阵列

09 单击“默认”选项卡“修改”面板中的“延伸”按钮→|，命令行提示与操作如下：

命令：_extend

当前设置：投影=UCS，边=无，模式=标准

选择边界边...

选择对象：（选择斜线）

选择要延伸的对象，或按住 Shift 键选择要修剪的对象，或 [边界边(B)/栏选(F)/窗交(C)/模式(O)/投影(P)/边(E)]：（选择小圆）

相同方法，延伸相关图线，结果如图4-45所示。

4.6.7 拉伸

拉伸是指拖拉选择的对象，使对象的形状发生改变。要拉伸对象，首先要用交叉窗口或交叉多边形选择要拉伸的对象，然后指定拉伸的基点和位移量。

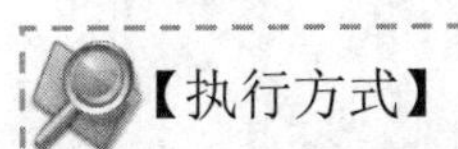【执行方式】

命令行：STRETCH

菜单：“修改”→“拉伸”

工具栏：“修改”→“拉伸”

功能区：单击“默认”选项卡“修改”面板中的“拉伸”按钮

【操作步骤】

命令：STRETCH↙

以交叉窗口或CP交叉多边形选择要拉伸的对象...

选择对象：C↙

指定第一个角点：

指定对角点：(采用交叉窗口的方式选择要拉伸的对象)

指定基点或 [位移(D)] <位移>：(指定拉伸的基点)

指定第二个点或 <使用第一个点作为位移>：(指定拉伸的移至点)

此时，若指定第二个点，系统将根据这两点决定的矢量拉伸对象。若直接按 Enter 键，系统会把第一个点作为 X 和 Y 轴的分量值。

拉伸（STRETCH）移动完全包含在交叉窗口内的顶点和端点。部分包含在交叉窗口内的对象将被拉伸。

4.6.8 拉长

非闭合的直线、圆弧、多段线、椭圆弧和样条曲线的长度可以通过拉长改变，也可以改变圆弧的角度。

【执行方式】

命令行：LENGTHEN

菜单：“修改”→“拉长”

功能区：单击“默认”选项卡“修改”面板中的“拉长”按钮

【操作步骤】

命令：LENGTHEN↙

选择要测量的对象或 [增量(DE)/百分比(P)/总计(T)/动态(DY)] <总计(T)>:：(选定对象)

当前长度：30.5001（给出选定对象的长度，如果选择圆弧，则还将给出圆弧的包含角）

选择要测量的对象或 [增量(DE)/百分比(P)/总计(T)/动态(DY)] <总计(T)>：DE↙（选择拉长或缩短的方式，如选择“增量(DE)”方式）

输入长度增量或 [角度(A)] <0.0000>：10↙（输入长度增量数值。如果选择圆弧段，则可输入选项 A 给定角度增量）

选择要修改的对象或 [放弃(U)]：(选定要修改的对象，进行拉长操作)

选择要修改的对象或 [放弃(U)]：(继续选择，按 Enter 键结束命令)

【选项说明】

（1）增量(DE)：用来指定一个增加的长度或角度。

（2）百分比(P)：按对象总长的百分比来改变对象的长度。
（3）总计(T)：指定对象的总的绝对长度或包含的角度。
（4）动态(DY)：用拖拉鼠标的方法来动态地改变对象的长度。

4.6.9 实例——绘制挂钟

绘制如图 4-54 所示的挂钟。

01 单击“默认”选项卡“绘图”面板中的“圆”按钮，绘制一个圆形作为挂钟的外轮廓线，命令行提示与操作如下：

```
命令: _circle
指定圆的圆心或[三点(3P)/两点(2P)/切点、切点、半径(T)]: 100,100↙
指定圆的半径或 [直径(D)] <30.0000>: 20↙
```

绘制结果如图 4-55 所示。

02 单击“默认”选项卡“绘图”面板中的“直线”按钮，绘制 3 条直线作为挂钟的指针。命令行提示与操作如下：

```
命令: _line
指定第一个点: 100,100↙
指定下一点或 [放弃(U)]: 100, 117.25↙
命令: line↙
指定第一个点: 100,100↙
指定下一点或 [放弃(U)]: 82.75,100↙
命令: line↙
指定第一个点: 100,100↙
指定下一点或 [放弃(U)]: 105,94↙
```

绘制结果如图 4-56 所示。

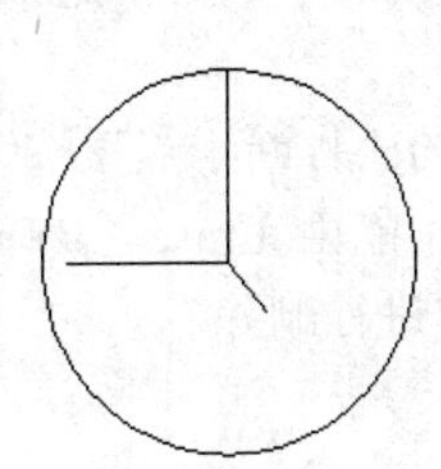
图 4-54　挂钟

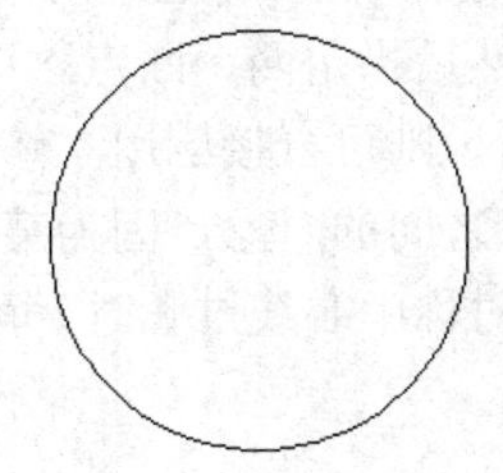
图 4-55　绘制圆形

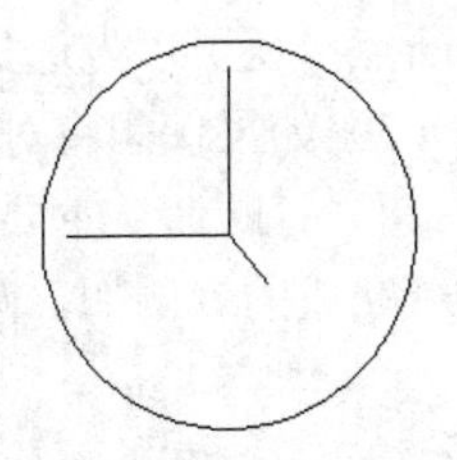
图 4-56　绘制指针

03 单击“默认”选项卡“修改”面板中的“拉长”按钮，将秒针拉长至圆的边。命令行提示与操作如下：

```
命令: LENGTHEN↙
```

选择要测量的对象或 [增量(DE)/百分比(P)/总计(T)/动态(DY)]：总计(T)（选择直线）

当前长度：20.0000

选择要测量的对象或 [增量(DE)/百分数(P)/总计(T)/动态(DY)] <总计(T)>：de↙

输入长度增量或 [角度(A)] <2.7500>：2.75↙（输入长度增量数值）

选择要修改的对象或 [放弃(U)]：（选择竖直直线）

选择要修改的对象或 [放弃(U)]：↙

绘制挂钟完成，如图 4-54 所示。

4.6.10 打断

打断是通过指定点删除对象的一部分，或将对象分断。

【执行方式】

命令行：BREAK

菜单："修改"→"打断"

工具栏："修改"→"打断"

功能区：单击"默认"选项卡"修改"面板中的"打断"按钮

【操作步骤】

命令：BREAK↙

选择对象：（选择要打断的对象）

指定第二个打断点或 [第一点(F)]：（指定第二个断开点或键入 F）

【选项说明】

1）如果选择"第一点(F)"，AutoCAD 2024 将丢弃前面的第一个选择点，重新提示用户指定两个断开点。

2）打断对象时，需确定两个断点。可以将选择对象处作为第一个断点，然后指定第二个断点；还可以先选择整个对象，然后指定两个断点。

3）如果仅想将对象在某点打断，则可直接应用"修改"工具栏中的"打断于点"按钮。

4）打断命令主要用于删除断点之间的对象，因为某些删除操作是不能由 Erase 和 Trim 命令完成的。例如，圆的中心线和对称中心线过长时，可调用打断操作进行删除。

4.6.11 分解

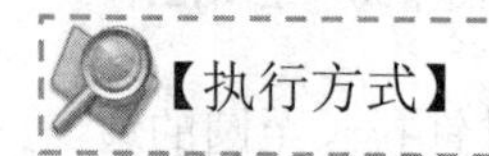【执行方式】

命令行：EXPLODE

菜单："修改"→"分解"

工具栏：“修改”→“分解”

功能区：单击“默认”选项卡“修改”面板中的“分解”按钮

【操作步骤】

命令：EXPLODE↙

选择对象：（选择要分解的对象）

选择一个对象后，该对象会被分解。系统将继续提示该行信息，允许分解多个对象。

此命令可以对块、二维多段线、宽多段线、三维多段线、复合线、多文本和区域等进行分解。选择的对象不同，分解的结果就不同。

4.7 圆角及倒角

圆角和倒角是机械设计中两种最常见的工艺结构。为此，AutoCAD 2024 中专门设置了这两个命令。

4.7.1 圆角

圆角是通过一个指定半径的圆弧光滑地连接两个对象。可以进行圆角的对象有直线、非圆弧的多段线段、样条曲线、构造线、射线、圆、圆弧和椭圆。圆角半径由 AutoCAD 2024 自动计算。

【执行方式】

命令行：FILLET

菜单：“修改”→“圆角”

工具栏：“修改”→“圆角”

功能区：单击“默认”选项卡“修改”面板中的“圆角”按钮

【操作步骤】

命令：FILLET↙

当前设置：模式 = 修剪，半径 = 0.0000

选择第一个对象或 [放弃(U)/多段线(P)/半径(R)/修剪(T)/多个(M)]：（选择第一个对象或其他选项）

选择第二个对象，或按住 Shift 键选择对象以应用角点或 [半径(R)]：（选择第二个对象）

【选项说明】

（1）多段线(P)：在一条二维多段线的两段直线段的节点处插入圆滑的弧。选择多段线后，系统会根据指定的圆弧半径把多段线各顶点用圆滑的弧连接起来。

（2）半径(R)：确定圆角半径。

（3）修剪(T)：决定在圆滑连接两条边时，是否修剪这两条边，如图 4-57 所示。

图 4-57　圆角连接

（4）多个(M)：同时对多个对象进行圆角编辑，而不必重新启用命令。按住 Shift 键并选择两条直线，可以快速创建零距离倒角或零半径圆角。

4.7.2　实例——绘制椅子

绘制如图 4-58 所示的椅子。

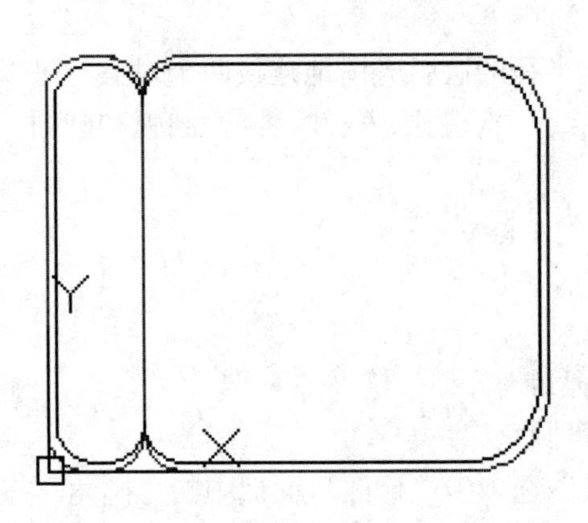

图 4-58　椅子

01 图层设计。新建两个图层：

❶“1”图层，颜色设为蓝色，其余属性默认。

❷“2”图层，颜色设为绿色，其余属性默认。

02 将当前图层设为“1”图层，单击“默认”选项卡“绘图”面板中的“直线”按钮 ⁄，绘制轮廓线。命令行提示与操作如下：

```
命令：line↙
指定第一个点：120,0↙
指定下一点或 [放弃(U)]：@-120,0↙
指定下一点或 [放弃(U)]：@0,500↙
```

指定下一点或 [闭合(C)/放弃(U)]: @120,0↙

指定下一点或 [闭合(C)/放弃(U)]: @0,-500↙

指定下一点或 [闭合(C)/放弃(U)]: @500,0↙

指定下一点或 [闭合(C)/放弃(U)]: @0,500↙

指定下一点或 [闭合(C)/放弃(U)]: @-500,0↙

指定下一点或 [闭合(C)/放弃(U)]: ↙

绘制结果如图 4-59 所示。

03 将当前图层设为“2”图层，单击“默认”选项卡“绘图”面板中的“直线”按钮╱，以坐标点{(10,10)、(@600,0)、(@0,480)、(@−600,0)、C}绘制直线。绘制结果如图 4-60 所示。

图 4-59　绘制轮廓线

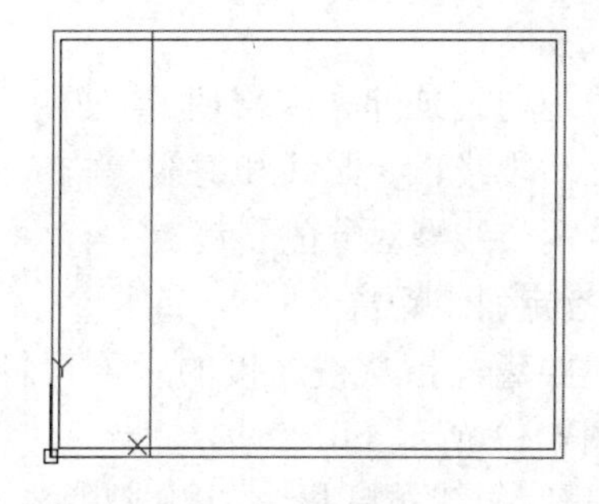

图 4-60　绘制直线

04 单击“默认”选项卡“修改”面板中的“圆角”按钮⌜，对“1”图层上的直线进行圆角处理。命令行提示与操作如下：

命令: _fillet

当前设置：模式 = 修剪，半径 = 0.0000

选择第一个对象或 [放弃(U)/多段线(P)/半径(R)/修剪(T)/多个(M)]: r ↙

指定圆角半径 <0.0000>: 90↙

选择第一个对象或 [放弃(U)/多段线(P)/半径(R)/修剪(T)/多个(M)]:（选择最上方的蓝色水平直线）↙

选择第二个对象，或按住 Shift 键选择对象以应用角点或 [半径(R)]:（选择右方的蓝色竖直直线）↙

同理，对右下角进行圆角处理。

绘制结果如图 4-61 所示。

05 对所有的蓝色直线均进行圆角处理，右上角与右下角的两个圆角半径为 90，其余的圆角半径为 50，绘制结果如图 4-62 所示。

06 按上述方法，对所有绿色直线均进行圆角处理，右上角与右下角的圆角半径为 90，其余圆角半径为 50，绘制结果如图 4-58 所示的图形。

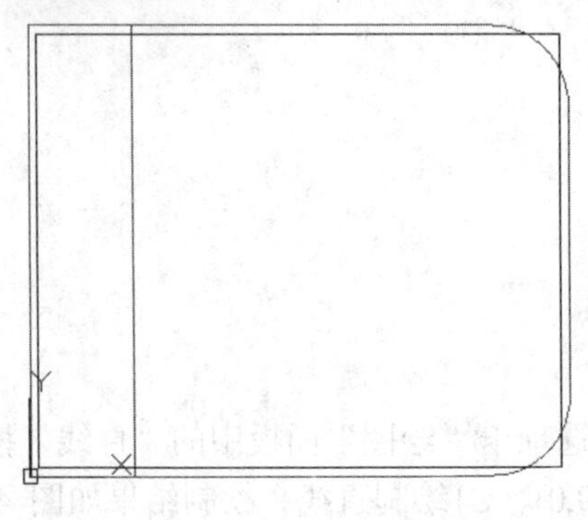

图 4-61　圆角处理 1

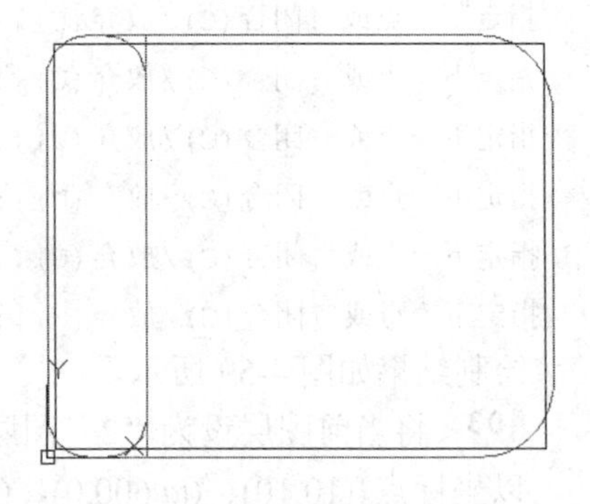

图 4-62　圆角处理 2

4.7.3　倒角

倒角是通过延伸（或修剪），使两个不平行的线型对象相交或调用斜线连接。例如，对由直线、多段线、参照线和射线等构成的图形对象进行倒角。AutoCAD 2024 采用两种方法确定连接两个线型对象的斜线。

1．指定斜线距离

斜线距离是指从被连接的对象与斜线的交点到被连接的两对象的可能的交点之间的距离，如图 4-63 所示。

2．指定斜线角度和一个斜线距离

采用这种方法用斜线连接对象时，需要输入两个参数：斜线与一个对象的斜线距离和斜线与另一个对象的夹角，如图 4-64 所示。

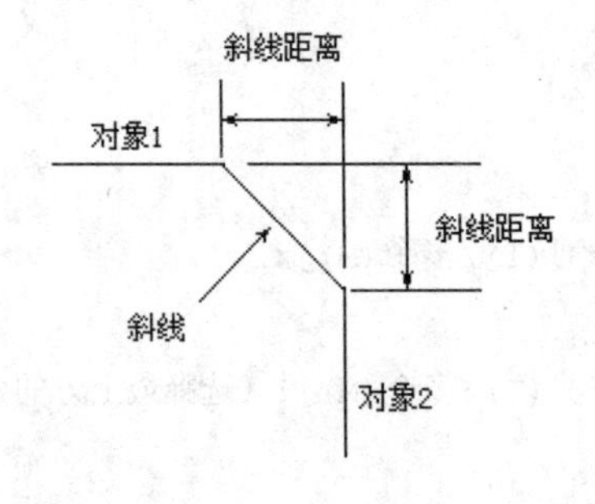

图 4-63　斜线距离

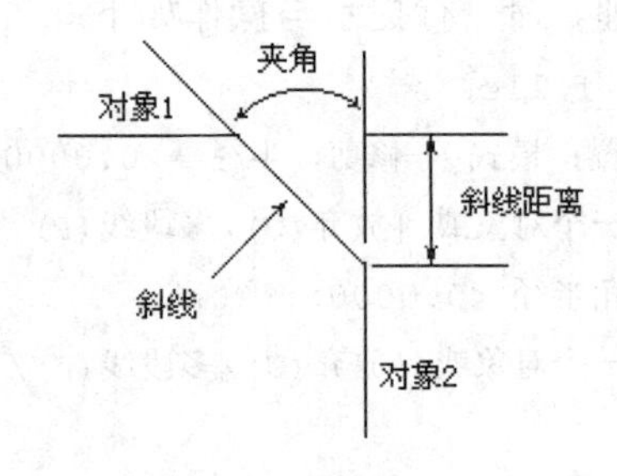

图 4-64　斜线距离与夹角

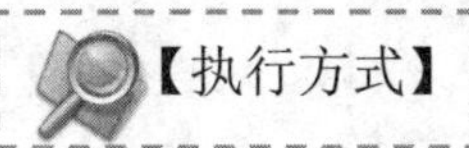【执行方式】

命令行：CHAMFER

菜单：“修改”→“倒角”

工具栏：“修改”→“倒角

功能区：单击“默认”选项卡“修改”面板中的“倒角”按钮

命令：CHAMFER↙

（“不修剪”模式）当前倒角距离 1 = 0.0000，距离 2 = 0.0000

选择第一条直线或 [放弃(U)/多段线(P)/距离(D)/角度(A)/修剪(T)/方式(E)/多个(M)]：（选择第一条直线或其他选项）

选择第二条直线，或按住 Shift 键选择直线以应用角点或 [距离(D)/角度(A)/方法(M)]：（选择第二条直线）

【选项说明】

1）若设置的倒角距离太大或倒角角度无效，系统会给出错误提示信息。

2）当两个倒角距离均为零时，Chamfer 命令会使选定的两条直线相交，但不产生倒角。

3）执行“倒角”命令后，系统提示中的各选项的含义如下：

◆ 多段线(P)：对多段线的各个交叉点进行倒角。

◆ 距离(D)：确定倒角的两个斜线距离。

◆ 角度(A)：选择第一条直线的斜线距离和第一条直线的倒角角度。

◆ 修剪(T)：用来确定倒角时是否对相应的倒角边进行修剪。

◆ 方式(E)：用来确定是按距离(D)方式还是按角度(A)方式进行倒角。

◆ 多个(M)：同时对多个对象进行倒角编辑。

4.7.4 实例——绘制洗脸盆

绘制如图 4-65 所示的洗脸盆图形。

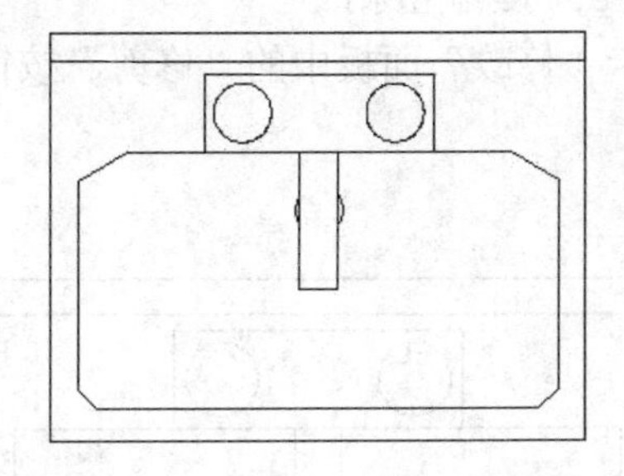

图 4-65 洗脸盆

01 单击“默认”选项卡“绘图”面板中的“直线”按钮，可以绘制出初步轮廓，大约尺寸如图 4-66 所示。这里从略。

02 单击“默认”选项卡“绘图”面板中的“圆”按钮和单击“默认”选项卡“修改”面板中的“复制”按钮。命令行提示与操作如下：

命令：CIRCLE↙

指定圆的圆心或 [三点(3P)/两点(2P)/切点、切点、半径(T)]：（在图 4-66 中长 240 宽 80 的矩形

大约左中位置处指定圆心）

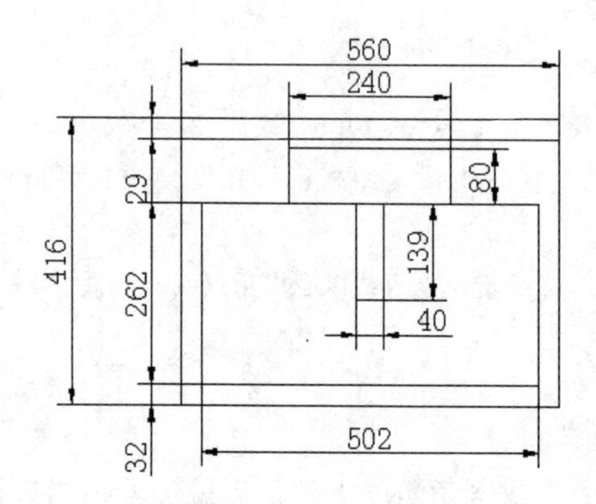

图 4-66　初步轮廓图

指定圆的半径或 [直径(D)]:35↙

命令: COPY↙

选择对象:（选择刚绘制的圆）

选择对象: ↙

指定基点或 [位移(D)/模式(O)] <位移>:（指定任意基点）

指定第二个点或 [阵列(A)] <使用第一个点作为位移>:（指定位移的第二点，完成旋钮绘制）

指定第二个点或 [阵列(A)/退出(E)/放弃(U)] <退出>:↙

命令: CIRCLE↙

指定圆的圆心或 [三点(3P)/两点(2P)/切点、切点、半径(T)]:（在图 4-66 中长 139 宽 40 的矩形大约正中位置指定圆心）

指定圆的半径或 [直径(D)]:25↙（绘制出水口）

03 单击“默认”选项卡“修改”面板中的“修剪”按钮，将绘制的出水口圆修剪成如图 4-67 所示。

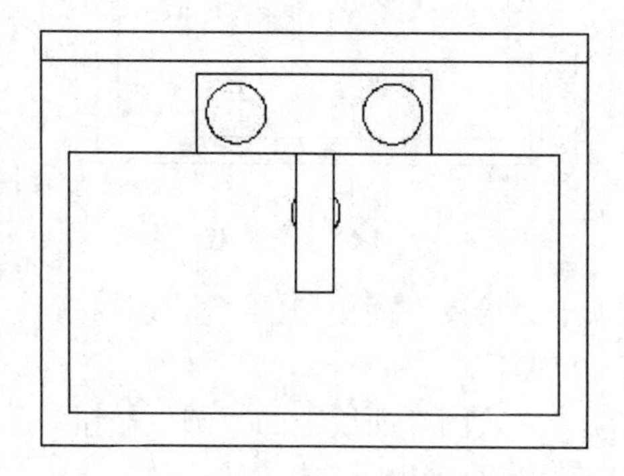

图 4-67　绘制水龙头和出水口

04 单击“默认”选项卡“修改”面板中的“倒角”按钮⌐，绘制水盆 4 角。命令行提示与操作如下：

命令:CHAMFER↙

（“修剪”模式） 当前倒角距离 1 = 0.0000，距离 2 = 0.0000

选择第一条直线或 [放弃(U)/多段线(P)/距离(D)/角度(A)/修剪(T)/方式(E)/多个(M)]:D↙

指定第一个倒角距离 <0.0000>: 50↙

指定第二个倒角距离 <50.0000>: 30↙

选择第一条直线或 [放弃(U)/多段线(P)/距离(D)/角度(A)/修剪(T)/方式(E)/多个(M)]: m↙

选择第一条直线或 [放弃(U)/多段线(P)/距离(D)/角度(A)/修剪(T)/方式(E)/多个(M)]:（选择左上角横线段）

选择第二条直线，或按住 Shift 键选择直线以应用角点或 [距离(D)/角度(A)/方法(M)]:（选择右上角竖线段）

选择第一条直线或 [放弃(U)/多段线(P)/距离(D)/角度(A)/修剪(T)/方式(E)/多个(M)]:（选择左上角横线段）

选择第二条直线，或按住 Shift 键选择直线以应用角点或 [距离(D)/角度(A)/方法(M)]:（选择右上角竖线段）

选择第一条直线或 [放弃(U)/多段线(P)/距离(D)/角度(A)/修剪(T)/方式(E)/多个(M)]:

命令: CHAMFER↙

（“修剪”模式） 当前倒角距离 1 = 50.0000，距离 2 = 30.0000

选择第一条直线或 [放弃(U)/多段线(P)/距离(D)/角度(A)/修剪(T)/方式(E)/多个(M)]:A↙

指定第一条直线的倒角长度 <20.0000>: ↙

指定第一条直线的倒角角度 <0>: 45↙

选择第一条直线或 [放弃(U)/多段线(P)/距离(D)/角度(A)/修剪(T)/方式(E)/多个(M)]: m↙

选择第一条直线或 [放弃(U)/多段线(P)/距离(D)/角度(A)/修剪(T)/方式(E)/多个(M)]:（选择左下角横线段）

选择第二条直线，或按住 Shift 键选择直线以应用角点或 [距离(D)/角度(A)/方法(M)]:（选择左下角竖线段）

选择第一条直线或 [放弃(U)/多段线(P)/距离(D)/角度(A)/修剪(T)/方式(E)/多个(M)]:（选择右下角横线段）

选择第二条直线，或按住 Shift 键选择直线以应用角点或 [距离(D)/角度(A)/方法(M)]:（选择右下角竖线段）

选择第一条直线或 [放弃(U)/多段线(P)/距离(D)/角度(A)/修剪(T)/方式(E)/多个(M)]:

水盆绘制完成结果如图 4-65 所示。

4.8 上机实验

【实验 1】 使用夹点编辑如图 4-68 所示图形。

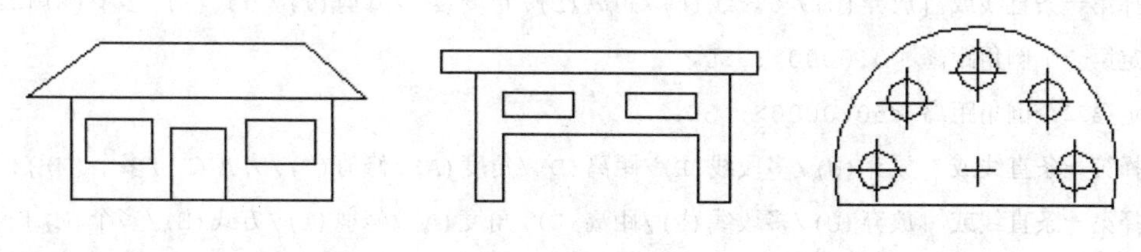

图 4-68 夹点编辑

操作指导

调用夹点进行编辑的模式有：拉伸、移动、旋转、比例和镜像。要使用夹点进行编辑，首先选择要编辑的对象（显示出夹点），然后选择一个夹点作为基点，再调用空格键或按 Enter 键循环切换这些模式进行编辑。

【实验 2】 绘制如图 4-69 所示微波炉。

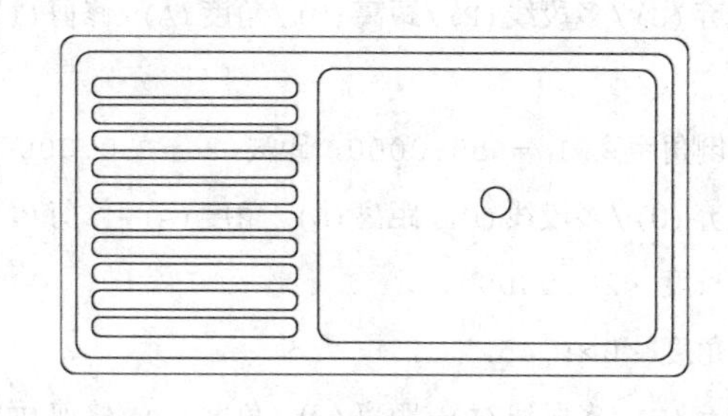

图 4-69 微波炉

操作指导

（1）调用矩形命令绘制轮廓。

（2）调用圆角命令对矩形进行倒圆。

（3）调用阵列命令对按钮进行阵列。

4.9 思考与练习

1．能够改变一条线段长度的命令有：

（1）DDMODIFY （2）LENGTHEN （3）EXTEND （4）TRIM

（5）STRETCH （6）SCALE （7）BREAK （8）MOVE

2．下列命令中哪些可以用来去掉图形中不需要的部分？

（1）删除　　（2）清除　　（3）修剪　　（4）放弃

3．在调用“修剪”命令对图形进行修剪时，有时无法实现修剪，试分析可能的原因。

4．说明下列选择对象方式的含义：点选、W 窗口方式、C 窗交方式、全部方式。

5．什么是夹点？如何改变夹点的大小及颜色？

6．调整对象尺寸的方法有哪些？说明延伸操作的步骤。

7．修剪和打断在功能上有何相似之处和不同点？

8．倒角与圆角在功能上有何相似之处和不同点？

第 5 章　文字、表格和尺寸标注

文字注释是图形中很重要的一部分内容，在进行各种设计时，通常不仅要绘制出图形，还要在图形中标注一些文字，如技术要求和注释说明等，可以对图形对象加以解释。AutoCAD 2024提供了多种写入文字的方法，本章将介绍文本标注和编辑功能。另外，表格在AutoCAD 2024图形中也有大量的应用，如明细栏、参数表和标题栏等。AutoCAD 2024提供了方便快捷的绘制表格功能。尺寸标注是绘图设计过程中重要的环节。由于图形的主要作用是表达物体的形状，而物体各部分的真实大小和各部分之间的确切位置只能通过尺寸标注来表达，因此没有正确的尺寸标注，绘制出的图样对于加工制造就没什么意义。

- 文字样式及文本标注
- 表格
- 尺寸样式
- 标注尺寸

Chapter 05

文字、表格和尺寸标注

5.1 文字样式

AutoCAD 2024 提供了“文字样式”对话框，通过这个对话框可方便直观地设置需要的文字样式，或是对已有样式进行修改。

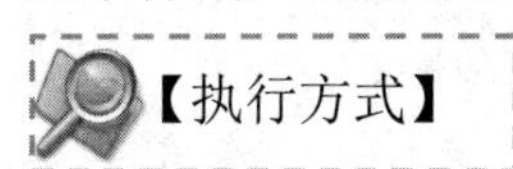
【执行方式】

命令行：STYLE 或 DDSTYLE

菜单：“格式”→“文字样式”

工具栏：“文字”→“文字样式”

功能区：单击“默认”选项卡“注释”面板中的“文字样式”按钮（见图 5-1）或单击“注释”选项卡“文字”面板上的“文字样式”下拉菜单中的“管理文字样式”按钮（见图 5-2）或单击“注释”选项卡“文字”面板中“对话框启动器”按钮

图 5-1 “注释”面板

图 5-2 “文字”面板

【操作步骤】

命令：STYLE↙

在命令行输入 STYLE 或 DDSTYLE 命令，或选择“格式”→“文字样式”命令，打开“文字样式”对话框，如图 5-3 所示。

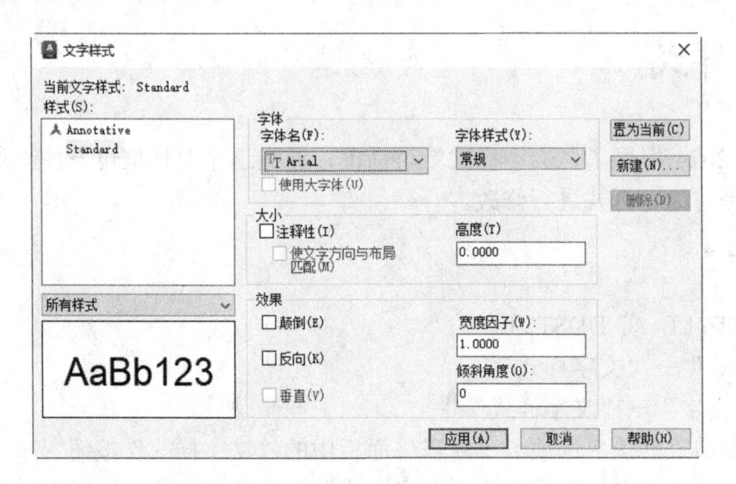

图 5-3 “文字样式”对话框

【选项说明】

（1）“字体”选项组：确定字体式样。在 AutoCAD 2024 中，除了它固有的 SHX 字体，还可以使用 TrueType 字体（如宋体、楷体、italic 等）。一种字体可以设置不同的效果从而被多种文字样式使用，如图 5-4 所示的就是同一种字体（宋体）的不同样式。

“字体”选项组用来确定文字样式使用的字体名、字体样式等。

建筑设计基础建筑设计
建筑设计基础建筑设计
建筑设计基础建筑设计
建筑设计基础
建筑设计基础建筑设计

图 5-4 同一字体（宋体）的不同样式

（2）“大小”选项组：

1）“注释性”复选框：指定文字为注释性文字。

2）“使文字方向与布局匹配”复选框：指定图纸空间视口中的文字方向与布局方向匹配。如果清除“注释性”选项，则该选项不可用。

3）“高度”文本框：设置文字高度。如果在“高度”文本框中输入一个数值，则它将作为创建文字时的固定字高，在用 TEXT 命令输入文字时，系统不再提示输入字高参数；如果在此文本框中设置字高为 0，系统则会在每一次创建文字时提示输入字高。所以，如果不想固定字高就可以将其设置为 0。

（3）“效果”选项组：

1）“颠倒”复选框：选中此复选框，表示将文本文字倒置标注，如图 5-5a 所示。

2）“反向”复选框：确定是否将文本文字反向标注。图 5-5b 给出了这种标注效果。

3）“垂直”复选框：确定文本是水平标注还是垂直标注。选中此复选框时为垂直标注，否则为水平标注，如图 5-6 所示。

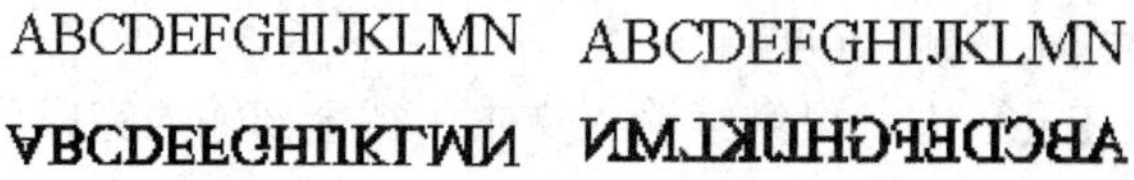

ABCDEFGHIJKLMN　ABCDEFGHIJKLMN

a)　b)

图 5-5　文字倒置标注与反向标注

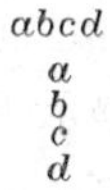

abcd
a
b
c
d

图 5-6　垂直标注文字

4）宽度因子：设置宽度系数，确定文本字符的宽高比。当比例系数为 1 时，表示将按字体文件中定义的宽高比标注文字。当此系数小于 1 时字会变窄，反之变宽。

5）倾斜角度：用于确定文字的倾斜角度。角度为 0 时不倾斜，为正时向右倾斜，为负时向左倾斜。

5.2　文本标注

在制图过程中文字传递了很多设计信息，它可能是一个很长很复杂的说明，也可能是一个简短的文字信息。当需要标注的文本不太长时，可以调用 TEXT 命令创建单行文本。当需要标注很长、很复杂的文字信息时，用户可以用 MTEXT 命令创建多行文本。

5.2.1　单行文本标注

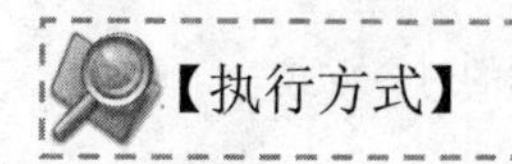
【执行方式】

命令行：TEXT 或 DTEXT

菜单：“绘图”→“文字”→“单行文字”

工具栏：“文字”→“单行文字”A

功能区：单击“默认”选项卡“注释”面板中的“单行文字”按钮A或单击“注释”选项卡“文字”面板中的“单行文字”按钮A

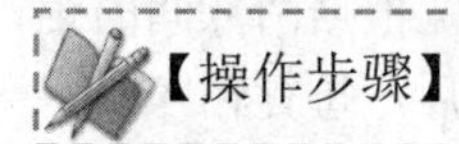
【操作步骤】

```
命令：TEXT↙
选择相应的菜单项或在命令行输入 TEXT 命令后按 Enter 键，系统提示：
当前文字样式： Standard  文字高度： 0.2000 注释性： 否  对正： 左
指定文字的起点或 [对正(J)/样式(S)]：
```

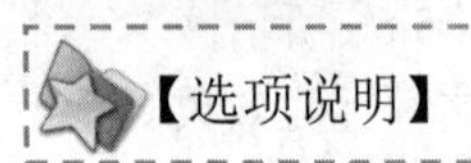【选项说明】

（1）指定文字的起点：在此提示下直接在作图屏幕上点取一点作为文本的起始点，AutoCAD 2024 提示：

指定高度 <0.2000>:（确定字符的高度）

指定文字的旋转角度 <0>:（确定文本行的倾斜角度）

在此提示下输入一行文本后按 Enter 键，可继续输入文本，待全部输入完成后在此提示下直接按 Enter 键，则退出 TEXT 命令。可见，由 TEXT 命令也可创建多行文本，只是这种多行文本每一行是一个对象，因此不能对多行文本同时进行操作，但可以单独修改每一单行的文字样式、字高、旋转角度和对齐方式等。

（2）对正(J)：在上面的提示下键入 J，用来确定文本的对齐方式，对齐方式决定文本的哪一部分与所选的插入点对齐。执行此选项，系统提示：

输入选项[左(L)/居中(C)/右(R)/对齐(A)/中间(M)/布满(F)/左上(TL)/中上(TC)/右上(TR)/左中(ML)/正中(MC)/右中(MR)/左下(BL)/中下(BC)/右下(BR)]:

在此提示下选择一个选项作为文本的对齐方式。当文本串水平排列时，AutoCAD 2024 为标注文本串定义了如图 5-7 所示的顶线、中线、基线和底线，各种对齐方式如图 5-8 所示，图中大写字母对应上述提示中的各命令。

图 5-7　文本行的底线、基线、中线和顶线

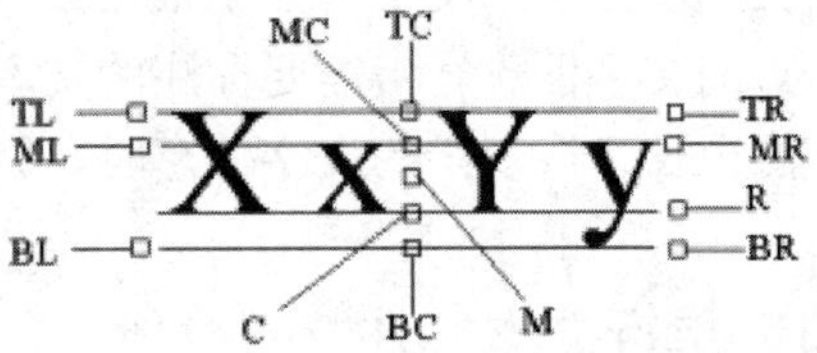

图 5-8　文本的对齐方式

下面以“对齐”为例进行简要说明。

选择此选项，要求用户指定文本行基线的起始点与终止点的位置，系统提示：

指定文字基线的第一个端点：（指定文本行基线的起点位置）

指定文字基线的第二个端点：（指定文本行基线的终点位置）

执行结果：所输入的文本字符均匀地分布于指定的两点之间，如果两点间的连线不水平，则文本行倾斜放置，倾斜角度由两点间的连线与 X 轴夹角确定；字高、字宽根据两点间的距离、字符的多少以及文字样式中设置的宽度系数自动确定。指定了两点之后，每行输入的字符越多，字宽和字高越小。

其他选项与“对齐”类似，不再赘述。

实际绘图时，有时需要标注一些特殊字符，如直径符号、上划线或下划线、温度符号等，由于这些符号不能直接从键盘上输入，AutoCAD 2024 提供了一些控制码，用来实现这些要求。控制码用两个百分号（%%）加一个字符构成，常用的控制码见表 5-1。

表5-1　常用控制码

符号	功能	符号	功能
%%O	上划线	\u+0278	电相角
%%U	下划线	\u+E101	流线
%%D	“度”符号	\u+2261	恒等于
%%P	正负符号	\u+E102	界碑线
%%C	直径符号	\u+2260	不相等
%%%	百分号%	\u+2126	欧姆
\u+2248	几乎相等	\u+03A9	欧米茄
\u+2220	角度	\u+214A	地界线
\u+E100	边界线	\u+2082	下标2
\u+2104	中心线	\u+00B2	上标2
\u+0394	差值		

其中，%%O 和%%U 分别是上划线和下划线的开关，第一次出现此符号时开始画上划线和下划线，第二次出现此符号上划线和下划线终止。例如在“输入文字:”提示后输入“I want to %%U go to Beijing%%U”，则得到图 5-9a 所示的文本行，输入“50%%D+%%C75%%P12”，则得到图 5-9b 所示的文本行。

用 TEXT 命令可以创建一个或若干个单行文本，也就是说用此命令可以标注多行文本。在“输入文字:”提示下输入一行文本后按 Enter 键，用户可输入第二行文本，依次类推，直到文本全部输完，再在此提示下直接按 Enter 键，结束文本输入命令。每一次按 Enter 键就结束一个单行文本的输入，每一个单行文本是一个对象，可以单独修改其文本样式、字高、旋转角度和对齐方式等。

I want to go to Beijing.　　　　50°+Ø75±12

a）　　　　b）

图 5-9　文本行

用 TEXT 命令创建文本时，在命令行输入的文字同时显示在屏幕上，而且在创建过程中可以随时改变文本的位置，只要将光标移到新的位置单击，则当前行结束，随后输入的文本出现在新的位置上。用这种方法可以把多行文本标注到屏幕的任何地方。

5.2.2　多行文本标注

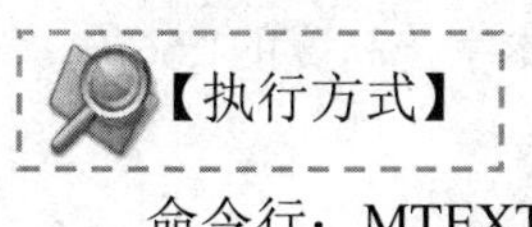

【执行方式】

命令行：MTEXT

菜单："绘图"→"文字"→"多行文字"

工具栏："绘图"→"多行文字"A或"文字"→"多行文字"A

功能区：单击"默认"选项卡"注释"面板中的"多行文字"按钮A或单击"注释"选项卡"文字"面板中的"多行文字"按钮A

【操作步骤】

命令：MTEXT↙

选择相应的菜单项或单击相应的工具按钮，或在命令行输入 MTEXT 命令后按 Enter 键，系统提示：

当前文字样式："Standard"　文字高度：1.9122 注释性：否

指定第一角点：(指定矩形框的第一个角点)

指定对角点或 [高度(H)/对正(J)/行距(L)/旋转(R)/样式(S)/宽度(W)　/栏(C)]：

【选项说明】

（1）指定对角点：直接在屏幕上点取一个点作为矩形框的第二个角点，系统以这两个点为对角点形成一个矩形区域，其宽度作为将来要标注的多行文本的宽度，而且第一个点作为第一行文本顶线的起点。响应后系统打开如图 5-10 所示的"文字编辑器"选项卡，可调用此编辑器输入多行文本并对其格式进行设置。

（2）对正(J)：确定所标注文本的对齐方式。选取此选项，系统提示：

输入对正方式 [左上(TL)/中上(TC)/右上(TR)/左中(ML)/正中(MC)/右中(MR)/左下(BL)/中下(BC)/右下(BR)] <左上(TL)>：

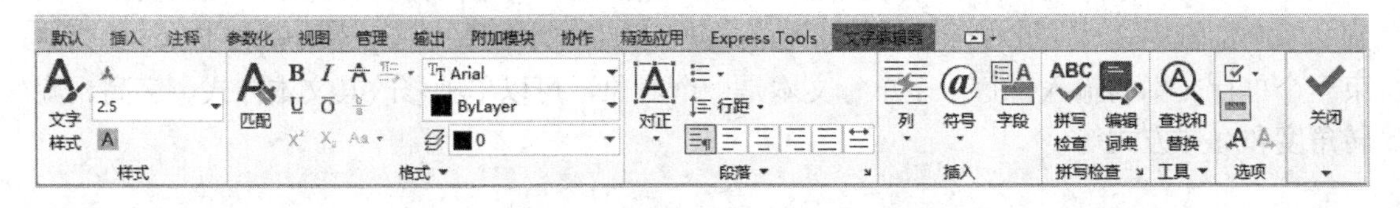

图 5-10　"文字编辑器"选项卡

这些对齐方式与 TEXT 命令中的各对齐方式相同，不再重复。选取一种对齐方式后按 Enter 键，系统回到上一级提示。

（3）行距(L)：确定多行文本的行间距，这里所说的行间距是指相邻两文本行的基线之间的垂直距离。选择此选项，系统提示：

输入行距类型 [至少(A)/精确(E)] <至少(A)>：

在此提示下有两种方式确定行间距，"至少"方式和"精确"方式。"至少"方式下系统根据每行文本中最大的字符自动调整行间距。"精确"方式下系统给多行文本赋予一个固定的行间距。可以直接输入一个确切的间距值，也可以输入"nx"的形式，其中n是一个具体数，表示行间距设置为单行文本高度的n倍，而单行文本高度是本行文本字符高度的1.66倍。

（4）旋转(R)：确定文本行的倾斜角度。执行此选项，系统提示：

指定旋转角度 <0>：(输入倾斜角度)

输入角度值后按 Enter 键，返回到“指定对角点或 [高度(H)/对正(J)/行距(L)/旋转(R)/样式(S)/宽度(W)]:”提示。

（5）样式(S)：确定当前的文字样式。

（6）宽度(W)：指定多行文本的宽度。可在屏幕上选取一点，将其与前面确定的第一个角点组成的矩形框的宽度作为多行文本的宽度，也可以输入一个数值，精确设置多行文本的宽度。

在创建多行文本时，只要给定了文本行的起始点和宽度后，就会打开多行文字编辑器，该编辑器包含一个“文字格式”工具栏和一个右键快捷菜单。用户可以在编辑器中输入和编辑多行文本，包括设置字高、文字样式以及倾斜角度等。

该编辑器与 Microsoft 的 Word 编辑器界面类似，事实上该编辑器与 Word 编辑器在某些功能上趋于一致。这样既增强了多行文字编辑功能，又使用户更熟悉和方便，效果很好。

（7）栏（C）：可以将多行文字对象的格式设置为多栏。可以指定栏和栏间距的宽度、高度及栏数。可以使用夹点编辑栏宽和栏高。提供三个栏选项：“不分栏”“静态栏”和“动态栏”。

（8）“文字编辑器”选项卡：用来控制文本的显示特性。可以在输入文本之前设置文本的特性，也可以改变已输入文本的特性。要改变已有文本的显示特性，首先应选中要修改的文本，选择文本有以下 3 种方法：

- 将光标定位到文本开始处，按下鼠标左键，将光标拖到文本末尾。
- 双击某一个字，则该字被选中。
- 三击则选中全部内容。

下面把“文字编辑器”选项卡中部分选项的功能介绍如下：

1）“文字高度”下拉列表框：该下拉列表框用来确定文本的字符高度，可在其中直接输入新的字符高度，也可从下拉列表中选择已设定过的高度。

2）**B**和***I***按钮：这两个按钮用来设置粗体或斜体效果。这两个按钮只对 TrueType 字体有效。

3）“下划线”U与“上划线”Ō按钮：这两个按钮用于设置或取消上（下）划线。

4）“堆叠”按钮$\frac{b}{a}$：该按钮为层叠/非层叠文本按钮，用于层叠所选的文本，也就是创建分数形式。当文本中某处出现“/”或“^”或“#”这 3 种层叠符号之一时可层叠文本，方法是选中需层叠的文字，然后单击此按钮，则符号左边文字作为分子，右边文字作为分母。AutoCAD 2024 提供了 3 种分数形式，如选中“abcd/efgh”后单击此按钮，得到如图 5-11a 所示的分数形式。如果选中“abcd^efgh”后单击此按钮，则得到图 5-11b 所示的形式，此形式多用于标注极限偏差。如果选中“abcd # efgh”后单击此按钮，则创建斜排的分数形式，如图 5-11c 所示。如果选中已经层叠的文本对象后单击此按钮，则文本恢复到非层叠形式。

$\frac{abcd}{efgh}$ $\quad\begin{matrix}abcd\\efgh\end{matrix}$ $\quad{}^{abcd}/_{efgh}$

a) b) c)

图 5-11 文本层叠

5）“倾斜角度”微调框0/：设置文字的倾斜角度。

6）“追踪”下拉列表框：增大或减小选定字符之间的距离。1.0 设置是常规间距。设置为大于 1.0 可增大间距，设置为小于 1.0 可减小间距。

7）“宽度因子”下拉列表框：扩展或收缩选定字符。1.0 设置代表此字体中字母的常规宽度。可以增大该宽度或减小该宽度。

8）“对正”下拉列表：显示“对正”菜单，并且有 9 个对齐选项可用。“左上”为默认。

9）“列”下拉列表：显示栏弹出菜单，该菜单提供三个栏选项：“不分栏”“静态栏”和“动态栏”。

10）“符号”按钮：用于输入各种符号。单击该按钮，系统打开符号列表，如图 5-12 所示。用户可以从中选择符号输入到文本中。

11）“字段”按钮：插入一些常用或预设字段。单击该按钮，系统打开“字段”对话框，如图 5-13 所示。用户可以从中选择字段插入到标注文本中。

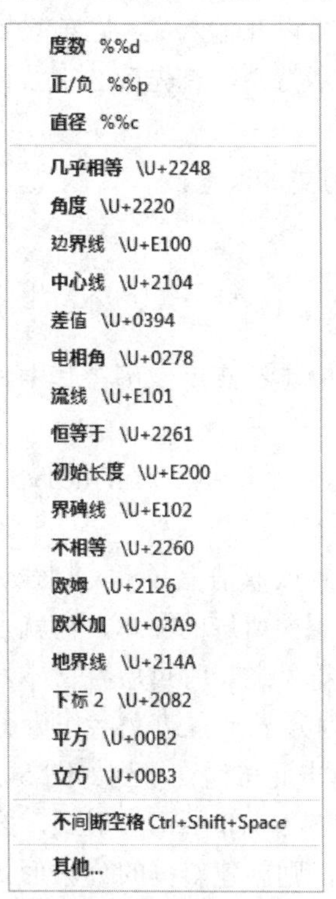

图 5-12　符号列表

图 5-13　“字段”对话框

（9）“选项”菜单：在多行文字绘图区域右击，系统打开右键快捷菜单，如图 5-14 所示。其中许多选项与 Word 中相关选项类似，这里只对其中比较特殊的选项简单介绍一下。

1）符号：在光标位置插入列出的符号或不间断空格。也可以手动插入符号。

2）输入文字：显示“选择文件”对话框，如图 5-15 所示。选择任意 ASCII 或 RTF 格式的文件。输入的文字保留原始字符格式和样式特性，但可以在多行文字编辑器中编辑和格式化输入的文字。选择要输入的文本文件后，可以在文字编辑框中替换选定的文字或全部文字，或在文字边界内将插入的文字附加到选定的文字中。输入文字的文件必须小于 32KB。

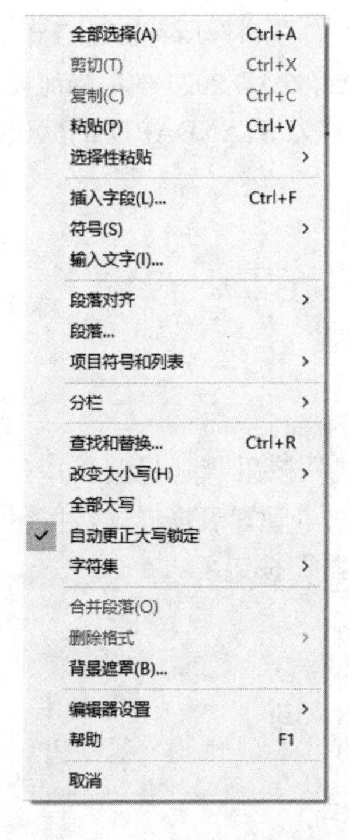

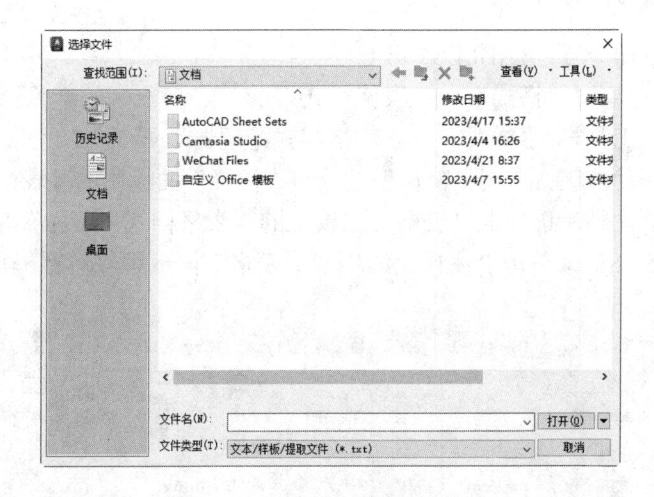

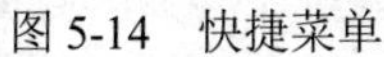
图 5-14 快捷菜单　　　　图 5-15 “选择文件”对话框

3）背景遮罩：用设定的背景对标注的文字进行遮罩。选择该命令，系统打开“背景遮罩”对话框，如图 5-16 所示。

4）删除格式：清除选定文字的粗体、斜体或下划线格式。

图 5-16 “背景遮罩”对话框

5）字符集：显示代码页菜单。选择一个代码页并将其应用到选定的文字。

5.3 表格

使用 AutoCAD 2024 提供的“表格”功能，创建表格就变得非常容易，用户可以直接插入设置好样式的表格，而不用绘制由单独的图线组成的栅格。

5.3.1 定义表格样式

表格样式是用来控制表格基本形状和间距的一组设置。和文字样式一样，所有AutoCAD 2024图形中的表格都有和其相对应的表格样式。当插入表格对象时，AutoCAD 2024使用当前设置的表格样式。模板文件ACAD.DWT和ACADISO.DWT中定义了称为STANDARD的默认表格样式。

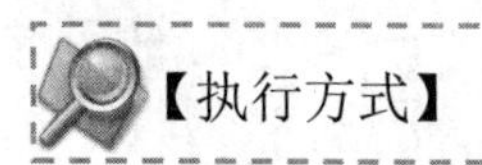

【执行方式】

命令行：TABLESTYLE

菜单："格式"→"表格样式"

工具栏："样式"→"表格样式管理器"

功能区：单击"默认"选项卡"注释"面板中的"表格样式"按钮（见图5-17）或单击"注释"选项卡"表格"面板上的"表格样式"下拉菜单中的"管理表格样式"按钮（见图5-18）或单击"注释"选项卡"表格"面板中"对话框启动器"按钮

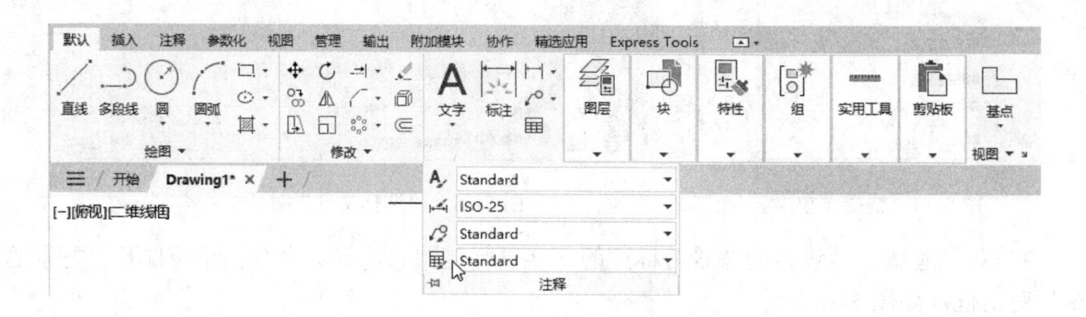

图5-17 "注释"面板

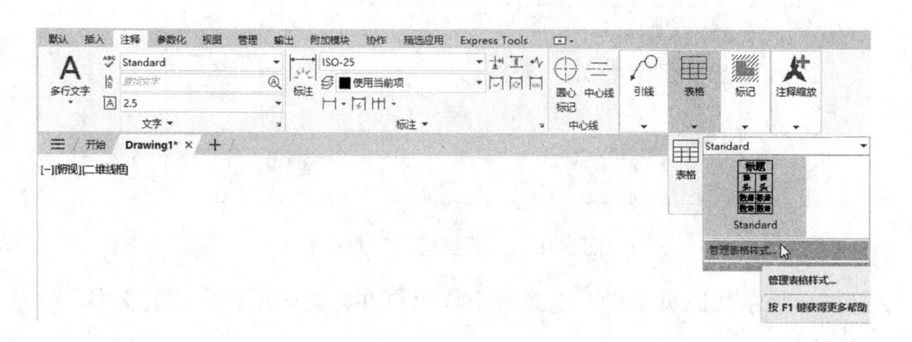

图5-18 "表格"面板

【操作步骤】

命令：TABLESTYLE↙

执行上述操作后，系统打开"表格样式"对话框，如图5-19所示。

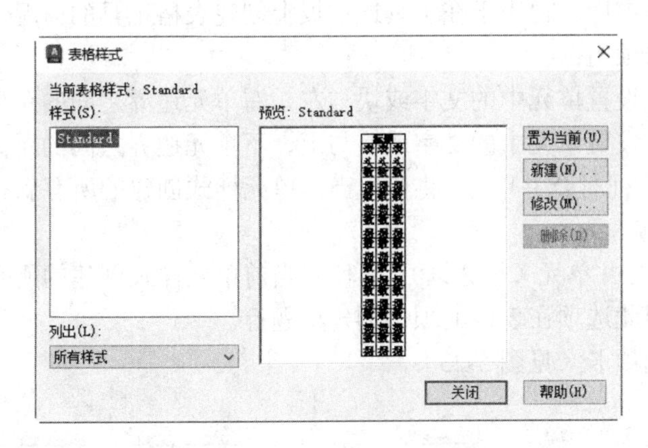

图 5-19 “表格样式”对话框

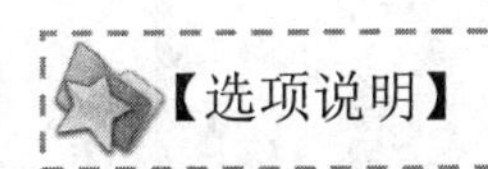【选项说明】

单击“新建”按钮，系统打开“创建新的表格样式”对话框，如图 5-20 所示。输入新的表格样式名后，单击“继续”按钮，系统打开“新建表格样式”对话框，如图 5-21 所示，从中可以定义新的表格样式。

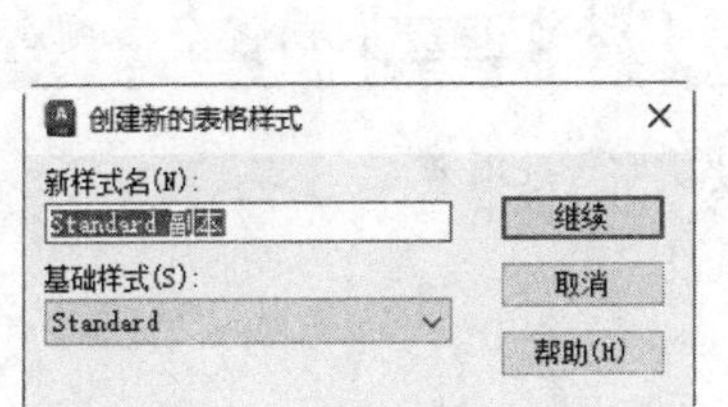

图 5-20 “创建新的表格样式”对话框

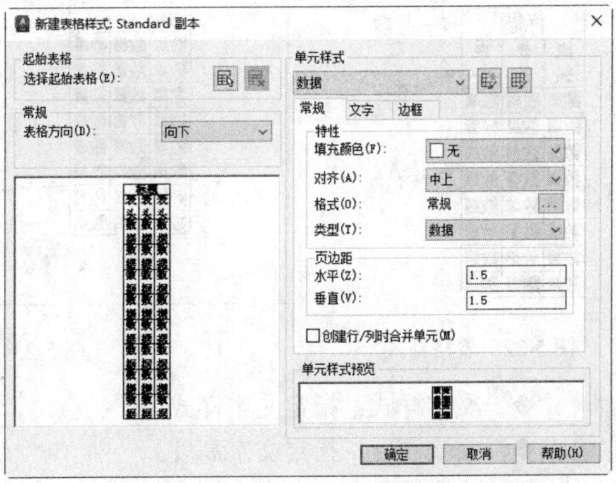

图 5-21 “新建表格样式”对话框

“新建表格样式”对话框中有三个选项卡：“常规”“文字”和“边框”，如图 5-21 所示。分别控制表格中数据、表头和标题的有关参数，如图 5-22 所示。

（1）“常规”选项卡（见图 5-21）：

1）“特性”选项组：

◆ 填充颜色：指定填充颜色。

◆ 对齐：为单元内容指定一种对齐方式。

◆ 格式：设置表格中各行的数据类型和格式。

◆ 类型：将单元样式指定为标签或数据，在包含起始表格的表格样式中插入默认文字时使用。也用于在工具选项板上创建表格工具的情况。

2）“页边距”选项组：

◆ 水平：设置单元中的文字或块与左、右单元边界之间的距离。

◆ 垂直：设置单元中的文字或块与上、下单元边界之间的距离。

◆ 创建行/列时合并单元：将使用当前单元样式创建的所有新行或列合并到一个单元中。

3）创建行/列时合并单元（复选框）：将使用当前单元样式创建的所有新行或新列合并为一个单元。可以使用此选项在表格的顶部创建标题行。

（2）“文字”选项卡（见图 5-23）：

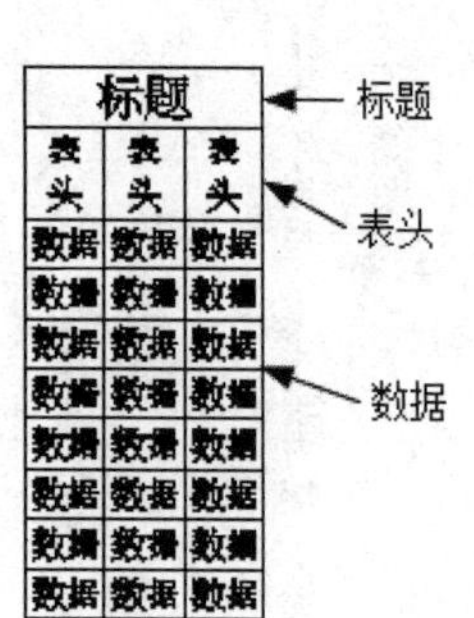

图 5-22　表格样式

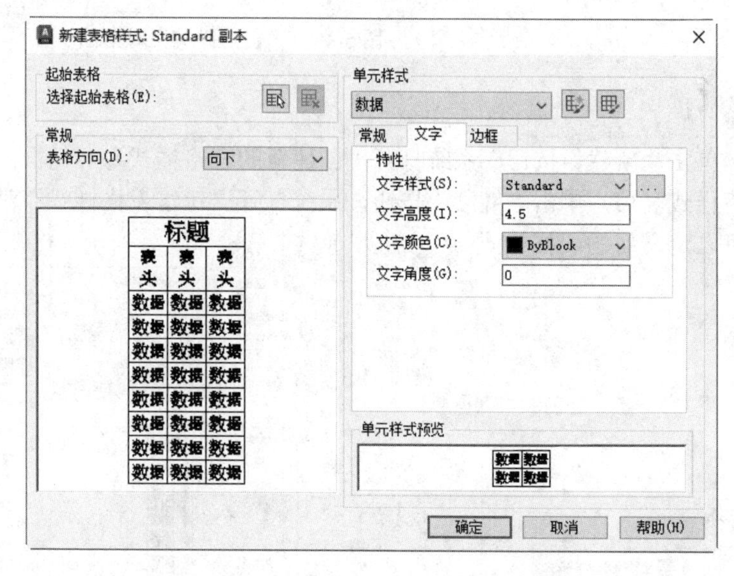

图 5-23　“文字”选项卡

◆ 文字样式：指定文字样式。

◆ 文字高度：指定文字高度。

◆ 文字颜色：指定文字颜色。

◆ 文字角度：设置文字角度。

（3）“边框”选项卡（见图 5-24）：

1）“特性”选项卡：

◆ 线宽：设置要用于显示边界的线宽。

◆ 线型：通过单击边框按钮，设置线型以应用于指定边框。

◆ 颜色：指定颜色以应用于显示的边界。

◆ 双线：指定选定的边框为双线型。

◆ 间距：确定双线边界的间距，默认间距为 0.1800。

2）边界按钮：控制单元边界的外观。边框特性包括栅格线的线宽和颜色如图 5-25 所示。

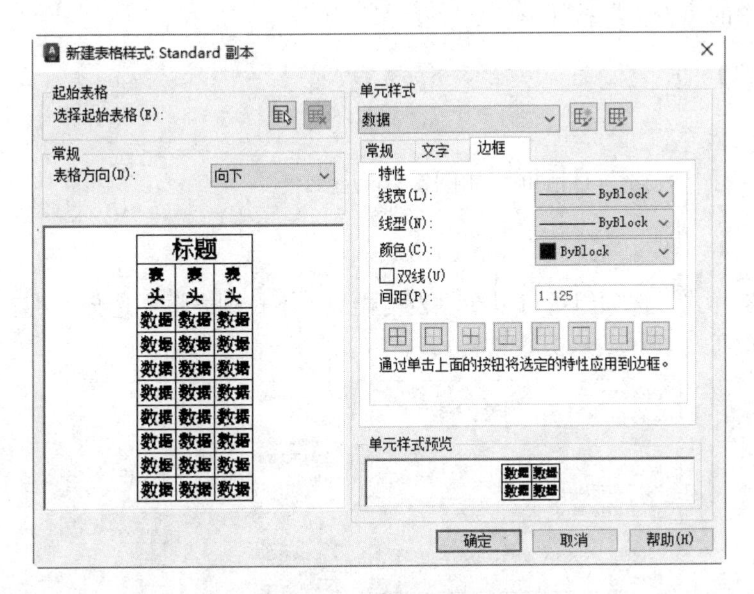

图 5-24 “边框”选项卡

图 5-25 “边界”按钮

边界按钮依次功能如下：

- ◆ 所有边框：将边界特性设置应用到指定单元样式的所有边界。
- ◆ 外边框：将边界特性设置应用到指定单元样式的外部边界。
- ◆ 内边框：将边界特性设置应用到指定单元样式的内部边界。
- ◆ 底部边框：将边界特性设置应用到指定单元样式的底部边界。
- ◆ 左边框：将边界特性设置应用到指定的单元样式的左边界。
- ◆ 上边框：将边界特性设置应用到指定单元样式的上边界。
- ◆ 右边框：将边界特性设置应用到指定单元样式的右边界。
- ◆ 无边框：隐藏指定单元样式的边界。

5.3.2 创建表格

在设置好表格样式后，用户可以调用 TABLE 命令创建表格。

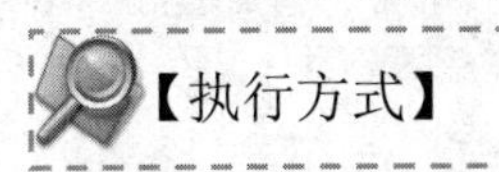
【执行方式】

命令行：TABLE

菜单：“绘图”→“表格”

工具栏：“绘图”→“表格”

功能区：单击“默认”选项卡“注释”面板中的“表格”按钮或单击“注释”选项卡

“表格”面板中的“表格”按钮

【操作步骤】

命令：TABLE↙

系统打开“插入表格”对话框，如图 5-26 所示。

【选项说明】

（1）“表格样式”选项组：可以在“表格样式”下拉列表框中选择一种表格样式，也可以单击后面的按钮新建或修改表格样式。

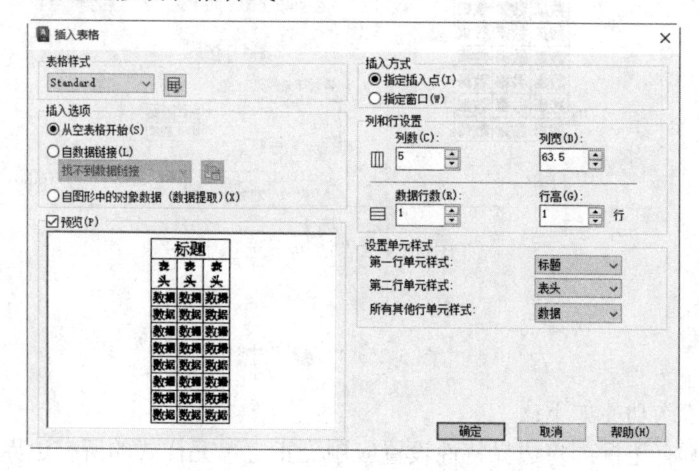

图 5-26　“插入表格”对话框

（2）“插入方式”选项组：

1）“指定插入点”单选按钮：指定表格左上角的位置。可以使用定点设备，也可以在命令行中输入坐标值。如果表样式将表的方向设置为由下而上读取，则插入点位于表的左下角。

2）“指定窗口”单选按钮：指定表格的大小和位置。可以使用定点设备，也可以在命令行输入坐标值。选定此选项时，行数、列数、列宽和行高取决于窗口的大小以及列和行的设置。

（3）“列和行设置”选项组：指定列和行的数目以及列宽与行高。

在“插入表格”对话框中进行相应的设置后，单击“确定”按钮，系统在指定的插入点或窗口自动插入一个空表格，用户可以逐行逐列输入相应的文字或数据，如图 5-27 所示。

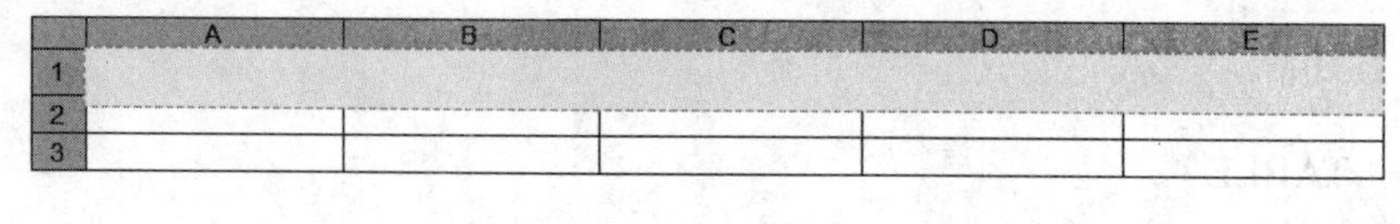

图 5-27　空表格

（4）“设置单元样式”选项组：

对于那些不包含起始表格的表格样式，请指定新表格中行的单元格式。

1）第一行单元样式：指定表格中第一行的单元样式。默认情况下，使用标题单元样式。

2）第二行单元样式：指定表格中第二行的单元样式。默认情况下，使用表头单元样式。

3）所有其他行单元样式：指定表格中所有其他行的单元样式。默认情况下，使用数据单元样式。

5.3.3　表格文字编辑

【执行方式】

命令行：TABLEDIT

快捷菜单：选定表和一个或多个单元后，右击并选择快捷菜单上的“编辑文字”命令

定点设备：在表单元内双击

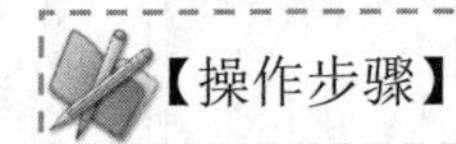【操作步骤】

命令：TABLEDIT↙

执行上述命令后，用户可以对指定单元格中的文字进行编辑。

可以在表格中插入简单的公式，用于计算总计、计数和平均值，以及定义简单的算术表达式。要在选定的单元格中插入公式并右击，然后选择“插入点→公式”命令。也可以使用在位文字编辑器中输入公式。选择一个公式项后，系统提示：

选择表格单元范围的第一个角点：(在表格内指定一点)
选择表格单元范围的第二个角点：(在表格内指定另一点)

5.3.4　实例——绘制 A3 样板图

绘制如图 5-28 所示的 A3 样板图。

注意

所谓样板图就是将绘制图形通用的一些基本内容和参数事先设置好，并绘制出来，以.dwt格式保存起来。在本实例中绘制的A3图纸，可以绘制好图框、标题栏，设置好图层、文字样式、标注样式等，然后作为样板图保存。以后需要绘制A3幅面的图形时，可打开此样板图在此基础上绘图。

01 新建文件。单击快速访问工具栏中的“新建”按钮，弹出“选择样板”对话框，在“打开”下拉菜单中选择“无样板公制”命令，新建空白文件。

02 设置图层。单击“默认”选项卡“图层”面板中的“图层特性”按钮，新建如下两个图层：

- 图框层：颜色为白色，其余参数默认。
- 标题栏层：颜色为白色，其余参数默认。

图 5-28　A3 样板图

03 绘制图框。将“图框层”图层设定为当前图层。单击“默认”选项卡“绘图”面板中的“矩形”按钮 ，绘制角点坐标为（25,10）和（410,287）的矩形，绘制结果如图 5-29 所示。

04 绘制标题栏。将“标题栏层”图层设定为当前图层。

❶ 标题栏示意图如图 5-30 所示，由于分隔线并不整齐，所以可以先绘制一个 9×4 的标准表格，然后在此基础上编辑或合并单元格，以形成如图 5-30 所示的形式。

图 5-29　绘制的矩形

（设计单位名称）	（工程名称）	（图号区）
（签字区）	（图名区）	

10　30　180

图 5-30　标题栏示意图

❷ 单击“默认”选项卡“注释”面板中的“表格样式”按钮，系统弹出“表格样式”对话框，如图 5-31 所示。

❸ 单击“表格样式”对话框中的“修改”按钮，系统弹出“修改表格样式”对话框，在“单元样式”下拉列表框中选择“数据”选项，在下面的“文字”选项卡中将“文字高

度”设置为6，如图5-32所示。再选择“常规”选项卡，将“页边距”选项组中的“水平”和“垂直”都设置成1，如图5-33所示。

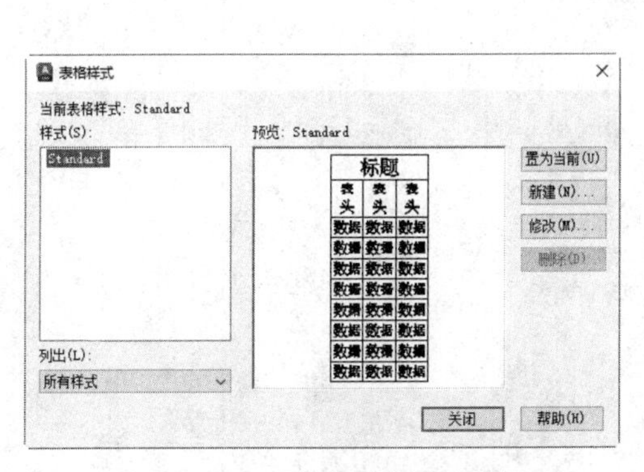

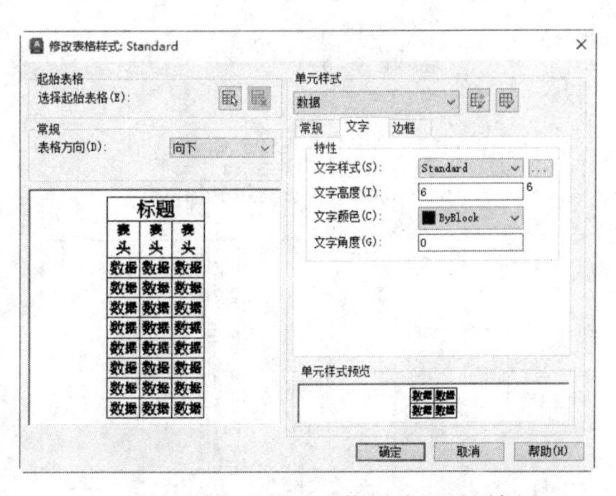

图5-31　“表格样式”对话框　　　　图5-32　“修改表格样式”对话框

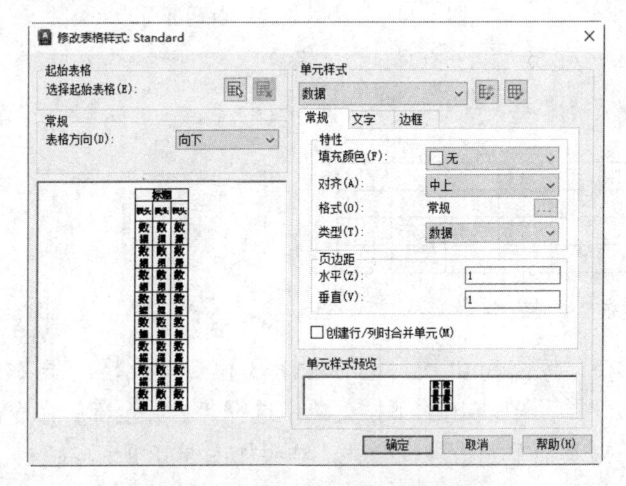

图5-33　设置“常规”选项卡

❹ 单击“确定”按钮，系统回到“表格样式”对话框，单击“关闭”按钮退出。

❺ 单击“默认”选项卡“注释”面板中的“表格”按钮，系统弹出“插入表格”对话框，在“列和行设置”选项组中将“列数”设置为9、“列宽”设置为20，将“数据行数”设置为2（加上标题行和表头行共4行），将“行高”设置为1行（即为10）；在“设置单元样式”选项组中，将“第一行单元样式”“第二行单元样式”和“所有其他行单元样式”都设置为“数据”，如图5-34所示。

❻ 在图框线右下角附近指定表格位置，系统生成表格，不输入文字，如图5-35所示。

❼ 移动标题栏。无法准确确定刚生成的标题栏与图框的相对位置，因此需要移动标题栏。单击“默认”选项卡“修改”面板中的“移动”按钮，将刚绘制的表格准确放置在图框的右下角，如图5-36所示。

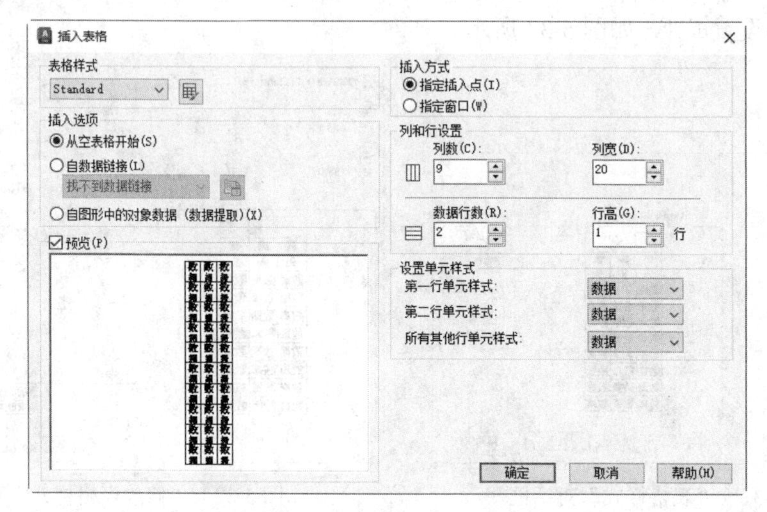

图 5-34 “插入表格”对话框

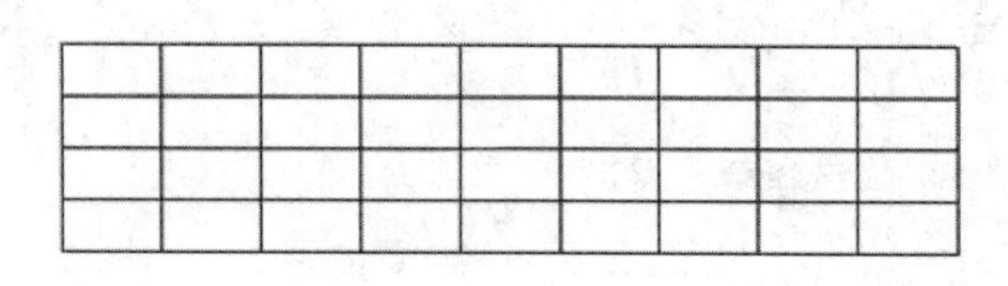

图 5-35 生成表格

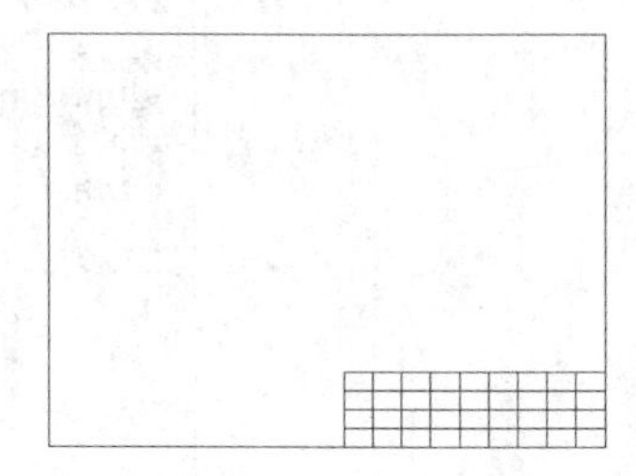

图 5-36 移动表格

❸ 选择 A 单元格，按住 Shift 键，同时选择 B 和 C 单元格，在“表格单元”选项卡中单击“合并单元”按钮，在弹出的下拉菜单中选择“合并全部”命令，如图 5-37 所示。

重复上述方法，对其他单元格进行合并，结果如图 5-38 所示。

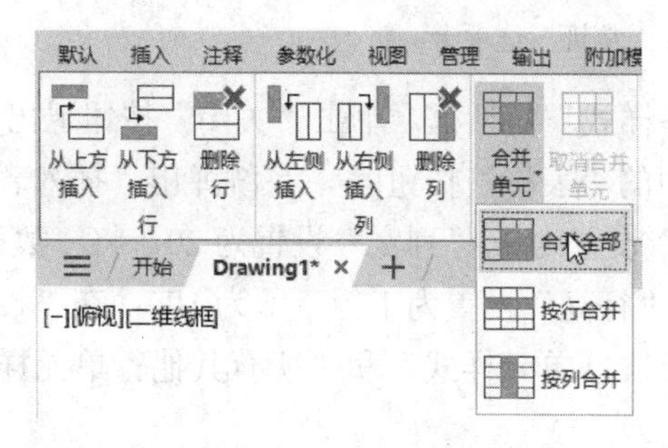

图 5-37 合并单元格

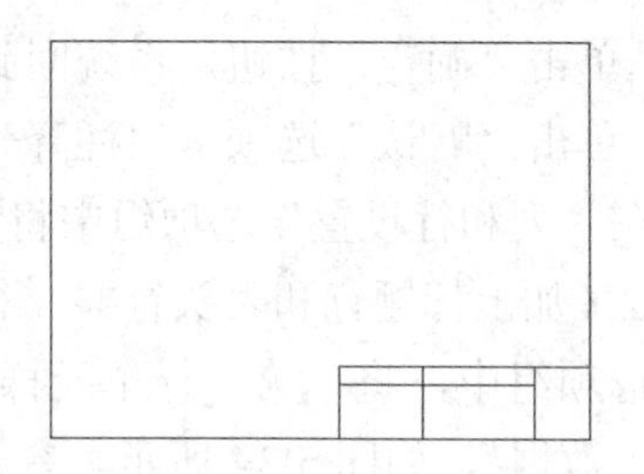

图 5-38 完成标题栏单元格编辑

05 绘制会签栏。会签栏具体大小和样式如图 5-39 所示。用户可以采取和标题栏相同的绘制方法来绘制会签栏。

❶ 在“修改表格样式”对话框中的“文字”选项卡中，将“文字高度”设置为 4，如图 5-40 所示；再把“常规”选项卡中“页边距”选项组中“水平”和“垂直”都设置为 0.5。

❷ 单击“默认”选项卡“注释”面板中的“表格”按钮，系统弹出“插入表格”对话框，在“列和行设置”选项组中，将“列数”设置为3，“列宽”设置为25，“数据行数”设置为2，“行高”设置为1行；在“设置单元样式”选项组中，将“第一行单元样式”“第二行单元样式”和“所有其他行单元样式”都设置为“数据”，如图5-41所示。

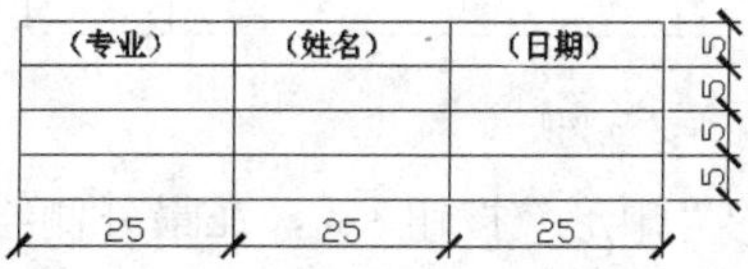

（专业）	（姓名）	（日期）

图5-39　会签栏示意图

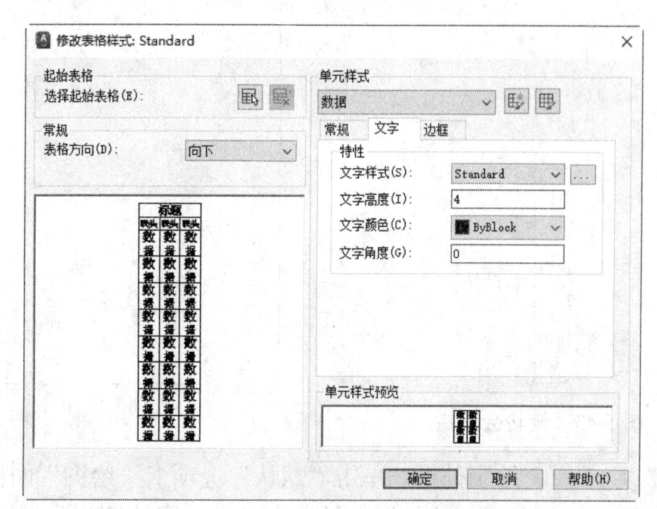

图5-40　设置表格样式

❸ 在表格中输入文字，结果如图5-42所示。

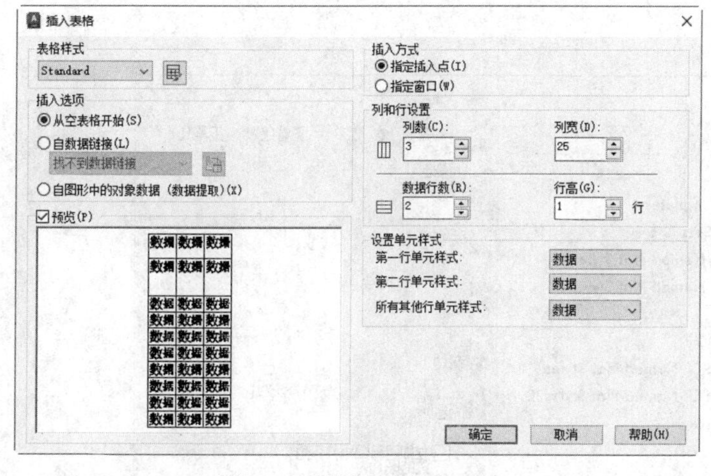

图5-41　设置表格行和列

单位	姓名	日期

图5-42　会签栏的绘制

06 旋转和移动会签栏。

❶ 单击“默认”选项卡“修改”面板中的“旋转”按钮，旋转会签栏，结果如图5-43所示。

❷ 单击“默认”选项卡“修改”面板中的“移动”按钮，将会签栏移动到图框的左上角，结果如图5-44所示。

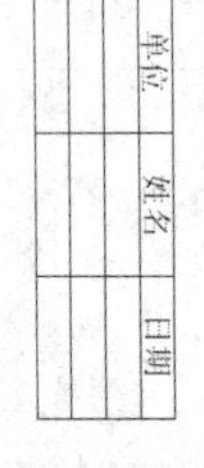

图 5-43　旋转会签栏

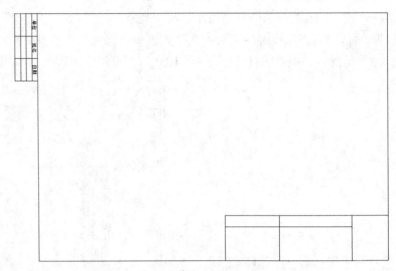

图 5-44　移动会签栏

07 绘制外框。单击“默认”选项卡“绘图”面板中的“矩形”按钮 ，在最外侧绘制一个 420×297 的外框，最终完成样板图的绘制，如图 5-28 所示。

08 保存样板图。选择菜单栏中的“文件”→“另存为”命令，系统弹出“图形另存为”对话框，将图形保存为.dwt 格式的文件即可，如图 5-45 所示。

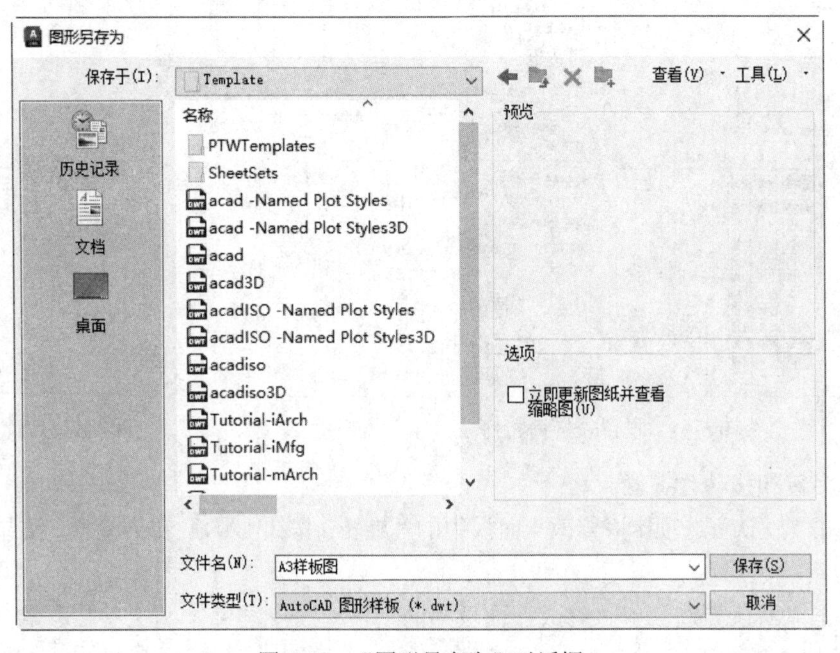

图 5-45　“图形另存为”对话框

5.4 尺寸样式

组成尺寸标注的尺寸界线、尺寸线、尺寸文本及箭头等可以采用多种多样的形式，实际标注一个几何对象的尺寸时，它的尺寸标注以什么形态出现，取决于当前所采用的尺寸标注样式。标注样式决定尺寸标注的形式，包括尺寸线、尺寸界线、箭头和中心标记的形式，以及尺寸文本的位置、特性等。用户可以调用“标注样式管理器”对话框方便地设置自己需要的尺寸标注样式。下面介绍如何定制尺寸标注样式。

5.4.1 新建或修改尺寸样式

在进行尺寸标注之前，要建立尺寸标注的样式。如果用户不建立尺寸样式而直接进行标注，系统使用默认名称为 STANDARD 的样式。用户如果认为使用的标注样式有某些设置不合适，也可以修改标注样式。

【执行方式】

命令行：DIMSTYLE

菜单：“格式”→“标注样式”或“标注”→“标注样式”

工具栏：“标注”→“标注样式”

功能区：单击“默认”选项卡“注释”面板中的“标注样式”按钮或单击“注释”选项卡“标注”面板中的“标注，标注样式...”按钮

【操作步骤】

命令：DIMSTYLE↙

AutoCAD 2024打开“标注样式管理器”对话框，如图5-46所示。调用此对话框可方便直观地设置和浏览尺寸标注样式，包括建立新的标注样式、修改已存在的样式、设置当前尺寸标注样式、样式重命名以及删除一个已存在的样式等。

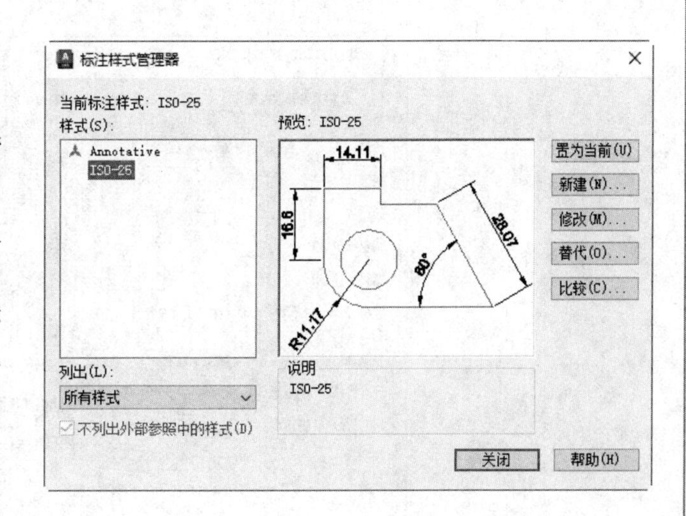

图 5-46 “标注样式管理器”对话框

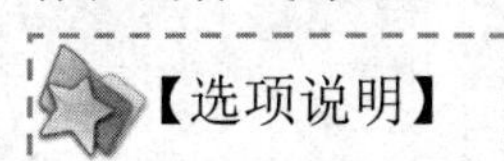
【选项说明】

（1）“置为当前”按钮：单击此按钮，把在“样式”列表框中选中的样式设置为当前样式。

（2）“新建”按钮：定义一个新的尺寸标注样式。单击此按钮，系统打开“创建新标注样式”对话框，如图 5-47 所示，设置此对话框可创建一个新的尺寸标注样式。下面介绍其中

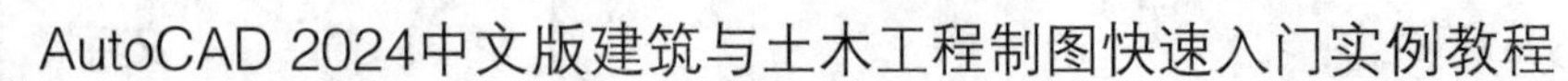

各选项的功能。

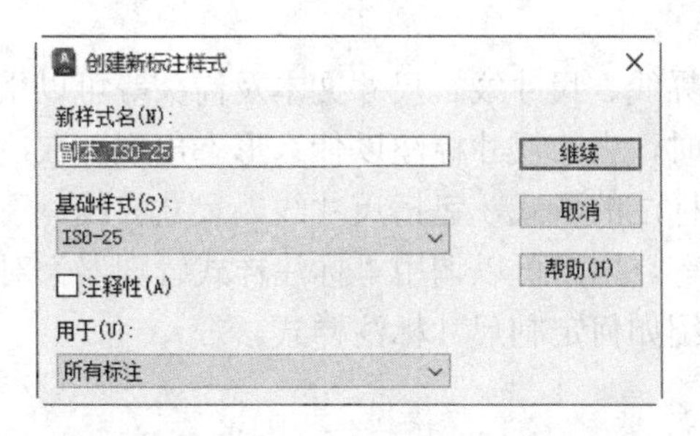

图 5-47 “创建新标注样式”对话框

1）新样式名：给新的尺寸标注样式命名。

2）基础样式：选取创建新样式所基于的标注样式。单击右侧的下三角按钮，出现当前已有的样式列表，从中选取一个作为定义新样式的基础，新的样式是在这个样式的基础上修改一些特性得到的。

3）用于：指定新样式应用的尺寸类型。单击右侧的下三角按钮，出现尺寸类型列表，如果新建样式应用于所有尺寸，则选“所有标注”；如果新建样式只应用于特定的尺寸标注（如只在标注直径时使用此样式），则选取相应的尺寸类型。

4）继续：各选项设置好以后，单击“继续”按钮，系统打开“新建标注样式”对话框，如图 5-48 所示，调用此对话框可对新样式的各项特性进行设置。该对话框中各部分的含义和功能将在后面介绍。

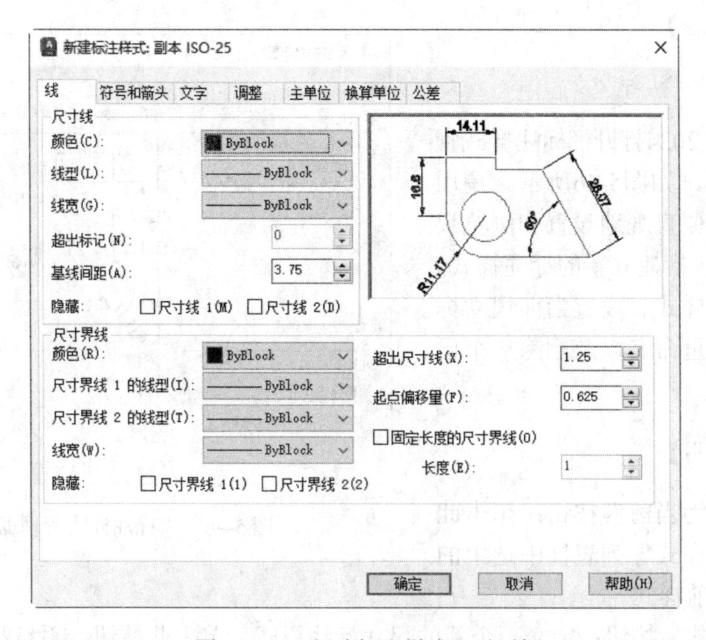

图 5-48 “新建标注样式”对话框

（3）“修改”按钮：修改一个已存在的尺寸标注样式。单击此按钮，系统将弹出“修改标注样式”对话框，该对话框中的各选项与“新建标注样式”对话框中完全相同，用户可以在此对已有标注样式进行修改。

（4）“替代”按钮：设置临时覆盖尺寸标注样式。单击此按钮，系统打开“替代当前样式”对话框，该对话框中各选项与“新建标注样式”对话框完全相同，用户可改变选项的设置覆盖原来的设置，但这种修改只对指定的尺寸标注起作用，而不影响当前尺寸变量的设置。

（5）“比较”按钮：比较两个尺寸标注样式在参数上的区别，或浏览一个尺寸标注样式的参数设置。单击此按钮，系统打开“比较标注样式”对话框，如图 5-49 所示。可以把比较结果复制到剪贴板上，然后再粘贴到其他的 Windows 应用软件上。

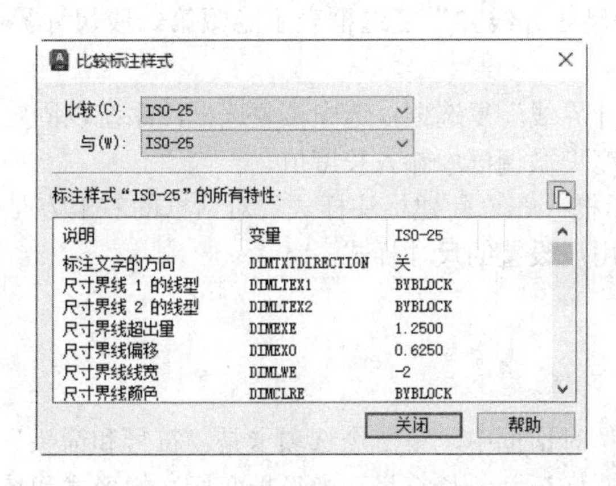

图 5-49　“比较标注样式”对话框

5.4.2　线

在“新建标注样式”对话框中，第 1 个选项卡就是“线”，如图 5-48 所示。该选项卡用于设置尺寸线、尺寸界线的形式和特性。

（1）“尺寸线”选项组：设置尺寸线的特性。其中主要选项的含义如下：

1）“颜色”下拉列表框：设置尺寸线的颜色。可直接输入颜色名字，也可从下拉列表中选择，如果选取“选择颜色”，系统打开“选择颜色”对话框供用户选择其他颜色。

2）“线型”下拉列表框：设定尺寸线的线型。下拉列表中出现各种线型的名字，系统把设置值保存在 DIMLWD 变量中。

3）“线宽”下拉列表框：设置尺寸线的线宽，下拉列表中列出了各种线宽的名字和宽度。系统把设置值保存在 DIMLWD 变量中。

4）“超出标记”微调框：当尺寸箭头设置为短斜线、短波浪线等，或尺寸线上无箭头时，可调用此微调框设置尺寸线超出尺寸界线的距离。其相应的尺寸变量是 DIMDLE。

5）“基线间距”微调框：设置以基线方式标注尺寸时，相邻两尺寸线之间的距离，相应的尺寸变量是 DIMDLI。

6)“隐藏”复选框组：确定是否隐藏尺寸线及相应的箭头。选中“尺寸线 1”复选框表示隐藏第一段尺寸线，选中“尺寸线 2”复选框表示隐藏第二段尺寸线。相应的尺寸变量为 DIMSD1 和 DIMSD2。

(2)“尺寸界线”选项组：用于确定尺寸界线的形式。其中主要选项的含义如下：

1)“颜色”下拉列表框：设置尺寸界线的颜色。

2)“线宽”下拉列表框：设置尺寸界线的线宽，系统把其值保存在 DIMLWE 变量中。

3)“超出尺寸线”微调框：确定尺寸界线超出尺寸线的距离，相应的尺寸变量是 DIMEXE。

4)“起点偏移量”微调框：确定尺寸界线的实际起始点相对于指定的尺寸界线的起始点的偏移量，相应的尺寸变量是 DIMEXO。

5)“隐藏”复选框组：确定是否隐藏尺寸界线。选中“尺寸界线 1”复选框表示隐藏第一段尺寸界线，选中“尺寸界线 2”复选框表示隐藏第二段尺寸界线。相应的尺寸变量为 DIMSE1 和 DIMSE2。

6)“固定长度的尺寸界线”复选框：选中该复选框，系统以固定长度的尺寸界线标注尺寸。可以在下面的“长度”微调框中输入长度值。

(3)尺寸样式显示框：在“新建标注样式”对话框的右上方是一个尺寸样式显示框，该框以样例的形式显示用户设置的尺寸样式。

5.4.3 符号和箭头

在“新建标注样式”对话框中，第 2 个选项卡是“符号和箭头”，如图 5-50 所示。该选项卡用于设置箭头、圆心标记、弧长符号和半径折弯标注的形式和特性。现分别进行说明。

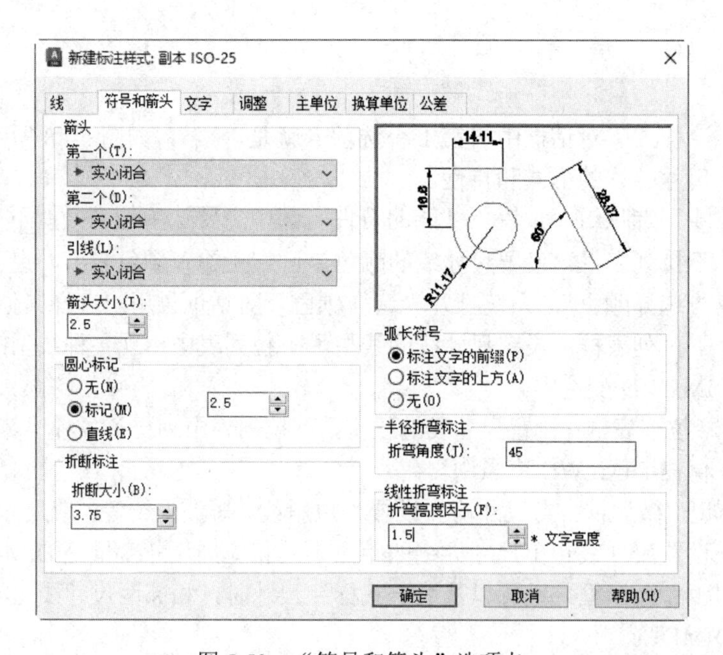

图 5-50 “符号和箭头”选项卡

（1）“箭头”选项组：设置尺寸箭头的形式，AutoCAD 2024 提供了多种多样的箭头形状，列在“第一个”和“第二个”下拉列表框中。另外，还允许采用用户自定义的箭头形状。两个尺寸箭头可以采用相同的形式，也可以采用不同的形式。

1）“第一个”下拉列表框：用于设置第一个尺寸箭头的形式。可在下拉列表框中选择，其中列出了各种箭头形式的名字以及各类箭头的形状。一旦确定了第一个箭头的类型，第二个箭头则自动与其匹配，要想第二个箭头取不同的形状，可在“第二个”下拉列表框中设定。AutoCAD 2024 把第一个箭头类型名存放在尺寸变量 DIMBLK1 中。

2）“第二个”下拉列表框：确定第二个尺寸箭头的形式，可与第一个箭头不同。AutoCAD 2024 把第二个箭头的名字存在尺寸变量 DIMBLK2 中。

3）“引线”下拉列表框：确定引线箭头的形式，与“第一个”设置类似。

4）“箭头大小”微调框：设置箭头的大小，相应的尺寸变量是 DIMASZ。

（2）“圆心标记”选项组：设置半径标注、直径标注和中心标注中的中心标记和中心线的形式。相应的尺寸变量是 DIMCEN。其中各项的含义如下：

1）无：既不产生中心标记，也不产生中心线。这时 DIMCEN 的值为 0。

2）标记：中心标记为一个记号。AutoCAD 2024 将标记大小以一个正值存在 DIMCEN 中。

3）直线：中心标记采用中心线的形式。AutoCAD 2024 将中心线的大小以一个负的值存在 DIMCEN 中。

4）“大小”微调框：设置中心标记和中心线的大小和粗细。

（3）“折断标注”选项组：控制折断标注的间隙宽度。

折断大小：显示和设定用于折断标注的间隙大小。

（4）“弧长符号”选项组：控制弧长标注中圆弧符号的显示。有 3 个单选按钮：

1）标注文字的前缀：将弧长符号放在标注文字的前面，如图 5-51a 所示。

2）标注文字的上方：将弧长符号放在标注文字的上方，如图 5-51b 所示。

3）无：不显示弧长符号，如图 5-51c 所示。

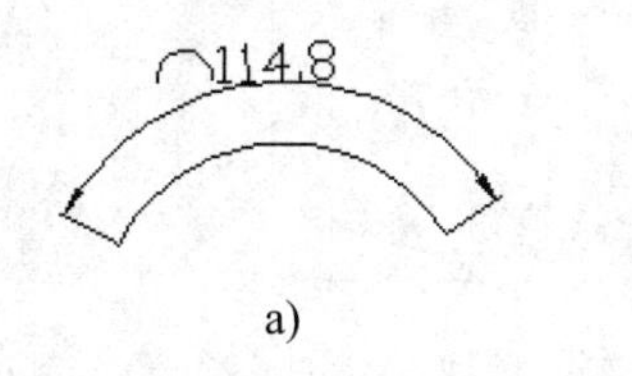

a)

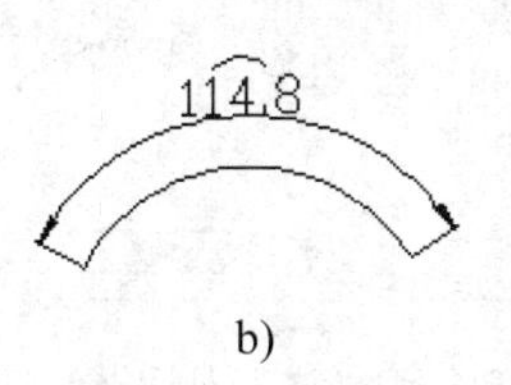

b)

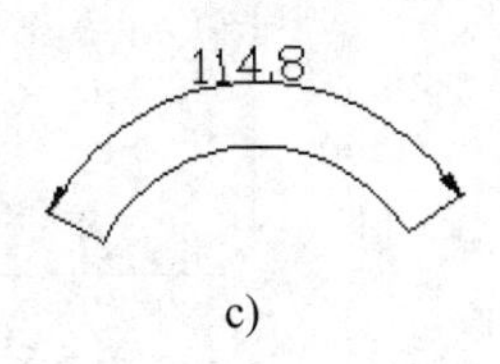

c)

图 5-51　弧长符号

（5）半径折弯标注：控制折弯（Z 字型）半径标注的显示。折弯半径标注通常在圆或圆弧的圆心位于页面外部时创建。

（6）线性折弯标注：控制线性标注折弯的显示。 当标注不能精确地表示实际尺寸时，通常将折弯线添加到线性标注中。通常，实际尺寸比所需值小。

5.4.4 文本

在“新建标注样式”对话框中，第 3 个选项卡是“文字”选项卡，如图 5-52 所示。该选项卡用于设置尺寸文本的形式、位置和对齐方式等。

（1）“文字外观”选项组：

1）“文字样式”下拉列表框：选择当前尺寸文本采用的文本样式。可在下拉列表中选取一个样式，也可单击右侧的按钮[...]，打开“文字样式”对话框，以创建新的文字样式或对文字样式进行修改。AutoCAD 2024 将当前文字样式保存在 DIMTXSTY 系统变量中。

2）“文字颜色”下拉列表框：设置尺寸文本的颜色，其操作方法与设置尺寸线颜色的方法相同。与其对应的尺寸变量是 DIMCLRT。

3）“填充颜色”下拉列表框：设定标注中文字背景的颜色。如果单击“选择颜色”（在“颜色”列表的底部）将显示“选择颜色”对话框。也可以输入颜色名或颜色号。

4）“文字高度”微调框：设置尺寸文本的字高，相应的尺寸变量是 DIMTXT。如果选用的文字样式中已设置了具体的字高（不是 0），则此处的设置无效；如果文字样式中设置的字高为 0，才以此处的设置为准。

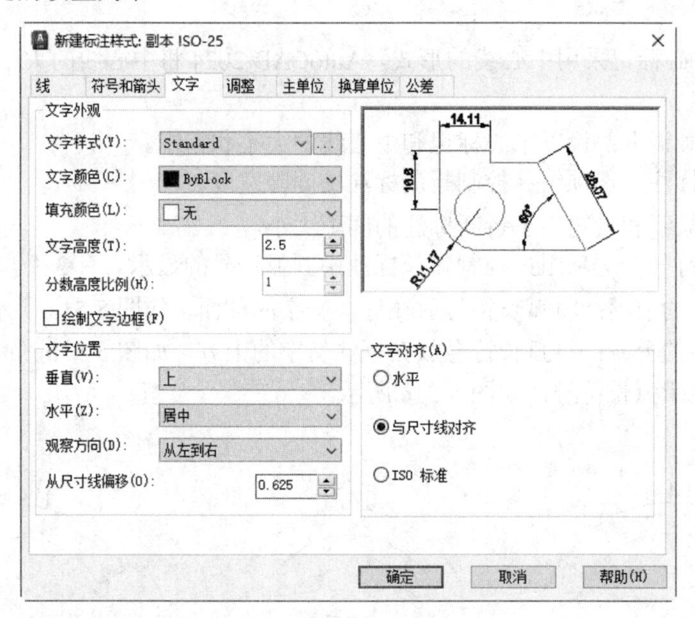

图 5-52　“新建标注样式”对话框的“文字”选项卡

5）“分数高度比例”微调框：确定尺寸文本的比例系数，相应的尺寸变量是 DIMTFAC。

6）“绘制文字边框”复选框：选中此复选框，系统将在尺寸文本的周围加上边框。

（2）“文字位置”选项组：

1）“垂直”下拉列表框：确定尺寸文本相对于尺寸线在垂直方向的对齐方式，相应的尺寸变量是 DIMTAD。在该下拉列表框中可选择的对齐方式有以下 4 种：

◆ 居中：将尺寸文本放在尺寸线的中间，此时DIMTAD＝0。

◆ 上：将尺寸文本放在尺寸线的上方，此时DIMTAD＝1。

◆ 外部：将尺寸文本放在远离第一条尺寸界线起点的位置，即和所标注的对象分列于尺寸线的两侧，此时DIMTAD＝2。

◆ JIS：使尺寸文本的放置符合JIS（日本工业标准）规则，此时DIMTAD＝3。

上面这几种文本布置方式如图5-53所示。

◆ 下：将标注文字放在尺寸线下方。从尺寸线到文字的最低基线的距离就是当前的文字间距。

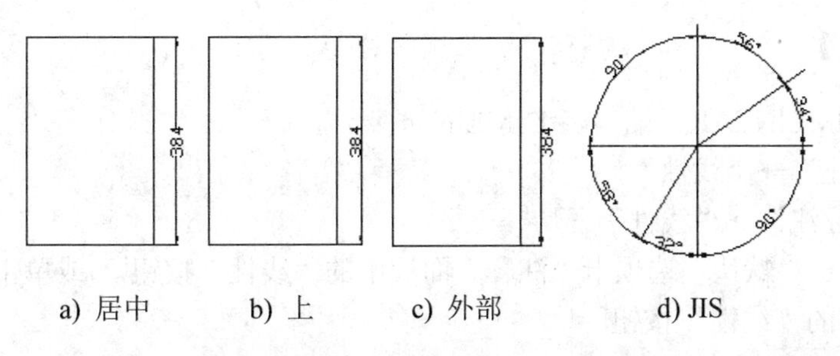

a) 居中　　b) 上　　c) 外部　　d) JIS

图 5-53　尺寸文本在垂直方向的放置

2)“水平”下拉列表框：用来确定尺寸文本相对于尺寸线和尺寸界线在水平方向的对齐方式，相应的尺寸变量是 DIMJUST。在下拉列表框中可选择的对齐方式有以下 5 种：居中、第一条尺寸界线、第二条尺寸界线、第一条尺寸界线上方、第二条尺寸界线上方，如图 5-54 所示。

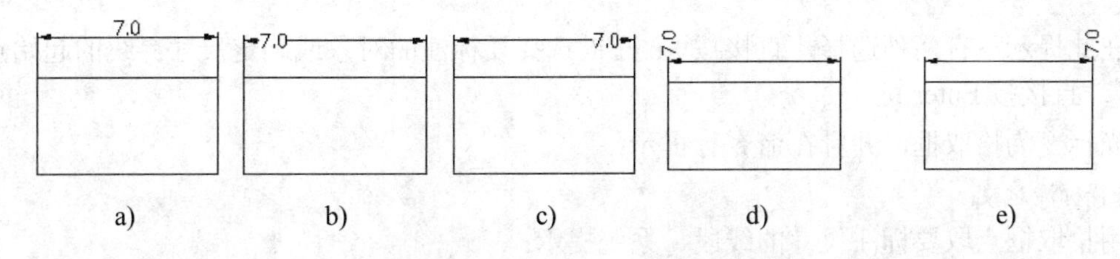

a)　　b)　　c)　　d)　　e)

图 5-54　尺寸文本在水平方向的放置

3）“从尺寸线偏移”微调框：当尺寸文本放在断开的尺寸线中间时，此微调框用来设置尺寸文本与尺寸线之间的距离（尺寸文本间隙），这个值保存在尺寸变量 DIMGAP 中。

（3）“文字对齐”选项组：用来控制尺寸文本排列的方向。当尺寸文本在尺寸界线之内时，与其对应的尺寸变量是 DIMTIH；当尺寸文本在尺寸界线之外时，与其对应的尺寸变量是 DIMTOH。

1）“水平”单选按钮：尺寸文本沿水平方向放置。不论标注什么方向的尺寸，尺寸文本总保持水平。

2）“与尺寸线对齐”单选按钮：尺寸文本沿尺寸线方向放置。

3）“ISO 标准”单选按钮：当尺寸文本在尺寸界线之间时，沿尺寸线方向放置；在尺寸界线之外时，沿水平方向放置。

5.5 标注尺寸

正确地进行尺寸标注是设计绘图工作中非常重要的一个环节，提供方便快捷的尺寸标注方法，可通过执行命令实现，也可调用菜单或工具图标实现。本节重点介绍如何对各种类型的尺寸进行标注。

5.5.1 线性标注

【执行方式】

命令行：DIMLINEAR（缩写名 DIMLIN）

菜单："标注"→"线性"

工具栏："标注"→"线性"

功能区：单击"默认"选项卡"注释"面板中的"线性"按钮或单击"注释"选项卡"标注"面板中的"线性"按钮

【操作步骤】

```
命令：DIMLIN↙
指定第一个尺寸界线原点或 <选择对象>：
```

【选项说明】

在此提示下有两种选择，直接按 Enter 键选择要标注的对象或确定尺寸界线的起始点。

1．直接按 Enter 键

光标变为拾取框，并且在命令行提示：

```
选择标注对象：
```

用拾取框点取要标注尺寸的线段，系统提示：

```
指定尺寸线位置或[多行文字(M)/文字(T)/角度(A)/水平(H)/垂直(V)/旋转(R)]：
```

各项的含义如下：

- ◆ 指定尺寸线位置：确定尺寸线的位置。用户可移动光标选择合适的尺寸线位置，然后按Enter键或单击，系统将自动测量所标注线段的长度并标注出相应的尺寸。
- ◆ 多行文字(M)：用多行文字编辑器确定尺寸文本。
- ◆ 文字(T)：在命令行提示下输入或编辑尺寸文本。选择此选项后，系统提示：

```
输入标注文字 <默认值>：
```

其中的默认值是系统自动测量得到的被标注线段的长度，直接按Enter键即可采用此长度值，也可输入其他数值代替默认值。当尺寸文本中包含默认值时，可使用尖括号"<>"表示默认值。

- ◆ 角度(A)：确定尺寸文本的倾斜角度。

◆ 水平(H)：水平标注尺寸，不论标注什么方向的线段，尺寸线均水平放置。

◆ 垂直(V)：垂直标注尺寸，不论被标注线段沿什么方向，尺寸线总保持垂直。

◆ 旋转(R)：输入尺寸线旋转的角度值，旋转标注尺寸。

2．指定第一条尺寸界线原点

指定第一条与第二条尺寸界线的起始点。

5.5.2 对齐标注

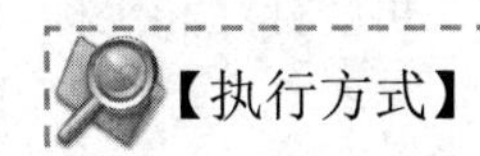

【执行方式】

命令行：DIMALIGNED

菜单：“标注”→“对齐”

工具栏：“标注”→“对齐”

功能区：单击“默认”选项卡“注释”面板中的“对齐”按钮或单击“注释”选项卡“标注”面板中的“线性”按钮

【操作步骤】

命令：DIMALIGNED↙

指定第一个尺寸界线原点或 <选择对象>：

这种命令标注的尺寸线与所标注轮廓线平行，标注的是起始点到终点之间的距离尺寸。

5.5.3 基线标注

基线标注用于产生一系列基于同一条尺寸界线的尺寸标注，适用于长度尺寸标注、角度标注和坐标标注等。在使用基线标注方式之前，应该先标注出一个相关的尺寸。

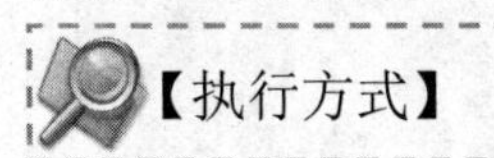

【执行方式】

命令行：DIMBASELINE

菜单：“标注”→“基线”

工具栏：“标注”→“基线”

功能区：单击“注释”选项卡“标注”面板中的“基线”按钮

【操作步骤】

命令：DIMBASELINE↙

指定第二个尺寸界线原点或 [选择(S) /放弃(U)] <选择>：

【选项说明】

（1）指定第二个尺寸界线原点：直接确定另一个尺寸的第二条尺寸界线的起点，系统以上次标注的尺寸为基准标注出相应尺寸。

（2）<选择>：在上述提示下直接按 Enter 键，系统提示：

选择基准标注：（选取作为基准的尺寸标注）

5.5.4 连续标注

连续标注又叫尺寸链标注，用于产生一系列连续的尺寸标注，后一个尺寸标注均把前一个标注的第二条尺寸界线作为它的第一条尺寸界线。适用于长度尺寸标注、角度标注和坐标标注等。在使用连续标注方式之前，应该先标注出一个相关的尺寸。

【执行方式】

命令行：DIMCONTINUE

菜单："标注"→"连续"

工具栏："标注"→"连续"

功能区：单击"注释"选项卡"标注"面板中的"连续"按钮

【操作步骤】

命令：DIMCONTINUE↙

指定第二个尺寸界线原点或 [选择(S) /放弃(U)] <选择>：

在此提示下的各选项与基线标注中完全相同，不再赘述。

连续标注的效果如图 5-55 所示。

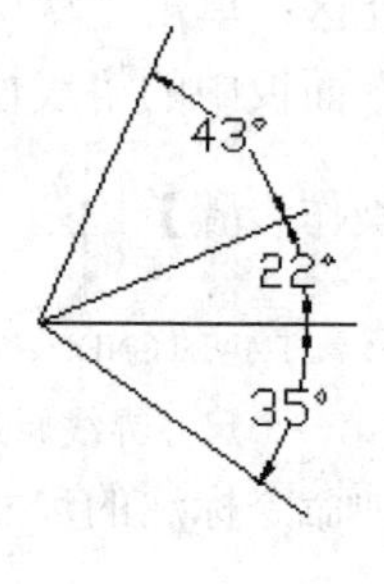

图 5-55 连续标注

5.6 综合演练——标注轴线

标注如图 5-56 所示的居室平面图尺寸。

5.6.1 设置绘图环境

01 新建文件，并将新建的文件以"住宅建筑平面图"的名称进行保存，新建的文件设置了图形"单位"以及"图层"。

02 创建图形文件。启动 AutoCAD 2024，选择菜单栏中的"格式"→"单位"命令，在打开的"图形单位"对话框中设置角度"类型"为"十进制度数"、"精度"为 0，如图 5-57 所示。单击"方向"按钮，系统打开"方向控制"对话框。将"基准角度"设置为"东"，如图 5-58 所示。

03 设置图层。单击"默认"选项卡"图层"面板中的"图层特性"按钮，打开"图层特性管理器”对话框，依次创建平面图中的基本图层，如轴线和尺寸标注等，如图5-59所示。

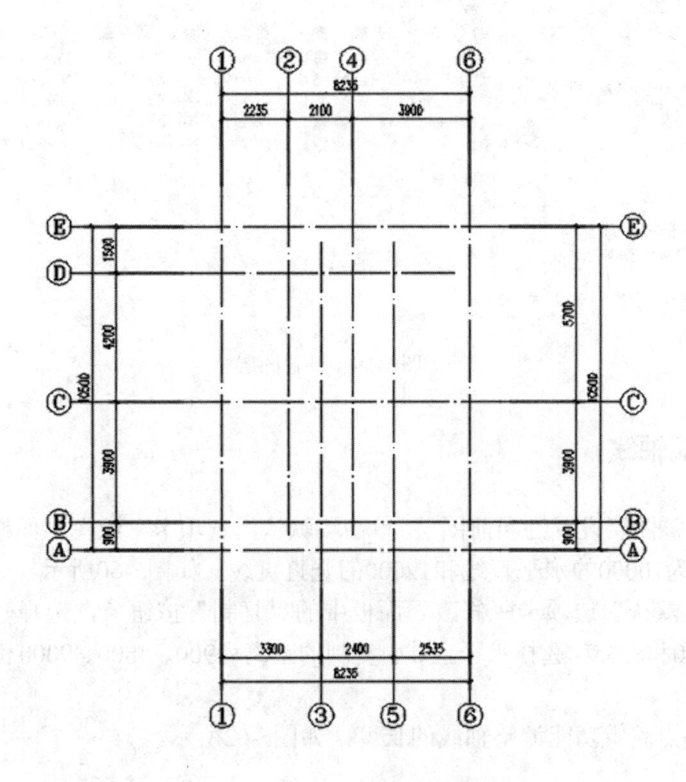

图 5-56　标注轴线

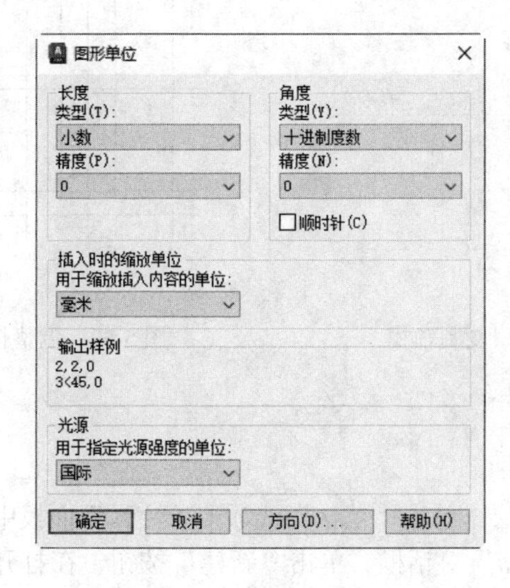

图 5-57　“图形单位”对话框

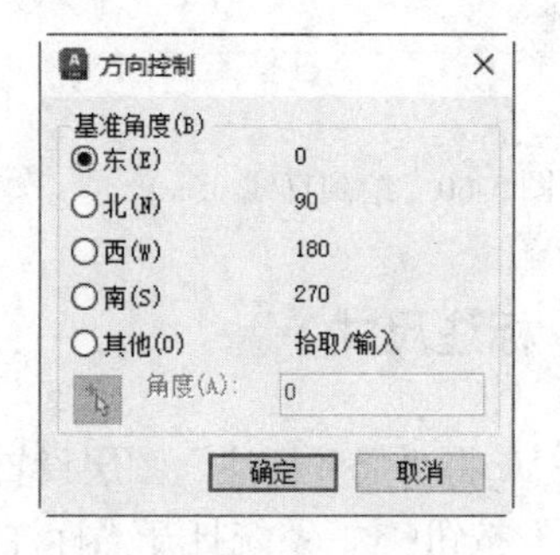

图 5-58　“方向控制”对话框

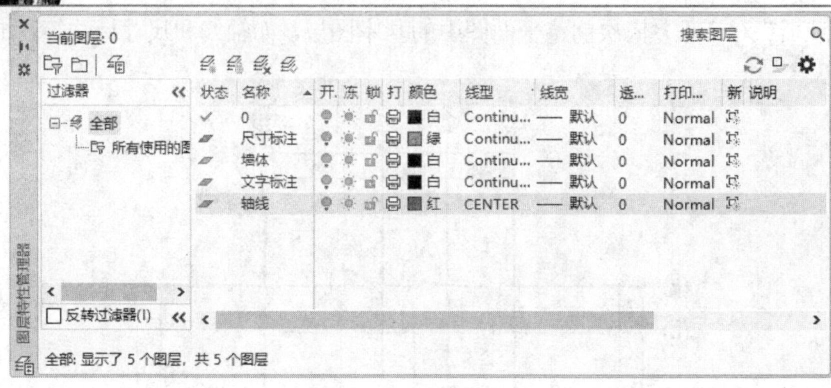

图 5-59 设置图层

5.6.2 绘制建筑轴线

01 将“轴线”图层设置为当前图层。单击“默认”选项卡“绘图”面板中的“直线”按钮，绘制长度为10000的水平直线和12000的竖直直线，如图5-60所示。

02 单击“默认”选项卡“修改”面板中的“复制”按钮，选择竖直直线，复制的距离为3300、5700和8235；选择水平直线，复制的距离为900、4800、9000和10500，如图5-61所示。

03 利用夹点编辑功能调整轴线的长度，如图5-62所示。

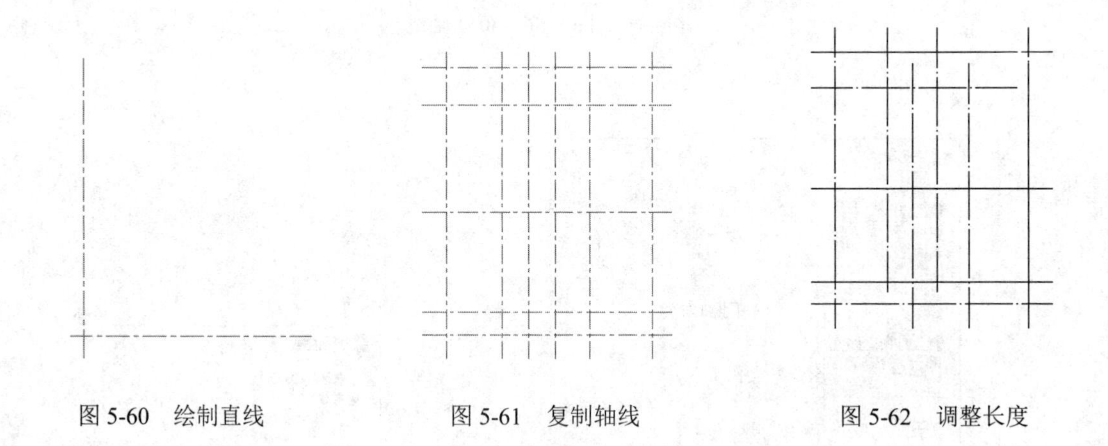

图 5-60 绘制直线　　图 5-61 复制轴线　　图 5-62 调整长度

5.6.3 标注尺寸

01 将“尺寸标注”图层设置为当前图层。单击“默认”选项卡“注释”面板中的“标注样式”按钮，系统打开“标注样式管理器”对话框。单击“新建”按钮，在打开的“创建新标注样式”对话框中设置“新样式名”为“标注”，如图 5-63 所示；单击“继续”按钮，打开“新建标注样式”对话框。选择“线”选项卡，在“基线间距”文本框中输入 200，在

“超出尺寸线”文本框中输入 200，在“起点偏移量”文本框中输入 300，如图 5-64 所示。

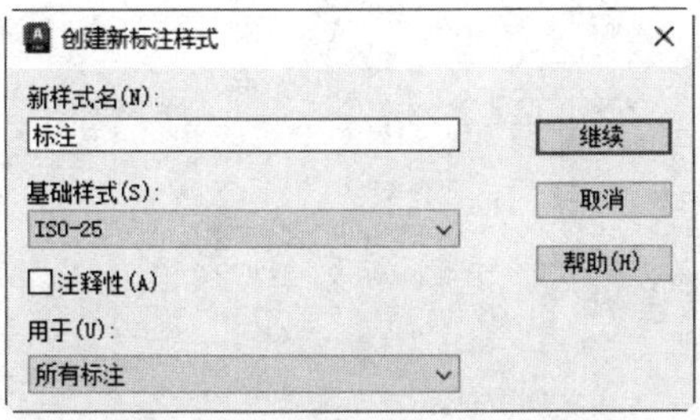

图 5-63　“创建新标注样式”对话框 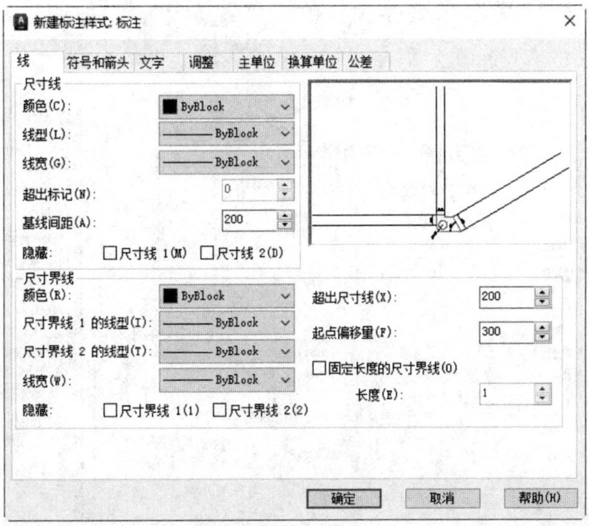　　　　图 5-64　“线”选项卡

02 选择“符号和箭头”选项卡，在“箭头”选项组中的“第一个”和“第二个”下拉列表框中均选择“建筑标记”，在“引线”下拉列表框中选择“实心闭合”，在“箭头大小”数值框中输入 250，如图 5-65 所示。

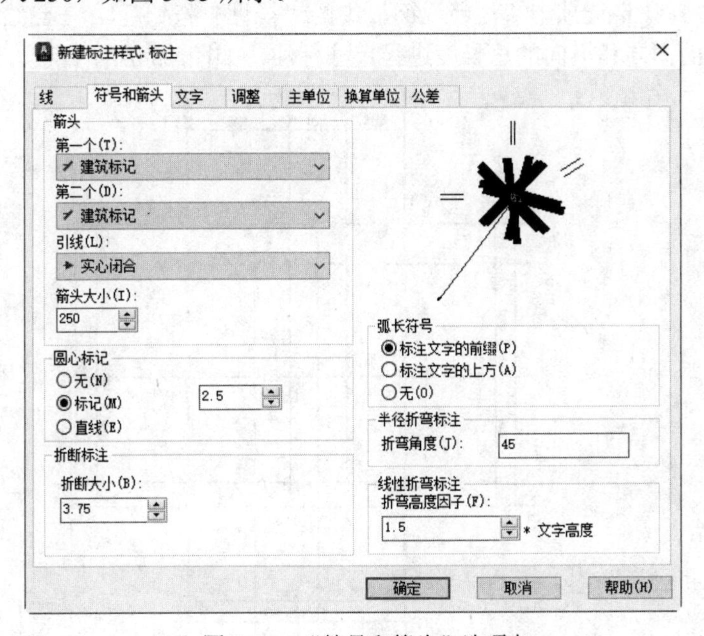

图 5-65　“符号和箭头”选项卡

03 选择“文字”选项卡，在“文字高度”数值框中输入 300，如图 5-66 所示。

04 选择“主单位”选项卡，在“精度”下拉列表框中选择 0，其他选项默认，如图5-67 所示。

05 单击“确定”按钮，回到“标注样式管理器”对话框。在“样式”列表框中激活“平面标注”标注样式，单击“置为当前”按钮，再单击“关闭”按钮，完成标注样式的设置。

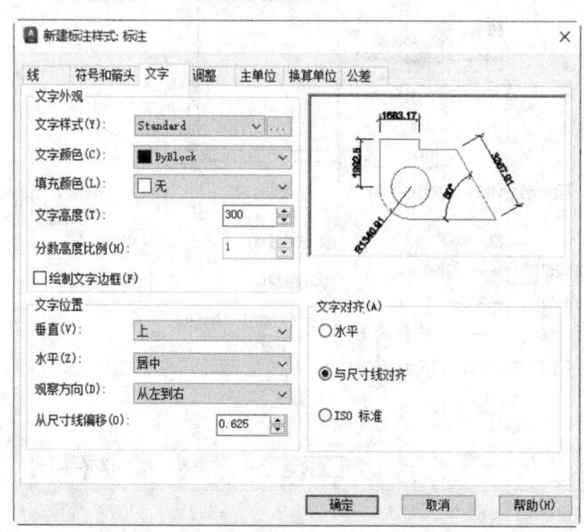

图 5-66　“文字”选项卡

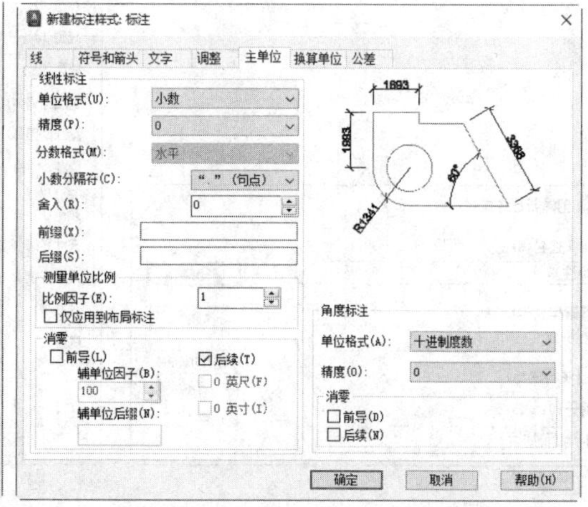

图 5-67　“主单位”选项卡

06 单击“注释”选项卡“标注”面板中的“线性”按钮和“连续”按钮，标注相邻两轴线之间的距离。

07 单击“默认”选项卡“注释”面板中的“线性”按钮，在已绘制的尺寸标注的外侧，对建筑平面横向和纵向的总长度进行尺寸标注，如图5-68所示。

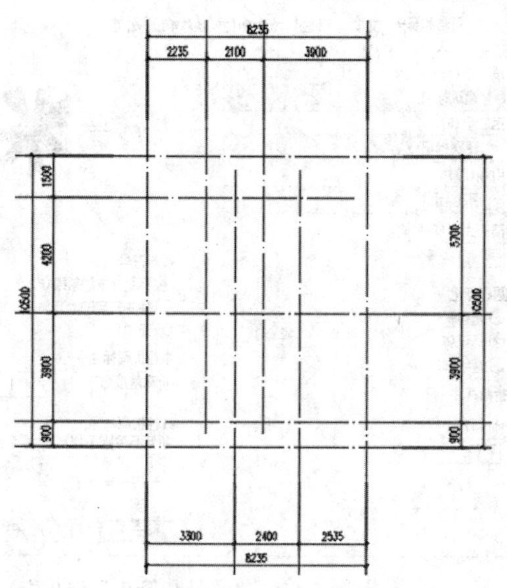

图 5-68　标注尺寸

5.6.4 轴号标注

01 将“文字标注”设置为当前图层，单击“默认”选项卡“绘图”面板中的“直线”按钮╱，以轴线端点为绘制直线的起点，竖直向下绘制长为3000的短直线，完成第一条轴线延长线的绘制。

02 单击“默认”选项卡“绘图”面板中的“圆”按钮⊙，以已绘制的轴线延长线端点作为圆心，绘制半径为350mm的圆。然后，单击“默认”选项卡“修改”面板中的“移动”按钮✥，向下移动所绘制的圆，移动距离为350mm，如图5-69所示。

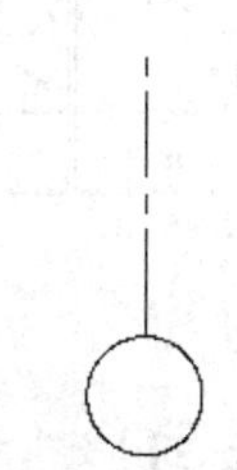

图 5-69 绘制第一条轴线的延长线及编号圆

03 重复上述步骤，完成其他轴线延长线及编号圆的绘制。

04 单击“默认”选项卡“注释”面板中的“多行文字”按钮A，设置文字“样式”为“仿宋GB2312”，“文字高度”为300；在每个轴线端点处的圆内输入相应的轴线编号。

5.7 上机实验

【实验 1】 在总平面图中标注种植说明。

种植说明：1.基层土壤应为排水良好，土质为中性及富含有机物的壤土。如含有建筑费土及其它有害成分，酸碱度超标等，应采取相应的技术措施。
2.植物生长所必须的最低种植土壤厚度应符合规范要求。种植土应选用植物生长的选择性土壤。
3.所有花坛土墙需设空墙排水管，疏水层材料选择碎石陶粒粒径20～40。
4.除注出外，苗木规格指树木的胸径。

操作指导

在打开的文字编辑器中输入上面的文字。

【实验 2】 绘制如图 5-70 所示的植物明细表

操作指导

（1）设置表格样式。
（2）插入空表格，并调整列宽。
（3）输入文字和数据。

苗木名称	数量	规格	苗木名称	数量	规格	苗木名称	数量	规格
落叶松	32	10cm	红叶	3	15cm	金叶女贞		20棵/m^{2}丛植H=500
银杏	44	15cm	法国梧桐	10	20cm	紫叶小柒		20棵/m^{2}丛植H=500
元宝枫	5	6m(冠径)	油松	4	8cm	草坪		2－3个品种混播
樱花	3	10cm	三角枫	26	10cm			
合欢	8	12cm	睡莲	20				
玉兰	27	15cm						
龙爪槐	30	8cm						

图 5-70　植物明细表

5.8　思考与练习

1．定义一个名为 USER 的文本样式，字体为楷体，字体高度为 5，倾斜角度为 15°，并在矩形内输入下面一行文本。

AutoCAD中文版快速入门

2．试用 MTEXT 命令输入如图 5-71 所示的文本。

底层建筑立面图

图 5-71　文本

3．在 AutoCAD 2024 中尺寸标注的类型有哪些？

4．什么是标注样式？简述标注样式的作用。

5．如何设置尺寸线的间距、尺寸界线的超出量和尺寸文本的方向？

6．编辑尺寸标注主要有哪些方法？

第 6 章　图形设计辅助工具

为了提高系统整体的图形设计效率，并有效地管理整个系统的所有图形设计文件，经过不断地探索和完善，AutoCAD 2024 推出了大量的图形设计辅助工具，包括图块、设计中心和工具选项板等工具。

本章主要介绍了图块操作、图块的属性、设计中心和工具选项板等图形设计辅助工具。

学习要点

- 图块操作、图块的属性
- 设计中心
- 工具选项板

6.1 图块操作

图块也叫块，它是由一组图形对象组成的集合，一组对象一旦被定义为图块，它们将成为一个整体，拾取图块中任意一个图形对象即可选中构成图块的所有对象。AutoCAD 2024 把一个图块作为一个对象进行编辑修改等操作，用户可根据绘图需要把图块插入到图中任意指定的位置，而且在插入时还可以指定不同的缩放比例和旋转角度。如果需要对组成图块的单个图形对象进行修改，还可以利用“分解”命令把图块炸开分解成若干个对象。图块还可以重新定义，一旦被重新定义，整个图中基于该块的对象都将随之改变。

6.1.1 定义图块

【执行方式】

命令行：BLOCK

菜单：“绘图”→“块”→“创建”

工具栏：“绘图”→“创建块”

功能区：单击“默认”选项卡“块”面板中的“创建”按钮（见图 6-1）或单击“插入”选项卡“块定义”面板中的“创建块”按钮（见图 6-2）

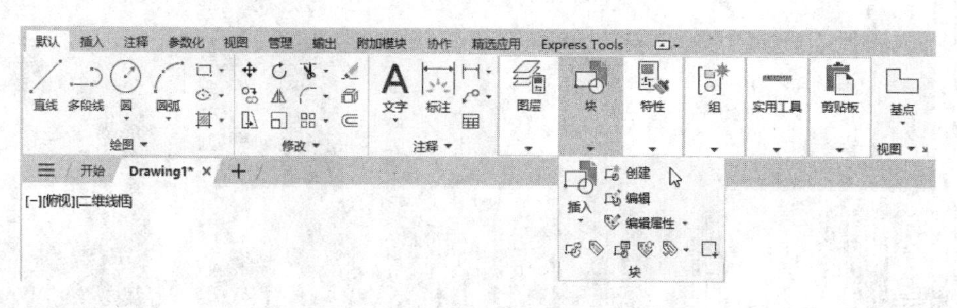

图 6-1 “块”面板

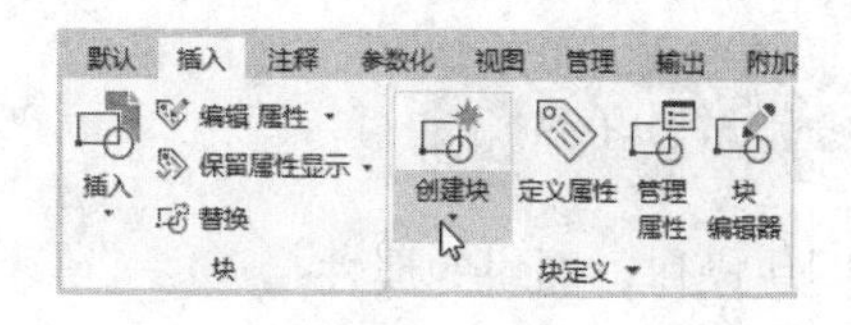

图 6-2 “块定义”面板

【操作步骤】

命令：BLOCK↙

系统打开如图 6-3 所示的“块定义”对话框，利用该对话框可定义图块并为之命名。

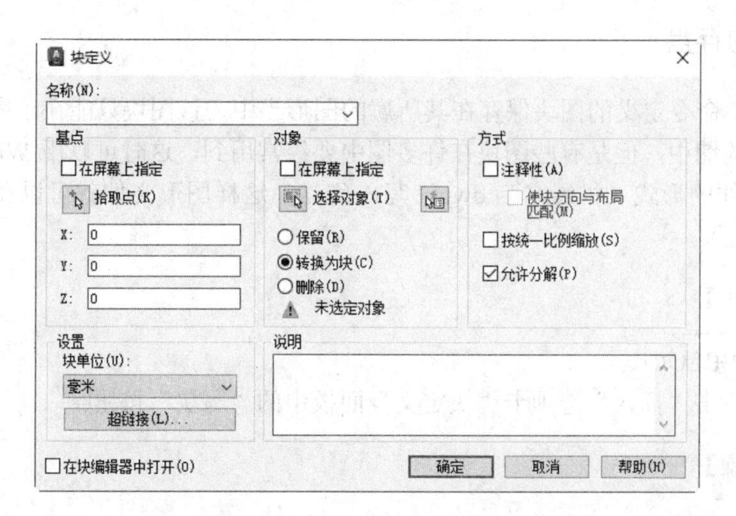

图 6-3 “块定义”对话框

【选项说明】

（1）“基点”选项组：用于确定图块的基点，默认值是（0，0，0）。也可以在下面的（X，Y，Z）文本框中输入块的基点坐标值。单击“拾取点”按钮，系统临时切换到作图屏幕，用光标在图形中拾取一点后，返回“块定义”对话框，把所拾取的点作为图块的基点。

（2）“对象”选项组：用于选择制作图块的对象以及对象的相关属性。

如图 6-4 所示，把图 6-4a 中的正五边形定义为图块，图 6-4b 所示为单击“删除”单选按钮的结果，图 6-4c 所示为单击“保留”单选 按钮的结果。

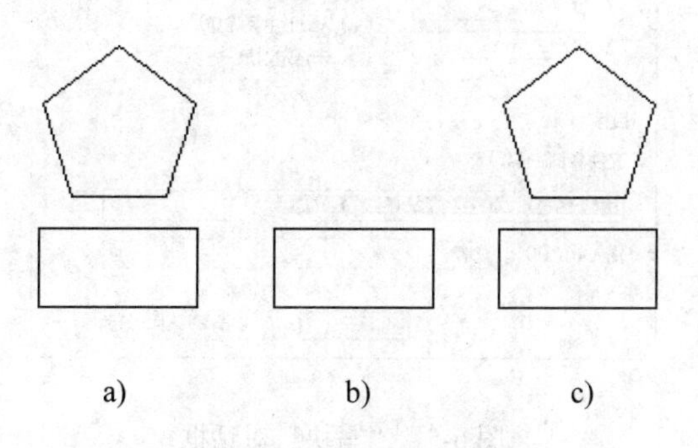

图 6-4 删除图形对象

（3）“设置”选项组：用于设置图块的单位、是否按统一比例缩放、是否允许分解等属性。单击“超链接”按钮，则将图块超链接到其他对象。

（4）“在块编辑器中打开”复选框：选中该复选框，将块设置为动态块，并在块编辑器中打开。

（5）“方式”选项组：在此选项组指定块的行为。

6.1.2 图块的存盘

用 BLOCK 命令定义的图块保存在其所属的图形当中，该图块只能在该图中插入，而不能插入到其他的图中，但是有些图块在许多图中要经常用到，这时可以用 WBLOCK 命令把图块以图形文件的形式（扩展名为.dwg）写入磁盘，这样图形文件就可以在任意图形中用 INSERT 命令插入。

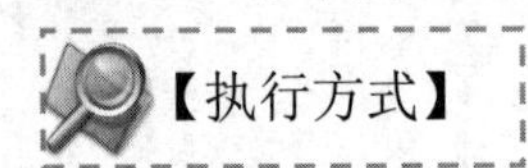
【执行方式】

命令行：WBLOCK

功能区：单击“插入”选项卡“块定义”面板中的“写块”按钮

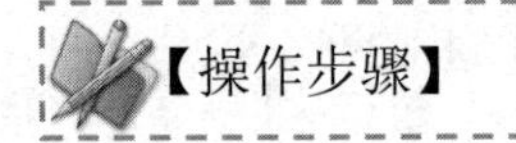
【操作步骤】

```
命令: WBLOCK↙
```

在命令行输入 WBLOCK 后按 Enter 键，系统打开“写块”对话框，如图 6-5 所示，利用此对话框可把图形对象保存为图形文件或把图块转换成图形文件。

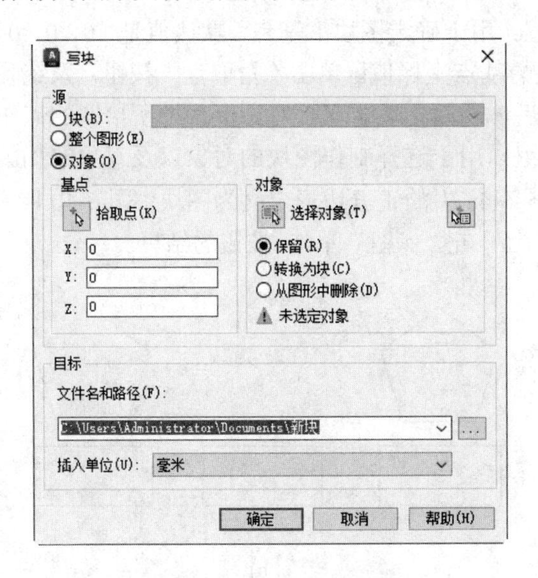

图 6-5 “写块”对话框

【选项说明】

（1）“源”选项组：确定要保存为图形文件的图块或图形对象。其中单击“块”单选按钮，单击右侧的下三角按钮，在下拉列表框中选择一个图块，将其保存为图形文件；单击“整个图形”单选按钮，则把当前的整个图形保存为图形文件；单击“对象”单选按钮，则把不属于图块的图形对象保存为图形文件。对象的选取通过“对象”选项组来完成。

（2）“目标”选项组：用于指定图形文件的名字、保存路径和插入单位等。

6.1.3 图块的插入

在用 AutoCAD 2024 绘图的过程中，用户可根据需要随时把已经定义好的图块或图形文件插入到当前图形的任意位置，在插入的同时还可以改变图块的大小、旋转一定角度或把图块炸开等。插入图块的方法有多种，本节逐一进行介绍。

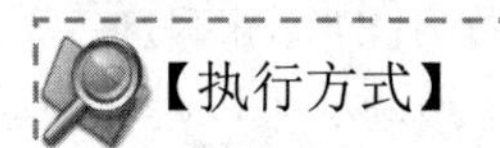

【执行方式】

命令行：INSERT

菜单：“插入”→“块选项板”

工具栏：“插入”→“插入块” 或“绘图”→“插入块”

功能区：单击“默认”选项卡“块”面板中的“插入”下拉菜单或单击“插入”选项卡“块”面板中的“插入”下拉菜单

【操作步骤】

```
命令：INSERT↙
```

系统打开“块”选项板，如图 6-6 所示，利用此对话框可以指定要插入的图块及插入位置。

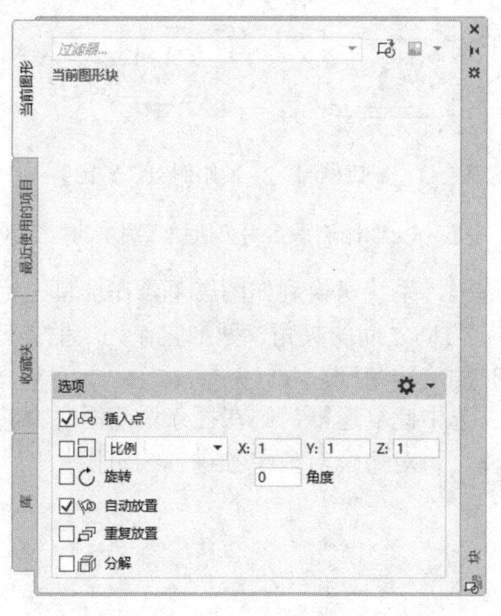

图 6-6 “块”选项板

【选项说明】

（1）“插入点”选项组：指定插入点，插入图块时该点与图块的基点重合。可以在屏幕上指定该点，也可以通过下面的文本框输入该点坐标值。

（2）“比例”选项组：确定插入图块时的缩放比例。图块被插入到当前图形中时，可以以任意比例放大或缩小，如图6-7所示，图6-7a所示是被插入的图块，图6-7b所示是取比例系数为1.5后插入该图块的结果，图6-7c所示是取比例系数为0.5的结果。X轴方向和Y轴方向的比例系数也可以取不同值，如图6-7d所示，X轴方向的比例系数为1，Y轴方向的比例系数为1.5。另外，比例系数还可以是一个负数，当为负数时表示插入图块的镜像，其效果如图6-8所示。

（3）“旋转”选项组：指定插入图块时的旋转角度。图块被插入到当前图形中的时候，可以绕其基点旋转一定的角度，角度可以是正数（表示沿逆时针方向旋转），也可以是负数（表示沿顺时针方向旋转）。

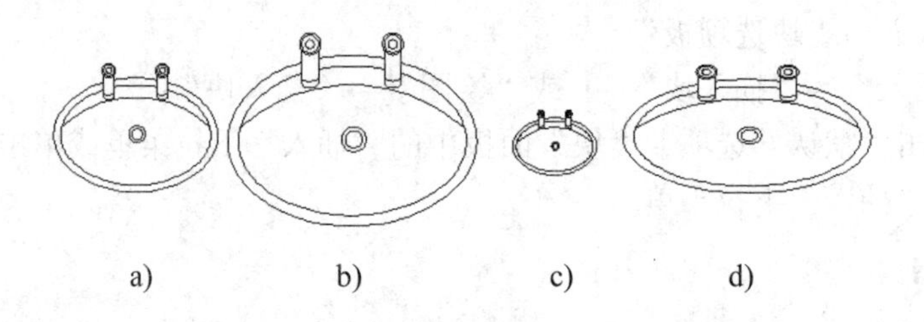

图6-7　取不同比例系数插入图块的效果

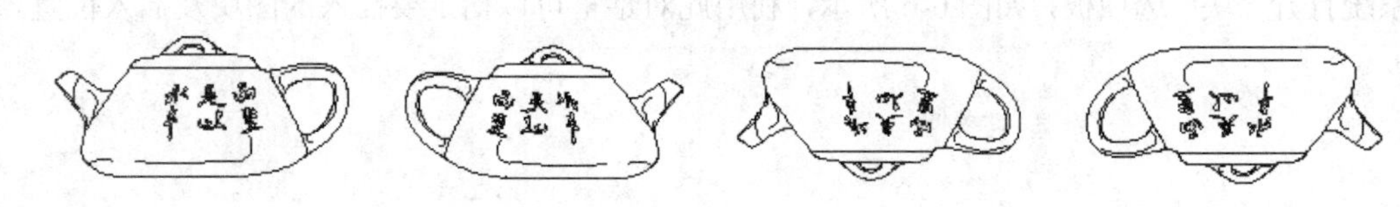

图6-8　取比例系数为负值插入图块的效果

如果选中“旋转”复选框，系统切换到作图屏幕，在屏幕上拾取一点，系统会自动测量插入点与该点连线和X轴正方向之间的夹角，并把它作为块的旋转角。也可以在“角度”文本框中直接输入插入图块时的旋转角度。

（4）“分解”复选框：选中此复选框，则在插入块的同时将其炸开，插入到图形中的组成块的对象不再是一个整体，可对每个对象单独进行编辑操作。

6.2　图块的属性

图块除了包含图形对象以外，还可以具有非图形信息，例如，把一个椅子的图形定义为图块后，还可以把椅子的号码、材料、重量、价格以及说明等文本信息一并加入到图块当中。图块的这些非图形信息叫作图块的属性，它是图块的一个组成部分，与图形对象一起构成一个整体，在插入图块时，AutoCAD 2024把图形对象连同属性一起插入到图形中。

6.2.1 定义图块属性

【执行方式】

命令行：ATTDEF

菜单："绘图"→"块"→"定义属性"

功能区：单击"默认"选项卡"块"面板中的"定义属性"按钮或单击"插入"选项卡"块定义"面板中的"定义属性"按钮

【操作步骤】

命令：ATTDEF↙

系统打开"属性定义"对话框，如图 6-9 所示。

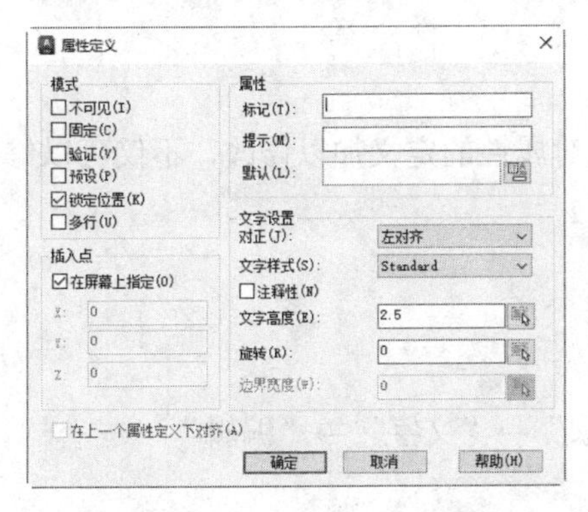

图 6-9 "属性定义"对话框

【选项说明】

（1）"模式"选项组：确定属性的模式。

1）"不可见"复选框：选中此复选框，则属性为不可见显示方式，即插入图块并输入属性值后，属性值在图中并不显示出来。

2）"固定"复选框：选中此复选框，则属性值为常量，即属性值在属性定义时给定，在插入图块时，系统不再提示输入属性值。

3）"验证"复选框：选中此复选框，当插入图块时，系统重新显示属性值，让用户验证该值是否正确。

4）"预设"复选框：选中此复选框，当插入图块时，系统自动把事先设置好的默认值赋予属性，而不再提示输入属性值。

5）"锁定位置"复选框：选中此复选框，当插入图块时，系统锁定块参照中属性的位置。解锁后，属性可以相对于使用夹点编辑的块的其他部分移动，并且可以调整多行属性的大小。

6）"多行"复选框：指定属性值可以包含多行文字。

（2）"属性"选项组：用于设置属性值。在每个文本框中允许输入不超过 256 个字符。

1）"标记"文本框：输入属性标签。属性标签可由除空格和感叹号以外的所有字符组成，系统自动把小写字母改为大写字母。

2)“提示”文本框：输入属性提示。属性提示是插入图块时系统要求输入属性值的提示，如果不在此文本框内输入文本，则以属性标签作为提示。如果在“模式”选项组选中“固定”复选框，即设置属性为常量，则不需设置属性提示。

3)“默认”文本框：设置默认的属性值。可把使用次数较多的属性值作为默认值，也可不设默认值。

（3）“插入点”选项组：确定属性文本的位置。可以在插入时由用户在图形中确定属性文本的位置，也可在 X、Y、Z 文本框中直接输入属性文本的位置坐标。

（4）“文字设置”选项组：设置属性文本的对齐方式、文字样式、字高和旋转角度。

（5）“在上一个属性定义下对齐”复选框：表示把属性标签直接放在前一个属性的下面，而且该属性继承前一个属性的文本样式、字高和旋转角度等特性。

6.2.2 修改属性的定义

在定义图块之前，可以对属性的定义加以修改，不仅可以修改属性标签，还可以修改属性提示和属性默认值。

【执行方式】

命令行：DDEDIT

菜单：“修改”→“对象”→“文字”→“编辑”

【操作步骤】

```
命令: DDEDIT↙
TEXTEDIT
当前设置: 编辑模式 = Multiple
选择注释对象或 [放弃(U)/模式(M)]:
```

在此提示下选择要修改的属性定义，打开“编辑属性定义”对话框，如图 6-10 所示，该对话框表示要修改的属性的“标记”为“文字”，“提示”为“数值”，无默认值，用户可在各文本框中对各项进行修改。

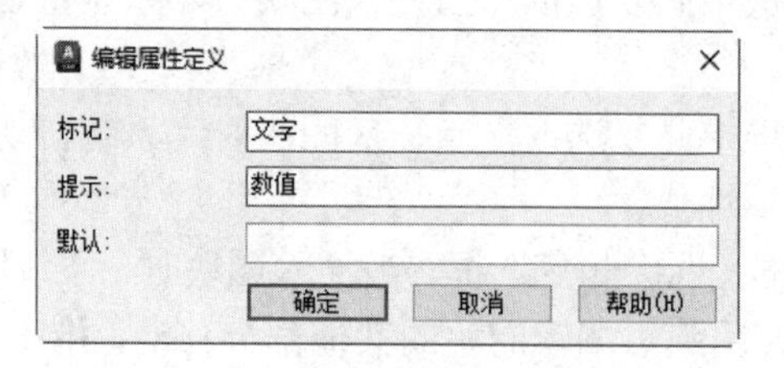

图 6-10 “编辑属性定义”对话框

6.2.3 编辑图块属性

当属性被定义到图块中，甚至图块被插入到图形中之后，用户还可以对属性进行编辑。利用 ATTEDIT 命令可以通过对话框对指定图块的属性值进行修改，利用 ATTEDIT 命令不仅可以修改属性值，而且可以对属性的位置、文本等其他设置进行编辑。

1．一般属性编辑

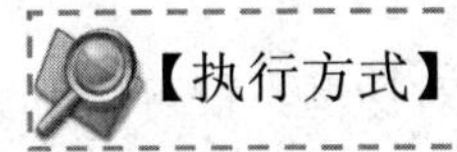【执行方式】

命令行：ATTEDIT

【操作步骤】

```
命令：ATTEDIT↙
选择块参照：
```

选择块参照后，光标变为拾取框，选择要修改属性的图块，则打开如图 6-11 所示的“编辑属性”对话框，对话框中显示出所选图块中包含的前 8 个属性的值，用户可对这些属性值进行修改。如果该图块中还有其他的属性，可单击“上一个”和“下一个”按钮，对它们进行观察和修改。

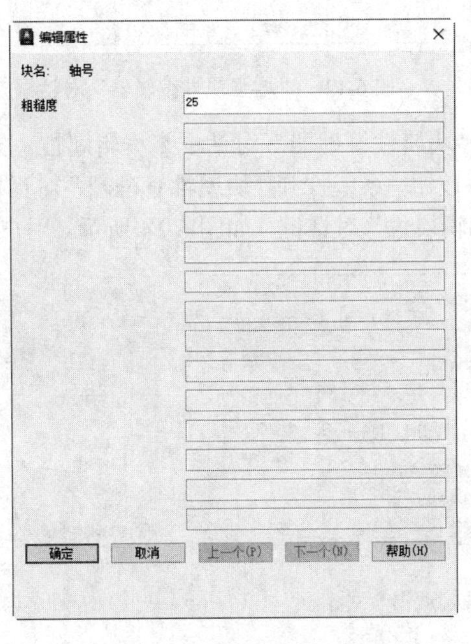

图 6-11 “编辑属性”对话框

2．增强属性编辑

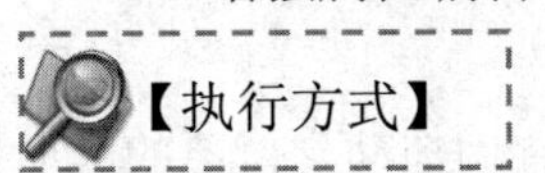【执行方式】

命令行：EATTEDIT

菜单：“修改”→“对象”→“属性”→“单个”

工具栏：“修改 II”→“编辑属性”

功能区：默认→块→编辑属性

【操作步骤】

命令：EATTEDIT↙

选择块：

选择块后，系统打开“增强属性编辑器”对话框，如图 6-12 所示。该对话框不仅可以编辑属性值，还可以编辑属性的文字选项和图层、线型、颜色等特性值。

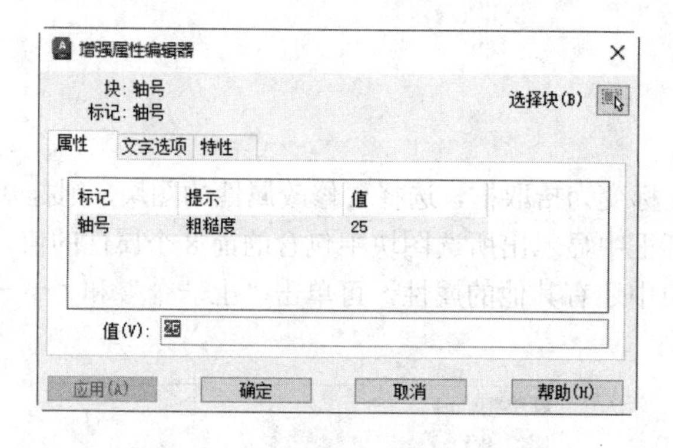

图 6-12 “增强属性编辑器”对话框

另外，还可以通过“块属性管理器”对话框来编辑属性。方法是：单击“修改 II”工具栏中的“块属性管理器”按钮，系统打开“块属性管理器”对话框，如图 6-13 所示。单击“编辑”按钮，系统打开“编辑属性”对话框，如图 6-14 所示。用户可以通过该对话框编辑属性。

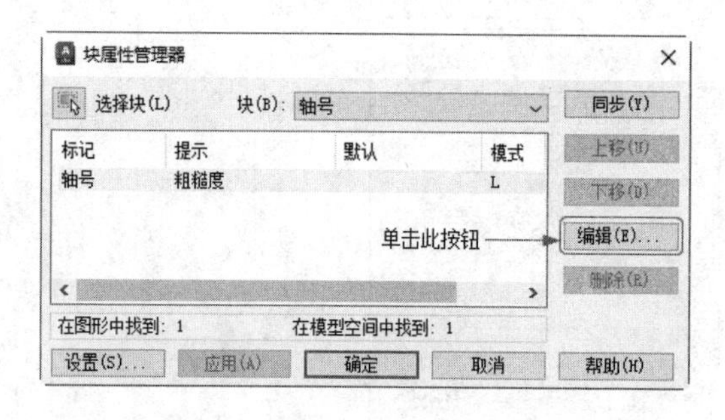

图 6-13 “块属性管理器”对话框

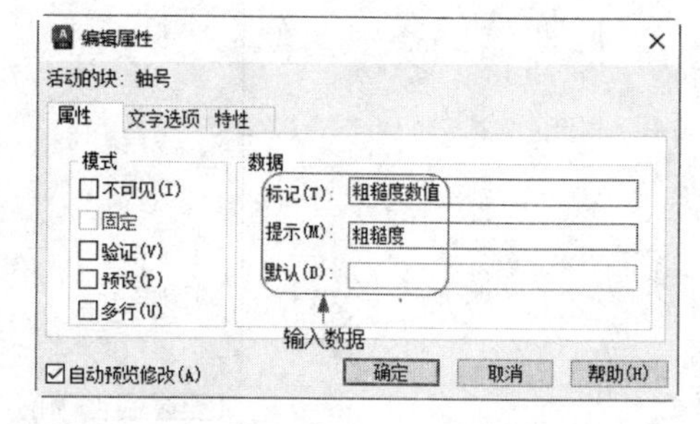

图 6-14 “编辑属性”对话框

6.3 设计中心

使用 AutoCAD 2024 设计中心可以很容易地组织设计内容，并把它们拖动到自己的图形中。可以使用设计中心窗口的内容显示框，来浏览资源的细目，如图 6-15 所示，左边方框为设计中心的资源管理器，右边方框为设计中心窗口的内容显示区，其中上面窗格为文件显示框，中间窗格为图形预览显示框，下面窗格为说明文本显示框。

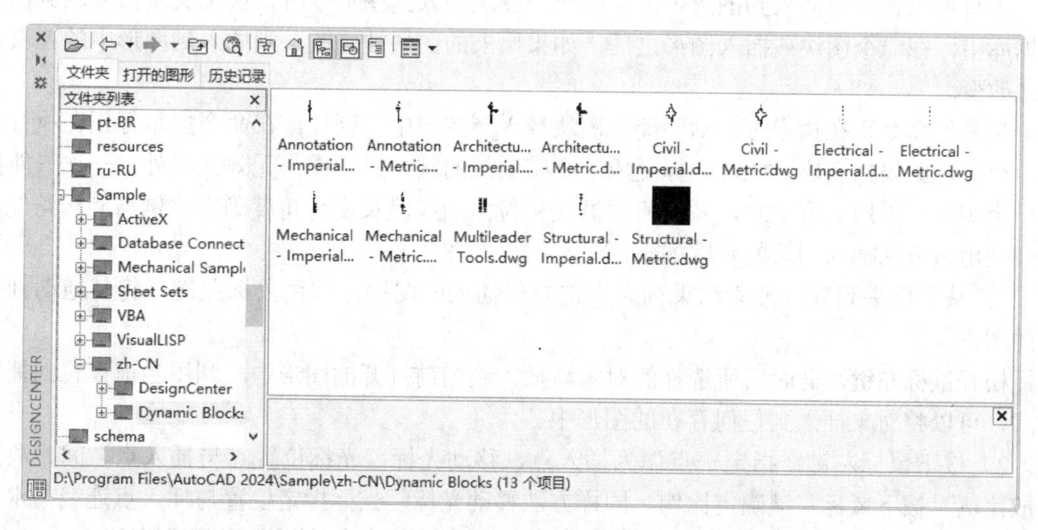

图 6-15　AutoCAD 2024 设计中心的资源管理器和内容显示区

6.3.1　启动设计中心

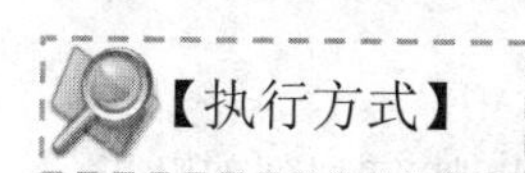

命令行：ADCENTER

菜单：“工具”→“选项板”→“设计中心”

工具栏：“标准”→“设计中心”

功能区：单击“视图”选项卡“选项板”面板中的“设计中心”按钮

快捷键：Ctrl+2

命令：ADCENTER↙

系统打开设计中心。第一次启动设计中心时，它默认打开的选项卡为“文件夹”。内容显示区采用大图标显示了所浏览资源的有关细目或内容，资源管理器显示了系统的树形结构。

可以依靠光标拖动边框来改变设计中心资源管理器和内容显示区以及绘图区的大小。

如果要改变设计中心的位置，可用光标拖动设计中心的标题栏，松开鼠标后，设计中心便处于当前位置，到新位置后，仍可以用光标改变各窗口的大小。也可以通过设计中心边框左边上方的“自动隐藏”按钮来自动隐藏设计中心。

6.3.2　插入图块

用户可以将图块插入到图形中。当将一个图块插入到图形中时，块定义就被复制到图形数据库中。在一个图块被插入图形之后，如果原来的图块被修改，则插入到图形中的图块也随之改变。

当其他命令正在执行时，则不能将图块插入到图形中。例如，在命令提示行正在执行一个命令时，如果插入块，此时光标变成一个带斜线的圆，提示操作无效。另外，一次只能插入一个图块。采用此方法时，系统将根据光标拉出的线段长度与角度确定比例与旋转角度。

采用该方法插入图块的步骤如下：

1）从文件夹列表或搜索结果列表中选择要插入的图块，按住鼠标左键，将其拖动到打开的图形。

松开鼠标左键，此时，所选择的对象将插入到当前打开的图形中。利用当前设置的捕捉方式，可以将对象插入到任何存在的图形中。

2）按下鼠标左键，指定一点作为插入点，移动光标，光标位置点与插入点之间距离为缩放比例。按下鼠标左键确定比例。同样方法移动光标，光标指定位置与插入点连线与水平线角度为旋转角度。被选择的对象就根据光标指定的比例和角度插入到图形当中。

6.3.3　图形复制

1．在图形之间复制图块

利用 AutoCAD 2024 设计中心可以浏览和装载需要复制的图块，将图块复制到剪贴板，然后利用剪贴板将图块粘贴到图形中。具体步骤如下：

1）在文件夹列表中选择需要复制的图块，右击打开快捷菜单，在快捷菜单中选择“复制”命令，将图块复制到剪贴板上。

2）通过“粘贴”命令将图块粘贴到当前图形上。

2．在图形之间复制图层

利用 AutoCAD 2024 设计中心可以从任何一个图形复制图层到其他图形。例如，如果已经绘制了一个包括设计所需要的所有图层的图形，在绘制新的图形时，可以新建一个图形，并通过 AutoCAD 2024 设计中心将已有的图层复制到新的图形中，这样可以节省时间，并保证图形间的一致性。

1）拖动图层到已打开的图形。确认要复制图层的目标图形文件被打开，并且是当前的图形文件。在文件夹列表或搜索结果列表框中选择要复制的一个或多个图层，拖动图层到打开的图形文件。松开鼠标后，所选择的图层被复制到打开的图形中。

2）复制或粘贴图层到打开的图形。确认要复制图层的图形文件被打开，并且是当前的图形文件。在文件夹列表或搜索结果列表框中选择要复制的一个或多个图层。右击打开快捷菜单，在快捷菜单中选择“复制”命令。如果要粘贴图层，确认粘贴的目标图形文件被打开，并为当前文件，右击打开快捷菜单，在快捷菜单中选择“粘贴”命令。

6.4 工具选项板

工具选项板是“工具选项板”窗口中选项卡形式的区域，提供组织、共享和放置块及填充图案的有效方法。工具选项板还可以包含由第三方开发人员提供的自定义工具。

6.4.1 打开工具选项板

【执行方式】

命令行：TOOLPALETTES

菜单：工具→选项板→工具选项板

工具栏：“标准”→“工具选项板窗口”

功能区：单击“视图”选项卡的“选项板”面板中的“工具选项板”按钮

快捷键：Ctrl+3

【操作步骤】

命令：TOOLPALETTES↙

系统自动打开工具选项板，如图 6-16 所示。

【选项说明】

在工具选项板中，系统设置了一些常用图形选项卡，这些常用图形可以方便用户绘图。

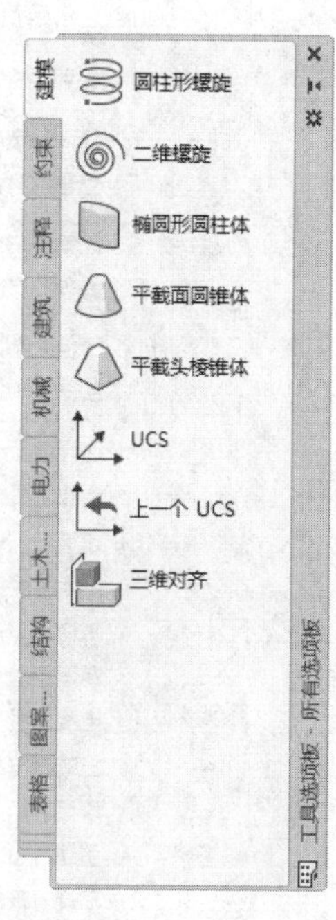

图 6-16 工具选项板

6.4.2 工具选项板的显示控制

1．移动

用户可以用光标按住工具选项板的标题栏，拖动光标，即可移动工具选项板。将光标指向工具选项板边缘，出现双向箭头，按住鼠标左键拖动即可缩放工具选项板。

2．允许固定

切换固定或锚定选项板窗口的功能。固定窗口附着到应用程序窗口的边上，并导致重新调整绘图区域的大小。选择此选项也可以激活“锚点居右”和“锚点居左”选项。清除此选项可将固定的工具选项板变为浮动状态。

3．锚点居左/锚点居右

将选项板附着到绘图区域左侧或右侧的某一锚定选项卡基点。光标从锚定选项板上方经过然后离开时，选项板状态从活动变为不活动。打开锚点选项板时，它的内容将与绘图区域重叠。无法将被锚定的选项板设定为保持打开状态。

4. 自动隐藏

在工具选项板的标题栏中有一个“自动隐藏”按钮，单击该按钮，就可自动隐藏工具选项板，再次单击，则自动打开工具选项板。

5.“透明度”控制

在工具选项板窗口深色边框空白处右击，打开快捷菜单，如图 6-17 所示。选择“透明度”命令，系统打开“透明度”对话框。通过滑块可以调节工具选项板的透明度。

6.“视图选项”控制

将光标放在工具选项板的空白地方并右击，打开快捷菜单，选择其中的“视图选项”命令，打开“视图选项”对话框，如图 6-18 所示。选择有关选项，拖动滑块可以调节视图中图标或文字的大小。

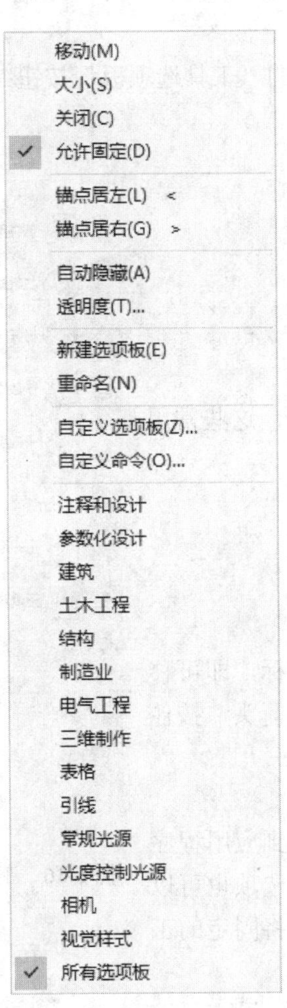

图 6-17 快捷菜单

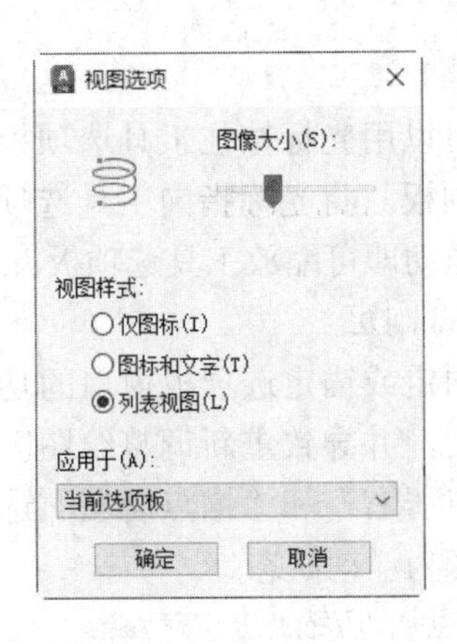

图 6-18 “视图选项”对话框

6.4.3 新建工具选项板

用户可以建立新的工具选项板，这样有利于个性化作图，同时也能够满足特殊作图需要。

【执行方式】

命令行：CUSTOMIZE
菜单："工具"→"自定义"→"工具选项板"
快捷菜单：在任意工具栏上右击，然后选择"自定义选项板"命令。

【操作步骤】

命令：CUSTOMIZE↙

系统打开"自定义"对话框的"工具选项板-所有选项板"选项卡，如图 6-19 所示。右击打开快捷菜单，如图 6-20 所示，选择"新建选项板"命令，在打开的对话框中可以为新建的工具选项板命名。确定后，工具选项板中就多了一个新选项卡，如图 6-21 所示。

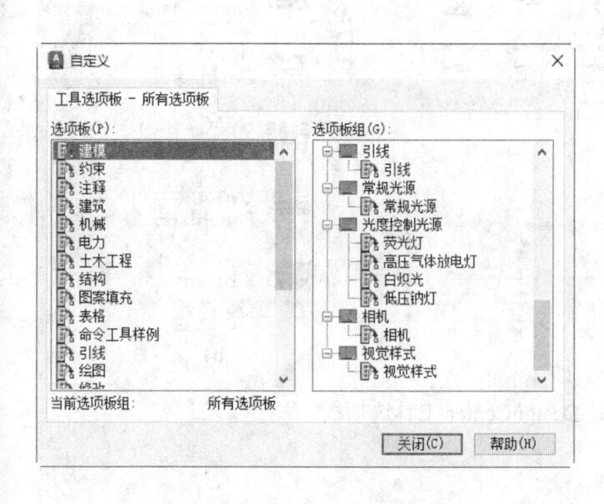

图 6-19 "自定义"对话框

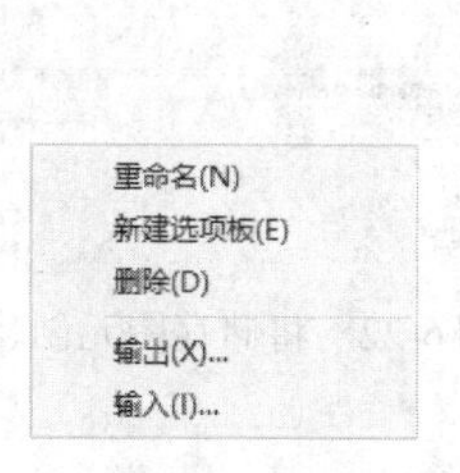

图 6-20 "新建选项板"选项

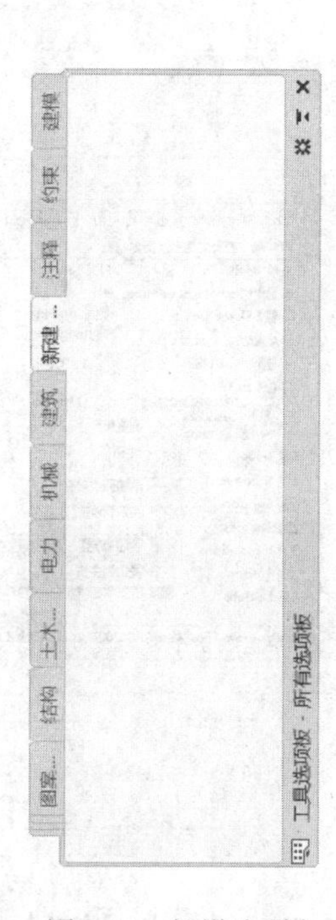

图 6-21 新增选项卡

6.4.4 向工具选项板添加内容

1）将图形、块和图案填充从设计中心移到工具选项板上。例如，在 DesignCenter 文件夹上右击，系统打开快捷菜单，从中选择"创建块的工具选项板"命令，如图 6-22a 所示。

在设计中心中储存的图元将出现在工具选项板新建的 DesignCenter 选项卡上，如图 6-22b 所示。这样就可以将设计中心与工具选项板结合起来，建立一个方便快捷的工具选项板。将工具选项板中的图形拖动到另一个图形中时，图形将作为块插入。

2）使用“剪切”“复制”和“粘贴”命令将一个工具选项板中的工具移动或复制到另一个工具选项板中。

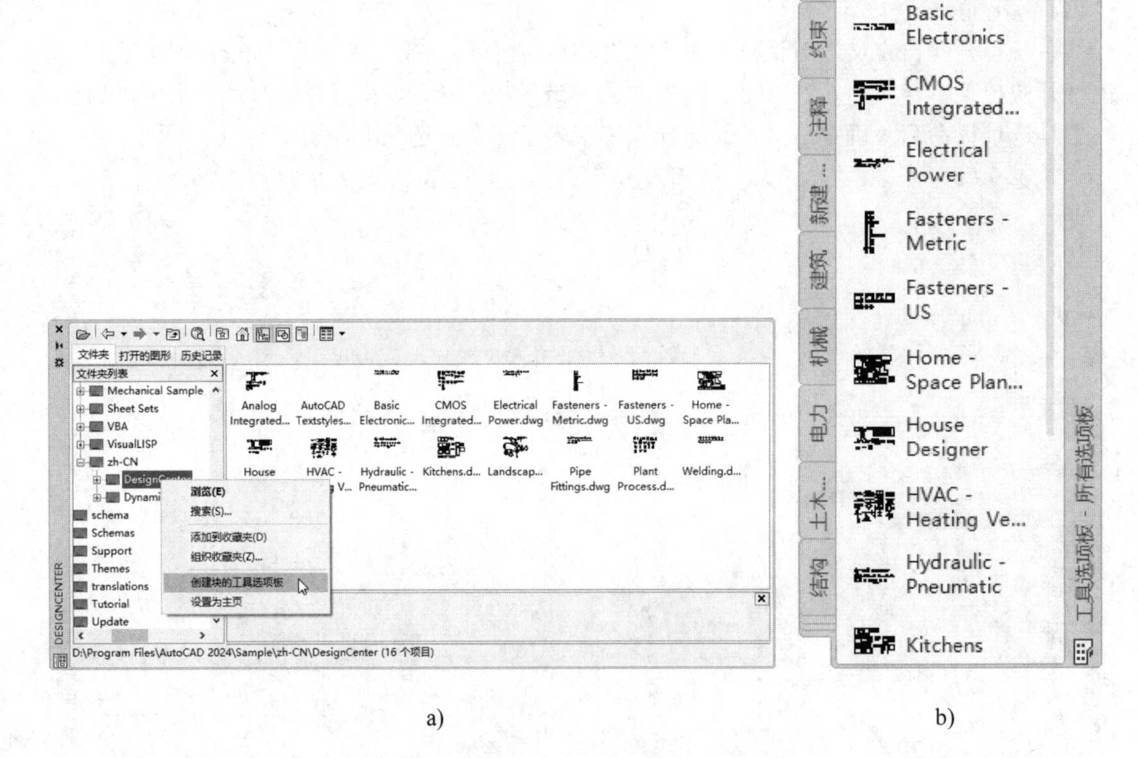

a)　　b)

图 6-22　将储存图元创建成 DesignCenter 工具选项板

6.5　综合演练——绘制居室室内平面图

本实例综合利用前面所学的图块、设计中心和工具选项板等功能，绘制如图6-23所示的居室室内平面图。

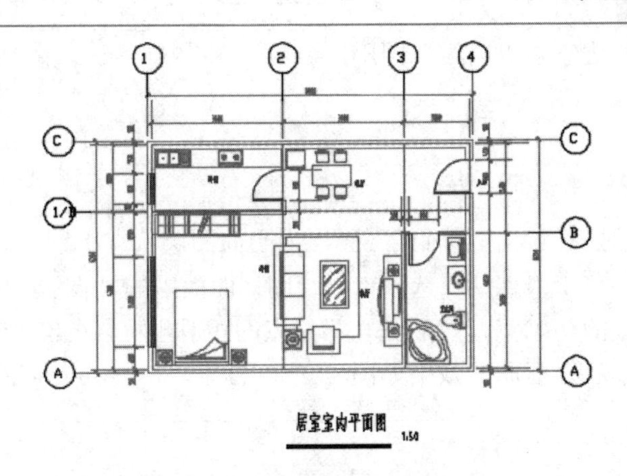

图 6-23　居室室内平面图

6.5.1　绘制平面墙线

墙线是建筑制图中最基本的图元。平面墙体一般用平行的双线表示，双线间距表示墙体厚度，因此如何绘制出平行双线成为问题的关键。利用AutoCAD 2024提供的基本绘制命令通过最便捷的途径将建筑图元绘制完成。本节首先绘制一个简单而规整的居室平面墙线，如图6-24所示。具体步骤如下：

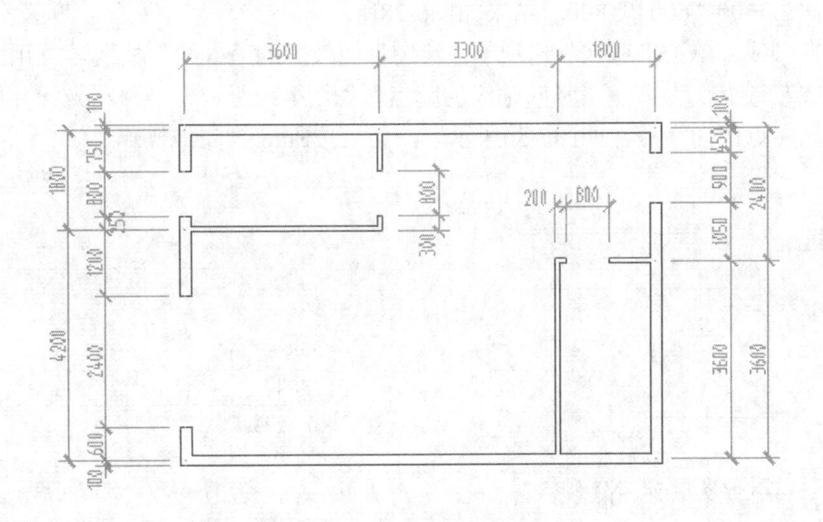

图 6-24　平面墙线

01 图层设置。为了方便图线的管理，建立“轴线”和“墙线”两个图层。单击“默认”选项卡“图层”面板中的“图层特性”按钮，打开“图层特性管理器”对话框，建立一个新图层，命名为“轴线”，颜色选取红色，线型为 Continuous，线宽为“默认”，并设置为当前图层（如图 6-25 所示）。

采用同样的方法建立“墙线”图层，参数如图6-26所示。确定后回到绘图状态。

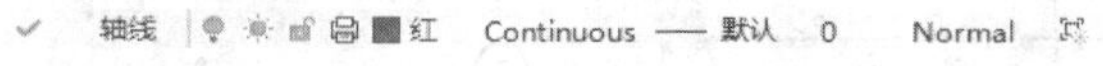

轴线 红 Continuous —— 默认 0 Normal

图 6-25　轴线图层参数

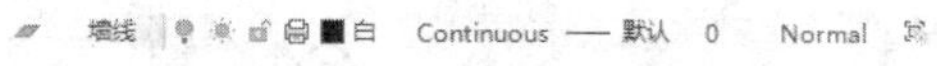

墙线 白 Continuous —— 默认 0 Normal

图 6-26　墙线图层参数

02 绘制定位轴线。在“轴线”图层为当前图层状态下绘制。

❶水平轴线。单击“默认”选项卡“绘图”面板中的“直线”按钮╱，在绘图区左下角适当位置选取直线的初始点，然后输入第二点的相对坐标（@8700,0），按Enter键后画出第一条8700长的轴线，处理后的效果如图6-27所示。

图 6-27　第一条水平轴线

高手支招

可以采用鼠标的滚轮进行实时缩放。此外，可以采取命令行输入命令的方式绘图，熟练后速度会比较快。最好养成左手操作键盘，右手操作鼠标的习惯，这样对以后的大量作图有利。

❷单击“默认”选项卡“修改”面板中的“偏移”按钮⊆，向上复制其他3条水平轴线，偏移量依次为3600、600和1800。结果如图6-28所示。

❸竖向轴线。单击“默认”选项卡“绘图”面板中的“直线”按钮╱，用光标捕捉第一条水平轴线左端点作为第一条竖向轴线的起点（如图6-29所示），移动光标并单击最后一条水平轴线左端点作为终点（如图6-30所示），然后按Enter键完成操作。

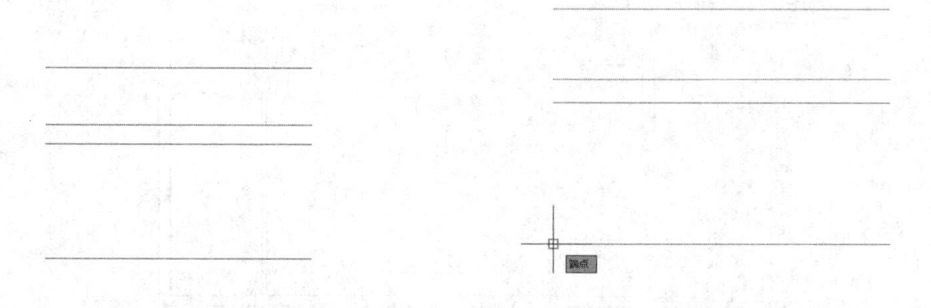

图 6-28　全部水平轴线　　图 6-29　选取起点

❹单击“默认”选项卡“修改”面板中的“偏移”按钮⊆，向右复制其他3条竖向轴线，偏移量依次为3600、3300和1800。这样，就完成了整个轴线的绘制，结果如图6-31所示。

03 绘制墙线。本实例外墙厚200mm，内墙厚100mm。绘制墙线的方法一般有两种：一种是应用“多线”（Mline）命令绘制，另一种是通过整体复制定位轴线来形成墙线。下面分别进行介绍。

◆　应用“多线”（Mline）命令绘制。

❶将“墙线”图层置为当前图层。

图 6-30　选取终点

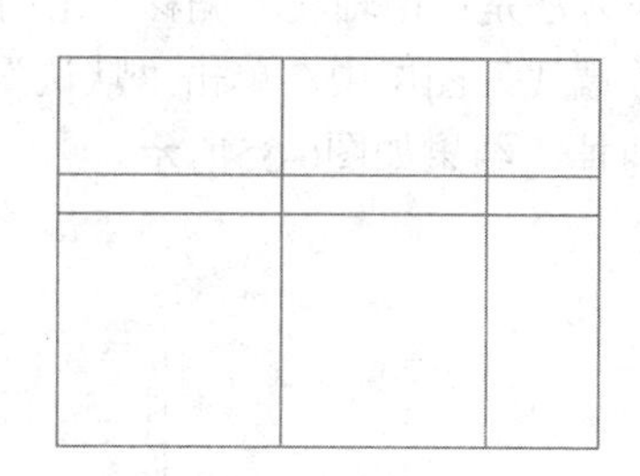
图 6-31　完成轴线绘制

❷设置“多线”的参数。选择菜单栏中的“绘图”→“多线”命令，命令行提示与操作如下：

命令：_mline
当前设置：对正=上，比例=20.00，样式=STANDARD（初始参数）
指定起点或 [对正(J)/比例(S)/样式(ST)]：j ↙（选择对正设置）
输入对正类型 [上(T)/无(Z)/下(B)]<上>：z↙（选择两线之间的中点作为控制点）
当前设置：对正=无，比例=20.00，样式=STANDARD
指定起点或 [对正(J)/比例(S)/样式(ST)]：s↙（选择比例设置）
输入多线比例<20.00>：200↙（输入墙厚）
当前设置：对正=无，比例=200.00，样式=STANDARD
指定起点或 [对正(J)/比例(S)/样式(ST)]：↙（按 Enter 键完成设置）

❸重复“多线”命令，当命令行提示“指定起点或[对正(J)/比例(S)/样式(ST)]:”时，用光标选取左下角轴线交点为多线起点，画出周边墙线，如图6-32所示。

❹重复“多线”命令，按照前面“多线”参数设置方法将墙体的厚度定义为100，也就是将多线的比例设为100。然后绘出剩下墙线，结果如图6-33所示。

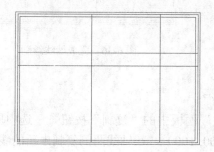
图 6-32　200 厚周边墙线

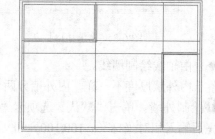
图 6-33　100 厚内部墙线

❺单击“默认”选项卡“修改”面板中的“分解”按钮，先将周边墙线分解开，然后结合“修改”面板中的“倒角”按钮和“修剪”按钮将每个节点进行处理，使其内部连通，搭接正确。

❻参照门洞位置尺寸绘制出门洞边界线。

操作方法是：由轴线“偏移”出门洞边界线，如图6-34所示。然后将这些线条全部选中，置换到“墙线”图层中，单击“默认”选项卡“修改”面板中的“修剪”按钮，将多余的线条修剪掉，结果如图6-35所示。

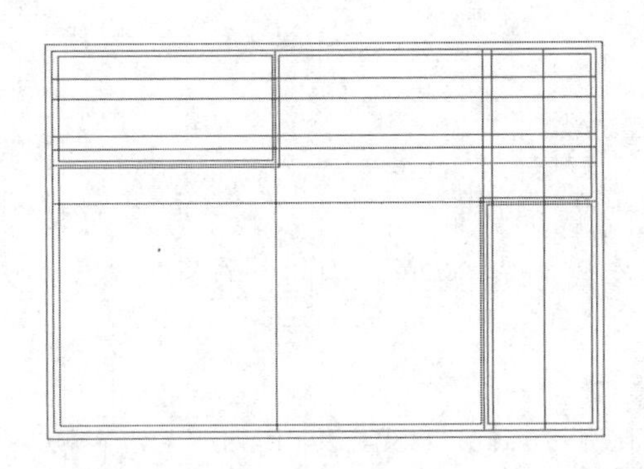

图6-34　轴线“偏移”出门洞边界线

采用同样的方法，在左侧墙线上绘制出窗洞，这样整个墙线就绘制结束了，如图6-36所示。

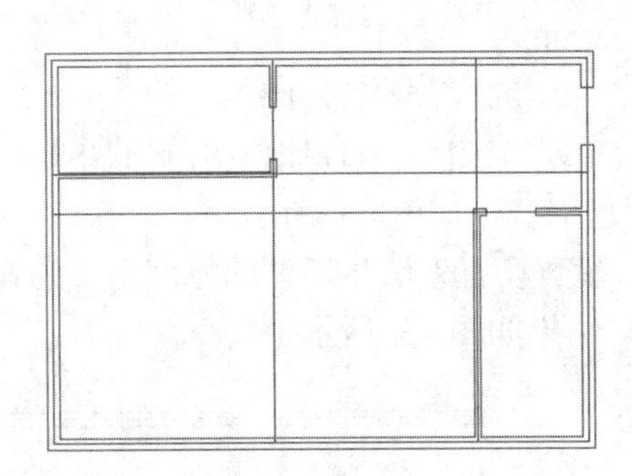

图6-35　绘制门洞

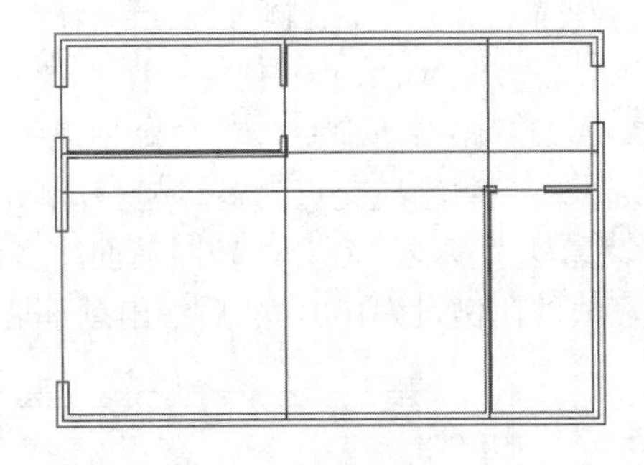

图6-36　完成墙线绘制

◆　由轴线绘制墙线。

鉴于内外墙厚度不一样，内外墙分两步进行。

❶绘制外墙。单击“默认”选项卡“修改”面板中的“复制”按钮，选中周边4条轴线，先后输入相对坐标（@100,100）和（@-100,-100），在轴线两侧复制出新的线条作为墙线。将这些线条置换到“墙线”图层，结果如图6-37所示。

单击“默认”选项卡“修改”面板中的“倒角”按钮，依次将四角进行倒角处理，结果如图6-38所示。

❷绘制内墙。采用前面讲述的方法绘制内墙。余下的门洞口操作与前面讲解的内容相同，不再赘述。

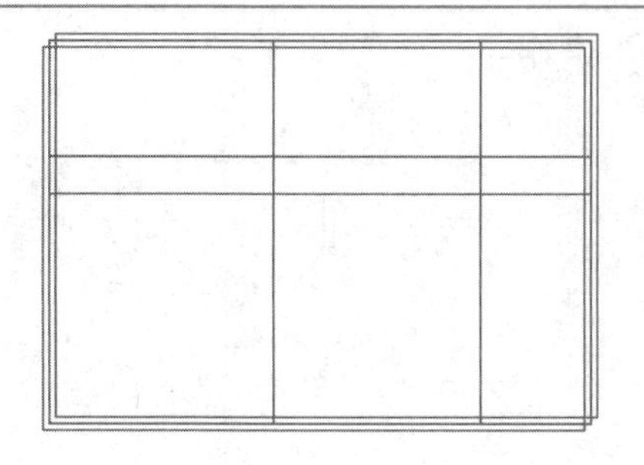

图 6-37　由轴线复制出墙线

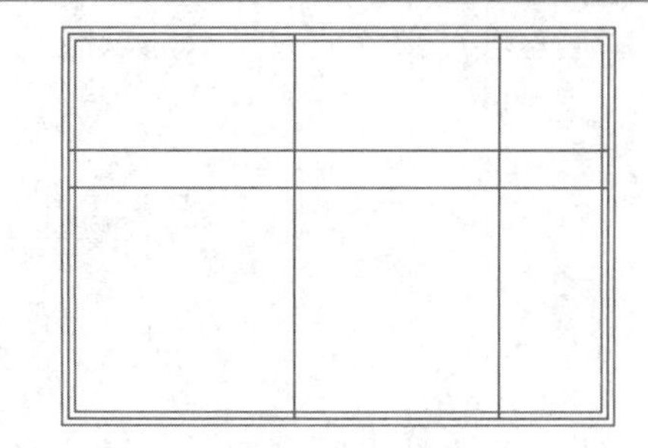

图 6-38　连通外墙线

6.5.2　绘制平面门窗

平面门窗的具体绘制方法参照第4章相关实例，结果如图6-39所示。

6.5.3　绘制家具平面

对于家具，可以自己动手绘制，也可以调用现有的家具图块，AutoCAD 2024中自带有少量这样的图块（路径：X:\Program.Files\AutoCAD 2024\Sample\DesignCenter）。但是，学会绘制这些图形仍然是一项基本技能。如图6-40所示为相关的家具，具体绘制方法可参照前面章节讲述的方法，这里不再赘述。绘制完毕后，按6.1节中图块操作的方法制作成图块。

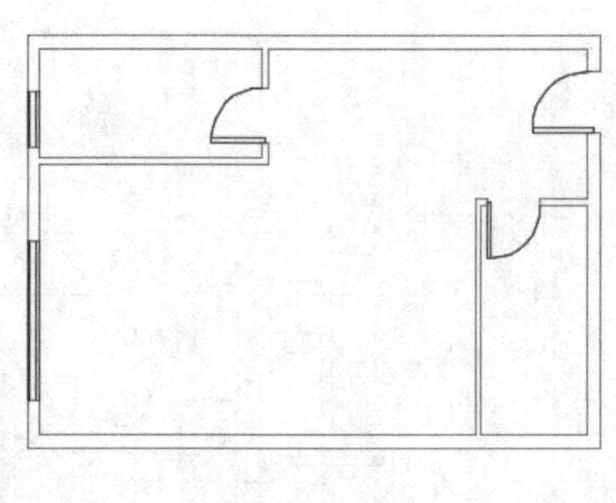

图 6-39　门窗线

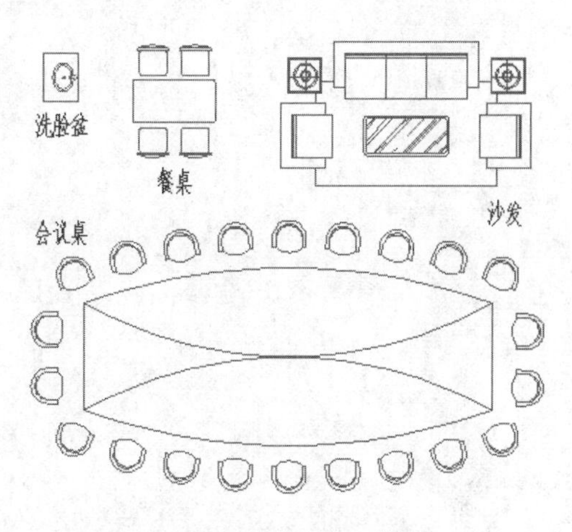

图 6-40　家具图元实例

6.5.4　插入家具图块

如图6-41所示为绘制好的相关家具图元。

01 新建“家具”图层并将其置为当前图层，关闭暂时不必要的“文字”和“尺寸”

图层。将居室客厅部分放大显示，以便进行插入操作。

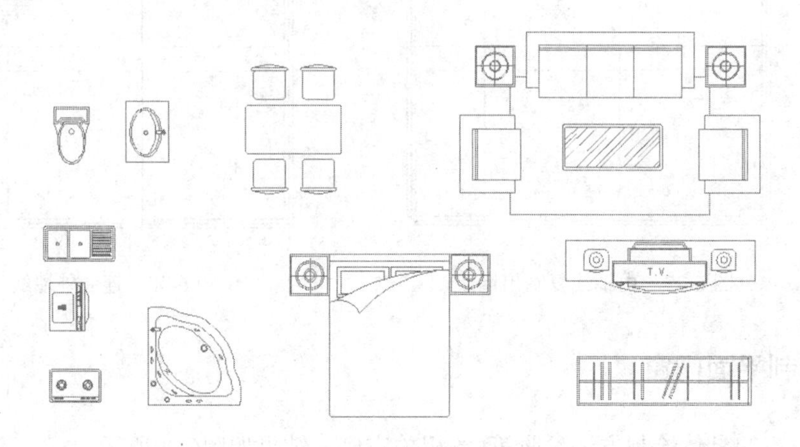

图 6-41　家具图元

02 选择菜单栏中的“文件”→“另存为”命令，将文件保存为“居室室内平面图.dwg”。

03 单击菜单栏“插入”选项卡下的“块选项板”弹出“块”选项板。

04 找到“组合沙发”图块，插入点、比例、旋转等参数按如图6-42所示进行设置。

05 单击选择“组合沙发”图块，移动光标捕捉插入点，单击完成插入操作，如图6-43所示。

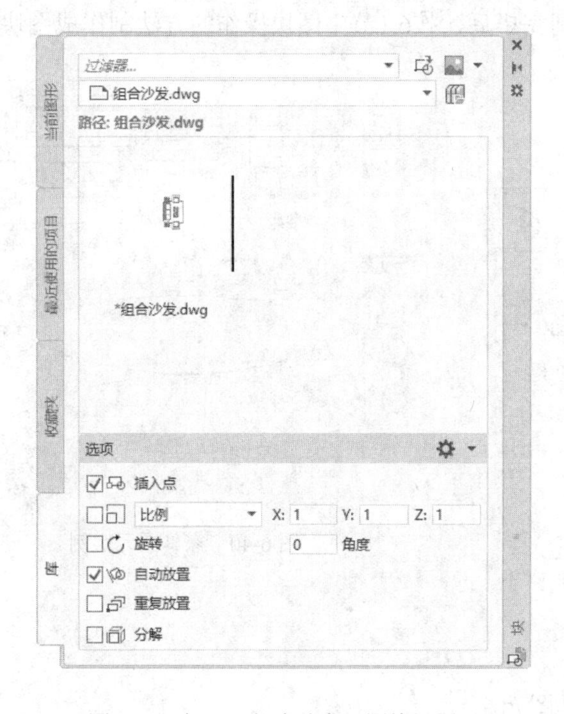

图 6-42　插入“组合沙发”图块设置

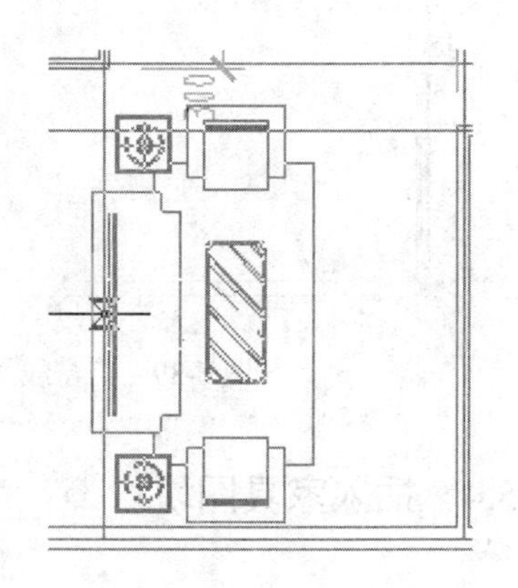
图 6-43　完成组合沙发插入

06 由于客厅较小，沙发上端小茶几和单人沙发应该去掉。其操作方法是：单击“默认”选项卡“修改”面板中的“分解”按钮，将沙发分解开，删除这两部分，然后将地毯部分补全，结果如图6-44所示。

也可以将“块”选项板左下角“分解”复选框选中，插入时将自动分解，从而省去分解的步骤。

07 重新将修改后的沙发图形定义为图块，完成沙发布置。

08 重复“插入”命令，单击“块”选项板中的“浏览块库”按钮，找到“第7章\图块\餐桌.dwg”，如图6-45所示，确定后将它放置在餐厅位置，结果如图6-46所示。

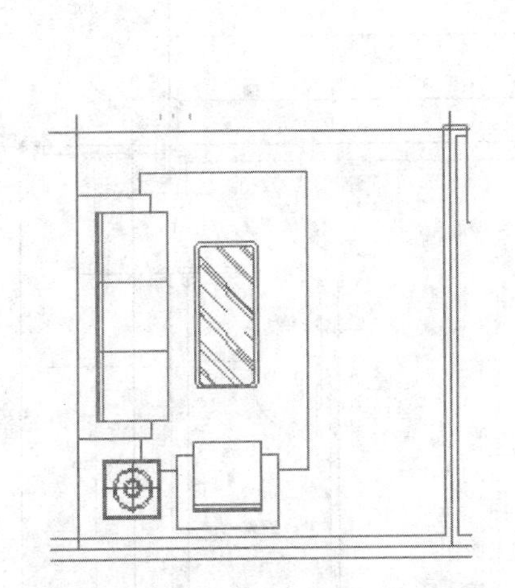

图 6-44　修改“组合沙发”图块

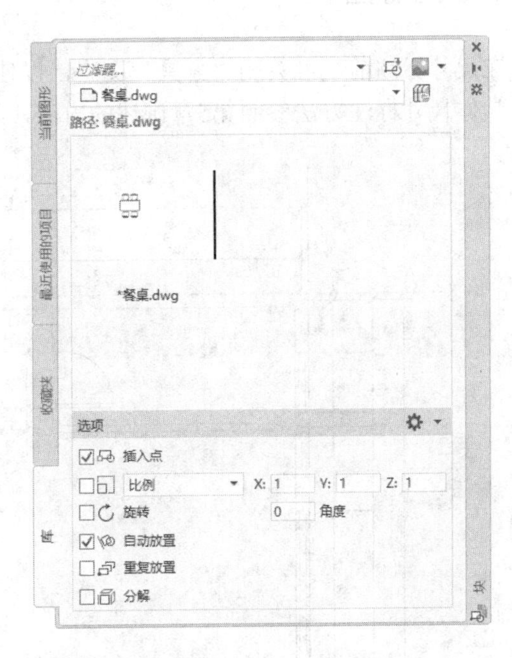

图 6-45　插入“餐桌”图块设置

09 重复“插入”命令，依次插入室内的其他家具图块，结果如图6-47所示。

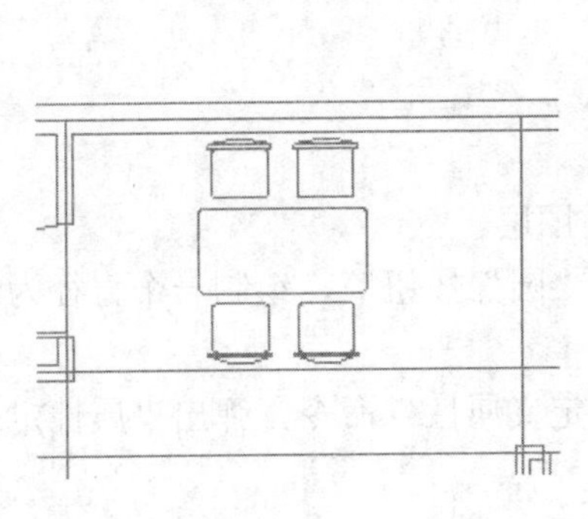

图 6-46　完成“餐桌”图块插入

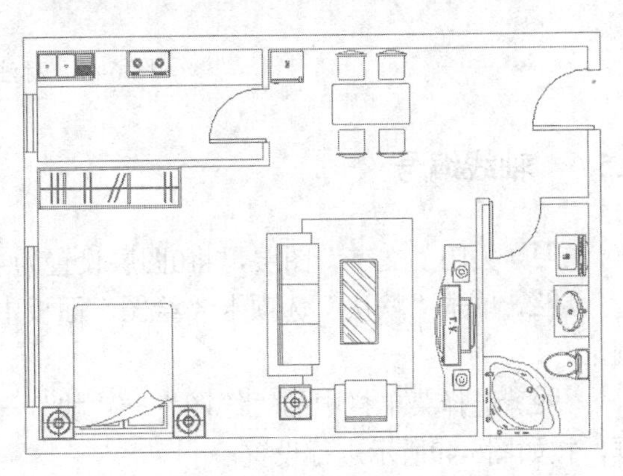

图 6-47　居室室内布置

高手支招

（1）创建图块之前，宜将待建图形放置到0图层上，这样生成的图块插入到其他图层时，其图层特性跟随当前图层自动转化，如前面制作的餐桌图块。如果图形不放置在0图层，制作的图块插入到其他图形文件时，将携带原有图层信息进入。

（2）建议将图块图形按1:1的比例绘制，便于插入图块时的比例缩放。

6.5.5 尺寸标注

在尺寸标注前，可关闭“家具”图层，以使图面显得更简洁。

具体尺寸标注方法参照第5章讲述的方法，结果如图6-48所示。

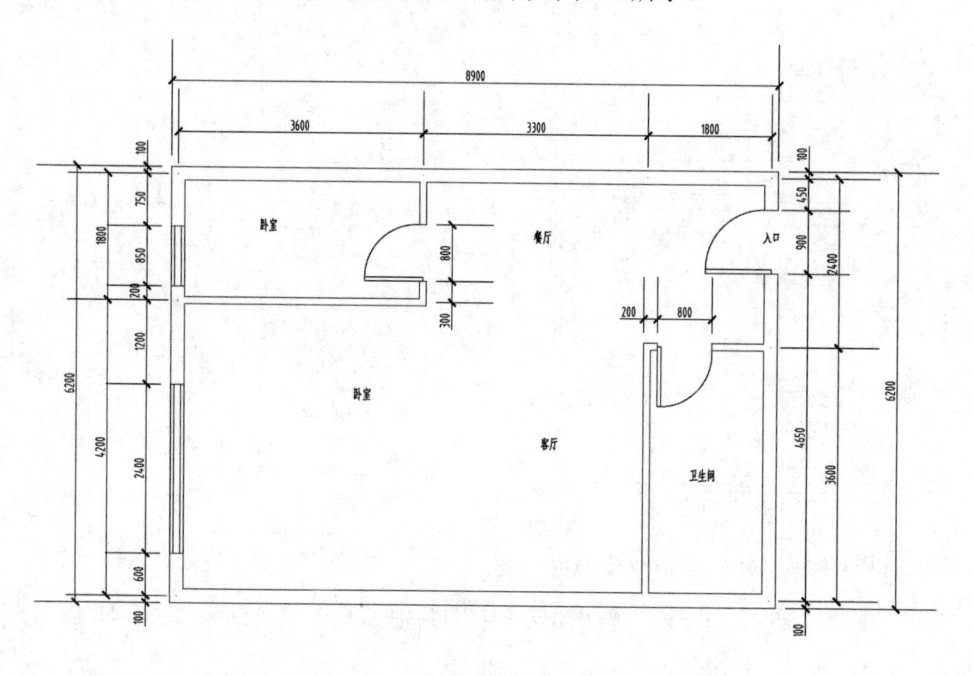

图6-48 标注居室平面图尺寸

6.5.6 轴线编号

01 关闭“文字”图层，将0图层设置为当前图层。

02 单击“默认”选项卡“绘图”面板中的“圆”按钮，绘制一个直径为800mm的圆。

03 选择菜单栏中的“绘图”→“块”→“定义属性”命令，弹出“属性定义”对话框，按如图6-49所示进行设置。

04 单击“确定”按钮，将“轴号”二字放置到圆圈内，如图6-50所示。

05 在命令行中输入“WBLOCK”（写块）命令，将圆圈和“轴号”字样全部选中，选取图6-51所示点为基点（也可以是其他点，以便于定位为准），保存图块，文件名为“800mm轴号.dwg”。

06 将“尺寸”图层置为当前图层，单击“插入”选项卡“块”面板中的下拉菜单，弹出“块”选项板，选择“800mm轴号”图块，如图6-52所示，将轴号图块插入到居室平面图中轴线尺寸超出的端点上。

07 将轴号图块定位在左上角第一根轴线尺寸端点上，结果如图6-53所示。按照同样的方法，标注其他轴号。

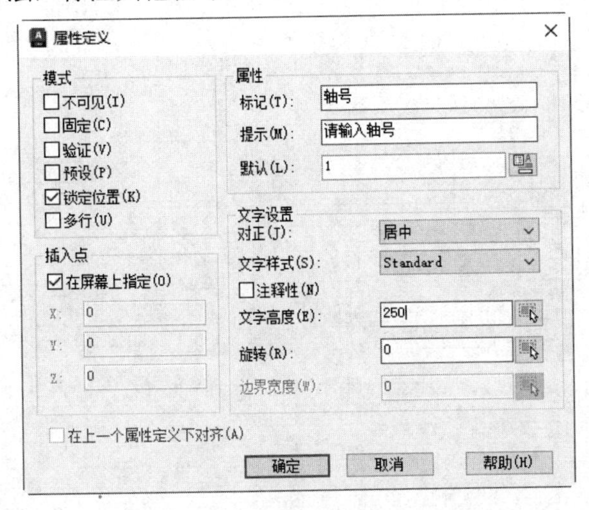

图 6-49 “属性定义”对话框

图 6-50 将“轴号”二字放置到圆圈内

图 6-51 “基点”选择

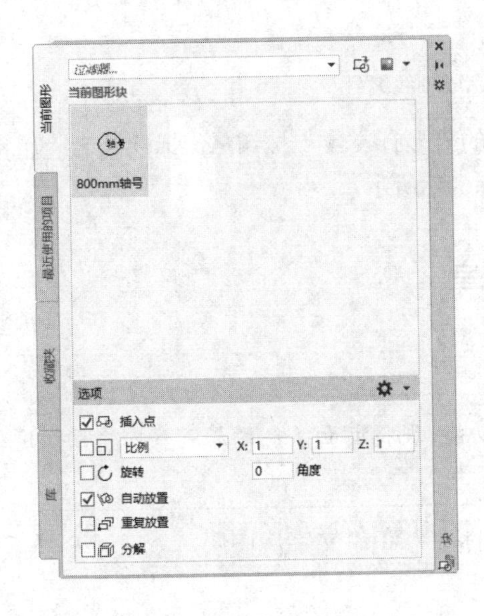

图 6-52 “块”选项板

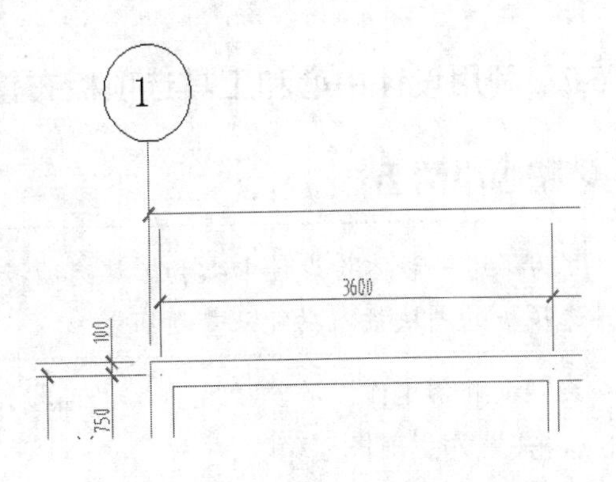

图 6-53 ①号轴线

举一反三

标注其他轴号时，可以继续利用“插入块”的方法，也可以复制轴号①到其他位置，通过属性编辑来完成。下面介绍第二种方法。

08 单击“默认”选项卡“修改”面板中的“复制”按钮，将轴号①逐个复制到其他轴线尺寸端部。

09 双击轴号，打开“增强属性编辑器”对话框，修改相应的属性值，完成所有的轴线编号，打开“轴线”图层，结果如图6-54所示。

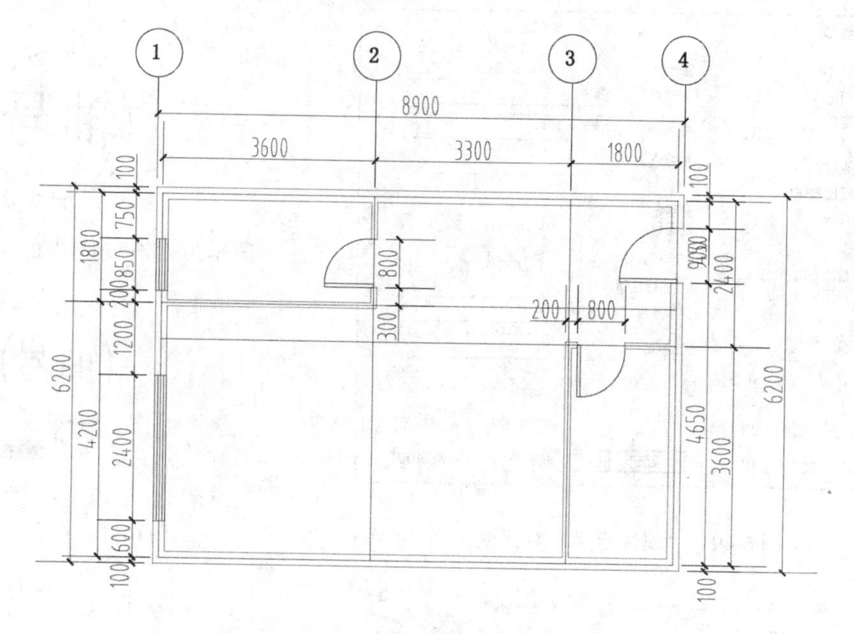

图 6-54　完成轴线编号

10 单击“默认”选项卡“注释”面板中的“多行文字”按钮**A**，标注图名“居室室内设计平面图1:50”，打开关闭的图层，结果如图6-48所示。

6.5.7　利用设计中心和工具选项板布置居室

贴心小帮手

为了进一步体验设计中心和工具选项板的功能，现将前面绘制的居室室内平面图通过工具选项板的图块插入功能来重新布置。

01 准备工作。冻结“家具”“轴线”“标注”和“文字”图层，新建一个“家具2”图层，并置为当前图层。

02 加入家具图块。从设计中心找到AntoCAD 2024安装目录下的“AutoCAD 2024\

Sample\zh- CN\DesignCenter \Home-Space Planner dwg”和“\House.Designer.dwg”文件，分别选中文件名并右击，在弹出的快捷菜单中选择“创建工具选项板”命令，分别将这两个文件中的图块加入到工具选项板中，如图6-55和图6-56所示。

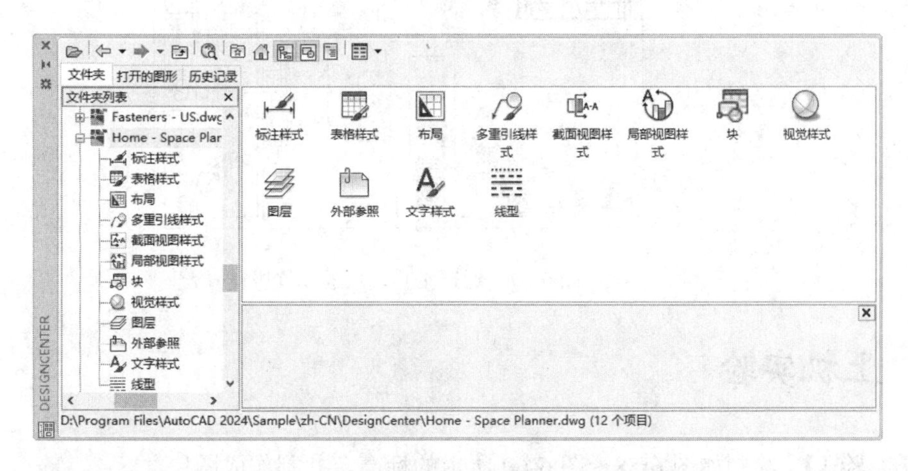

图 6-55 可添加到工具选项板的层次

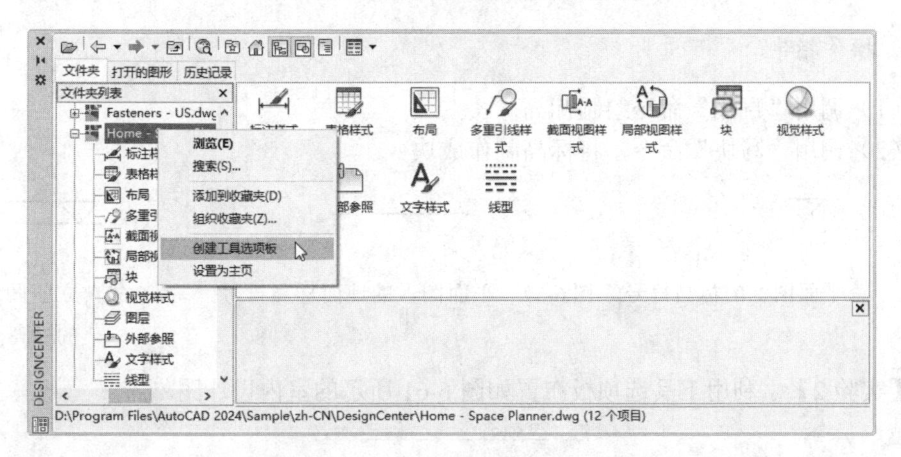

图 6-56 从文件夹创建块的工具选项板

03 室内布置。从工具选项板中拖动图块，配合命令行中的提示输入必要的比例和旋转角度，按如图6-57所示进行布置。

注意

如果源块或目标图形中的“拖放比例”设置为“无单位”，则需通过“选项”对话框“用户系统配置”选项卡中的“源内容单位”和“目标图形单位”进行。

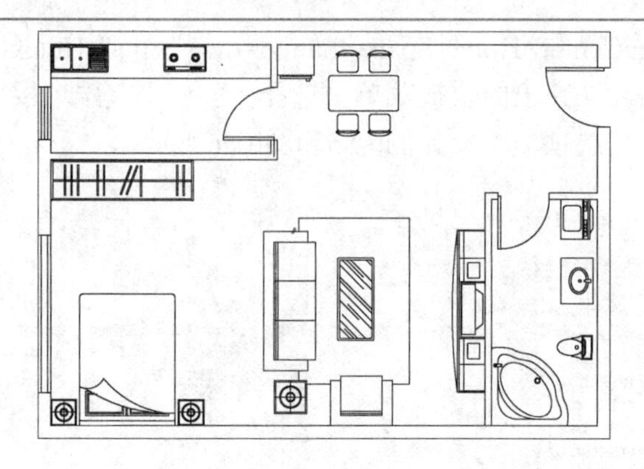

图 6-57　通过工具选项板布置居室

6.6　上机实验

【实验 1】 绘制如图 6-58～图 6-60 所示的标高，并制作成图块。

操作指导

（1）调用“直线”命令绘制标高

（2）调用“写块”命令，将标高制作成块。

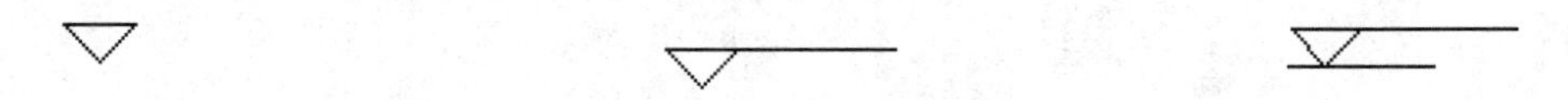

图 6-58　总平面图上的标高符号　图 6-59　平面图上的地面标高符号　图 6-60　立面图和剖面图上的标高符号

【实验 2】 利用工具选项板布置如图 6-61 所示的室内设计图。

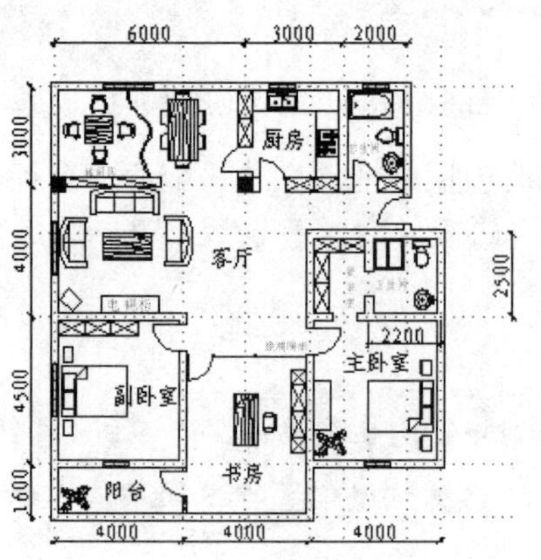

图 6-61　室内设计图

操作指导

（1）利用设计中心创建新的工具选项板。

（2）将图块插入到建筑平面图中适当的位置。

6.7 思考与练习

1．什么是块？它的主要用途是什么？

2．简述定义块的步骤。

3．Block 命令与 Wblock 命令有什么区别和联系？

4．什么是图块的属性？如何定义图块属性？

5．什么是设计中心？设计中心有哪些功能？

6．什么是工具选项板？怎样利用工具选项板进行绘图。

7．设计中心以及工具选项板中的图形与普通图形有什么区别？与图块又有什么区别？

8．利用图块属性功能绘制一张办公室的平面图，如图 6-62 所示。办公室内布置有若干张形状相同的办公桌，每一张办公桌都对应着人员的编号、姓名和电话。

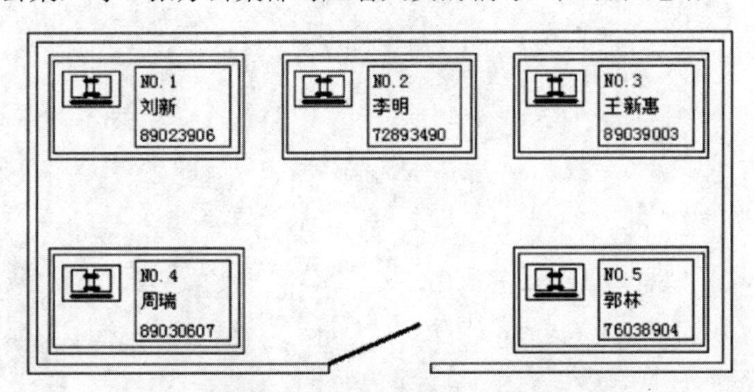

图 6-62　办公室平面布置图

第 7 章　建筑设计基本知识

本章将简要介绍建筑设计的一些基本知识，包括建筑设计特点、流程、作用以及不同的绘图方法；还将介绍不同设计阶段的设计内容。

学习要点

- 关于建筑设计
- 建筑制图的要求及规范

7.1 关于建筑设计

7.1.1 建筑设计概述

建筑设计是指建筑物在建造之前，设计者按照建设任务，把施工过程和使用过程中所存在的或可能发生的问题，事先做好通盘的设想，拟定好解决这些问题的办法、方案，用图样和文件表达出来。建筑设计是为人类建立生活环境的综合艺术和科学，是一门涵盖极广的专业。建筑设计从总体说一般由三大阶段构成，即方案设计、初步设计和施工图设计。方案设计主要是构思建筑的总体布局，包括各个功能空间的设计、高度、层高、外观造型等内容；初步设计是对方案设计的进一步细化，确定建筑的具体尺度和大小，包括建筑平面图、建筑剖面图和建筑立面图等；施工图设计则是将建筑构思变成的图样重要阶段，是建造建筑的主要依据，除包括建筑平面图、建筑剖面图和建筑立面图等外，还包括各个建筑大样图、建筑构造节点图以及其他专业设计图样，如结构施工图、电气设备施工图、暖通空调设备施工图等。总的来说，建筑施工图越详细越好，要准确无误。

在建筑设计中，需要按照国家规范及标准进行设计，确保建筑的安全、经济、适用。

建筑设计是为人们工作、生活与休闲提供环境空间的综合艺术和科学。建筑设计与人们日常生活息息相关，从住宅到商场大楼，从写字楼到酒店，从教学楼到体育馆等，无处不与建筑设计紧密联系。图 7-1 和图 7-2 所示为国内外建筑。

图 7-1 中央电视台新总部大楼

图 7-2 国外某建筑

7.1.2 建筑设计特点

建筑设计是根据建筑物的使用性质、所处环境和相应标准，运用物质技术手段和建筑美

学原理，创造功能合理、舒适优美、满足人们物质和精神生活需要的室内外空间环境。设计构思时，需要运用物质技术手段，即各类装饰材料和设施设备等；还需要遵循建筑美学原理，综合考虑使用功能、结构施工、材料设备、造价标准等多种因素。

如从设计者的角度来分析建筑设计的方法，主要有以下几点：

1．总体与细部深入推敲

总体推敲，即是建筑设计应考虑的几个基本观点，有一个设计的全局观念。细处着手是指具体进行设计时，必须根据建筑的使用性质，深入调查、收集信息，掌握必要的资料和数据，从最基本的人体尺度、人流动线、活动范围和特点、家具与设备等的尺寸和使用它们必须的空间等着手。

2．里外、局部与整体协调统一

建筑室内外空间环境需要与建筑整体的性质、标准、风格，与室外环境相协调统一，它们之间有着相互依存的密切关系，设计时需要从里到外，从外到里多次反复协调，务使更趋完善合理。

3．立意与表达

设计的构思、立意至关重要。可以说，一项设计，没有立意就等于没有“灵魂”，设计的难度也往往在于要有一个好的构思。一个较为成熟的构思，往往需要足够的信息量，有商讨和思考的时间，在设计前期和出方案过程中使立意、构思逐步明确，形成一个好的构思。

建筑设计根据设计的进程，通常可以分为四个阶段：

1）准备阶段。设计准备阶段主要是接受委托任务书，签订合同，或者根据标书要求参加投标；明确设计任务和要求，如建筑设计任务的使用性质、功能特点、设计规模、等级标准、总造价，根据任务的使用性质所需创造的建筑室内外空间环境氛围、文化内涵或艺术风格等。

2）方案阶段。方案设计阶段是在设计准备阶段的基础上，进一步收集、分析、运用与设计任务有关的资料与信息，构思立意，进行初步方案设计，深入设计，进行方案的分析与比较。确定初步设计方案，提供设计文件，如平面图、立面图、透视效果图等。图 7-3 所示是某个项目建筑设计方案效果图。

3）施工图阶段。施工图设计阶段是提供有关平面图、立面图、构造节点大样以及设备管线图等施工图，满足施工的需要。图 7-4 所示是某个项目建筑平面施工图。

4）实施阶段。设计实施阶段也即是工程的施工阶段。建筑工程在施工前，设计人员应向施工单位进行设计意图说明及图样的技术交底；工程施工期间需按图样要求核对施工实况，有时还需根据现场实况提出对图样的局部修改或补充；施工结束时，会同质检部门和建设单位进行工程验收。图 7-5 所示为正在施工中的建筑（局部）。

一套工业与民用建筑的建筑施工图通常包括的图样主要有如下几大类：

（1）建筑平面图（简称平面图）：是按一定比例绘制的建筑的水平剖切图。通俗地讲，就是将一幢建筑窗台以上部分切掉，再将切面以下部分用直线和各种图例、符号直接绘制在纸上，以直观地表示建筑在设计和使用上的基本要求和特点。建筑平面图一般比较详细，通常采用较大的比例，如 1∶200、1∶100 和 1∶50，并标出实际的详细尺寸，如图 7-6 所示为某建筑标准层平面图。

图 7-3　建筑设计方案

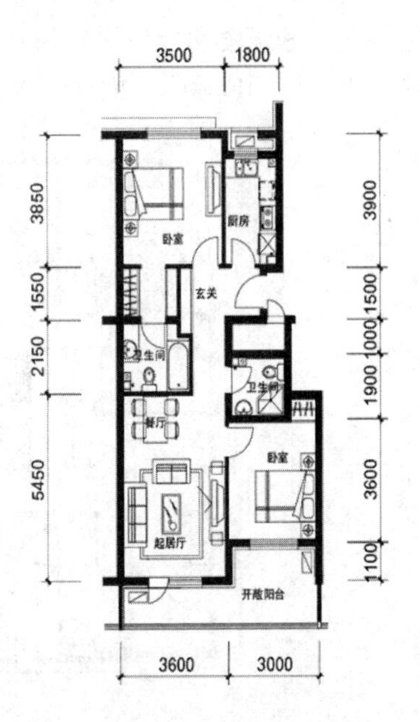

图 7-4　建筑平面施工图(局部)

图 7-5　施工中的建筑

（2）建筑立面图（简称立面图）：主要用来表达建筑物各个立面的形状和外墙面的装修等，也即是按照一定比例绘制建筑物的正面、背面和侧面的形状图，它表示的是建筑物的外部形式，说明建筑物长、宽、高的尺寸，表现楼地面标高、屋顶的形式、阳台位置和形式、门窗洞口的位置和形式、外墙装饰的设计形式、材料及施工方法等，图 7-7 所示为某建筑的立面图。

（3）建筑剖面图（简称剖面图）：是按一定比例绘制的建筑竖直方向剖切前视图，它表示建筑内部的空间高度、室内立面布置、结构和构造等情况。在绘制剖面图时，应包括各层楼面的标高、窗台、窗上口和室内净尺寸等，剖切楼梯应表明楼梯分段与分级数量；建筑主

要承重构件的相互关系，画出房屋从屋面到地面的内部构造特征，如楼板构造、隔墙构造、内门高度、各层梁和板位置、屋顶的结构形式与用料等；注明装修方法、楼、地面做法，所用材料加以说明，标明屋面做法及构造；各层的层高与标高，标明各部位高度尺寸等，图 7-8 所示为某建筑的剖面图。

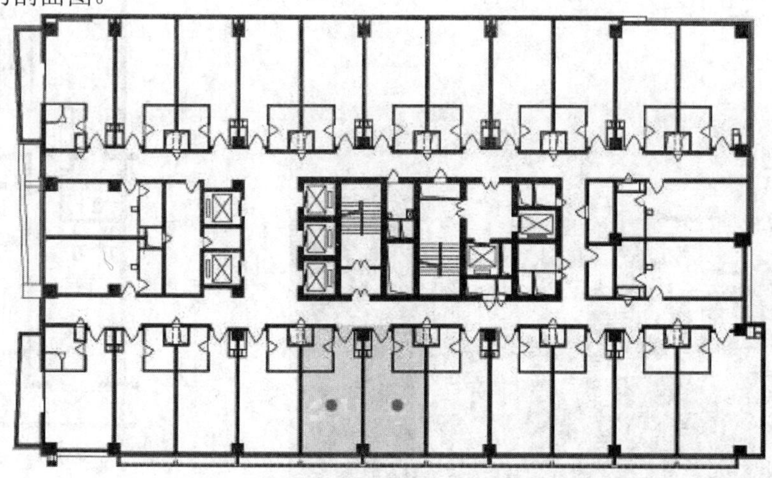

图 7-6　建筑平面图

图 7-7　建筑立面图　　　　图 7-8　建筑剖面图

（4）建筑大样图（简称详图）：主要用以表达建筑物的细部构造、节点连接形式以及构件、配件的形状大小、材料、做法等。详图要用较大比例绘制（如 1：20、1：5 等），尺寸标注要准确齐全，文字说明要详细。图 7-9 所示为墙身（局部）详图。

（5）建筑效果图：除上述类型图形外，在实际工程实践中还经常绘制建筑透视图，尽管其不是施工图所要求的。但由于建筑透视图表示建筑物内部空间或外部形体与实际所能看到的建筑本身相类似的主体图像，它具有强烈的三度空间透视感，非常直观地表现了建筑的造型、空间布置、色彩和外部环境等多方面内容。因此，常在建筑设计和销售时作为辅助使用。从高处俯视的透视图又叫做“鸟瞰图”或“俯视图”。建筑透视图一般要严格地按比例绘制，并进行绘制上的艺术加工，这种图通常被称为建筑表现图或建筑效果图。一幅绘制精美的建筑表现图就是一件艺术作品，具有很强的艺术感染力。图 7-10 所示为某别墅三维外观透视图。

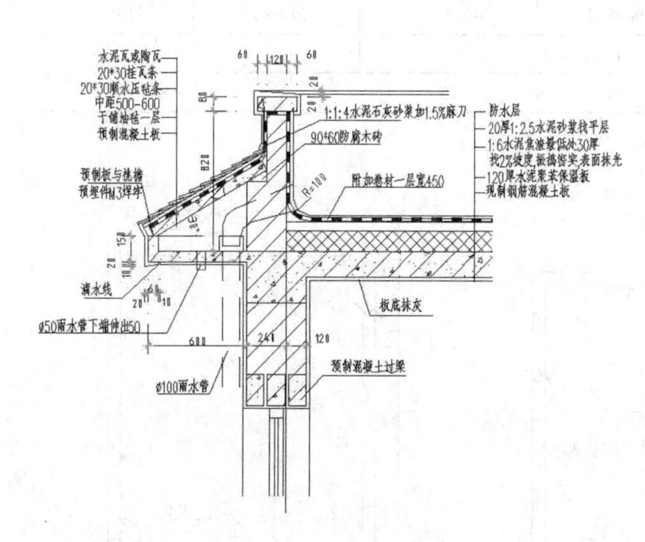

图 7-9　墙身（局部）详图

图 7-10　建筑透视图

目前普遍采用计算机绘制效果图，其特点是透视效果逼真，可以复制多份。

7.2　建筑制图的要求及规范

7.2.1　图幅、标题栏及会签栏

图幅即图面的大小，分为横式和立式两种。根据国家标准的规定，按图面的长和宽的大小确定图幅的等级。建筑常用的图幅有 A0（也称 0 号图幅，其余类推）、A1、A2、A3 及 A4，每种图幅的长宽尺寸见表 7-1，表中的尺寸代号意义如图 7-11、图 7-12 所示。

A0~A3 图样可以在长边加长，但短边一般不应加长，加长尺寸见表 7-2。如有特殊需要，可采用 $b\times l$=841×891 或 1189×1261 的幅面。

标题栏包括设计单位名称、工程名称、签字区、图名区及图号区等内容。一般图标格式如图 7-13 所示，如今不少设计单位采用自己个性化的图标格式，但是仍必须包括这几项内容。

会签栏是为各工种负责人审核后签名用的表格，它包括专业、姓名和日期等内容，如图

7-14 所示。对于不需要会签的图样，可以不设此栏。

表 7-1 图幅标准 （mm）

尺寸代号	图幅代号				
	A0	A1	A2	A3	A4
$b \times l$	841×1189	594×841	420×594	297×420	210×297
c	10			5	
a	25				

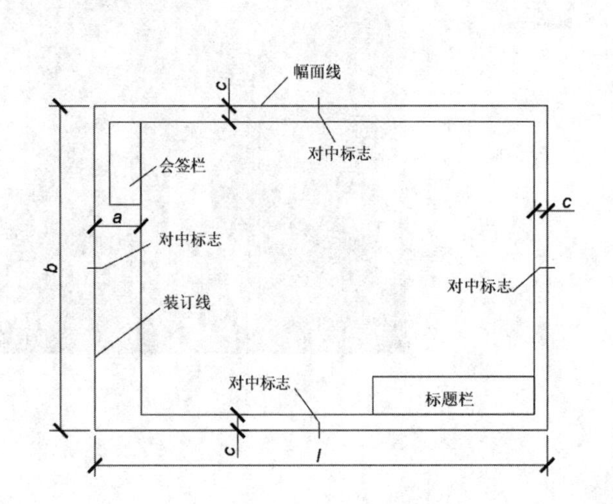

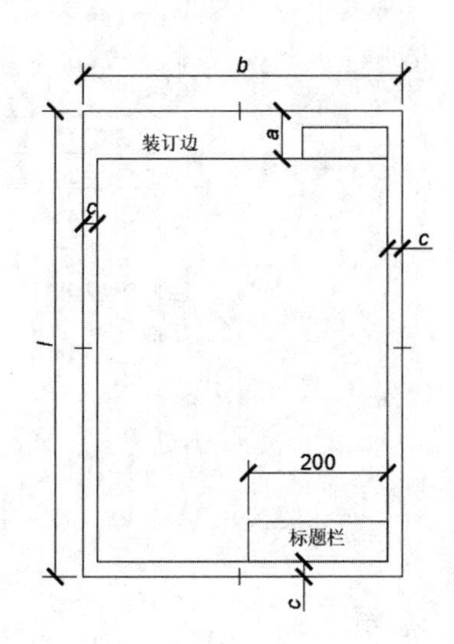

图 7-11 A0-A3 图幅格式

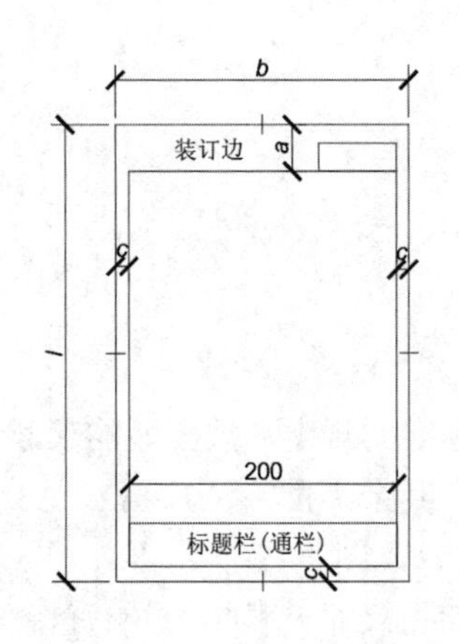

图 7-12 A4 立式图幅格式

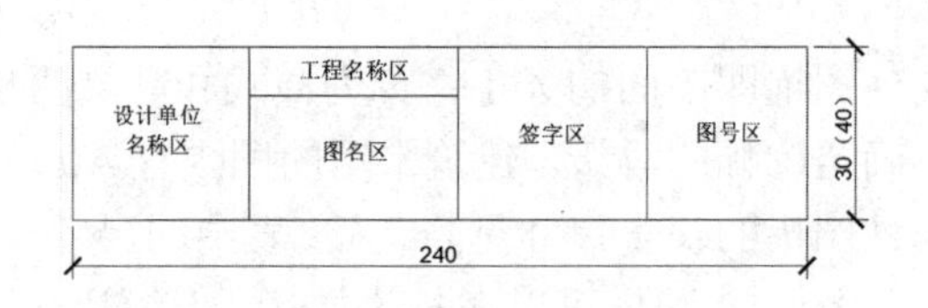

图 7-13 标题栏格式

此外，需要微缩复制的图样，其一个边上应附有一段准确米制尺度，四个边上均附有对中标志。米制尺度的总长应为 100mm，分格应为 10mm。对中标志应画在图样各边长的中点处，线宽应为 0.35mm，伸入框内应为 5mm。

表 7-2　图样长边加长尺寸　（mm）

图幅	长边尺寸	长边加长后尺寸
A0	1189	1486　1635　1783　1932　2080　2230　2378
A1	841	1051　1261　1471　1682　1892　2102
A2	594	743　891　1041　1189　1338　1486　1635　1783　1932　2080
A3	420	630　841　1051　1261　1471　1682　1892

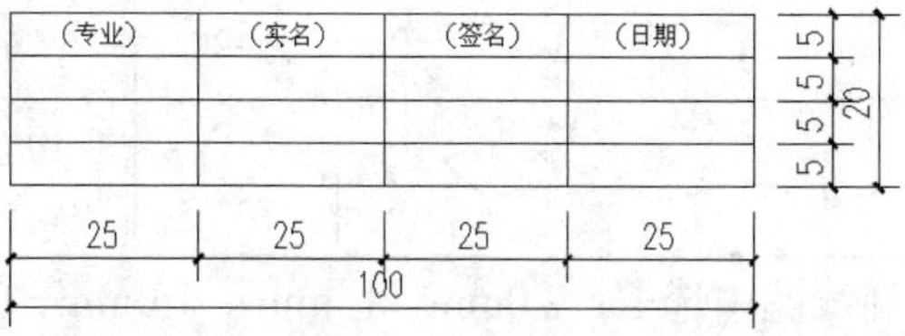

图 7-14　会签栏格式

7.2.2　线型要求

建筑图样主要由各种线条构成，不同的线型表示不同的对象和不同的部位，代表着不同的含义。为了图面能够清晰、准确、美观地表达设计思想，工程实践中采用了一套常用的线型，并规定了它们的使用范围，见表 7-3。

表 7-3　常用线型统计表

名称		线型	线宽	适用范围
实线	粗		b	建筑平面图、剖面图、构造详图的被剖切主要构件截面轮廓线；建筑立面图外轮廓线；图框线；剖切线。总图中的新建建筑物轮廓
	中		$0.5b$	建筑平、剖面中被剖切的次要构件的轮廓线；建筑平、立、剖面图构配件的轮廓线；详图中的一般轮廓线
	细		$0.25b$	尺寸线、图例线、索引符号、材料线及其他细部刻画用线等

（续）

名 称		线 型	线 宽	适 用 范 围
虚 线	中	— — — — — — —	0.5b	主要用于构造详图中不可见的实物轮廓；平面图中的起重机轮廓；拟扩建的建筑物轮廓
	细	— — — — — — —	0.25b	其他不可见的次要实物轮廓线
点画线	细	—— - —— - ——	0.25b	轴线、构配件的中心线、对称线等
折断线	细	——\/——	0.25b	省画图样时的断开界限
波浪线	细	～～～	0.25b	构造层次的断开界线，有时也表示省略画出是断开界限

图线宽度 b，宜从下列线宽中选取：2.0mm、1.4mm、1.0mm、0.7mm、0.5mm、0.35mm。不同的 b 值，产生不同的线宽组。在同一张图样内，各不同线宽组中的细线，可以统一采用较细的线宽组中的细线。对于需要微缩的图样，线宽不宜≤0.18mm。

7.2.3 尺寸标注

尺寸标注的一般原则是：

1）尺寸标注应力求准确、清晰、美观大方。同一张图样中，标注风格应保持一致。

2）尺寸线应尽量标注在图样轮廓线以外，从内到外依次标注从小到大的尺寸，不能将大尺寸标在内，而小尺寸标在外，如图 7-15 所示。

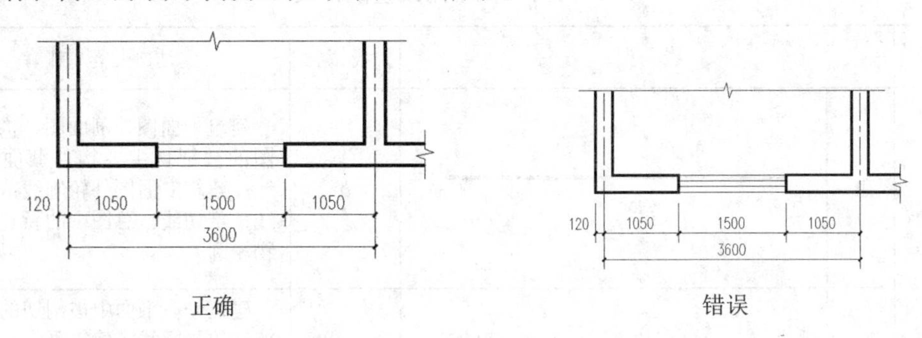

图 7-15 尺寸标注正误对比

3）最内一道尺寸线与图样轮廓线之间的距离不应小于 10mm，两道尺寸线之间的距离一般为 7～10mm。

4）尺寸界线朝向图样的端头距图样轮廓的距离应≥2mm，不宜直接与之相连。

5）在图线拥挤的地方，应合理安排尺寸线的位置，但不宜与图线、文字及符号相交；

可以考虑将轮廓线用作尺寸界线，但不能作为尺寸线。

6）室内设计图中连续重复的构配件等，当不易标明定位尺寸时，可在总尺寸的控制下，定位尺寸不用数值而用“均分”或“EQ”字样表示，如图 7-16 所示。

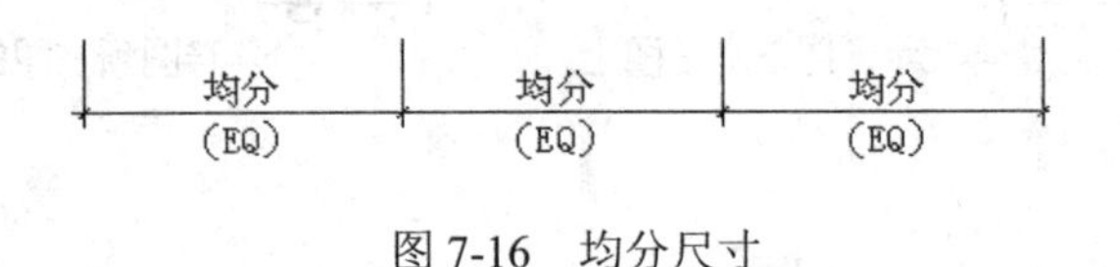

图 7-16　均分尺寸

7.2.4　文字说明

在一幅完整的图样中，用图线方式表现得不充分和无法用图线表示的地方，就需要进行文字说明，如设计说明、材料名称、构配件名称、构造做法和统计表及图名等。文字说明是图样内容的重要组成部分，制图规范对文字标注中的字体、字的大小、字体字号搭配等方面作了一些具体规定。

（1）一般原则：字体端正，排列整齐，清晰准确，美观大方，避免过于个性化的文字标注。

（2）字体：一般标注推荐采用仿宋字，大标题、图册封面、地形图等的汉字，也可书写成其他字体，但应易于辨认。字型示例如下：

仿宋：建筑（小四）建筑（四号）建筑（二号）

黑体：建筑（四号）建筑（小二）

楷体：建筑 建筑（二号）

字母、数字及符号：0123456789abcdefghijk% @ 或

0123456789abcdefghijk%@

（3）字的大小：标注的文字高度要适中。同一类型的文字采用同一大小的字。较大的字用于较概括性的说明内容，较小的字用于较细致的说明内容。文字的字高，应从如下系列中选用：3.5mm、5mm、7mm、10mm、14mm、20mm。如需书写更大的字，其高度应按$\sqrt{2}$的比值递增。注意字体及大小搭配的层次感。

7.2.5　常用图示标志

（1）详图索引符号及详图符号。平面图、立面图、剖面图中，在需要另设详图表示的部位，标注一个索引符号，以表明该详图的位置，这个索引符号即详图索引符号。详图索引符号采用细实线绘制，圆圈直径 10mm。如图 7-17 所示，图 7-17d～g 用于索引剖面详图，当详图就在本张图样时，采用图 7-17a, 详图不在本张图样时，采用图 7-17b～g 的形式。

详图符号即详图的编号，用粗实线绘制，圆圈直径 14mm，如图 7-18 所示。

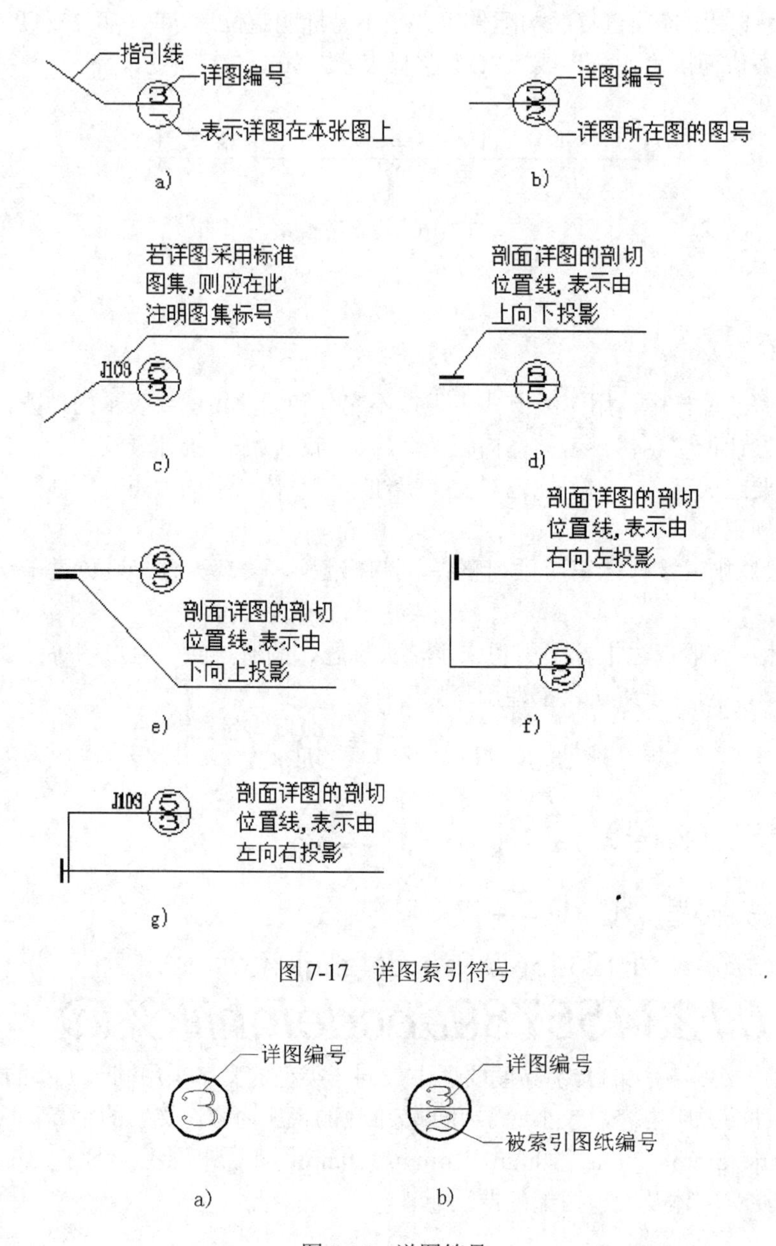

图 7-18 详图符号

（2）引出线。由图样引出一条或多条线段指向文字说明，该线段就是引出线。引出线与水平方向的夹角一般采用 0°、30°、45°、60°、90°，常见的引出线形式如图 7-19 所示。图 7-19a～d 所示为普通引出线，图 7-19e～h 所示为多层构造引出线。使用多层构造引出线时，应注意构造分层的顺序应与文字说明的分层顺序一致。文字说明可以放在引出线的端头（见图 7-19a～h），也可放在引出线水平段之上（见图 7-19i）。

（3）内视符号。内视符号标注在平面图中，用于表示室内立面图的位置及编号，建立平面图和室内立面图之间的联系。内视符号的形式如图 7-20 所示。图中立面图编号可用英文字母或阿拉伯数字表示，黑色的箭头指向表示的立面方向；图 7-20a 所示为单向内视符号，图 7-20b 所示为双向内视符号，图 7-20c 所示为四向内视符号， A、B、C、D 顺时针标注。

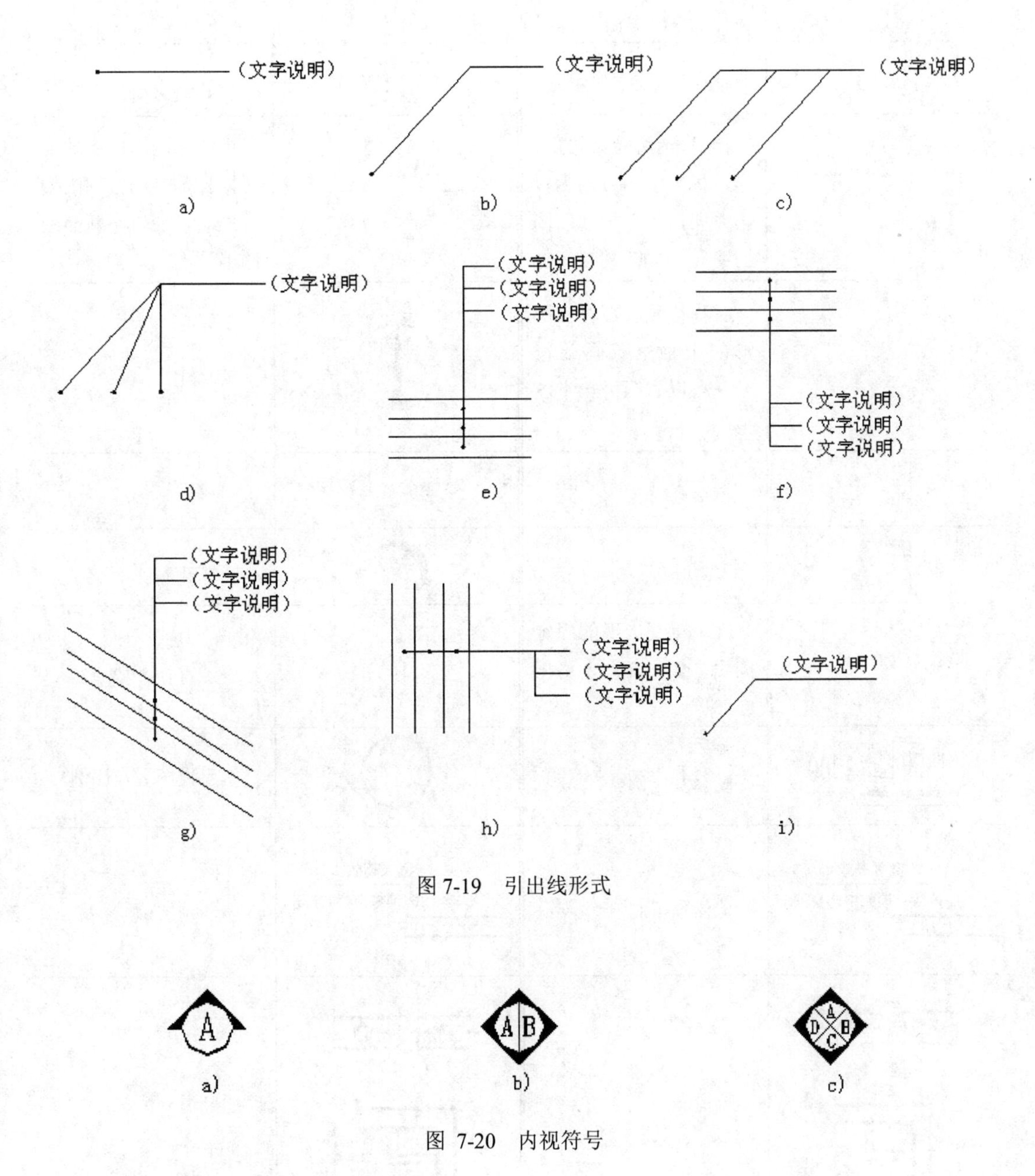

图 7-19　引出线形式

图 7-20　内视符号

其他符号图例统计见表 7-4 及表 7-5。

表 7-4　建筑常用符号图例

符　号	说　明	符　号	说　明
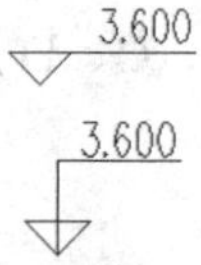 3.600 / 3.600	标高符号，线上数字为标高值，单位为 m 下面一个在标注位置比较拥挤时采用	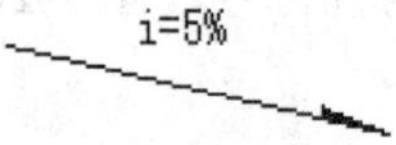 i=5%	表示坡度
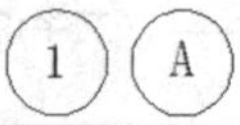 1　A	轴线号	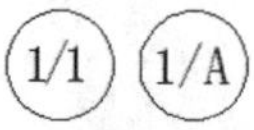 1/1　1/A	附加轴线号
1　1	标注剖切位置的符号，标数字的方向为投影方向，“1”与剖面图的编号“7-1”对应	2　2	标注绘制断面图的位置，标数字的方向为投影放向，“2”与断面图的编号“2-2”对应
	对称符号。在对称图形的中轴位置画此符号，可以省画另一半图形		指北针
	方形坑槽		圆形坑槽
	方形孔洞		圆形孔洞
@	表示重复出现的固定间隔，如“双向木格栅@500”	Φ	表示直径，如 $\phi 30$
 平面图 1:100	图名及比例	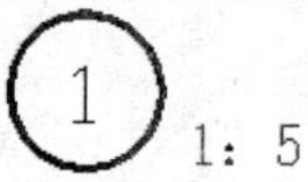 1　1：5	索引详图名及比例
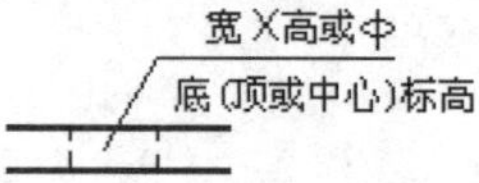 宽 X 高或 Φ 底（顶或中心）标高	墙体预留洞	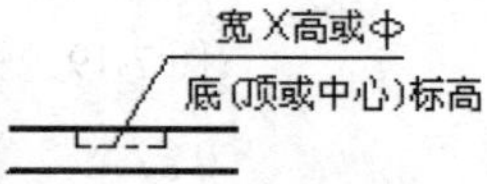 宽 X 高或 Φ 底（顶或中心）标高	墙体预留槽
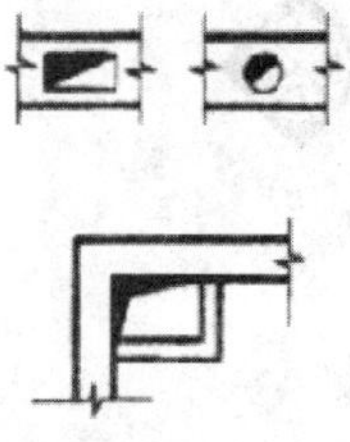	烟道	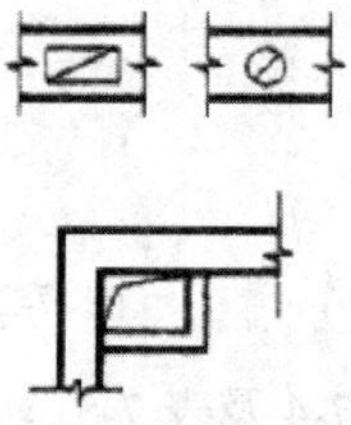	通风道

表 7-5　总图常用图例

符　号	说　明	符　号	说　明
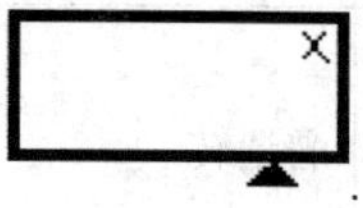	新建建筑物。粗线绘制。 需要时,表示出入口位置▲及层数 X 轮廓线以±0.00 处外墙定位轴线或外墙皮线为准 需要时，地上建筑用中实线绘制，地下建筑用细虚线绘制	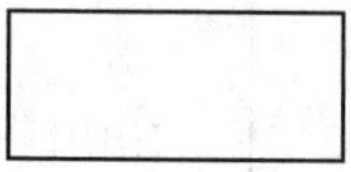	原有建筑。细线绘制
	拟扩建的预留地或建筑物。中虚线绘制		新建地下建筑或构筑物。粗虚线绘制
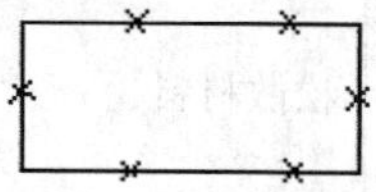	拆除的建筑物。用细实线表示	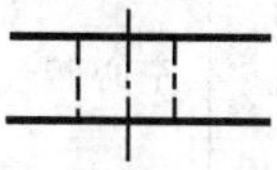	建筑物下面的通道
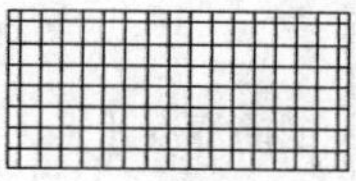	广场铺地		台阶，箭头指向表示向上
	烟囱。实线为下部直径，虚线为基础 必要时，可注写烟囱高度和上下口直径	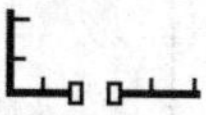	实体性围墙
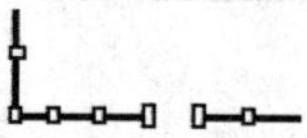	通透性围墙		挡土墙。被挡土在“突出”的一侧
	填挖边坡。边坡较长时，可在一端或两端局部表示		护坡。边坡较长时，可在一端或两端局部表示
 X323.38 Y586.32	测量坐标	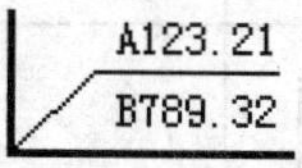 A123.21 B789.32	建筑坐标
 32.36(±0.00)	室内标高	 32.36	室外标高

7.2.6　常用材料符号

建筑图中经常应用材料图例来表示材料，在无法用图例表示的地方，也采用文字说明。常用的图例见表 7-6。

表 7-6　常用材料图例

材料图例	说　明	材料图例	说　明
	自然土壤		夯实土壤
	毛石砌体		普通转
	石材		砂、灰土
	空心砖		松散材料
	混凝土		钢筋混凝土
	多孔材料		金属
	矿渣、炉渣		玻璃
	纤维材料		防水材料 上、下两种根据绘图比例大小选用
	木材		液体，须注明液体名称

7.2.7　常用绘图比例

下面列出常用绘图比例，读者根据实际情况灵活使用。

（1）总图：1:500，1:1000，1:2000。

（2）平面图：1:50，1:100，1:150，1:200，1:300。
（3）立面图：1:50，1:100，1:150，1:200，1:300。
（4）剖面图：1:50，1:100，1:150，1:200，1:300。
（5）局部放大图：1:10，1:20，1:25，1:30，1:50。
（6）配件及构造详图：1:1，1:2，1:5，1:10，1:15，1:20，1:25，1:30，1:50。

7.3 思考与练习

1．建筑设计有什么特点？
2．手工绘制建筑图和计算机绘制建筑图有什么区别？
3．在建筑制图中对图幅、标题栏以及会签栏有什么要求？

第 8 章 总平面图的绘制

总平面图用来表达整个建筑基地的总体布局，表达新建建筑物及构筑物的位置、朝向以及与周边环境的关系，它是建筑设计中必不可少的要件。本章将重点介绍应用AutoCAD 2024制作建筑总平面图的一些常用操作方法。至于相关的设计知识，特别是场地设计的知识，读者可以参阅有关书籍。

- 建筑平面图概述
- 绘制别墅平面图

8.1 总平面图绘制概述

在正式讲解总平面图绘制之前，先简要介绍总平面图表达的内容和绘制总平面图的一般步骤。

8.1.1 总平面图内容概括

总平面专业设计成果包括设计说明书、设计图纸，以及按照合同所规定的鸟瞰图、模型等。总平面图只是其中的设计图纸部分。在不同设计阶段，总平面图除了具备其基本功能外，表达设计意图的深度和倾向有所不同。

在方案设计阶段，总平面图着重体现新建建筑物的体量大小、形状以及与周边道路、房屋、绿地、广场和红线之间的空间关系，同时传达室外空间的设计效果。由此可见，方案图在具有必要的技术性的基础上，还强调艺术性的体现。就目前的情况来看，除了绘制 CAD 线条图外，还需对线条图进行套色、渲染处理或制作鸟瞰图、模型等。总之，设计者需要不遗余力地展现自己设计方案的优点及魅力，以在竞争中胜出。

在初步设计阶段，设计者需要进一步推敲总平面设计中涉及的各种因素和环节（如道路红线、建筑红线或用地界线、建筑控制高度、容积率、建筑密度、绿地率、停车位数，以及总平面布局、周围环境、空间处理、交通组织、环境保护、文物保护、分期建设等），推敲方案的合理性、科学性和可实施性，进一步准确落实各种技术指标，深化竖向设计，为施工图设计做准备。

在施工图设计阶段，总平面专业成果包括图纸目录、设计说明、设计图纸和计算书。其中设计图纸包括总平面图、竖向布置图、土方图、管道综合图、景观布置图以及详图等。总平面图是新建房屋定位、放线以及布置施工现场的依据。可见，总平面图必须详细、准确、清楚地表达出设计思想。

8.1.2 总平面图中的图例说明

（1）新建的建筑物：采用粗实线表示，如图 8-1 所示。当有需要时可以在右上角用点数或是数字来表示建筑物的层数，如图 8-2 和图 8-3 所示。

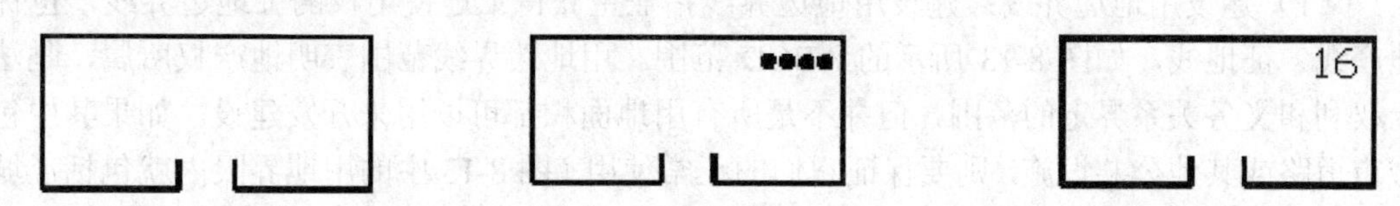

图 8-1 新建建筑物图例　　图 8-2 以点数表示层数（4 层）　　图 8-3 以数字表示层数（16 层）

（2）旧有的建筑物：采用细实线表示，如图 8-4 所示。与新建建筑物图例一样，也可以采用在右上角用点数或数字来表示建筑物的层数。

（3）计划扩建的预留地或建筑物：采用虚线表示，如图 8-5 所示。

（4）拆除的建筑物：采用打上叉号的细实线表示，如图 8-6 所示。

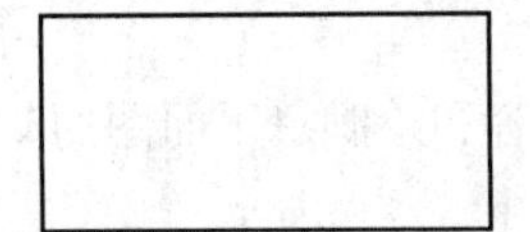
图 8-4　旧有建筑物图例

图 8-5　计划中的建筑物图例

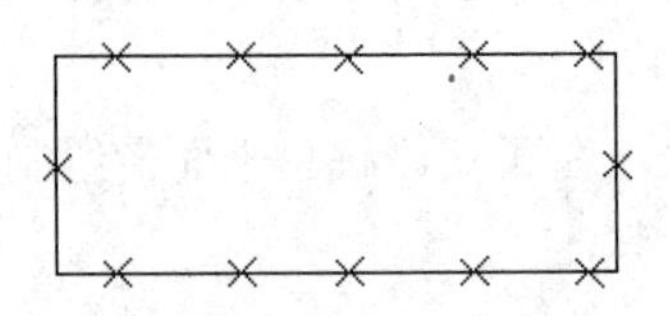
图 8-6　拆除的建筑物图例

（5）坐标：如图 8-7 和图 8-8 所示。注意两种不同坐标的表示方法。

图 8-7　测量坐标图例

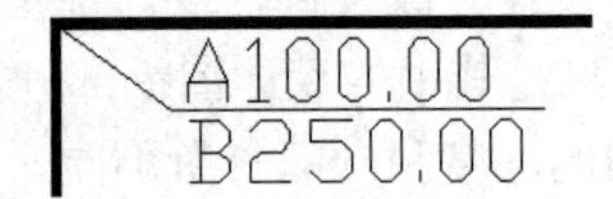

图 8-8　施工坐标图例

（6）新建的道路：如图 8-9 所示。其中，“R8”表示道路的转弯半径为 8m，“30.10”为路面中心的标高。

（7）旧有的道路：如图 8-10 所示。

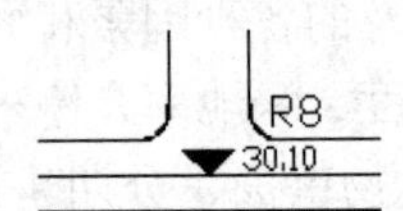

图 8-9　新建的道路图例

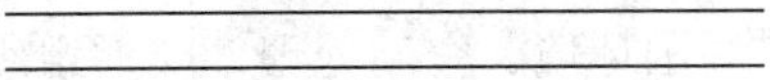

图 8-10　旧有的道路图例

（8）计划扩建的道路：如图 8-11 所示。

（9）拆除的道路：如图 8-12 所示。

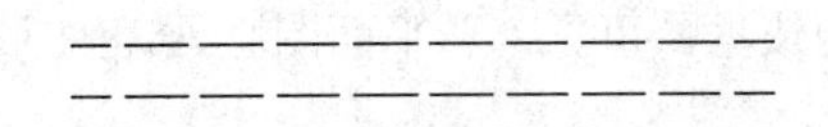
图 8-11　计划扩建的道路图例

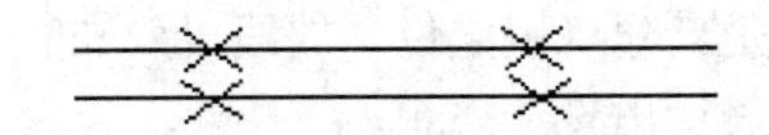
图 8-12　拆除的道路图例

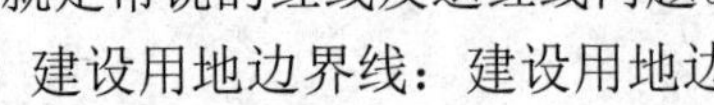

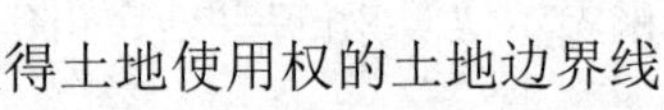

建筑师手中得到的地形图（或基地图）中一般都标明了本建设项目的用地范围。实际上，并不是所有用地范围内都可以布置建筑物。在这里，关于场地界限的几个概念及其关系需要明确，也就是常说的红线及退红线问题。

（1）建设用地边界线：建设用地边界线指业主获得土地使用权的土地边界线，也称为地产线、征地线，如图 8-13 所示的 ABCD 范围。用地边界线范围表明地产权所属，是法律上权利和义务关系界定的范围，但并不是所有用地面积都可以用来开发建设。如果其中包括城市道路或其他公共设施，则要保证它们的正常使用（图 8-13 中的用地界限内就包括了城市道路）。

（2）道路红线：道路红线是指规划的城市道路路幅的边界线。也就是说，两条平行的道路红线之间为城市道路（包括居住区级道路）用地。建筑物及其附属设施的地下、地表部分如基础、地下室、台阶等不允许突出道路红线。地上部分主体结构不允许突入道路红线，在满足当地城市规划部门的要求下，允许窗罩、遮阳、雨篷等构件突入，具体规定详见《民用建筑设计统一标准》(GB 50352-2019)。

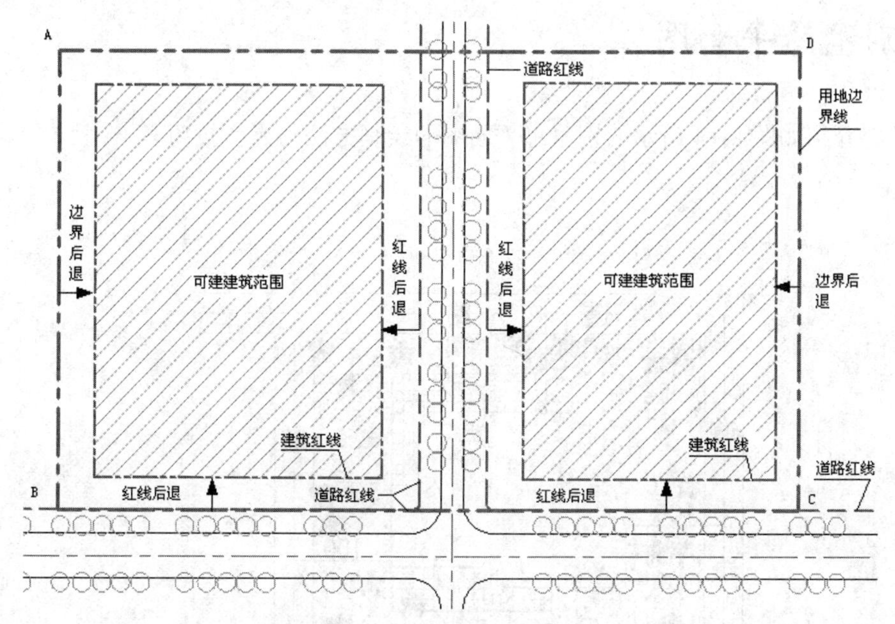

图 8-13　各用地控制线之间的关系

（3）建筑红线：建筑红线是指城市道路两侧控制沿街建筑物或构筑物（如外墙、台阶等）靠邻街面的界线，又称建筑控制线。建筑控制线划定可建造建筑物的范围。由于城市规划要求，在用地界线内需要由道路红线后退一定距离确定建筑控制线，这就叫作红线后退。如果考虑到在相邻建筑之间按规定留出防火间距、消防通道和日照间距的时候，也需要由用地边界后退一定的距离，这叫作后退边界。在后退的范围内可以修建广场、停车场、绿化、道路等，但不可以修建建筑物。至于建筑突出物的相关规定，与道路红线相同。

在拿到基地图时，除了明确地物、地貌外，就是要搞清楚其中对用地范围的具体限定，为建筑设计做准备。

8.1.3　总平面图绘制步骤

一般情况下，在 AutoCAD 2024 中总平面图绘制步骤由以下 4 步构成。

1．地形图的处理

包括地形图的插入、描绘、整理和应用等。

2．总平面布置

包括建筑物、道路、广场、停车场、绿地和场地出入口布置等内容。

3．各种文字及标注

包括文字、尺寸、标高、坐标、图表和图例等内容。

4．布图

包括插入图框、调整图面等。

8.2　别墅总平面图

本节将介绍如图 8-14 所示的别墅总平面图的绘制方法与操作技巧。

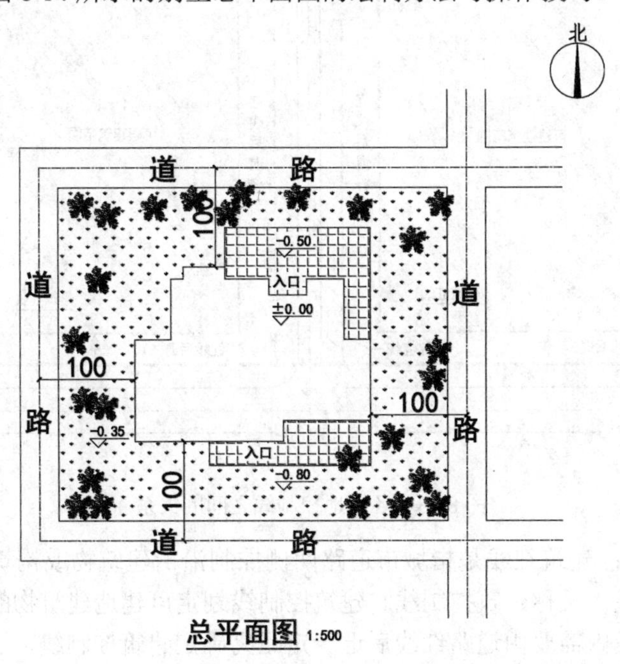

图 8-14　别墅总平面图

8.2.1　设置绘图参数

01 设置单位。选择菜单栏中的“格式”→“单位”命令，系统打开“图形单位”对话框，如图 8-15 所示。设置长度“类型”的“小数”“精度”为 0.0000；设置角度“类型”为“十进制度数”，“精度”为 0；系统默认逆时针方向为正，将插入时的缩放比例设置为“无单位”。

02 设置图形边界。命令行提示与操作如下：

```
命令：LIMITS
重新设置模型空间界限：
指定左下角点或 [开(ON)/关(OFF)]<0.0000,0.0000>:
指定右上角点 <12.0000,9.0000>: 420000,297000
```

03 设置图层名。单击“默认”选项卡“图层”面板中的“图层特性”按钮，打开“图层特性管理器”对话框，单击“新建图层”按钮，设置图层，结果如图 8-16 所示。

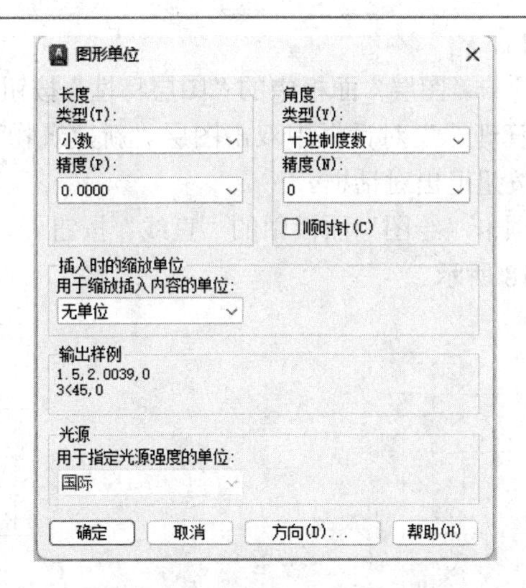

图 8-15 “图形单位”对话框

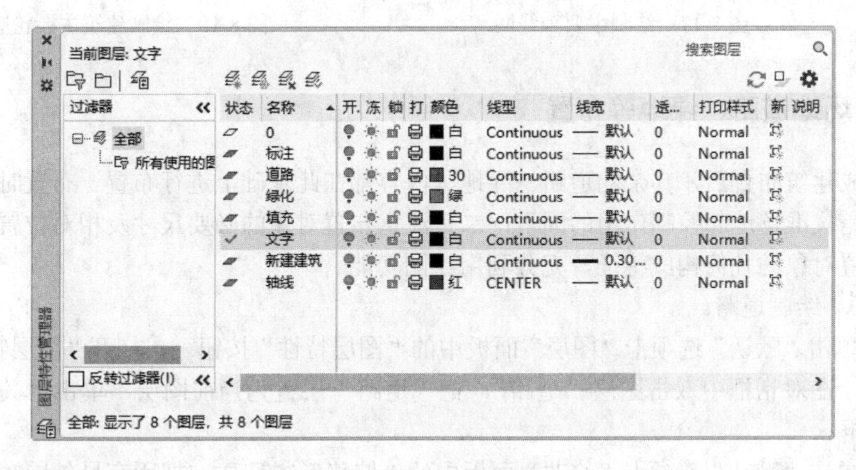

图 8-16 图层的设置

8.2.2 建筑物布置

01 绘制轴线网。

❶单击“默认”选项卡“图层”面板中的“图层特性”按钮，打开“图层特性管理器”对话框。在“图层特性管理器”对话框中双击图层“轴线”，把“轴线”层置为当前图层，单击“关闭”按钮退出对话框。

❷单击“默认”选项卡“绘图”面板中的“构造线”按钮，在正交模式下，绘制竖直构造线和水平构造线，组成“十”字辅助线网。

❸单击“默认”选项卡“修改”面板中的“偏移”按钮，将竖直构造线分别向右边偏移 3700、1300、4200、4500、1500、2400、3900 和 2700。将水平构造线分别向上偏移 2100、4200、3900、4500、1600 和 1200，得到主要轴线网，结果如图 8-17 所示。

02 绘制新建建筑。

❶单击“默认”选项卡“图层”面板中的“图层特性”按钮，打开“图层特性管理器”对话框。在“图层特性管理器”对话框中双击图层“新建筑物”，把“新建筑物”层置为当前图层，单击“关闭”按钮退出对话框。

❷单击“默认”选项卡“绘图”面板中的“直线”按钮，根据轴线网绘制新建建筑的主要轮廓，结果如图 8-18 所示。

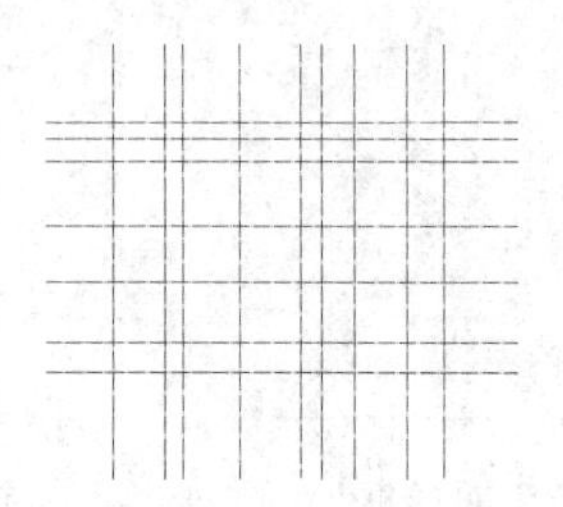

图 8-17　绘制主要轴线网

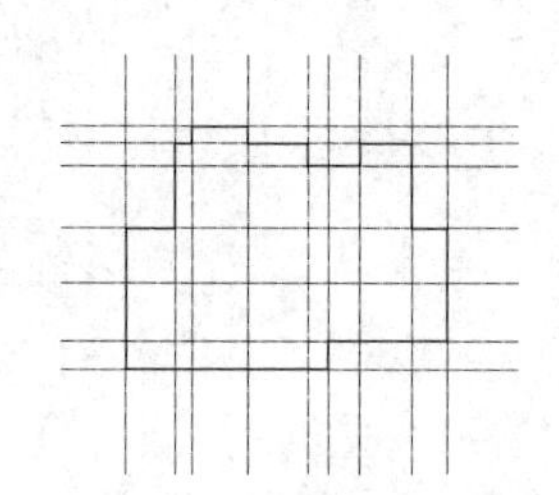

图 8-18　绘制建筑主要轮廓

8.2.3　场地道路、绿地等布置

完成建筑布置后，其余的道路、绿地等内容都在此基础上进行布置。布置时抓住 3 个要点：一是找准场地起控制作用的因素；二是注意布置对象的必要尺寸及相对位置关系；三是注意布置对象的几何构成特征，充分利用绘图功能。

01 绘制道路。

❶单击“默认”选项卡“图层”面板中的“图层特性”按钮，打开“图层特性管理器”对话框。在对话框中双击图层“道路”，把“道路”层置为当前图层，单击“关闭”按钮退出对话框。

❷单击“默认”选项卡“修改”面板中的“偏移”按钮，把所有最外围轴线都向外偏移 10000，然后将偏移后的轴线分别向两侧偏移 2000；选择所有的道路，右击，在弹出的快捷菜单中选择“特性”命令；在打开的“特性”选项板中选择“图层”，把所选对象的图层改为“道路”层，得到主要的道路。单击“默认”选项卡“修改”面板中的“修剪”按钮，修剪掉道路多余的线条，使得道路整体连贯，结果如图 8-19 所示。

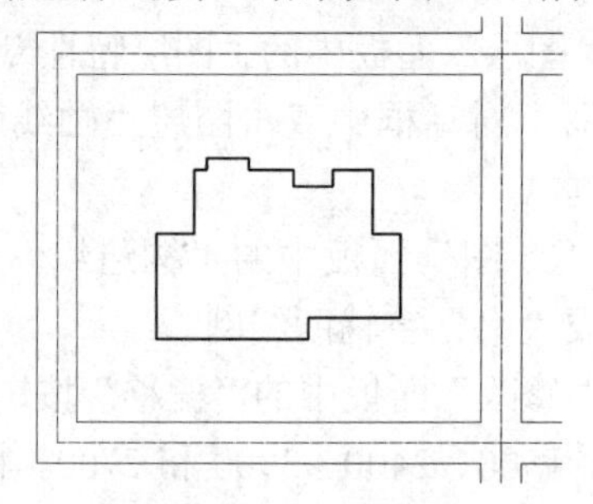

图 8-19　绘制道路

02 布置绿化。

❶单击“视图”选项卡“选项板”面板中的“工具”选项板按钮，打开如图 8-20 所示的“工具”选项板，选择“建筑”选项卡中的“树”图例，把“树”图例放在空白处，然后单击“默认”选项卡“修改”面板中的“缩放”按钮，把“树”图例放大到合适尺寸，结果如图 8-21 所示。

❷单击“默认”选项卡“修改”面板中的“复制”按钮，把“树”图例复制到各个位置。完成植物的绘制和布置，结果如图 8-22 所示。

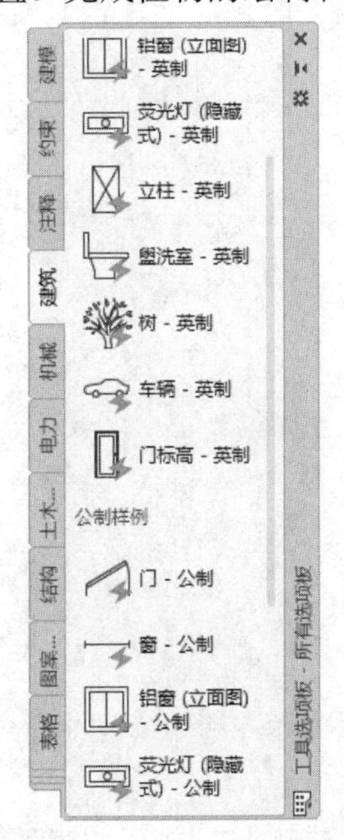

图 8-20 “工具”选项板

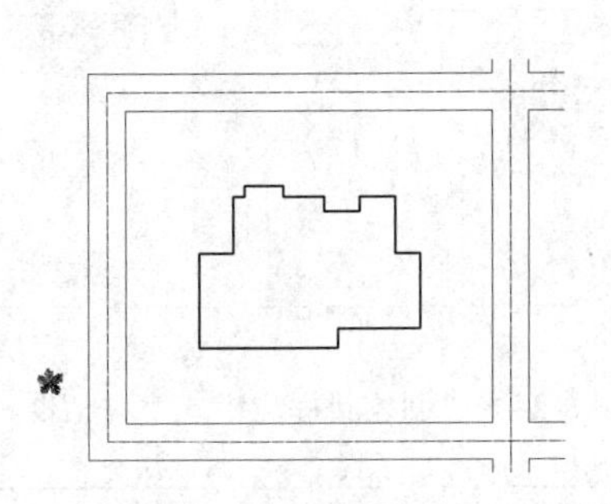

图 8-21 放大树图例

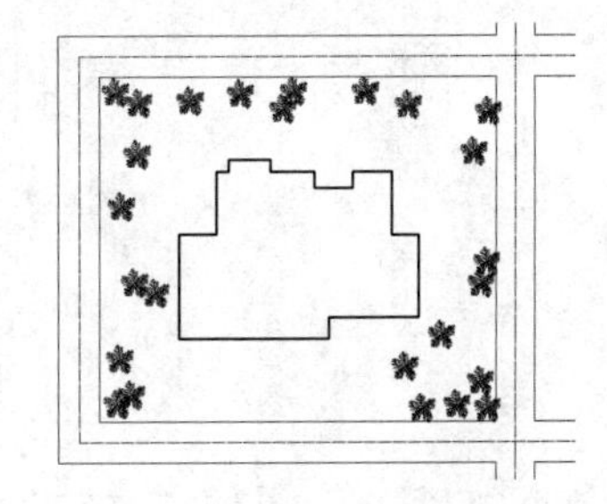

图 8-22 布置绿化植物

8.2.4 各种标注

总平面图的标注内容包括尺寸、标高、文字标注、指北针和文字说明等内容，它们是总平面图中不可或缺的部分。

在总平面图上，应标注新建筑物的总长、总宽及与周围建筑物、构筑物、道路中心线之间的距离。

01 设置尺寸样式。

❶单击“默认”选项卡“注释”面板中的“标注样式”按钮，打开“标注样式管理器”对话框，如图 8-23 所示。单击“新建”按钮，打开“创建新标注样式”对话框，在“新样式名”文本框中输入“总平面图”，如图 8-24 所示。

❷单击“继续”按钮，打开“新建标注样式：总平面图”对话框，选择“线”选项卡，设置“尺寸界线”选项组中的“超出尺寸线”为“400”，如图 8-25 所示。

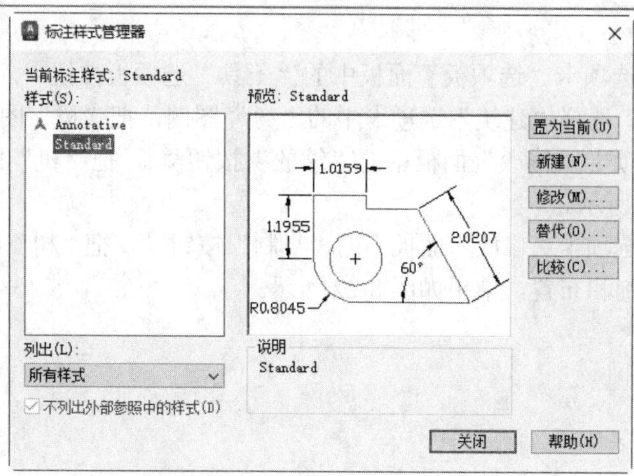

图 8-23 “标注样式管理器”对话框

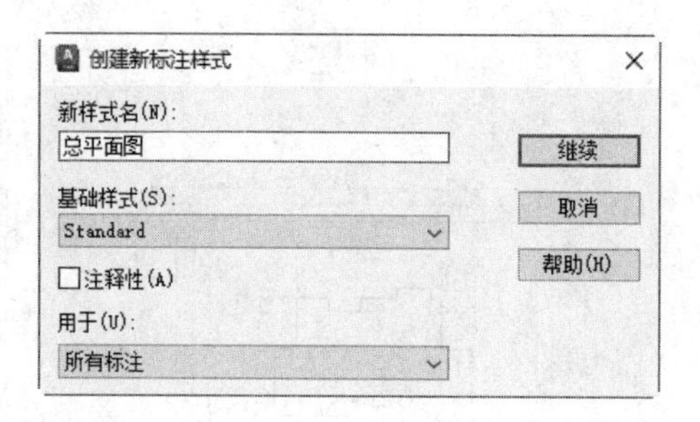

图 8-24 “创建新标注样式”对话框

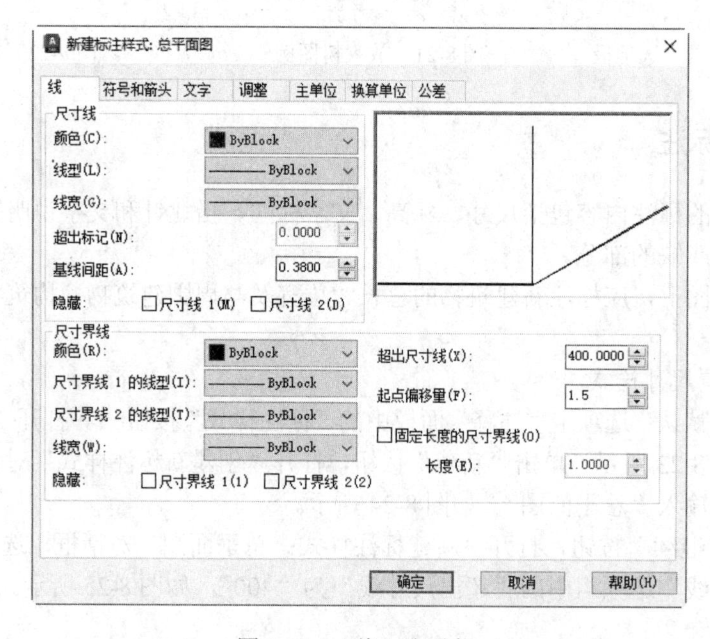

图 8-25 “线”选项卡

❸选择“符号和箭头”选项卡，在“箭头”选项组中“第一个”下拉列表框中选择“⁄建筑标记”选项，在“第二个”下拉列表框中选择“⁄建筑标记”选项，并设置“箭头大小”为“400”，完成“符号和箭头”选项卡的设置，如图 8-26 所示。

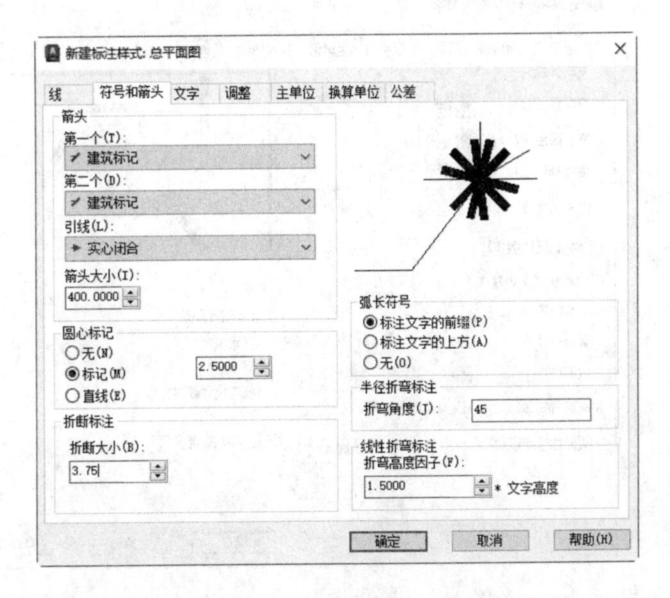

图 8-26　“符号和箭头”选项卡

❹选择“文字”选项卡，再单击“文字样式”右边的…按钮，打开“文字样式”对话框。单击“新建”按钮，创建新的文字样式“米单位”，取消选中“使用大字体”复选框，在“字体名”下拉列表框中选择“黑体”选项，设置文字“高度”为“2000”，如图 8-27 所示。单击“关闭”按钮关闭对话框。

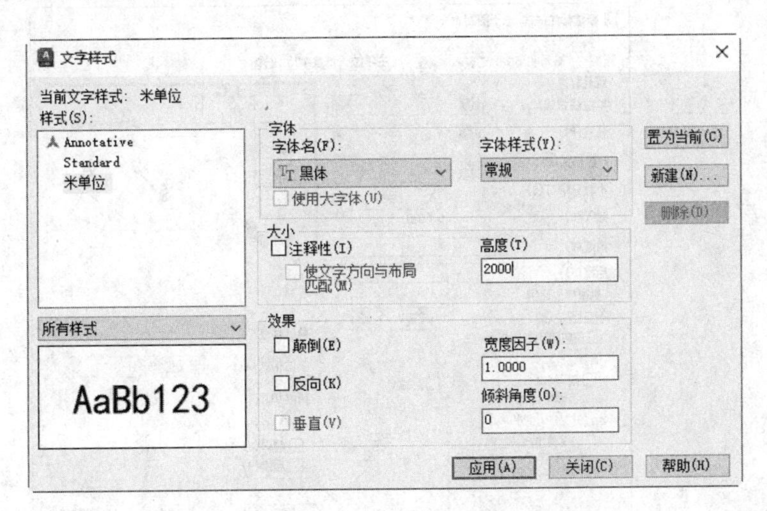

图 8-27　“文字样式”对话框

❺在“文字”选项卡中“文字外观”选项组中的“文字高度”文本框中输入“2000”，

在“文字位置”选项组中的“从尺寸线偏移”文本框中输入“200”。完成“文字”选项卡的设置，如图 8-28 所示。

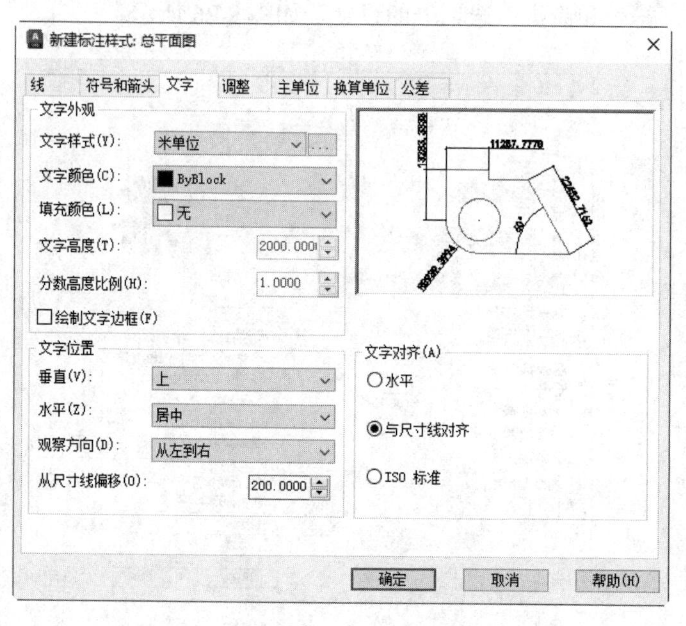

图 8-28　“文字”选项卡

❻选择“主单位”选项卡，在“测量单位比例”选项组中的“比例因子”文本框中输入“0.0001”。完成“主单位”选项卡的设置，如图 8-29 所示。单击“确定”按钮返回“标注样式管理器”对话框，在“样式”列表框中选择“总平面图”样式，单击“置为当前”按钮，最后单击“关闭”按钮返回绘图区。

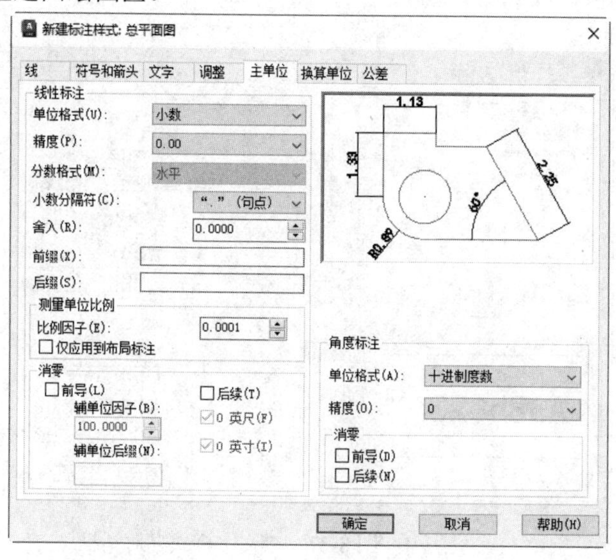

图 8-29　“主单位”选项卡

❼单击“默认”选项卡“注释”面板中的“标注样式”按钮，打开“标注样式管理器”对话框，单击“新建”按钮，打开“创建新标注样式”对话框，以“总平面图”为基础样式，在“用于”下拉列表框中选择“半径标注”选项，创建“总平面图：半径”样式，如图 8-30 所示。然后单击“继续”按钮，打开“新建标注样式：总平面图：半径”对话框，选择“符号和箭头”选项卡，在“第二个”下拉列表框中选择“实心闭合”选项，如图 8-31 所示，单击“确定”按钮，完成半径标注样式的设置。

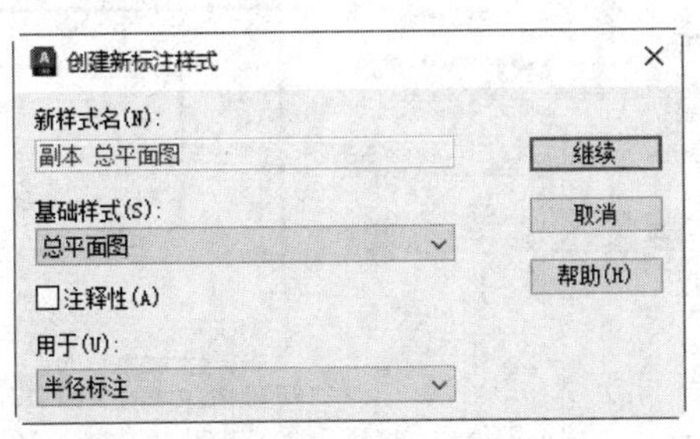

图 8-30 “创建新标注样式”对话框

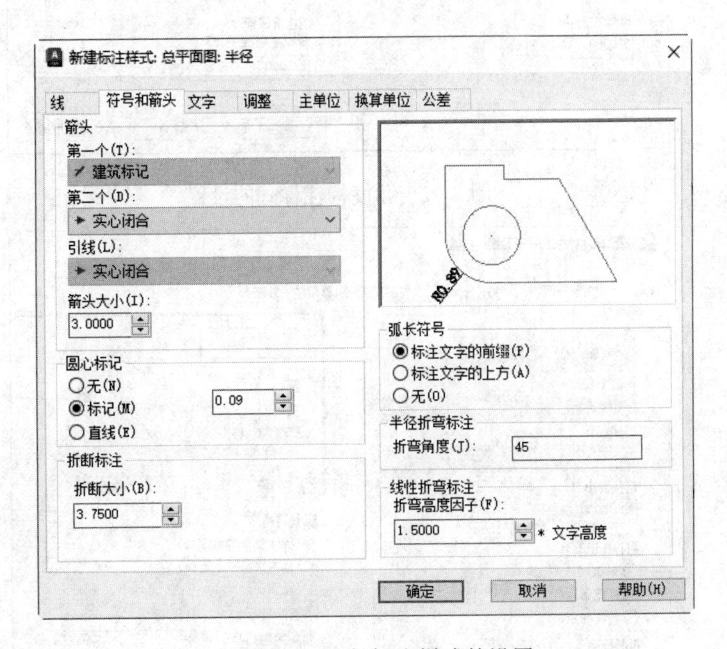

图 8-31 半径标注样式的设置

❽采用与半径标注样式设置相同的操作方法，分别创建角度和引线标注样式，如图 8-32 和图 8-33 所示。最终完成尺寸样式的设置。

02 标注尺寸。单击“默认”选项卡“注释”面板中的“线性”按钮，命令行提示与操作如下：

命令：_dimlinear

指定第一个尺寸界线原点或 <选择对象>:（单击状态栏中的“对象捕捉”按钮，利用“对象捕捉”

功能选择左侧道路中心线上的一点）

指定第二条尺寸界线原点：（选择总平面图最左侧竖直线上的一点）

指定尺寸线位置或[多行文字(M)/文字(T)/角度(A)/水平(H)/垂直(V)/旋转(R)]：（在图形中选择合适的位置）

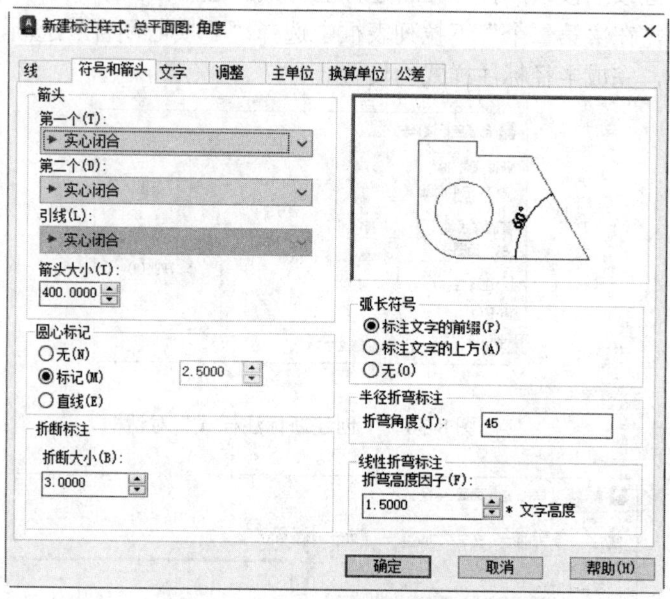

图 8-32　角度标注样式的设置

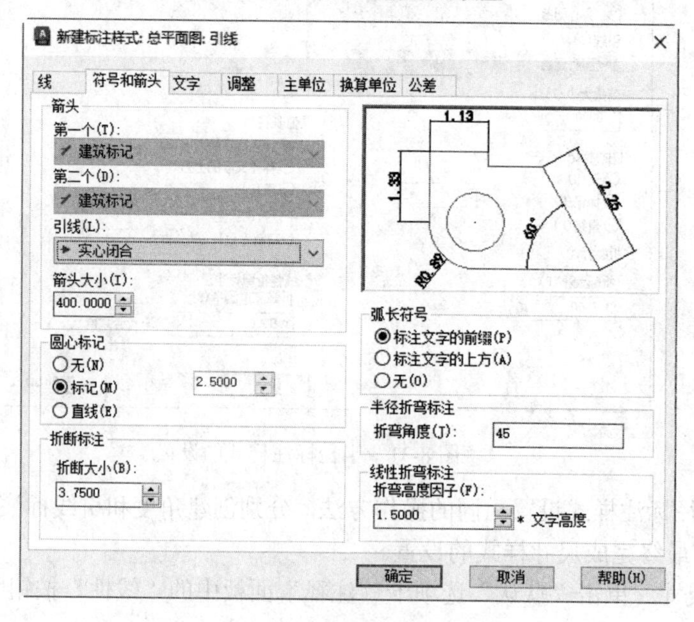

图 8-33　引线标注样式的设置

标注结果如图 8-34 所示。

重复上述命令，在总平面图中标注新建筑物到道路中心线的相对距离，标注结果如图

8-35 所示。

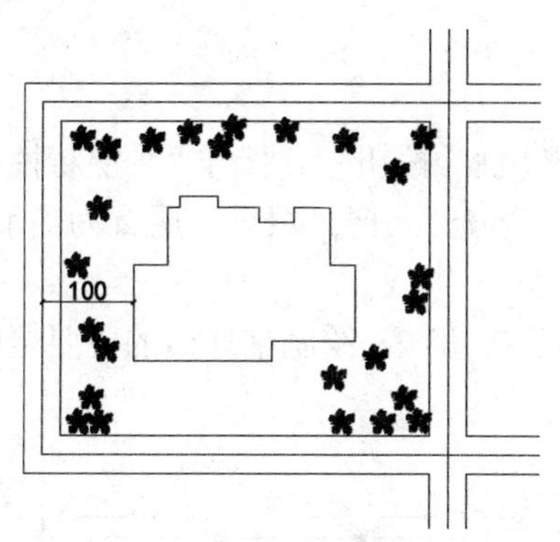

图 8-34　线性标注

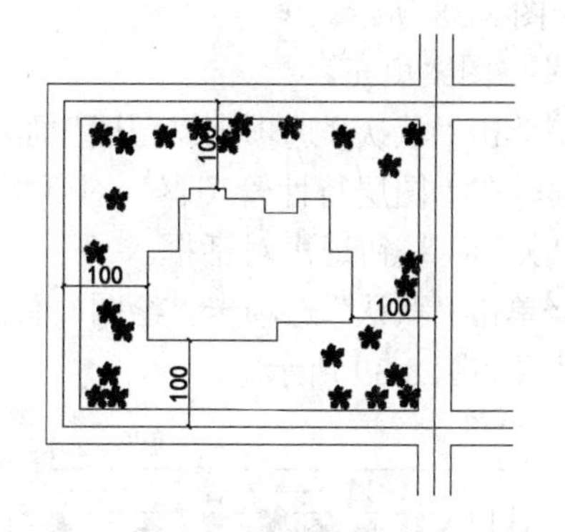

图 8-35　标注尺寸

03 标高标注。单击“默认”选项卡“块”面板中的“插入”下拉菜单中的“最近使用的块”选项，打开“块”选项板，如图 8-36 所示。在“最近使用的项目”选项中单击“标高”图块。在屏幕上指定插入点，将该图块插入如图 8-37 所示的图形中。

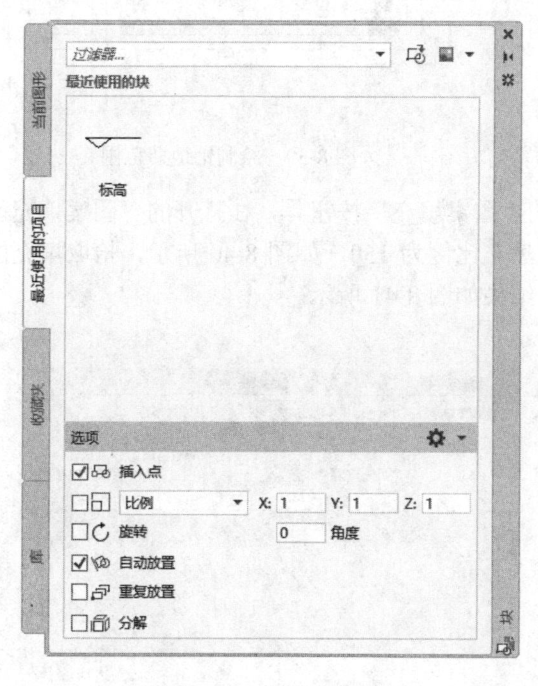

图 8-36　“块”选项板

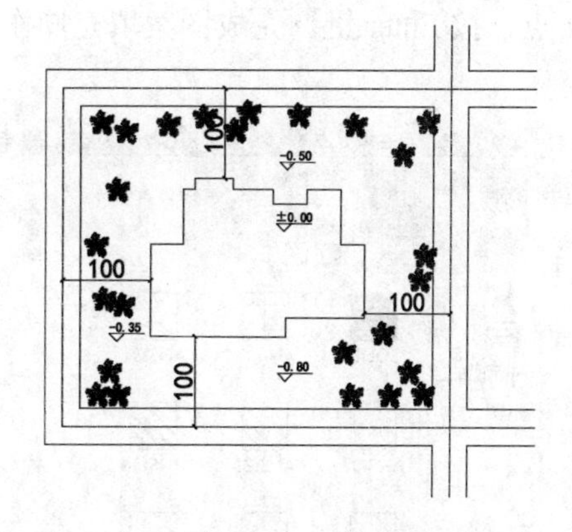

图 8-37　标高标注

04 文字标注。

❶单击“默认”选项卡“图层”面板中的“图层特性”按钮，打开“图层特性管理器”对话框。在“图层特性管理器”对话框中双击图层“文字”，把“文字”图层置为当前图层，单击“关闭”按钮退出对话框。

❷单击“默认”选项卡“注释”面板中的“多行文字”按钮A，标注入口、道路等，结果如图 8-38 所示。

05 图案填充。

❶单击“默认”选项卡“图层”面板中的“图层特性”按钮，打开“图层特性管理器”对话框。在“图层特性管理器”对话框中双击图层“填充”，把“填充”层置为当前图层。单击“关闭”按钮退出对话框。

❷单击“默认”选项卡“绘图”面板中的“直线”按钮╱，绘制铺地砖的主要范围轮廓，绘制结果如图 8-39 所示。

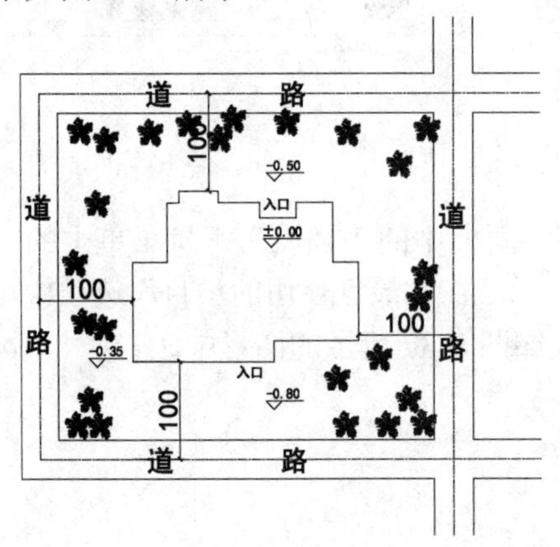

图 8-38　文字标注

图 8-39　绘制铺地砖范围

❸单击“默认”选项卡“绘图”面板中的“图案填充”按钮，在打开的“图案填充创建”选项卡，选择填充图案为 ANGLE，更改填充比例为 150，如图 8-40 所示，拾取填充区域内一点，按 Enter 键，完成图案填充操作，结果如图 8-41 所示。

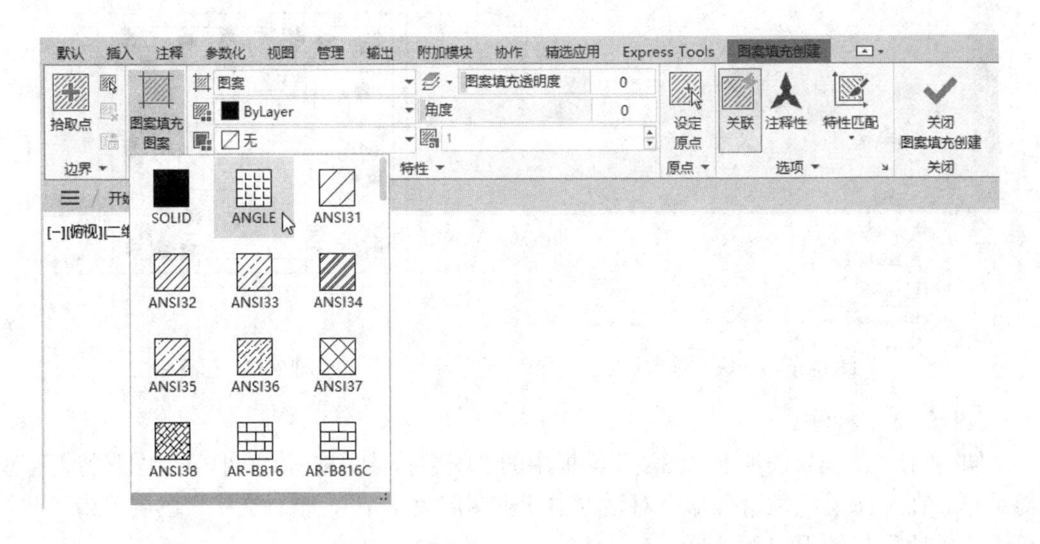

图 8-40　“图案填充创建”选项卡

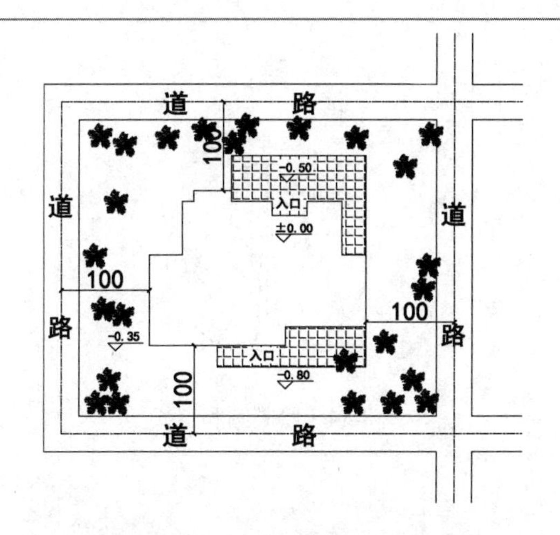

图 8-41　方块图案填充结果

❹单击“默认”选项卡“绘图”面板中的“图案填充”按钮，进行草地图案填充，选择填充图案为 GRASS，填充比例为 50，结果如图 8-42 所示。

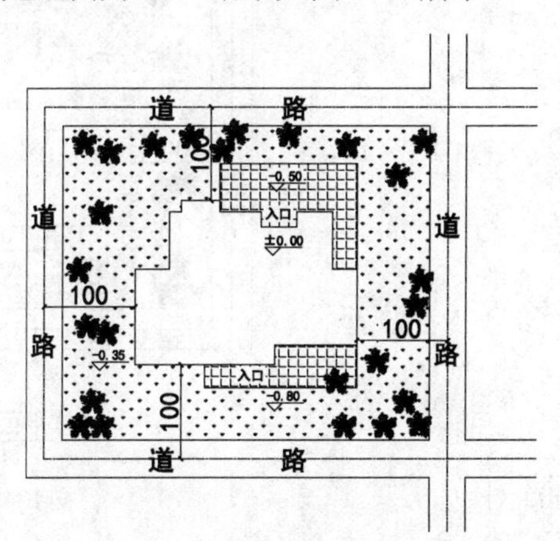

图 8-42　完成图案填充结果

06 图名标注。单击“默认”选项卡“注释”面板中的“多行文字”按钮 A，标注图名，结果如图 8-43 所示。

07 绘制指北针。单击“默认”选项卡“绘图”面板中的“圆”按钮，绘制一个圆；然后单击“默认”选项卡“绘图”面板中的“直线”按钮，绘制圆的竖直直径和另外两条弧，结果如图 8-44 所示。单击“默认”选项卡“绘图”面板中的“图案填充”按钮，选择指针填充图案为 SOLID，得到指北针的图例，结果如图 8-45 所示。单击“默认”选项卡“注释”面板中的“多行文字”按钮 A，在指北针上部标上“北”字，标注字高为 1500，字体为“仿宋_GB2312”，结果如图 8-46 所示。最终完成总平面图的绘制，结果如图 8-47 所示。

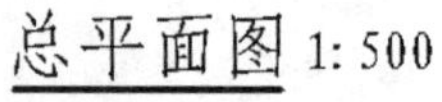

总平面图 1:500

图 8-43　图名

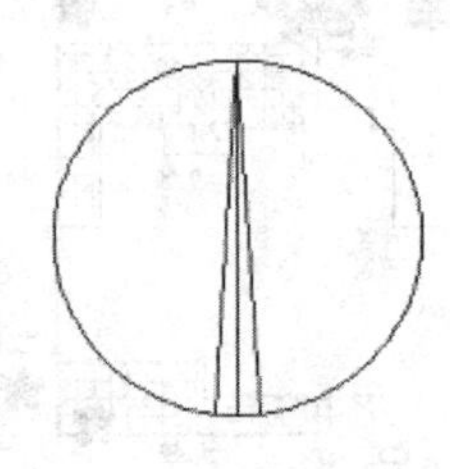

图 8-44　绘制圆和直线

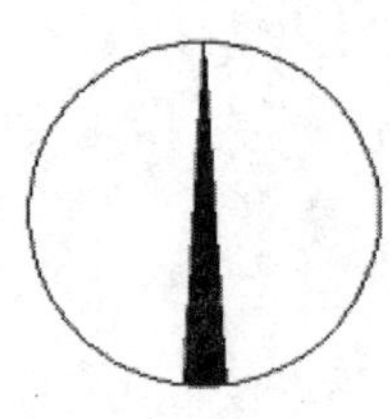

图 8-45　图案填充

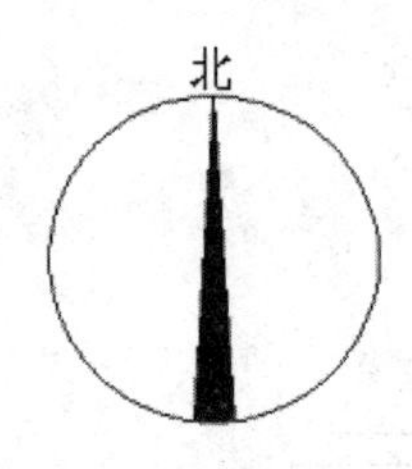

图 8-46　绘制指北针

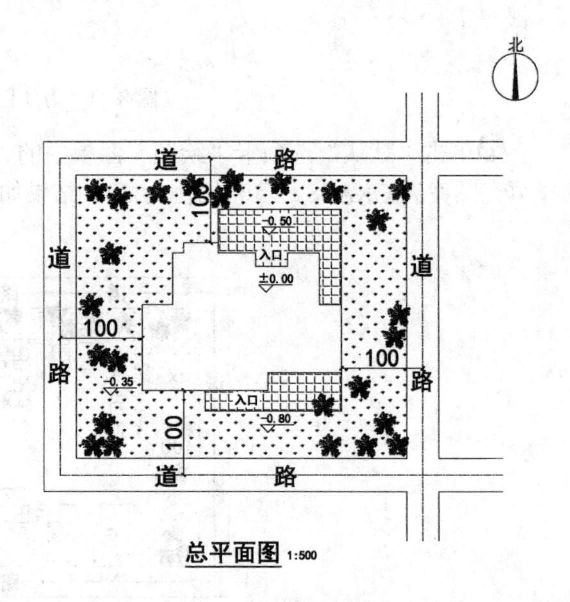

图 8-47　总平面图

8.3　上机实验

【实验】 绘制如图 8-48 所示的幼儿园总平面图。

操作指导

1．绘制辅助线网。
2．绘制建筑物。
3．绘制辅助设施。
4．填充图案和标注文字说明。

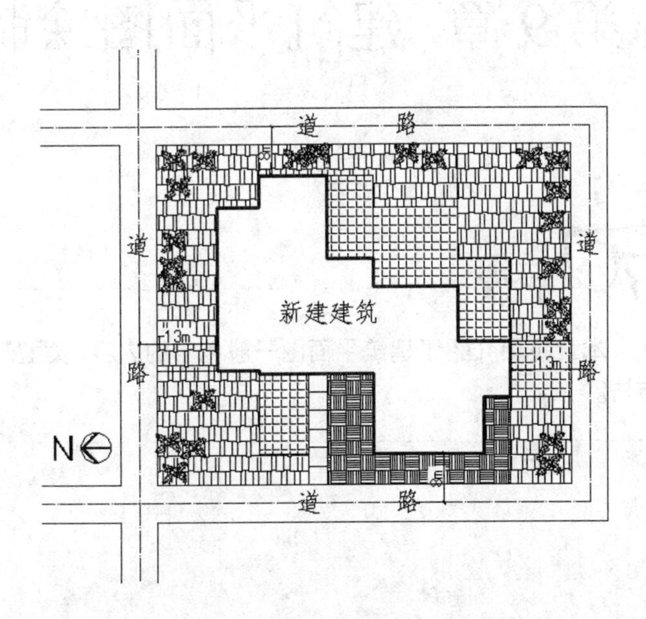

图 8-48　幼儿园总平面图

8.4　思考与练习

1．总平面图包括哪些内容？
2．总平面图的绘制步骤？

第 9 章 建筑平面图绘制

导读

本章主要介绍了建筑平面图一般包含的内容、类型及绘制平面图的一般方法。

学 习 要 点

- 建筑平面图内容和绘制步骤
- 绘制别墅总平面图

9.1 建筑平面图概述

9.1.1 建筑平面图内容

建筑平面图是假想在门窗洞口之间用一水平剖切面将建筑物剖成两半，下半部分在水平面（H面）上的正投影图。在平面图中的主要图形包括剖切到墙、柱、门窗、楼梯，以及看到的地面、台阶、楼梯等剖切面以下的构件轮廓。由此可见，从平面图中可以看到建筑的平面大小、形状、空间平面布局、内外交通及联系、建筑构配件大小及材料等内容。为了清晰准确地表达这些内容，除了按制图知识和规范绘制建筑构配件平面图形外，还需要标注尺寸及文字说明、设置图面比例等。

9.1.2 建筑平面图类型

1．根据剖切位置不同分类

根据剖切位置不同，建筑平面图可分为地下层平面图、底层平面图、X层平面图、标准层平面图、屋顶平面图和夹层平面图等。

2．按不同的设计阶段分类

按不同的设计阶段分为方案平面图、初设平面图和施工平面图。不同阶段图样表达深度不一样。

9.1.3 建筑平面图绘制的一般步骤

建筑平面图绘制的一般步骤为以下10步：

1）绘图环境设置。

2）轴线绘制。

3）墙线绘制。

4）柱绘制。

5）门窗绘制。

6）阳台绘制。

7）楼梯、台阶绘制。

8）室内布置。

9）室外周边景观（底层平面图）。

10）尺寸、文字标注。

根据工程的复杂程度，上面绘图顺序有可能小范围调整，但总体顺序基本不变。

9.2 别墅平面图

本节以如图 9-1 所示的别墅地下层平面图为例介绍平面图的绘制方法。别墅是练习建筑绘图的理想实例，因其规模不大、不复杂，易接受，而且包含的建筑构配件也比较齐全。

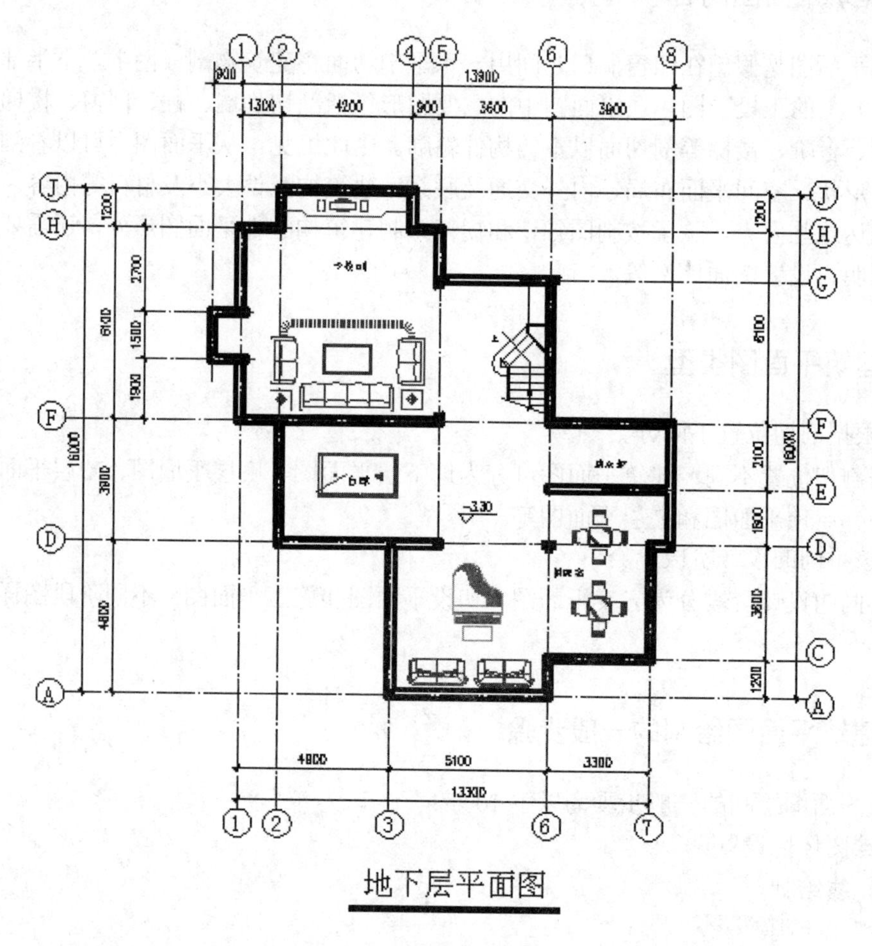

图 9-1　别墅地下层平面图

9.2.1　设置绘图环境

01 利用 LIMITS 命令设置图幅为 42000×29700。

02 单击“默认”选项卡“图层”面板中的“图层特性”按钮，打开“图层特性管理器”对话框。单击“新建图层”按钮，创建轴线、墙线、标注、标高、楼梯、室内布局等图层，然后修改各图层的颜色、线型和线宽等，结果如图 9-2 所示。

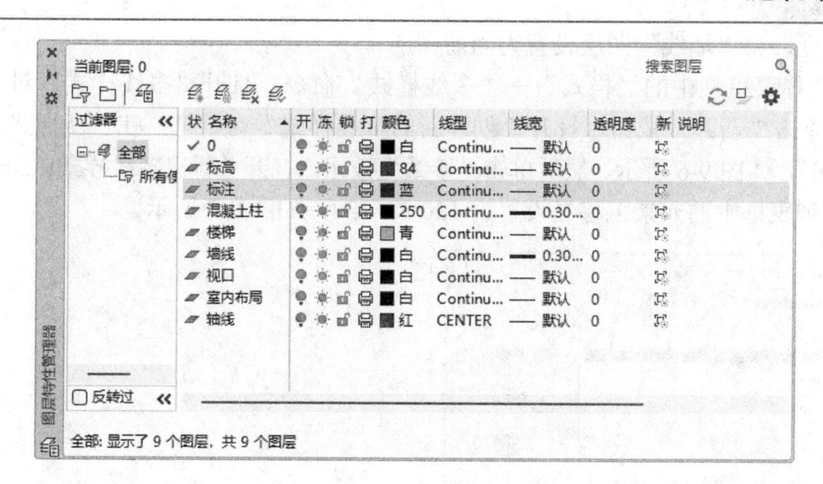

图 9-2 设置图层

9.2.2 绘制轴线网

01 单击“默认”选项卡“图层”面板中的“图层特性”按钮，打开“图层特性管理器”对话框，选择“轴线”图层，然后单击“置为当前”按钮，将“轴线”图层设置为当前图层。

02 单击“默认”选项卡“绘图”面板中的“构造线”按钮，绘制一条水平构造线和一条竖直构造线，组成“十”字构造线，如图 9-3 所示。

03 单击“默认”选项卡“修改”面板中的“偏移”按钮，将水平构造线分别向上偏移 1200、3600、1800、2100、1900、1500、1100、1600 和 1200，得到水平方向的辅助线。将竖直构造线分别向右偏移 900、1300、3600、600、900、3600、3300 和 600，得到竖直方向的辅助线，它们和水平辅助线一起构成正交的辅助线网，得到地下层的辅助线网格，结果如图 9-4 所示。

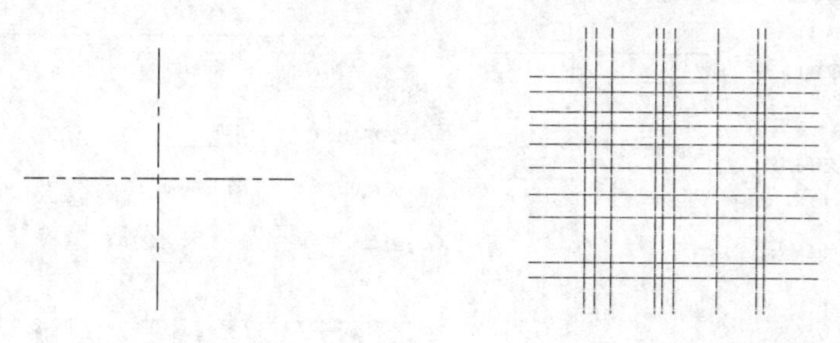

图 9-3 绘制“十”字构造线　　　图 9-4 地下层辅助线网格

9.2.3 绘制墙体

01 单击“默认”选项卡“图层”面板中的“图层特性”按钮，打开“图层特性管理器”对话框，将“墙线”图层设置为当前图层。

02 选择菜单栏中的“格式”→“多线样式”命令，打开“多线样式”对话框，如图9-5所示。单击“新建”按钮，打开“创建新的多线样式”对话框，在“新样式名”文本框中输入“240”，如图9-6所示。然后单击“继续”按钮，打开“新建多线样式：240”对话框，将“图元”列表框中的元素偏移量设置为120和-120，如图9-7所示。

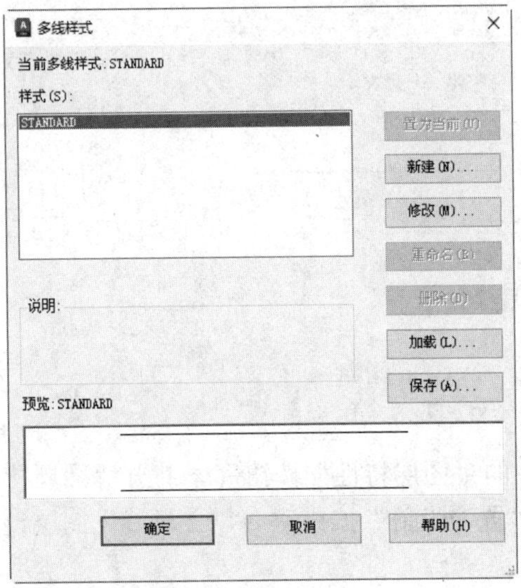

图 9-5　“多线样式”对话框

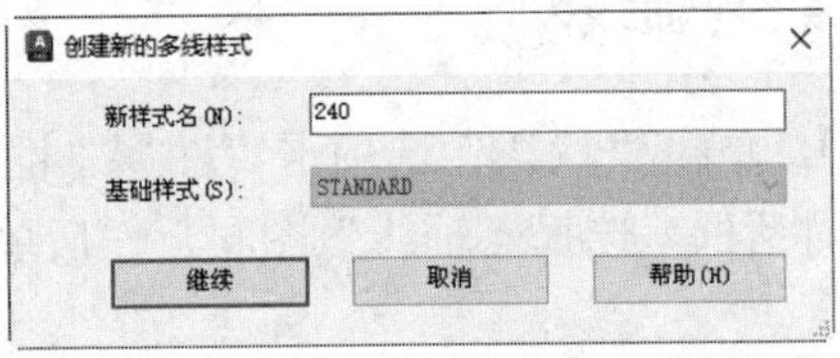

图 9-6　“创建新的多线样式”对话框

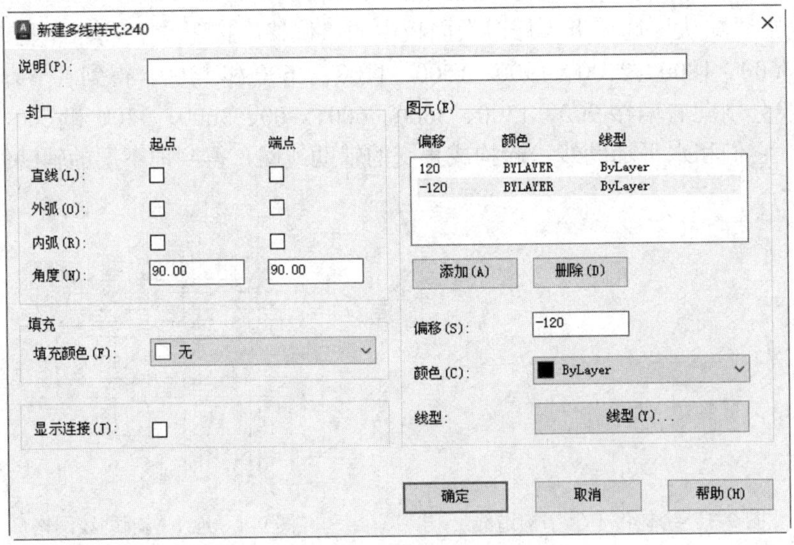

图 9-7　“新建多线样式：240”对话框

03 单击“确定”按钮，返回“多线样式”对话框，将多线样式“240”设置为当前图层，完成“240”墙体多线的设置。

04 选择菜单栏中的“绘图”→“多线”命令，根据命令提示，把对正方式设置为“无”，把多线比例设置为 1，注意多线的样式为 240，完成多线样式的调节。

05 选择菜单栏中的“绘图”→“多线”命令，根据辅助线网格绘制墙线。

06 单击“默认”选项卡“修改”面板中的“分解”按钮，将多线分解，然后单击“默认”选项卡“修改”面板中的“修剪”按钮和单击“默认”选项卡“绘图”面板中的“直线”按钮，使绘制的全部墙体看起来是光滑连贯的，结果如图 9-8 所示。

9.2.4 绘制混凝土柱

01 单击“默认”选项卡“图层”面板中的“图层特性”按钮，打开“图层特性管理器”对话框，将“混凝土柱”图层设置为当前图层。

02 单击“默认”选项卡“绘图”面板中的“矩形”按钮，捕捉内外墙线的两个角点作为矩形对角线上的两个角点，绘出土柱边框，如图 9-9 所示。

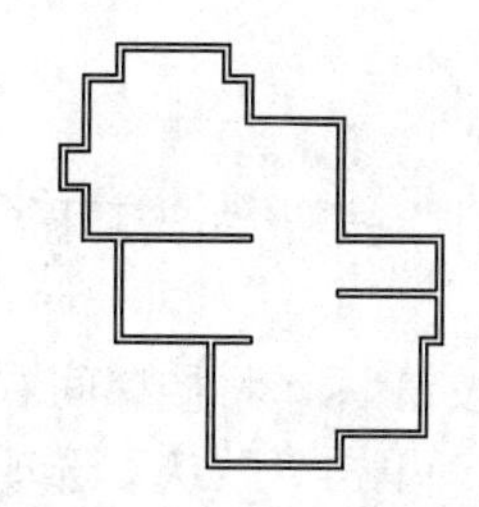

图 9-8 绘制墙线结果

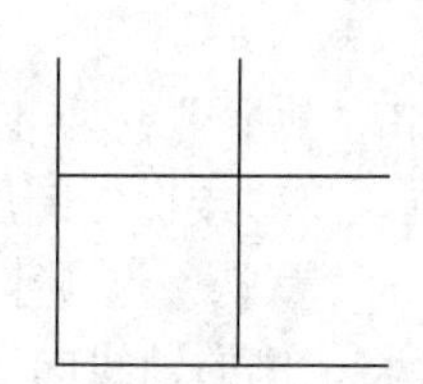

图 9-9 绘制土柱边框

03 单击“默认”选项卡“绘图”面板中的“图案填充”按钮，打开“图案填充创建”选项卡，选择 SOLID 图案，如图 9-10 所示，在柱子轮廓内单击，然后按 Enter 键，完成填充，结果如图 9-11 所示。

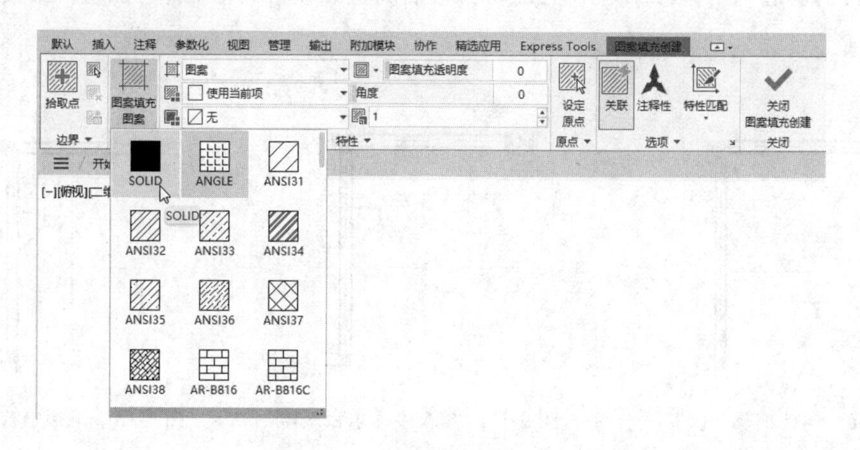

图 9-10 “图案填充创建”选项卡

04 单击“默认”选项卡“修改”面板中的“复制”按钮，将混凝土柱图案复制到

相应的位置。注意复制时，灵活应用对象捕捉功能可以方便定位，结果如图 9-12 所示。

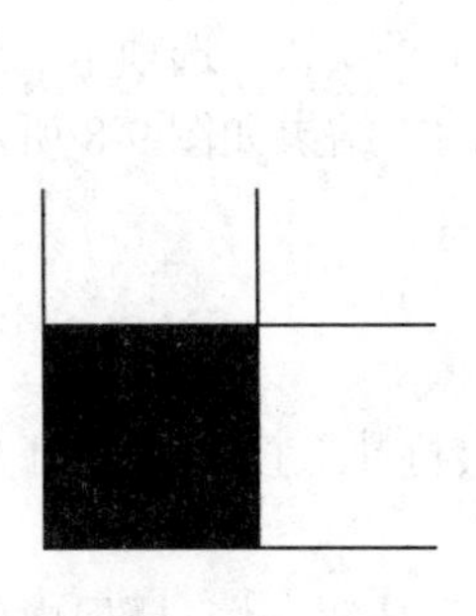

图 9-11　图案填充

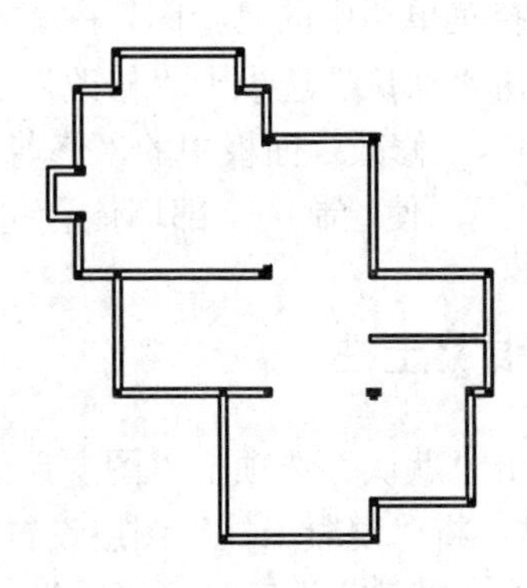

图 9-12　复制混凝土柱

9.2.5　绘制楼梯

01 单击“默认”选项卡“图层”面板中的“图层特性”按钮，打开“图层特性管理器”对话框，将“楼梯”图层设置为当前图层。

02 单击“默认”选项卡“修改”面板中的“偏移”按钮，将楼梯间右侧的轴线向左偏移 720，将上侧的轴线向下依次偏移 1380、290 和 600。单击“默认”选项卡“修改”面板中的“修剪”按钮和单击“默认”选项卡“绘图”面板中的“直线”按钮，将偏移后的直线进行修剪和补充，然后将其设置为“楼梯”图层，结果如图 9-13 所示。

03 设置楼梯承台位置的线段颜色为黑色，并将其线宽改为 0.6，结果如图 9-14 所示。

04 单击“默认”选项卡“修改”面板中的“偏移”按钮，将内墙线向左偏移 1200，将楼梯承台的斜边向下偏移 1200，然后将偏移后的直线设置为“楼梯”图层，结果如图 9-15 所示。

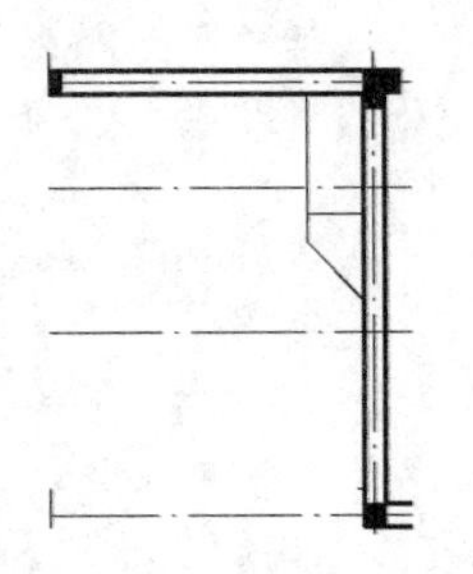

图 9-13　偏移轴线并修剪

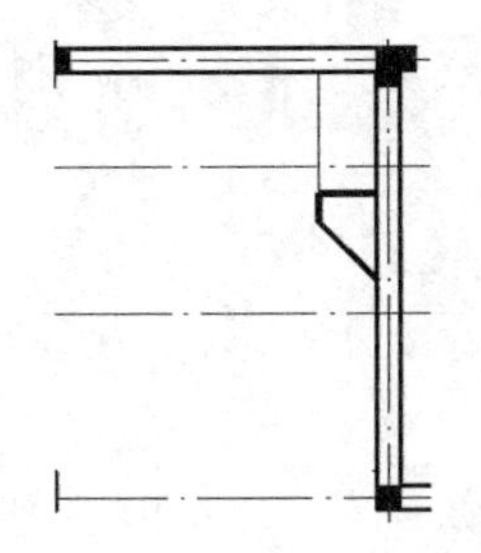

图 9-14　修改楼梯承台线段

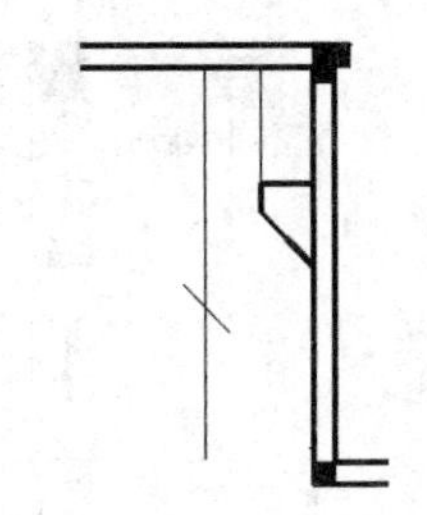

图 9-15　偏移直线并修改

05 单击“默认”选项卡“绘图”面板中的“直线”按钮，绘制台阶边线，结果如图 9-16 所示。

06 单击“默认”选项卡“修改”面板中的“偏移”按钮，将台阶边线向上进行偏移，偏移距离均为250，完成楼梯踏步的绘制，结果如图9-17所示。

07 单击“默认”选项卡“修改”面板中的“偏移”按钮，将楼梯边线向左偏移60，绘制楼梯扶手；然后单击“默认”选项卡“绘图”面板中的“直线”按钮和“圆弧”按钮，细化踏步和扶手，结果如图9-18所示。

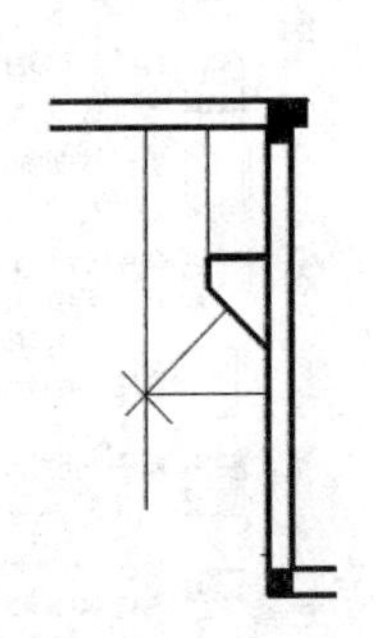

图9-16　绘制台阶边线

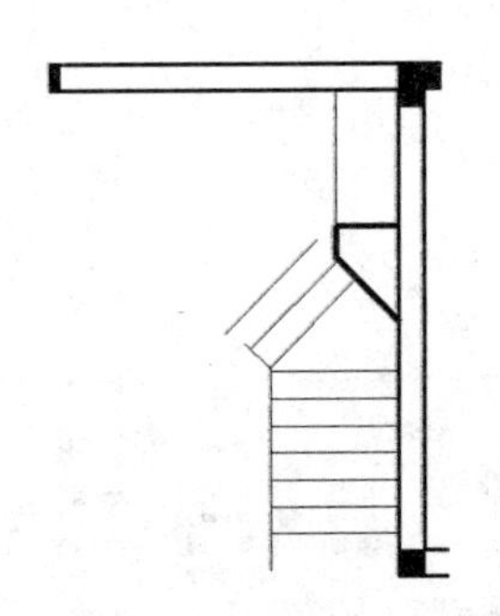

图9-17　绘制楼梯踏步

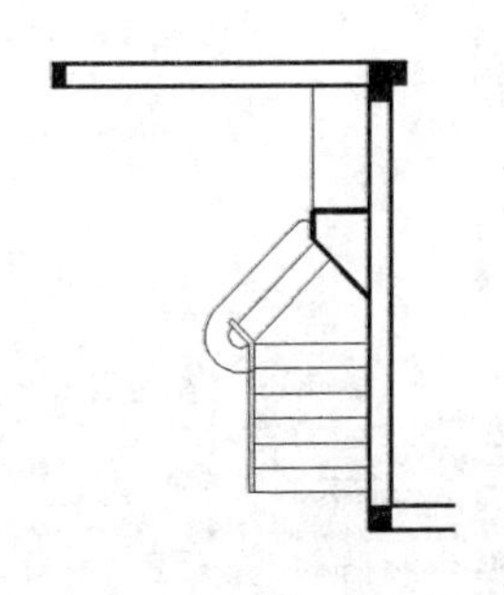

图9-18　绘制楼梯扶手

08 单击“默认”选项卡“绘图”面板中的“直线”按钮，绘制倾斜折断线。然后单击“默认”选项卡“修改”面板中的“修剪”按钮，修剪多余线段，结果如图9-19所示。

09 单击“默认”选项卡“绘图”面板中的“多段线”按钮和“多行文字”按钮A，绘制楼梯箭头，完成地下层楼梯的绘制，结果如图9-20所示。

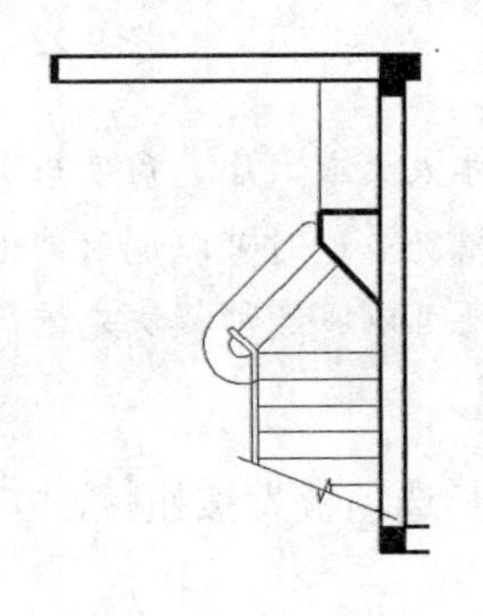

图9-19　绘制折断线

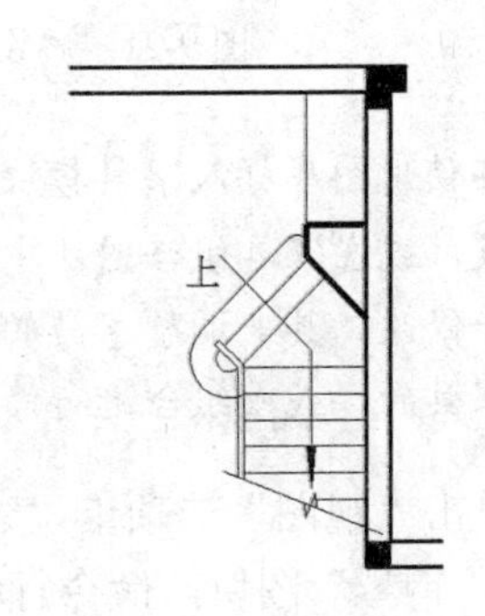

图9-20　绘制楼梯箭头

9.2.6　室内布置

01 单击“默认”选项卡“图层”面板中的“图层特性”按钮，打开“图层特性管理器”对话框，将“室内布局”图层设置为当前图层。

02 单击“视图”选项卡“选项板”面板中的“设计中心”按钮，在“文件夹”列表框中选择C:\Program Files\AutoCAD 2024\Sample\zh-CN\DesignCenter\Home-Space Planner.dwg中的“块”选项，右侧的列表框中出现桌子、椅子、床、钢琴等室内布置样例，如图9-21

所示。将这些样例拖到“工具选项板”的“建筑”选项卡中，如图 9-22 所示。

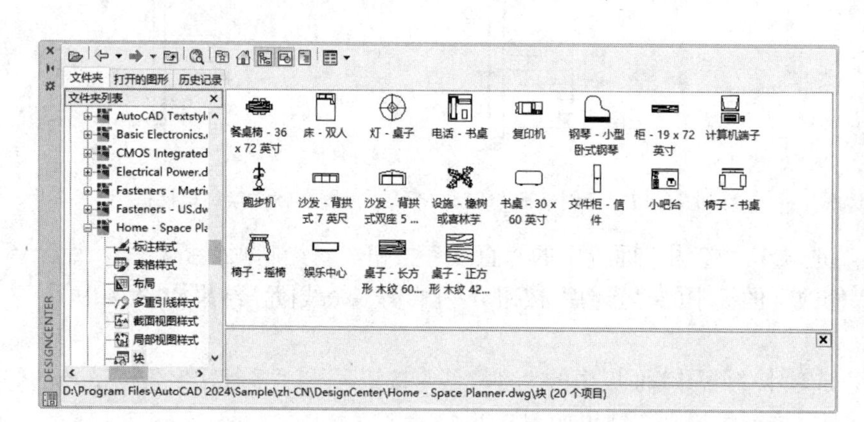

图 9-21 “设计中心”选项板

图 9-22 工具选项板

> ✍ **技巧：** 在使用图库插入家具模块时，经常会遇到家具尺寸太大或太小、角度与实际要求不一致，或在家具组合图块中，部分家具需要更改等情况。这时可以调用“比例”“旋转”等修改工具来调整家具的比例和角度，如有必要还可以将图形模块先进行分解，再对家具的样式或组合进行修改。

03 单击“视图”选项卡“选项板”面板中的“工具选项板”按钮，在“建筑”选项卡中双击“钢琴”图块，命令行提示与操作如下：

命令： 忽略块 钢琴 – 小型卧式钢琴 的重复定义

指定插入点或 [基点(B)/比例(S)/旋转(R)]：

确定合适的插入点和缩放比例，将钢琴放置在室内合适的位置，结果如图 9-23 所示。

04 按照同样的方法将沙发、茶几、音箱、台球桌和棋牌桌等插入到合适位置，完成地下层平面图的室内布置，结果如图 9-24 所示。

> ✍ **技巧：** 图块是 CAD 操作中比较核心的工作，系统为提供了各种各样的图块，这给我们的绘图操作提供了很大的方便，用户可根据需要使用这些图块。如在工程制图中创建各种规格的齿轮与轴承；在建筑制图中创建一些门、窗、楼梯和台阶等。

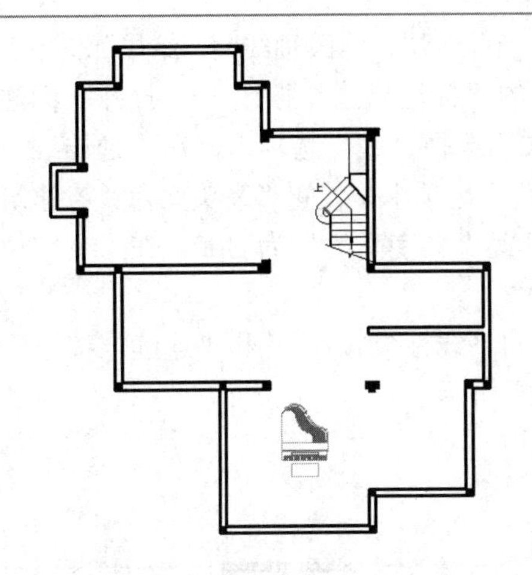

图 9-23　插入钢琴

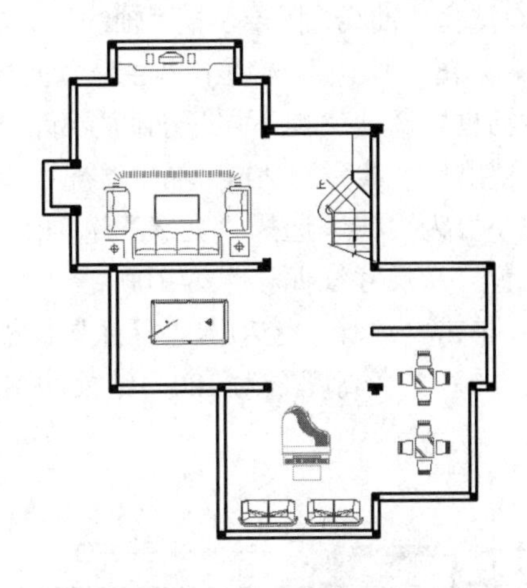

图 9-24　地下层平面图的室内布置

9.2.7　尺寸标注和文字说明

01 单击“默认”选项卡“图层”面板中的“图层特性”按钮，打开“图层特性管理器”对话框，将“标注”图层设置为当前图层。

02 单击“默认”选项卡“注释”面板中的“多行文字”按钮 A，进行文字说明，主要包括房间及设施的功能用途等，结果如图 9-25 所示。

03 单击“默认”选项卡“绘图”面板中的“直线”按钮 ╱ 和“多行文字”按钮 A，标注室内标高，结果如图 9-26 所示。

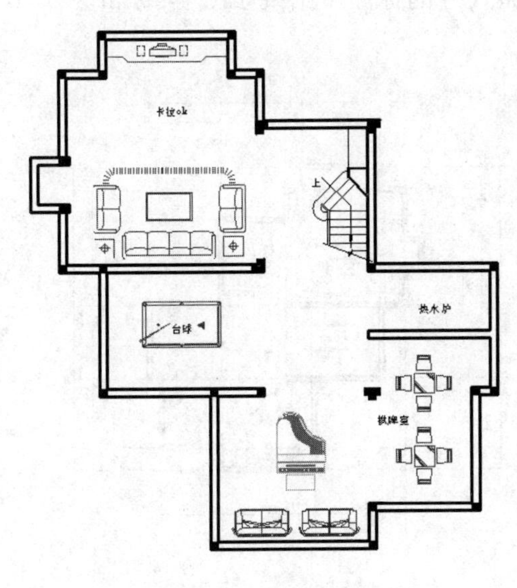

图 9-25　文字说明

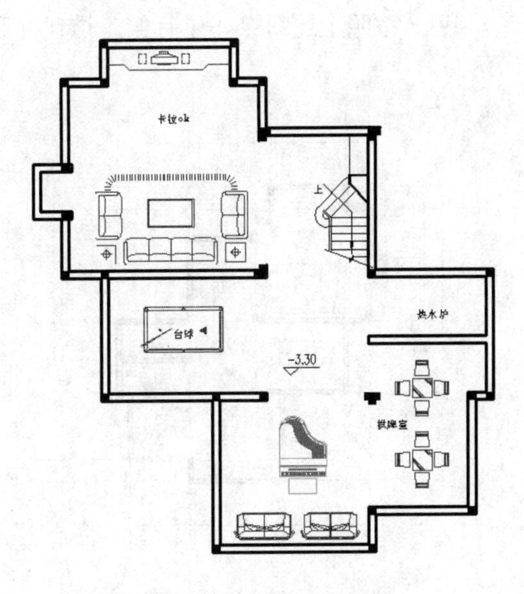

图 9-26　标注室内标高

04 选择“轴线”图层，把“轴线”层置为当前图层，修改轴线网，结果如图 9-27 所示。

05 单击“默认”选项卡“注释”面板中的“标注样式”按钮，打开“标注样式管理器”对话框，新建“地下层平面图”标注样式。选择“线”选项卡，在“延伸线”选项组中设置“超出尺寸线”为 200。单击“符号和箭头”选项卡，设置“箭头”为“建筑标记”、“箭头大小”为 200。选择“文字”选项卡，设置“文字高度”为 300，在“文字位置”选项组中设置“从尺寸线偏移”为 100。

06 单击“注释”选项卡“标注”面板中的“线性”按钮和“连续”按钮，标注第一道尺寸，“文字高度”为 300，结果如图 9-28 所示。

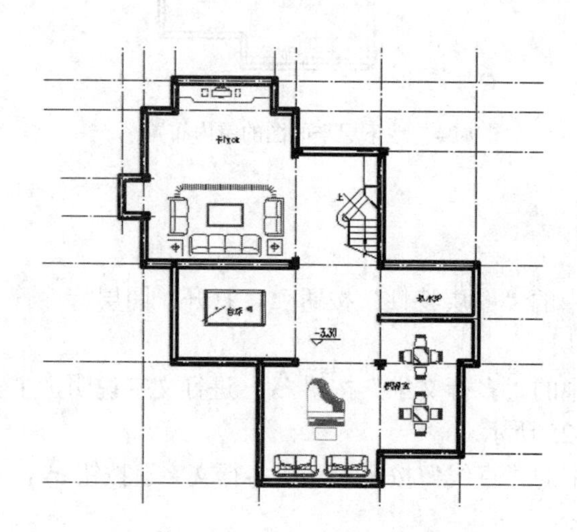

图 9-27　修改轴线网

图 9-28　标注第一道尺寸

07 按照上述命令，进行第二道尺寸和最外围尺寸的标注，结果如图 9-29 和图 9-30 所示。

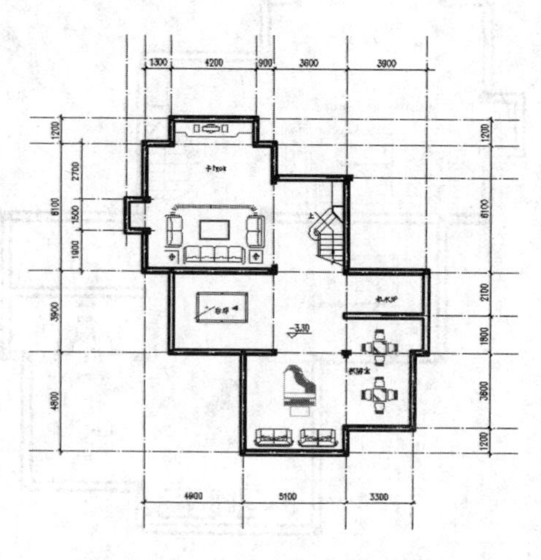

图 9-29　第二道尺寸标注

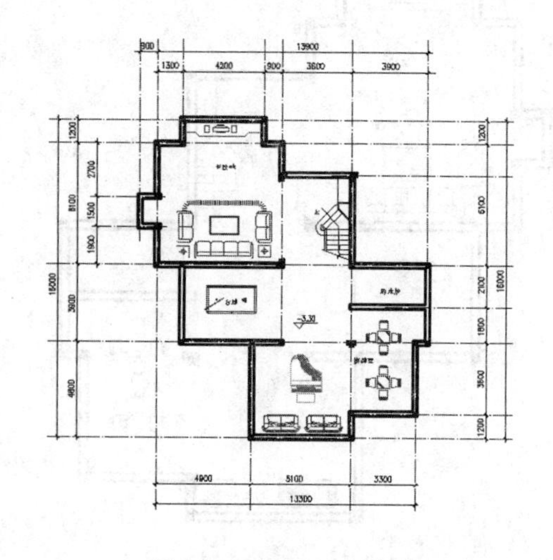

图 9-30　外围尺寸标注

08 轴号标注。根据规范要求，横向轴号一般用阿拉伯数字 1、2、3……标注，纵向轴号用字母 A、B、C……标注。

单击“默认”选项卡“绘图”面板中的“圆”按钮，在轴线端绘制一个直径为 600 的圆，单击“默认”选项卡“注释”面板中的“多行文字”按钮 A，在圆的中央标注一个数字“1”，设置字高为 300，如图 9-31 所示。单击“默认”选项卡“修改”面板中的“复制”按钮，将该轴号图例复制到其他轴线端头；双击数字，修改其他轴线号中的数字，完成轴线号的标注，结果如图 9-32 所示。

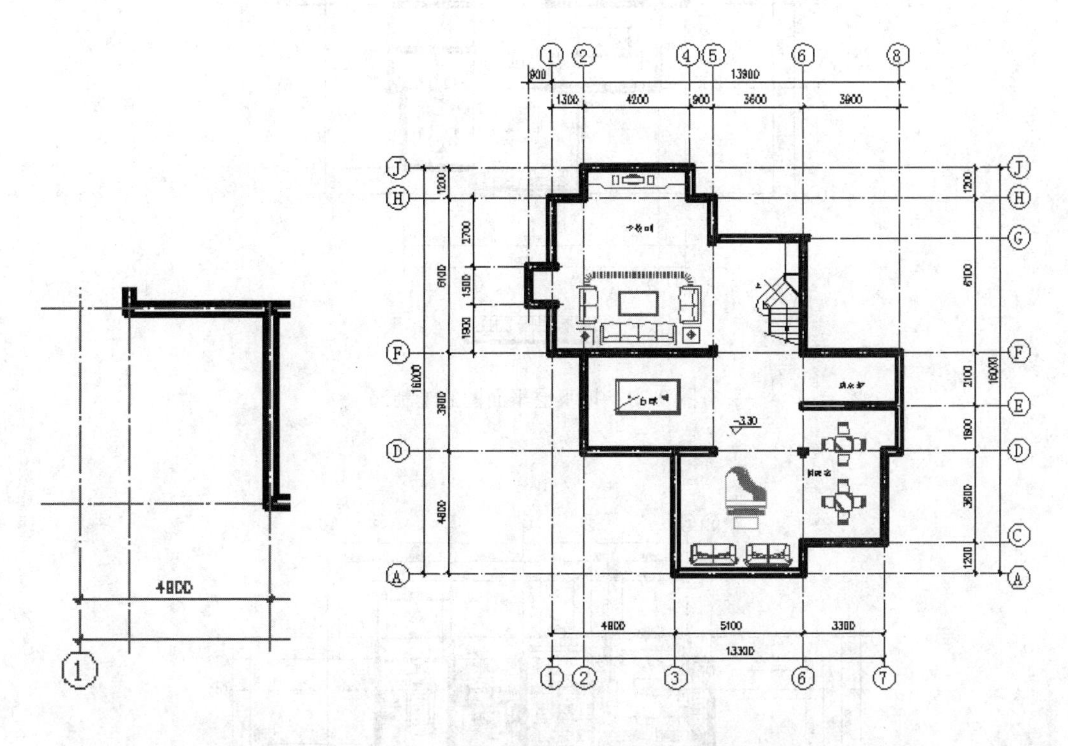

图 9-31　轴号 1　　　　图 9-32　标注轴线号

09 单击“默认”选项卡“注释”面板中的“多行文字”按钮，打开“文字编辑器”选项卡。设置文字高度为 700，在文本框中输入“地下层平面图”，最终完成地下层平面图的绘制，结果如图 9-33 所示。

> ✍ **技巧：** 在图库中，图形模块的名称通常很简要，除汉字外，还包含英文字母或数字。一般来说，这些名称是用来表明该家具特性或尺寸的。例如，前面使用过的图形模块“组合沙发-002P”，“组合沙发”表示家具的性质；“002”表示该家具模块是同类型家具中的第 2 个；字母“P”表示该家具的平面图形。例如，一个床模块名称为“单人床 9×20”，表示该单人床宽度为 900mm、长度为 2000mm。有了这些简单又明了的名称，绘图者就可以依据自己的实际需要方便地选择所需的图形模块，而无须费神地辨认和测量了。

综合上述步骤继续绘制如图 9-34～图 9-36 所示的一层平面图、二层平面图和屋顶平面图。

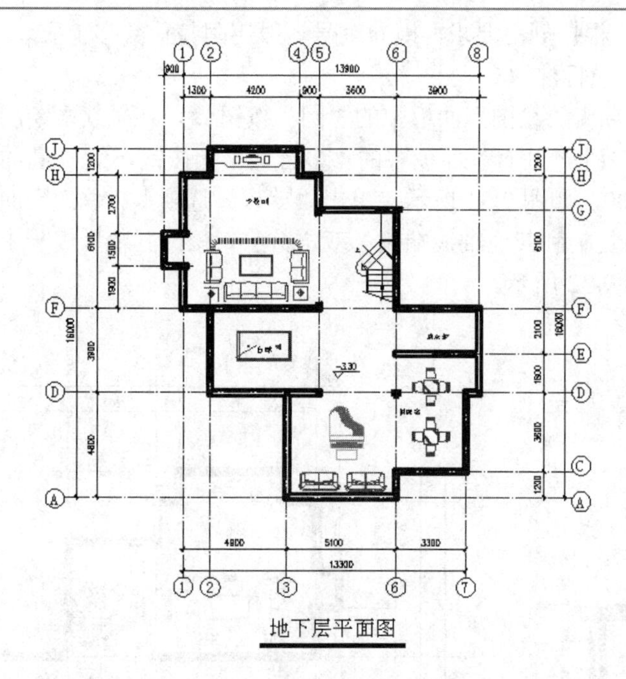

图 9-33　地下层平面图的绘制

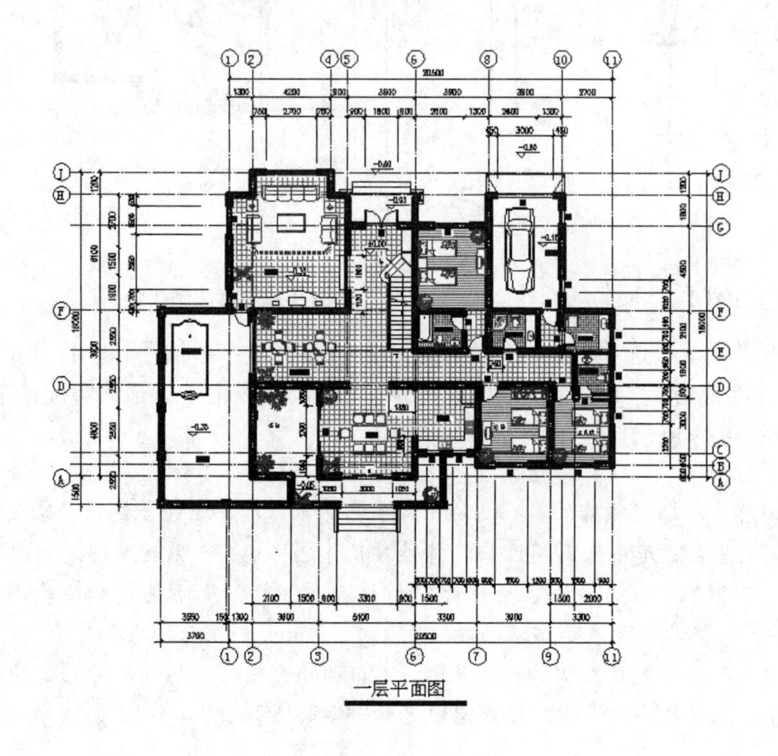

图 9-34　一层平面图

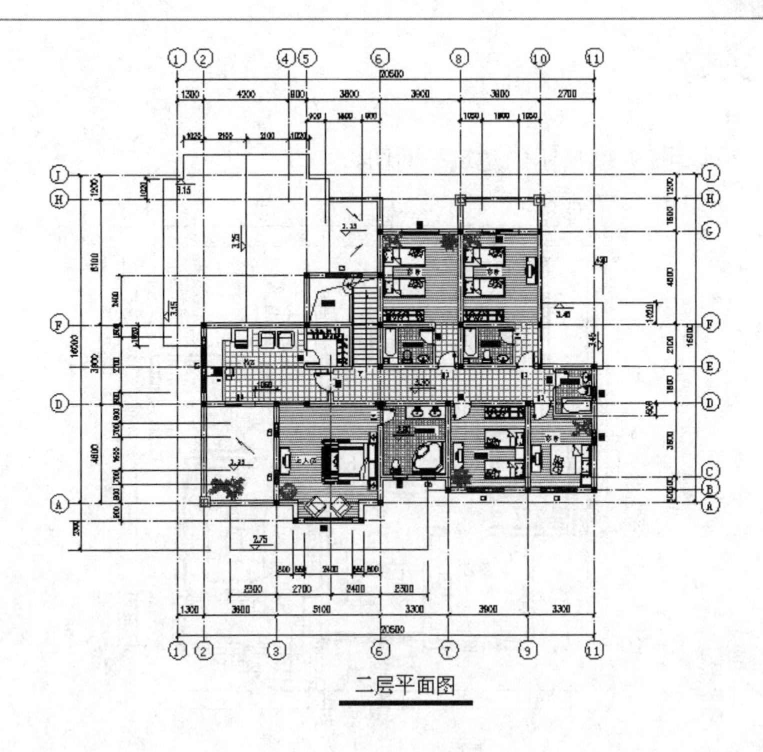

图 9-35　二层平面图

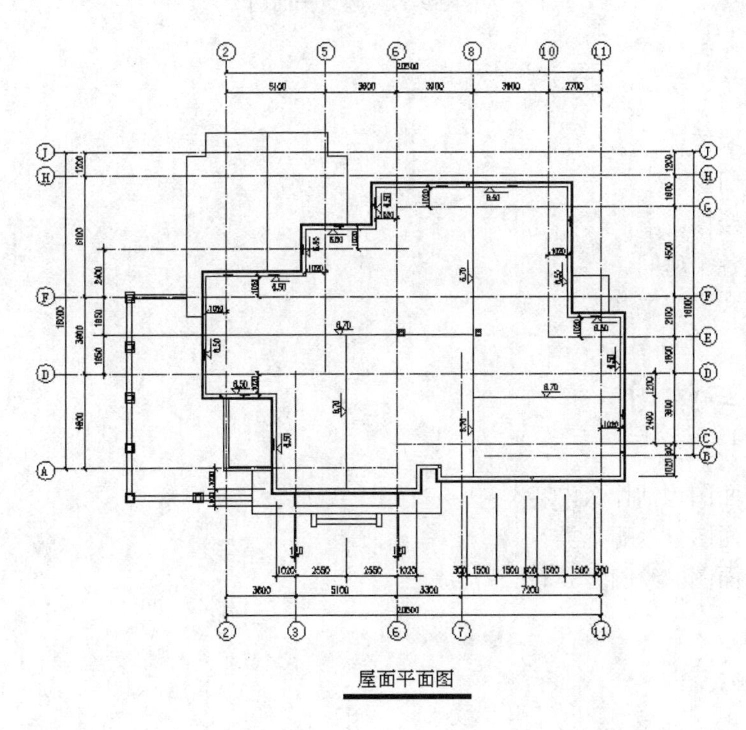

图 9-36　屋顶平面图

9.3 上机实验

【实验】 绘制如图 9-37 所示的建筑平面图。

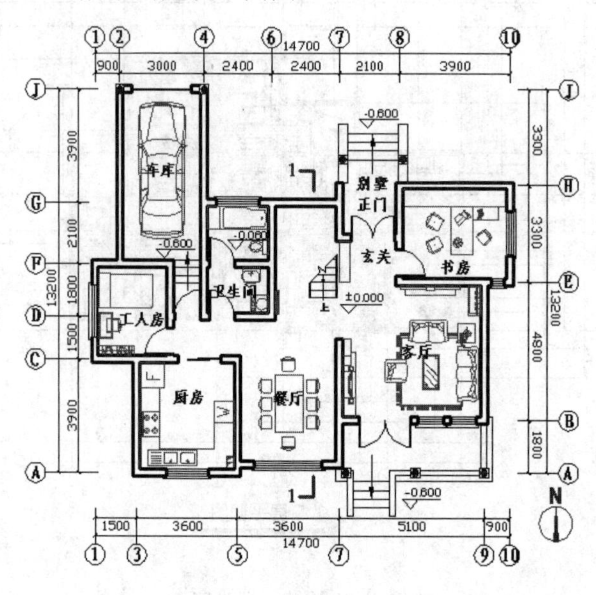

图 9-37 建筑平面图

操作指导

（1）绘制墙体。

（2）绘制门窗。

（3）绘制楼梯。

（4）布置各个房间。

（5）标注和说明。

9.4 思考与练习

1．建筑平面图包括什么内容？

2．建筑平面图分为哪几类？

3．建筑平面图的绘制步骤？

第 10 章　建筑立面图绘制

建筑立面图是指用正投影法对建筑各个外墙面进行投影所得到的正投影图。与平面图一样，建筑的立面图也是表达建筑物的基本图样之一，它主要反映建筑物的立面形式和外观情况。

- 建筑立面图的概念及图示内容
- 建筑立面图的命名方式
- 建筑立面图绘制的一般步骤

10.1 建筑立面图绘制概述

本节简要归纳建筑立面图的概念、图示内容、命名方式以及一般绘制步骤，为下一步结合实例讲解 AutoCAD 2024 操作做准备。

10.1.1 建筑立面图的概念

立面图主要是反映房屋的外貌和立面装修的做法，这是因为建筑物给人的外表美感主要来自其立面的造型和装修。建筑立面图是用来进行研究建筑立面的造型和装修的。反映主要入口或是比较显著地反映建筑物外貌特征的一面的立面图叫作正立面图，其余面的立面图相应地称为背立面图和侧立面图。如果按照房屋的朝向来分，可以称为南立面图、东立面图、西立面图和北立面图。如果按照轴线编号来分，也可以有①～⑥立面图、Ⓐ～Ⓓ立面图等。建筑立面图使用大量图例来表示很多细部，这些细部的构造和做法，一般都另有详图。如果建筑物有一部分立面不平行于投影面，可以将这一部分展开到与投影面平行，再画出其立面图，然后在其图名后注写“展开”字样，图 10-1 所示为一个建筑立面图的示例。

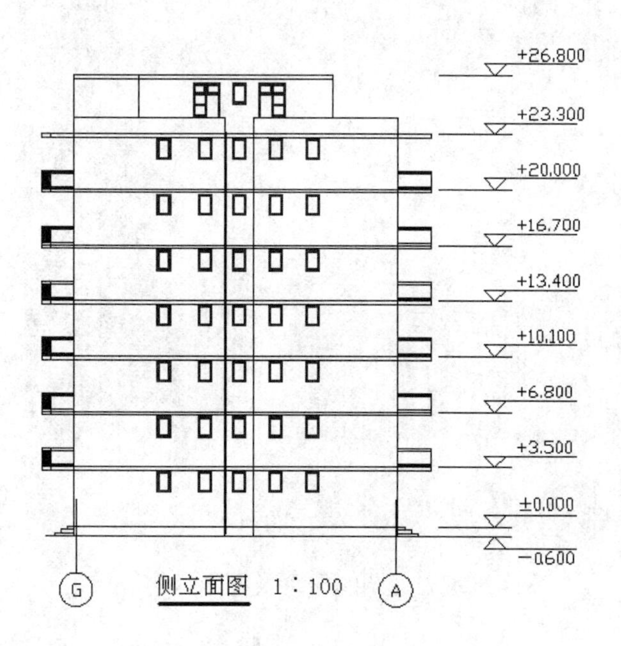

图 10-1 建筑立面图示例

10.1.2 建筑立面图的图示内容

建筑立面图的图示内容主要包括以下 4 个方面。

1）室内外的地面线、房屋的勒脚、台阶、门窗、阳台、雨篷；室外的楼梯、墙和柱；外墙的预留孔洞、檐口、屋顶、雨水管、墙面修饰构件等。

2）外墙各个主要部位的标高。

3）建筑物两端或分段的轴线和编号。

4）标出各个部分的构造、装饰节点详图的索引符号。使用图例和文字说明外墙面的装饰材料和做法。

10.1.3 建筑立面图的命名方式

建筑立面图命名目的在于能够一目了然地识别其立面的位置。由此可见，各种命名方式都是围绕“明确位置”这一主题来实施的。至于采取哪种方式，则视具体情况而定。

1．以相对主入口的位置特征命名

以相对主入口的位置特征命名的建筑立面图称为正立面图、背立面图、侧立面图。这种方式一般适用于建筑平面图方正、简单，入口位置明确的情况。

2．以相对地理方位的特征命名

以相对地理方位的特征命名，建筑立面图常称为南立面图、北立面图、东立面图、西立面图。这种方式一般适用于建筑平面图规整、简单，而且朝向相对正南正北偏转不大的情况。

3．以轴线编号来命名

以轴线编号来命名是指用立面起止定位轴线来命名，比如①～⑥立面图、Ⓔ～Ⓐ立面图等。这种方式命名准确，便于查对，特别适用于平面较复杂的情况。

根据《建筑制图标准》GB/T 50104-2010 规定，有定位轴线的建筑物，宜根据两端定位轴线号编注立面图名称。无定位轴线的建筑物可按平面图各面的朝向确定名称。

10.1.4 建筑立面图绘制的一般步骤

从总体上来说，立面图是在平面图的基础上，引出定位辅助线确定立面图样的水平位置及大小。然后，根据高度方向的设计尺寸确定立面图样的竖向位置及尺寸，从而绘制出一个个图样。通常，立面图绘制的步骤如下：

1）绘图环境设置。

2）确定定位辅助线：包括墙、柱定位轴线、楼层水平定位辅助线及其他立面图样的辅助线。

3）立面图样绘制：包括墙体外轮廓及内部凹凸轮廓、门窗（幕墙）、入口台阶及坡道、雨篷、窗台、窗楣、壁柱、檐口、栏杆、外露楼梯和各种线脚等内容。

4）配景：包括植物、车辆、人物等。

5）尺寸、文字标注。

6）线型、线宽设置。

10.2 别墅立面图绘制

由于此别墅前、后、左、右 4 个立面图各不相同，而且均比较复杂，因此必须绘制 4 个立面图。本节以如图 10-2 所示的南立面图为例并进行详细讲解，其他各面用户可自行练习完成。

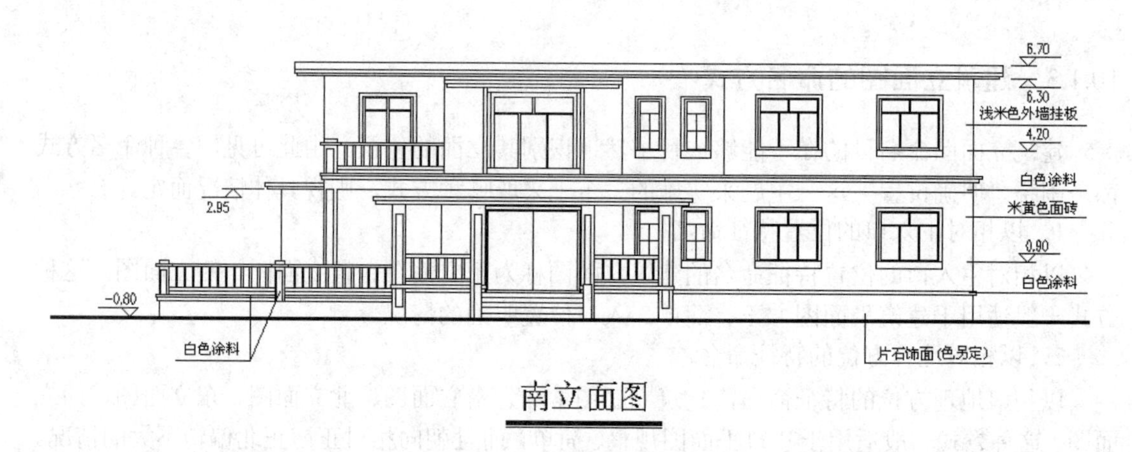

图 10-2 别墅立面图

10.2.1 设置绘图环境

01 利用 LIMITS 命令设置图幅为 42000×29700。

02 单击“默认”选项卡“图层”面板中的“图层特性”按钮，创建“立面”图层。

10.2.2 绘制定位辅助线

01 单击“默认”选项卡“图层”面板中的“图层特性”按钮，将“立面”图层设置为当前图层。

02 复制一层平面图，并将暂时不用的图层关闭。单击“默认”选项卡“绘图”面板中的“直线”按钮╱，在一层平面图下方绘制一条地平线，地平线上方需留出足够的绘图空间。

03 单击“默认”选项卡“绘图”面板中的“直线”按钮╱，由一层平面图向下引出定位辅助线，包括墙体外墙轮廓、墙体转折处，以及柱轮廓线等，如图 10-3 所示。

04 单击“默认”选项卡“修改”面板中的“偏移”按钮⊆，根据室内外高差、各层层高、屋面标高等，确定楼层定位辅助线，结果如图 10-4 所示。

05 复制二层平面图，单击“默认”选项卡“绘图”面板中的“直线”按钮╱，绘制二层竖向定位辅助线，如图 10-5 所示。

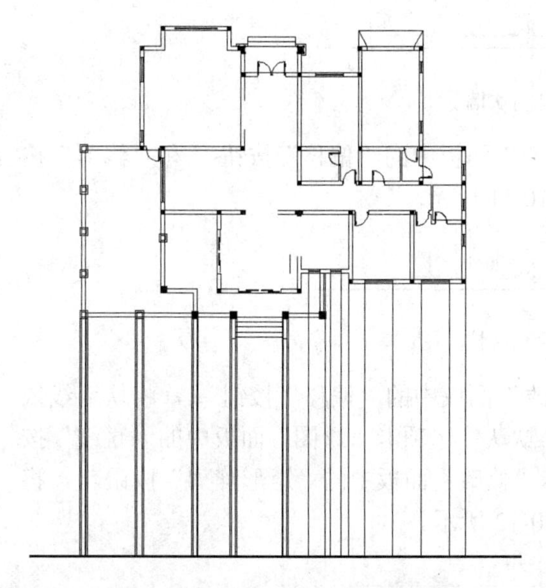
图 10-3　绘制一层竖向定位辅助线

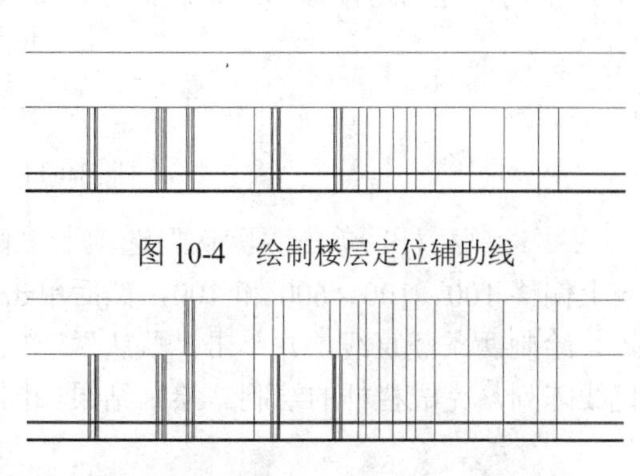
图 10-4　绘制楼层定位辅助线

图 10-5　绘制二层竖向定位辅助线

10.2.3　绘制一层立面图

01 绘制台阶和门柱。单击“默认”选项卡“绘图”面板中的“直线”按钮╱和单击“默认”选项卡“修改”面板中的“偏移”按钮⊆，绘制台阶，台阶的踏步高度为 150，如图 10-6 所示。再根据门柱的定位辅助线，单击“默认”选项卡“绘图”面板中的“直线”按钮╱和单击“默认”选项卡“修改”面板中的“修剪”按钮✂，绘制门柱，如图 10-7 所示。

02 绘制大门。单击“默认”选项卡“修改”面板中的“偏移”按钮⊆，将二层室内楼面定位线依次向下偏移 500 和 450，确定门的水平定位直线，结果如图 10-8 所示。然后单击“默认”选项卡“绘图”面板中的“直线”按钮╱和单击“默认”选项卡“修改”面板中的“修剪”按钮✂，绘制门框和门扇，如图 10-9 所示。

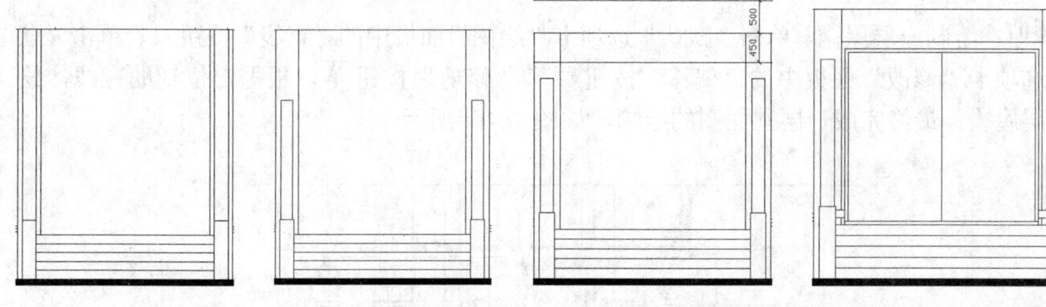

图 10-6　绘制台阶　　图 10-7　绘制门柱　图 10-8　大门水平定位直线　图 10-9　绘制门框和门扇

03 绘制坎墙。单击“默认”选项卡“修改”面板中的“修剪”按钮✂，修剪坎墙的定位辅助线，完成坎墙的绘制，结果如图 10-10 所示。

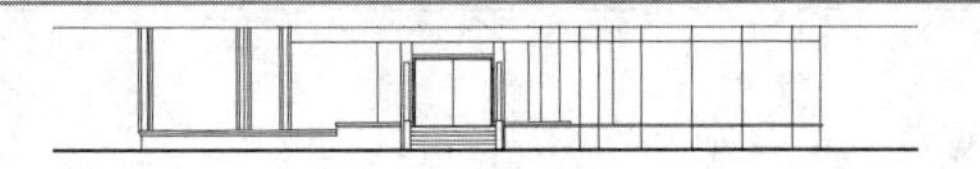

图 10-10　绘制坎墙

04 绘制砖柱。单击“默认”选项卡“修改”面板中的“偏移”按钮和“修剪”按钮，根据砖柱的定位辅助线绘制砖柱，如图 10-11 所示。

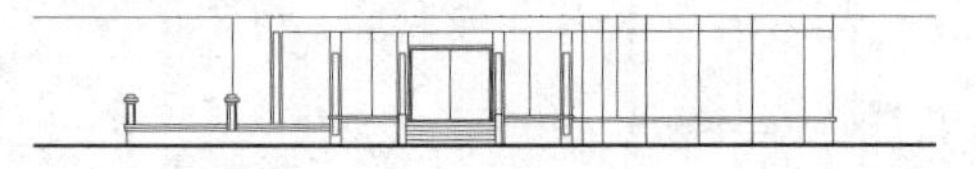

图 10-11　绘制砖柱

05 绘制栏杆。单击“默认”选项卡“修改”面板中的“偏移”按钮，将坎墙线依次向上偏移 100、100、600 和 100，然后单击“默认”选项卡“绘图”面板中的“直线”按钮，绘制两条竖直线，并单击“默认”选项卡“修改”面板中的“矩形阵列”按钮，将竖直线阵列，完成栏杆的绘制。绘制结果如图 10-12 所示。

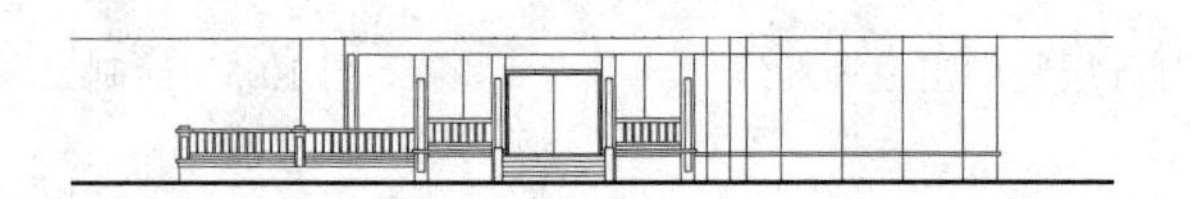

图 10-12　绘制栏杆

06 绘制窗户。单击“默认”选项卡“绘图”面板中的“直线”按钮、单击“默认”选项卡“修改”面板中的“偏移”按钮和“修剪”按钮，绘制窗户，如图 10-13 所示。

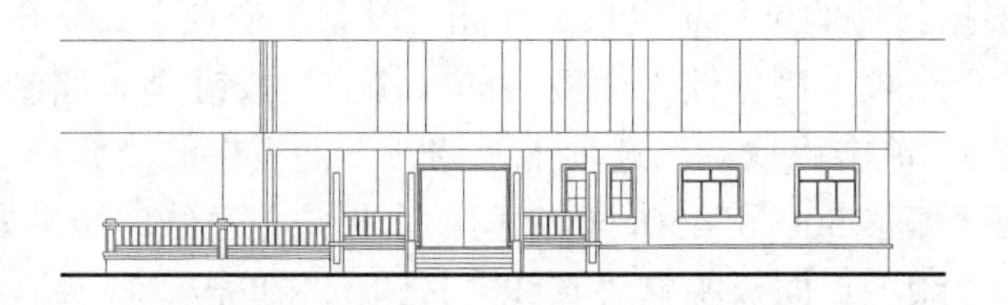

图 10-13　绘制窗户

07 绘制一层屋檐。单击“默认”选项卡“绘图”面板中的“直线”按钮、单击“默认”选项卡“修改”面板中的“偏移”按钮和“修剪”按钮，根据定位辅助直线，绘制一层屋檐。最终完成一层立面图的绘制，如图 10-14 所示。

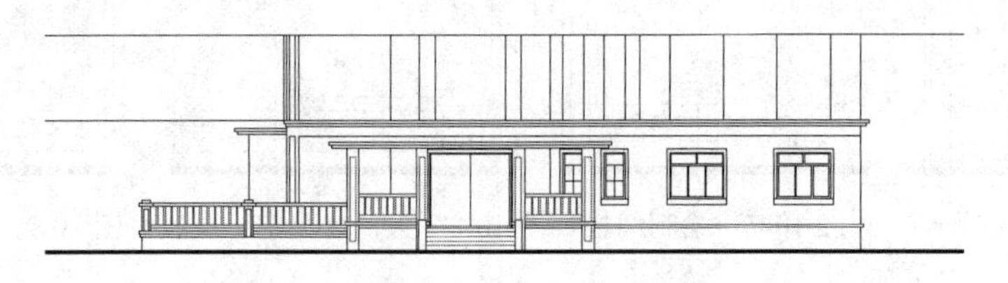

图 10-14　一层立面图

10.2.4　绘制二层立面图

01 绘制砖柱。单击“默认”选项卡“修改”面板中的“偏移”按钮⊆和“修剪”按钮✂，根据砖柱的定位辅助线绘制砖柱，如图 10-15 所示。

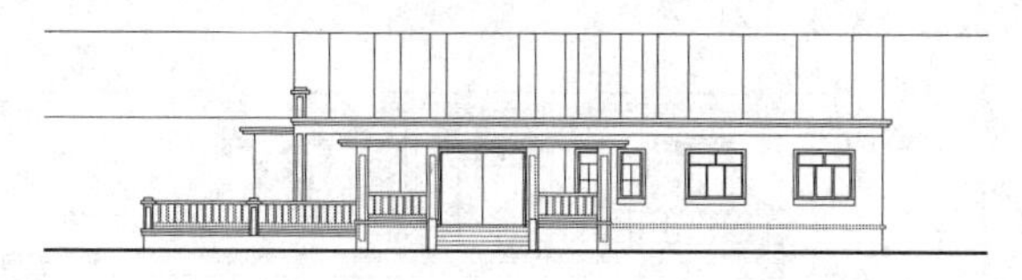

图 10-15　绘制砖柱

02 绘制栏杆。单击“默认”选项卡“修改”面板中的“复制”按钮，将一层立面图中的栏杆复制到二层立面图中并修改，如图 10-16 所示。

图 10-16　绘制栏杆

03 绘制窗户。单击“默认”选项卡“修改”面板中的“复制”按钮，将一层立面图中大门右侧的 4 个窗户复制到二层立面图中。然后单击“默认”选项卡“绘图”面板中的“直线”按钮╱和单击“默认”选项卡“修改”面板中的“偏移”按钮⊆，绘制左侧的两个窗户，如图 10-17 所示。

图 10-17　绘制窗户

04 绘制二层屋檐。单击“默认”选项卡“绘图”面板中的“直线”按钮╱、单击“默认”选项卡“修改”面板中的“偏移”按钮⊆和“修剪”按钮✂，根据定位辅助直线，绘制二层屋檐，完成二层立面体的绘制，如图 10-18 所示。

图 10-18　二层立面体

10.2.5　文字说明和标注

单击“默认”选项卡“绘图”面板中的“直线”按钮╱和“多行文字”按钮A，进行标高标注和文字说明，最终完成南立面图的绘制，如图 10-19 所示。

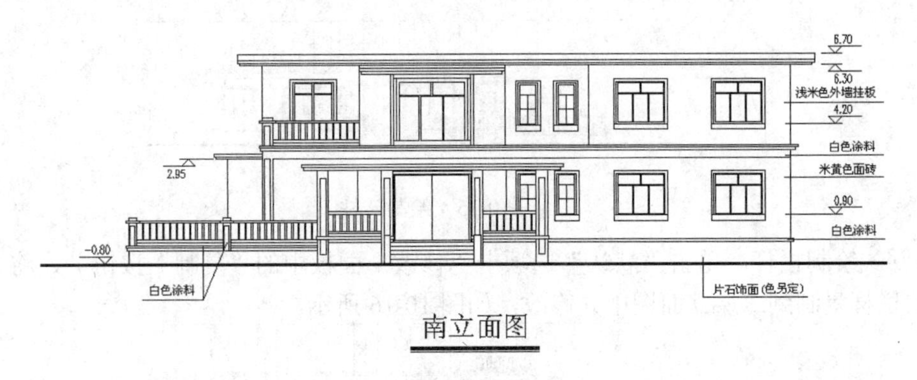

图 10-19　南立面图

✍ **技巧：** 选择菜单栏中的“文件”→“图形实用工具”→“清理”命令，对图形和数据内容进行清理时，要确认该元素在当前图纸中无作用，避免丢失一些有用的数据和图形元素。对于一些暂时无法确定是否该清理的图层，可以先将其保留，仅删去该图层中无用的图形元素；或将该图层关闭，使其保持不可见状态，待整个图形文件绘制完成后再进行清理。

综合上述步骤继续绘制如图 10-20～图 10-22 所示的北立面图、西立面图和东立面图。

✍ **技巧：** 立面图中的标高符号一般绘制在立面图形外，同方向的标高符号应大小一致，并排列在同一条铅垂线上。必要时（为清楚起见），也可标注在图形内。若建筑立面图左右对称，标高应标注在左侧，否则两侧均应标注。

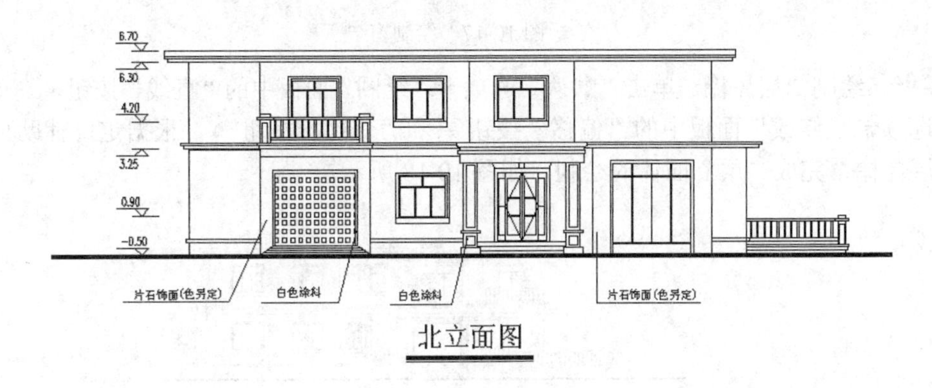

图 10-20　北立面图

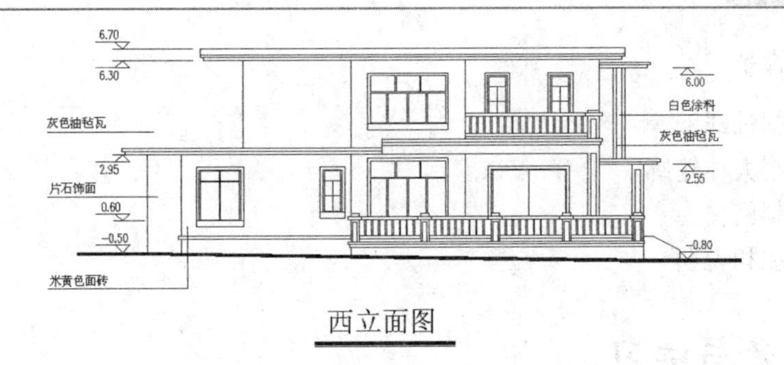

图 10-21　西立面图

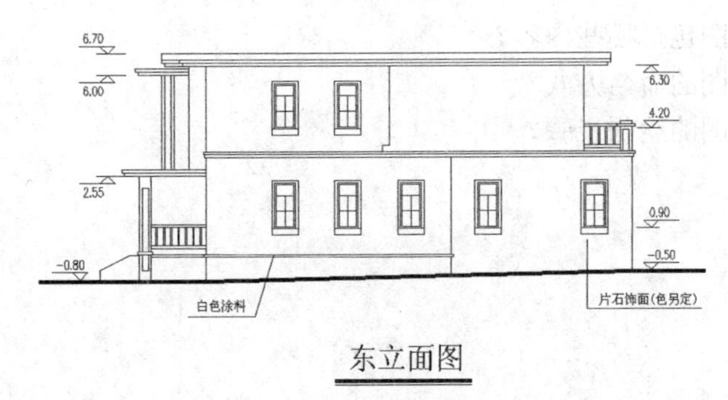

图 10-22　东立面图

10.3　上机实验

【实验】 绘制如图 10-23 所示的建筑立面图。

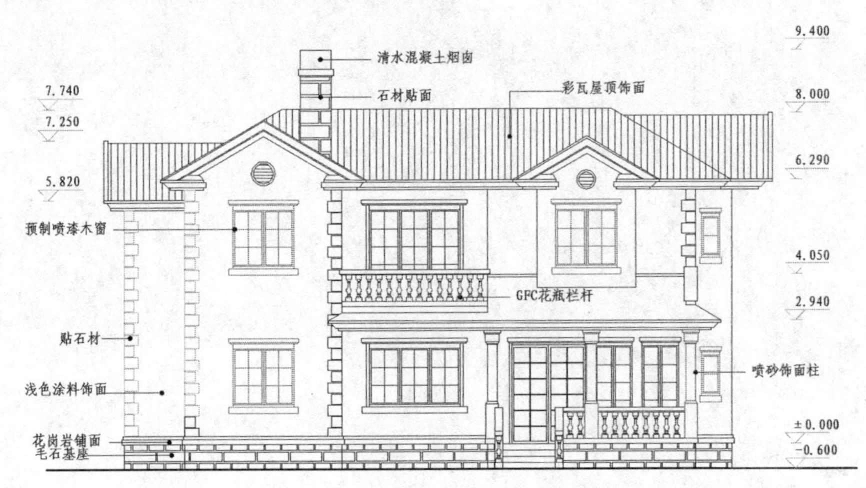

图 10-23　别墅南立面图

操作指导

（1）绘制轴线网。

（2）绘制大体轮廓。

（3）绘制门窗。

（4）标注和说明。

10.4 思考与练习

1. 建筑立面图包括哪些内容？
2. 建筑立面图的命名方式？
3. 建筑立面图的绘制步骤？

第 11 章 建筑剖面图绘制

建筑剖面图是指用一个假想的剖切面将房屋垂直剖开所得到的投影图。建筑剖面图是与平面图和立面图相互配合表达建筑物的重要图样，它主要反映建筑物的结构形式、垂直空间利用、各层构造做法和门窗洞口高度等情况。

- 建筑剖面图的图示内容
- 剖切位置及投射方向的选择
- 剖面图绘制的一般步骤

11.1 建筑剖面图绘制概述

本节向读者简要归纳建筑剖面图的概念、图示内容、剖切位置、投射方向以及一般绘制步骤等基本知识，为下一步结合实例讲解 AutoCAD 2024 操作做准备。

11.1.1 建筑剖面图概述

建筑剖面图就是假想使用一个或多个垂直于外墙轴线的铅垂剖切面，将建筑物剖开后所得的投影图，简称剖面图。剖面图的剖切方向一般是横向（平行于侧面），当然这也不是绝对的要求。剖切位置一般选择在能反映出建筑物内部构造比较复杂和典型的部位，并应通过门窗的位置。多层建筑物应该选择在楼梯间或是层高不同的位置。剖面图上的图名应与平面图上所标注的剖切符号的编号一致，剖面图的断面处理和平面图的处理相同。一个建筑剖面图示例如图 11-1 所示。

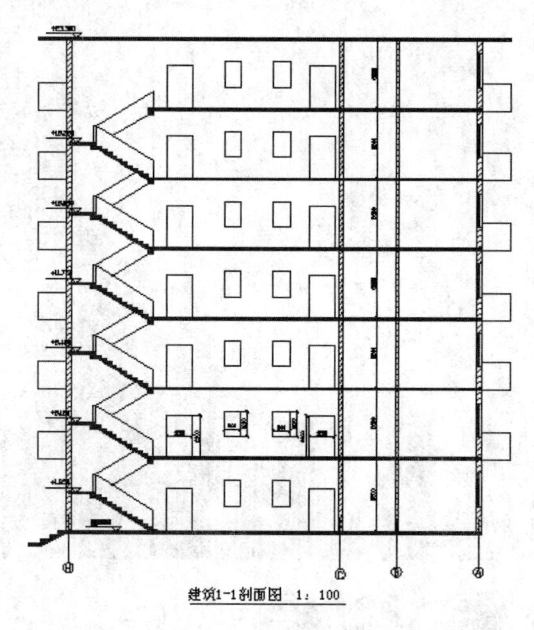

图 11-1 建筑剖面图示例

11.1.2 建筑剖面图的图示内容

剖面图的数量是根据建筑物的具体情况和施工需要来确定的。其图示内容包括：

1）墙、柱及其定位轴线。

2）室内底层地面、地沟、各层的楼面、顶棚、屋顶、门窗、楼梯、阳台、雨篷、墙洞、防潮层、室外地面、散水、脚踢板等能看到的内容。习惯上可以不画基础的大放脚。

3）各个部位完成面的标高：室内外地面、各层楼面、各层楼梯平台、檐口或是女儿墙顶面、楼梯间顶面、电梯间顶面的标高。

4）各部位的高度尺寸：包括外部尺寸和内部尺寸。外部尺寸包括门、窗洞口的高度、层间高度，以及总高度。内部尺寸包括地坑深度、隔断、搁板、平台、室内门窗的高度。

5）楼面和地面的构造。一般采用引出线指向所说明的部位，按照构造的层次顺序，逐层加以文字说明。

6）详图的索引符号。

11.1.3 剖切位置及投射方向的选择

根据规范规定，剖面图的剖切部位应根据图纸的用途或设计深度，在平面图上选择空间复杂、能反映全貌、构造特征以及有代表性的部位剖切。

投射方向一般宜向左、向上，当然也要根据工程情况而定。剖切符号标在底层平面图中，短线的指向为投射方向。剖面图编号标在投射方向一侧，剖切线若有转折，应在转角的外侧加注与该符号相同的编号。

11.1.4 剖面图绘制的一般步骤

建筑剖面图一般在平面图、立面图的基础上，并参照平面图、立面图绘制。其一般绘制步骤如下：

1）绘图环境设置。

2）确定剖切位置和投射方向。

3）绘制定位辅助线：包括墙、柱定位轴线、楼层水平定位辅助线及其他剖面图样的辅助线。

4）剖面图样及看线绘制：包括剖到和看到的墙柱、地坪、楼层、屋面、门窗（幕墙）、楼梯、台阶及坡道、雨篷、窗台、窗楣、檐口、阳台、栏杆、各种线脚等内容。

5）配景：包括植物、车辆、人物等。

6）尺寸、文字标注。

至于线型、线宽的设置，则贯穿到绘图过程中去。

11.2 某别墅剖面绘制

本节以绘制别墅剖面图为例，介绍剖面图的绘制方法与技巧。

11.2.1 确定剖切位置和投射方向

根据别墅方案的情况，选择 1-1 和 2-2 剖切位置。1-1 剖切位置中一层剖切线经过车库、卫生间、过道和卧室，二层剖切线经过北侧卧室、卫生间、过道和南侧卧室。2-2 剖切位置中一层剖切线经过楼梯间、过道和客厅，二层剖切线经过楼梯间、过道和主人房。剖视方向向左。

11.2.2　1-1 剖面图绘制

01 设置绘图环境。

❶用 LIMITS 命令设置图幅 42000×29700。

❷单击“默认”选项卡“图层”面板中的“图层特性”按钮，创建“剖面”图层。

02 绘制定位辅助线。

❶单击“默认”选项卡“图层”面板中的“图层特性”按钮，将当前图层设置为“剖面”图层。

❷复制一层平面图、二层平面图和南立面图，并将暂时不用的图层关闭。为便于从平面图中引出定位辅助线，单击“默认”选项卡“绘图”面板中的“构造线”按钮，在剖切位置绘制一条构造线。

❸单击“默认”选项卡“绘图”面板中的“直线”按钮，在立面图左侧同一水平线上绘制室外地平线位置。然后采用绘制立面图定位辅助线的方法绘制出剖面图的定位辅助线，结果如图 11-2 所示。

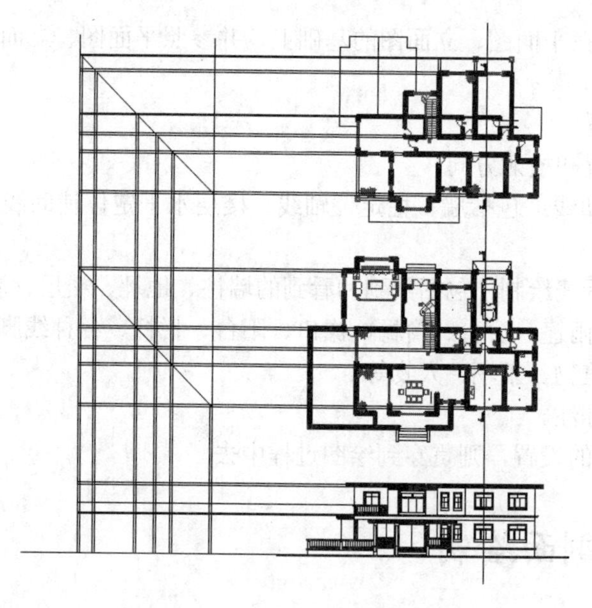

图 11-2　绘制定位辅助线

03 绘制室外地平线和一层楼板。

❶单击“默认”选项卡“绘图”面板中的“直线”按钮和“偏移”按钮，根据平面图中的室内外标高确定楼板层和地平线的位置，然后调用“修剪”命令，将多余的线段进行修剪。

❷单击“默认”选项卡“绘图”面板中的“图案填充”按钮，将室外地平线和一层楼板填充为“SOLID”图案，结果如图 11-3 所示。

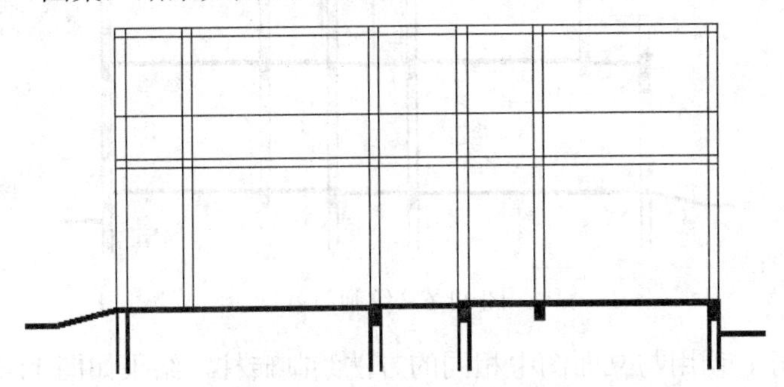

图 11-3　绘制室外地平线和一层楼板

04 绘制二层楼板和屋顶楼板。调用与上述相同的方法绘制二层楼板和屋顶楼板，结果如图 11-4 所示。

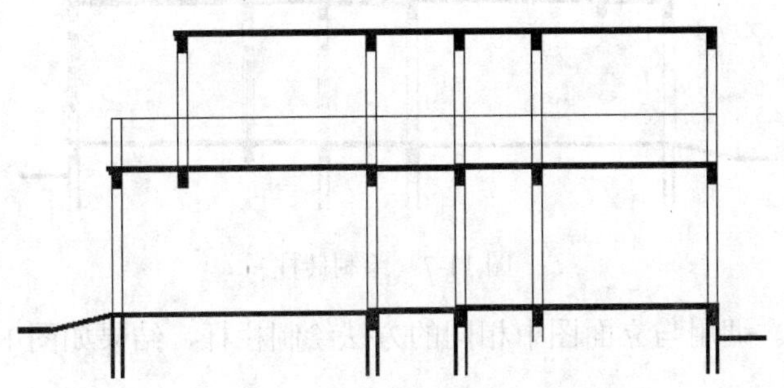

图 11-4　绘制二层楼板和屋顶楼板

05 绘制墙体。单击“默认”选项卡“修改”面板中的“修剪”按钮，修剪墙线，然后将修剪后的墙线设置线宽为 0.3，形成墙体剖面线，结果如图 11-5 所示。

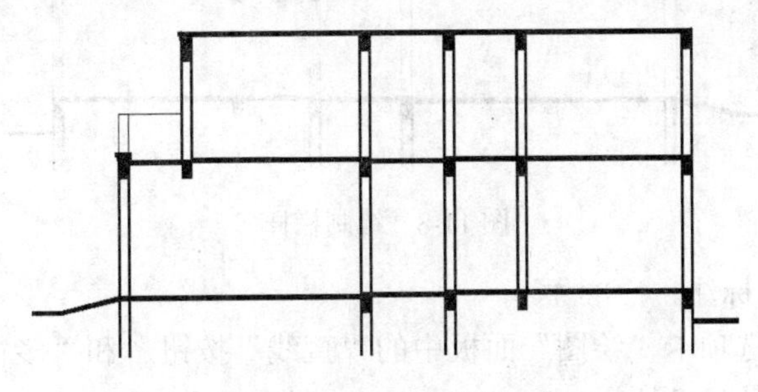

图 11-5　绘制墙体

06 绘制门窗。单击“默认”选项卡“修改”面板中的“修剪”按钮，绘制门窗洞口，然后选择菜单栏中的“绘图”→“多线”命令，绘制门窗，绘制方法与平面图和立面图中绘制门窗的方法相同，结果如图 11-6 所示。

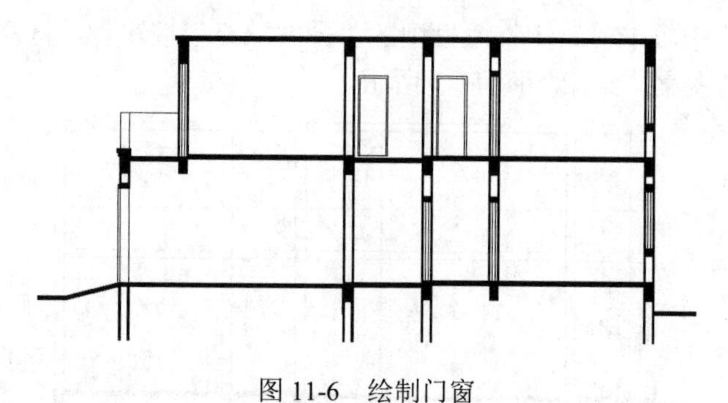

图 11-6　绘制门窗

07 绘制砖柱。调用与立面图中相同的方法绘制砖柱，结果如图 11-7 所示。

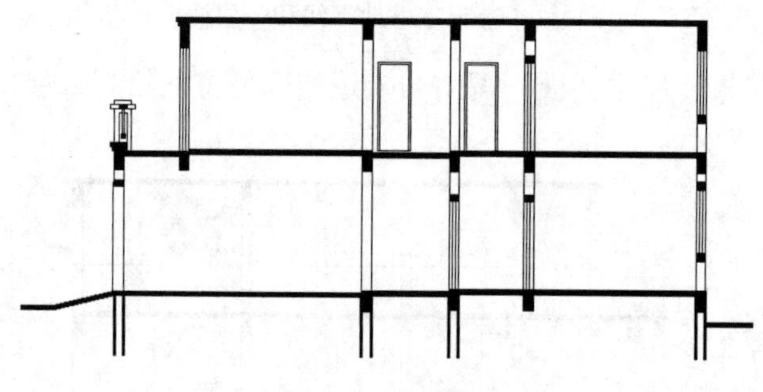

图 11-7　绘制砖柱

08 绘制栏杆。调用与立面图中相同的方法绘制栏杆，结果如图 11-8 所示。

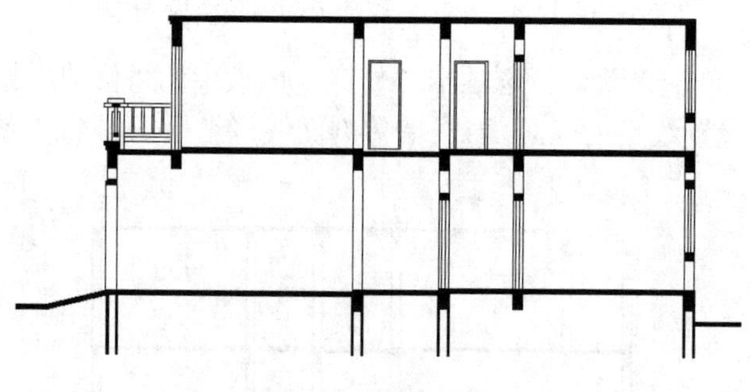

图 11-8　绘制栏杆

09 文字说明和标注。

❶单击“默认”选项卡“绘图”面板中的“直线”按钮╱和“多行文字”按钮A，进行标高标注，结果如图 11-9 所示。

❷单击“注释”选项卡“标注”面板中的“线性”按钮和“连续”按钮，标注门窗洞口尺寸、层高尺寸、轴线尺寸和总体长度尺寸，结果如图 11-10 所示。

❸单击“默认”选项卡“绘图”面板中的“圆”按钮、“多行文字”按钮A和“复制”按钮，标注轴线号和文字说明。最终完成 1-1 剖面图的绘制，结果如图 11-11 所示。

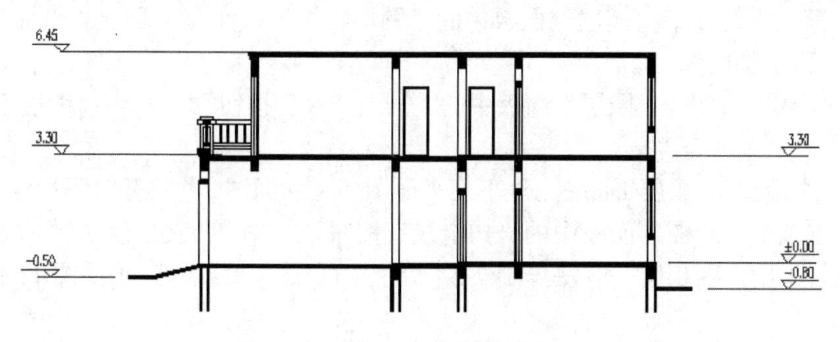

图 11-9　标注标高

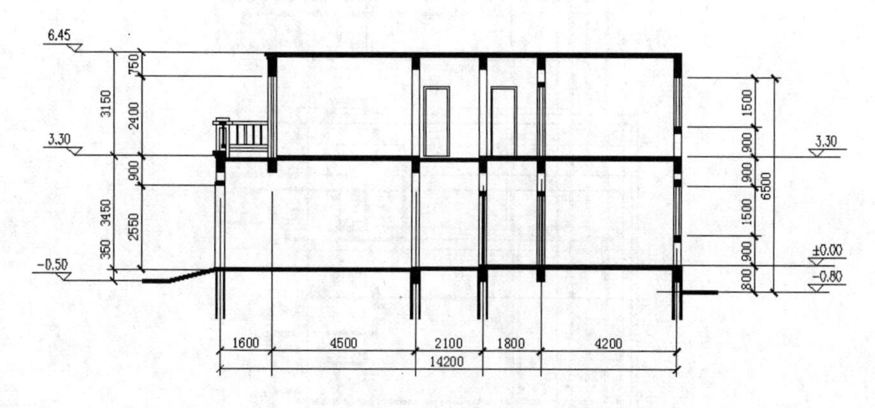

图 11-10　标注尺寸

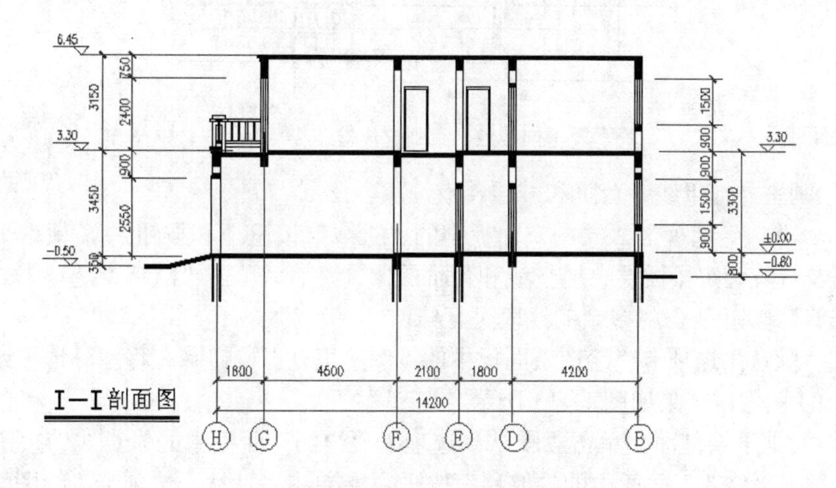

图 11-11　1-1 剖面图

11.2.3　2-2 剖面图绘制

01 设置绘图环境。

❶用 LIMITS 命令设置图幅 42000×29700。

❷单击“默认”选项卡“图层”面板中的“图层特性”按钮，创建“剖面”图层。

02 绘制定位辅助线。

❶单击“默认”选项卡“图层”面板中的“图层特性”按钮，将当前图层设置为“剖面”图层。

❷复制一层平面图、二层平面图、地下层平面图和南立面图，并将暂时不用的图层关闭。单击“默认”选项卡“绘图”面板中的“构造线”按钮，在剖切位置绘制一条构造线。

❸调用与 1-1 剖面图相同的方法绘制 2-2 剖面图的定位辅助线，结果如图 11-12 所示。

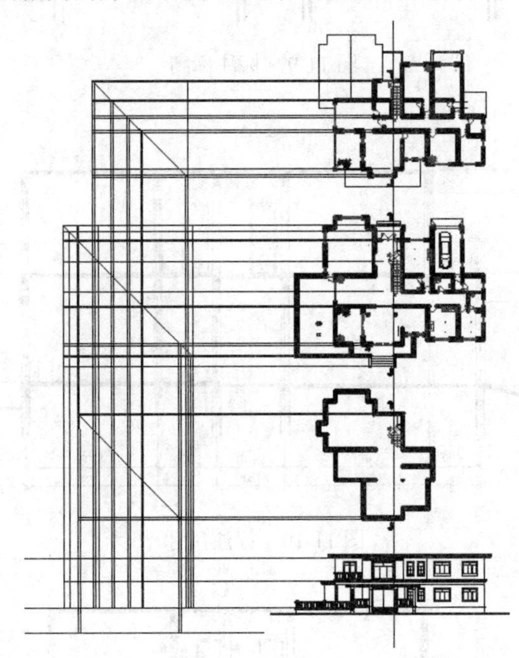

图 11-12　绘制定位辅助线

03 绘制室外地平线、台阶和一层楼板。

❶单击“默认”选项卡“绘图”面板中的“直线”按钮和按钮，根据平面图中的室内外标高及台阶确定楼板层、地平线和台阶的位置，然后单击“默认”选项卡“修改”面板中的“修剪”按钮，将多余的线段进行修剪。

❷单击“默认”选项卡“绘图”面板中的“图案填充”按钮，将室外地平线和楼板层填充为 SOLID 图案，结果如图 11-13 所示。

04 绘制地下层剖面。单击“默认”选项卡“绘图”面板中的“直线”按钮、单击“默认”选项卡“修改”面板中的“偏移”按钮和单击“默认”选项卡“绘图”面板中的“图案填充”按钮，绘制地下层剖面，结果如图 11-14 所示。

05 绘制二层楼板和屋顶楼板。单击“默认”选项卡“绘图”面板中的“直线”按钮和单击“默认”选项卡“修改”面板中的“偏移”按钮，绘制二层楼板和屋顶楼板，结果如图 11-15 所示。

06 绘制墙体。单击“默认”选项卡“修改”面板中的“修剪”按钮，修剪墙线，然后将修剪后的墙线设置线宽为 0.3，形成墙体剖面线，结果如图 11-16 所示。

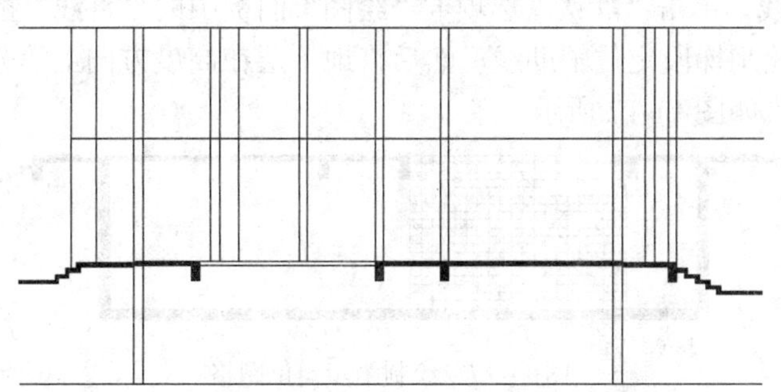

图 11-13　绘制室外地平线、台阶和一层楼板

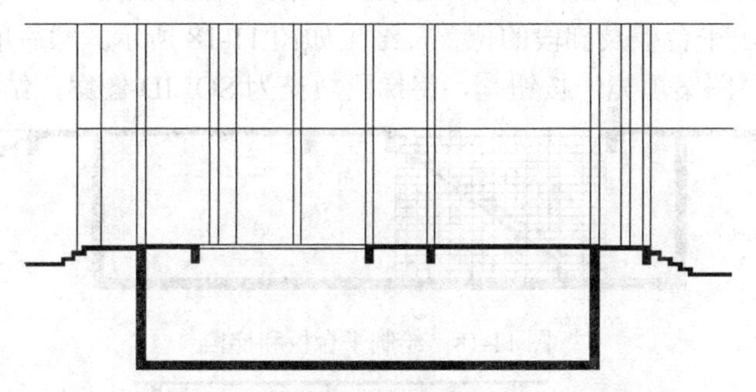

图 11-14　绘制地下层剖面

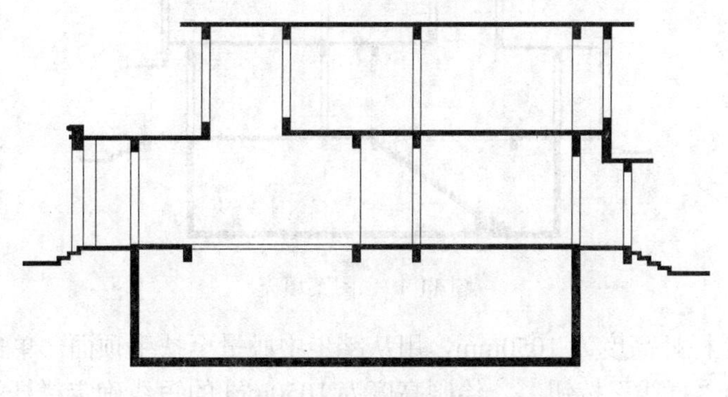

图 11-15　绘制二层楼板和屋顶楼板

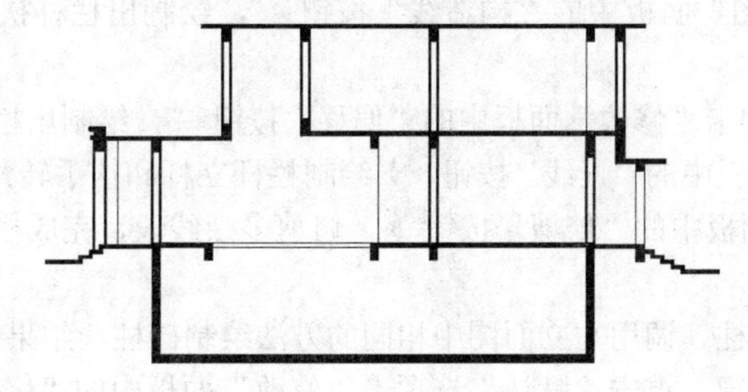

图 11-16　绘制墙体

07 绘制地下层楼梯。地下层层高 3.3m，设 19 级台阶，踏步宽度为 250mm。

❶绘制定位直线。单击“默认”选项卡“绘图”面板中的“直线”按钮，根据楼梯平台宽度、梯段长度绘制梯段定位辅助线，然后将地下层在高度方向上等分 19 等份，绘制出踏步定位网格，结果如图 11-17 所示。

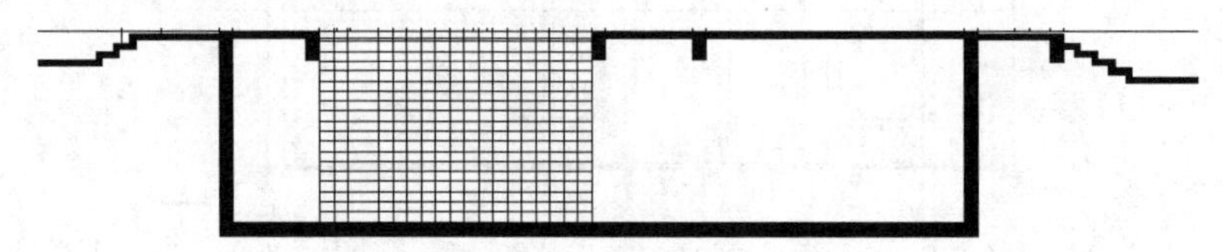

图 11-17 绘制踏步定位网格

❷绘制平台板和梯段。单击“默认”选项卡“绘图”面板中的“直线”按钮和“多段线”按钮，绘制出平台板及梯段的位置，结果如图 11-18 所示。然后单击“默认”选项卡“绘图”面板中的“图案填充”按钮，将梯段填充为 SOLID 图案，结果如图 11-19 所示。

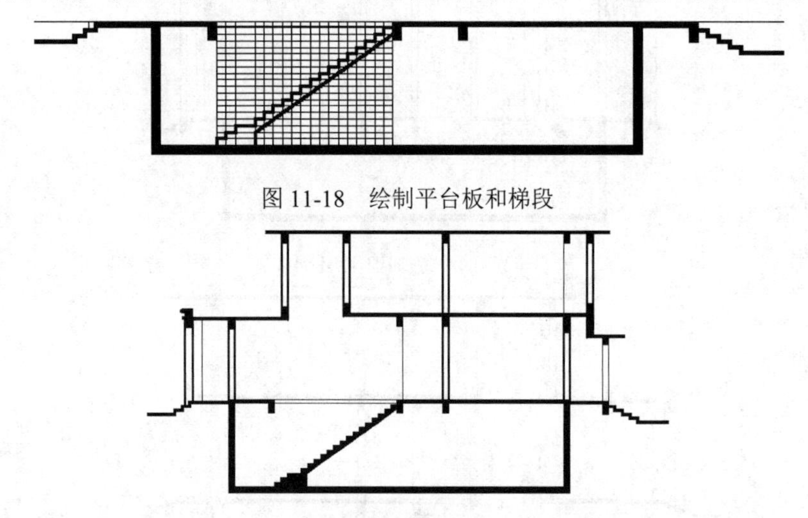

图 11-18 绘制平台板和梯段

图 11-19 图案填充

❸绘制栏杆。栏杆高度为 1050mm，用从踏步中心量至扶手顶面。单击“默认”选项卡“绘图”面板中的“直线”按钮，绘制高度为 1050mm 的短线确定栏杆的高度，然后单击“默认”选项卡“绘图”面板中的“构造线”按钮，绘制出栏杆扶手的上轮廓，结果图 11-20 所示。

单击“默认”选项卡“修改”面板中的“偏移”按钮，绘制出栏杆下轮廓，单击“默认”选项卡“绘图”面板中的“直线”按钮，绘制栏杆立杆和扶手转角轮廓，然后单击“默认”选项卡“修改”面板中的“修剪”按钮，修剪多余线段，完成栏杆的绘制，结果如图 11-21 所示。

08 绘制一层砖柱。调用与立面图中相同的方法绘制砖柱，结果如图 11-22 所示。

09 绘制一层门窗。单击“默认”选项卡“修改”面板中的“修剪”按钮，绘制门窗洞口，然后单击“默认”选项卡“绘图”面板中的“直线”按钮，绘制门窗，绘制方法与平面图和立面图中绘制门窗的方法相同，结果如图 11-23 所示。

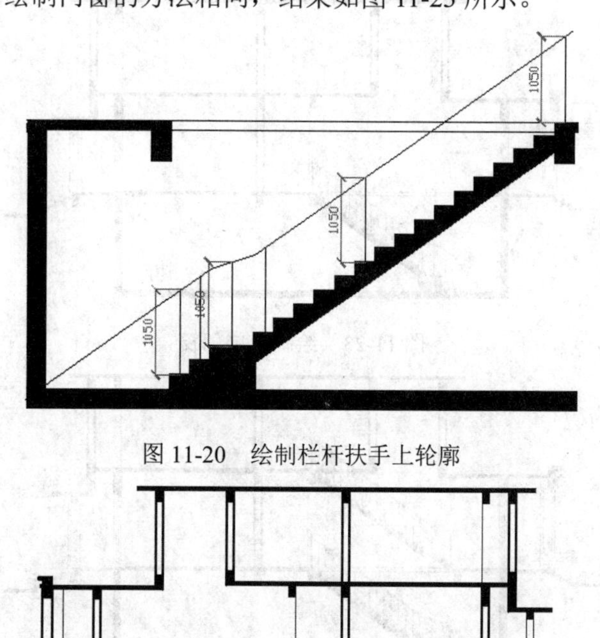

图 11-20　绘制栏杆扶手上轮廓

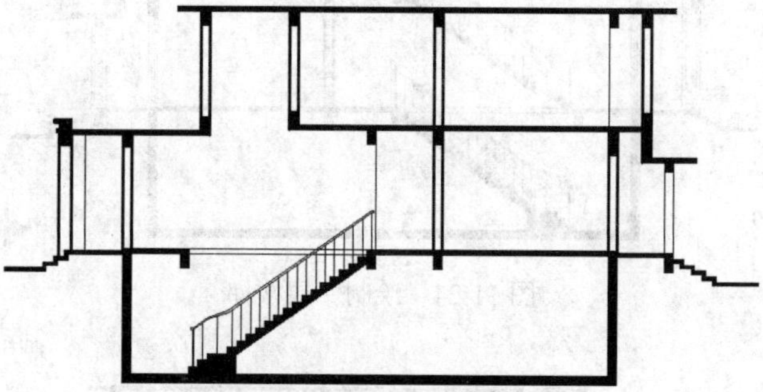

图 11-21　绘制栏杆

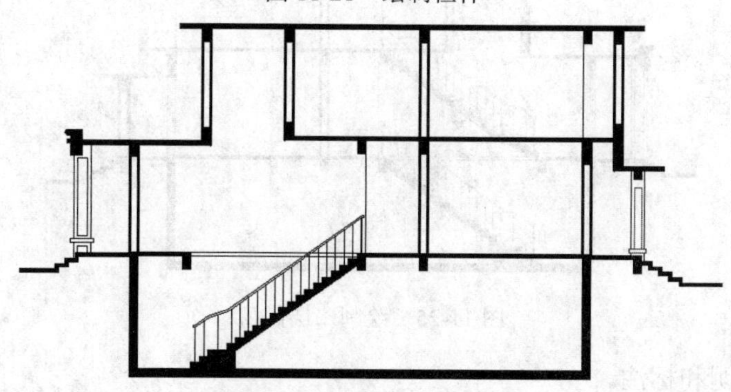

图 11-22　绘制一层砖柱

10 绘制一层楼梯。采用与绘制地下层楼梯相同的方法，绘制一层楼梯，结果如图 11-24 所示。

11 绘制二层门窗。单击“默认”选项卡“修改”面板中的“修剪”按钮 ，绘制门窗洞口，然后单击“默认”选项卡“绘图”面板中的“直线”按钮 ╱，绘制门窗。结果如图 11-25 所示。

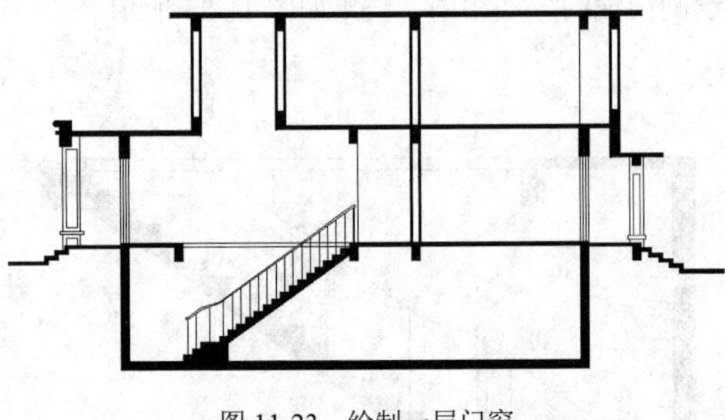
图 11-23　绘制一层门窗

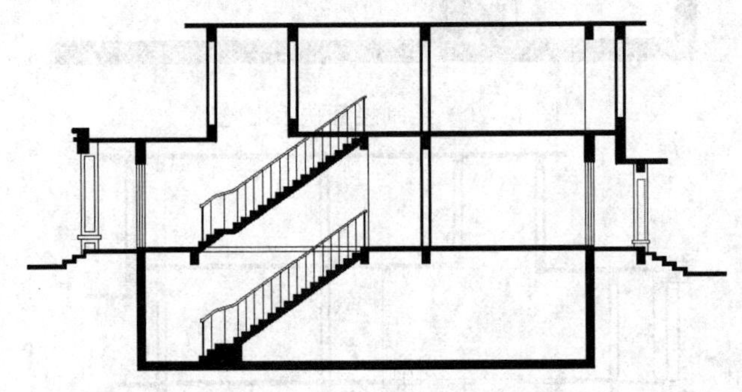
图 11-24　绘制一层楼梯

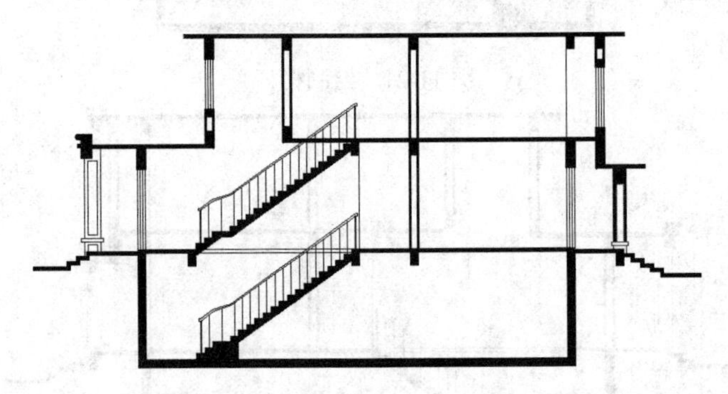
图 11-25　绘制二层门窗

12 文字说明和标注。

❶单击“默认”选项卡“绘图”面板中的“直线”按钮╱和“多行文字”按钮A，进行标高标注，结果如图 11-26 所示。

❷单击“注释”选项卡“标注”面板中的“线性”按钮和“连续”按钮，标注门窗洞口尺寸、层高尺寸、轴线尺寸和总体长度尺寸，结果如图 11-27 所示。

❸单击“默认”选项卡“绘图”面板中的“圆”按钮、“多行文字”按钮A和单击“默认”选项卡“修改”面板中的“复制”按钮，标注轴线号和文字说明。最终完成 2-2 剖面图的绘制，结果如图 11-28 所示。

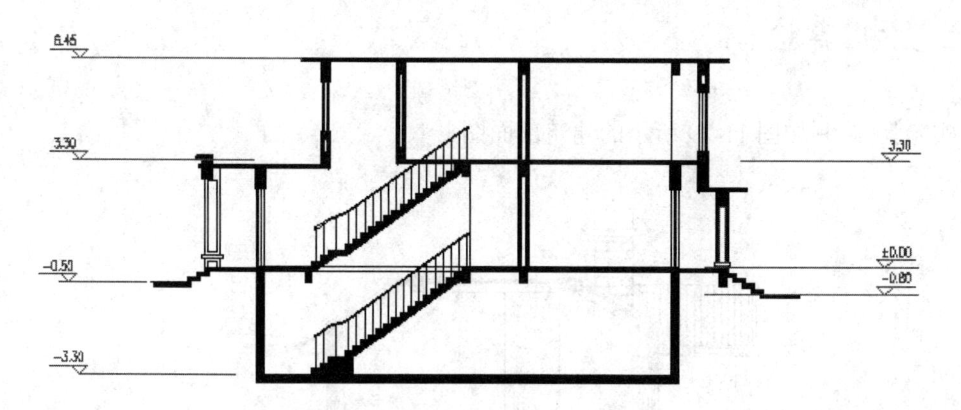

图 11-26　标注标高

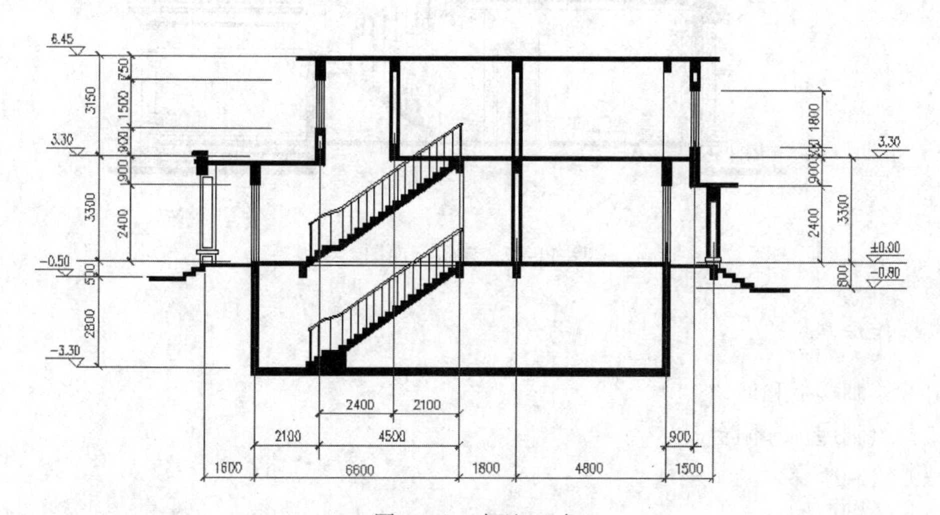

图 11-27　标注尺寸

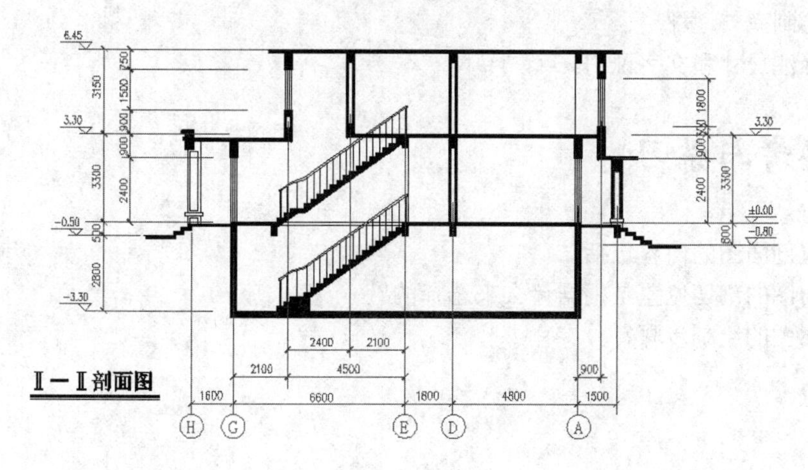

图 11-28　2-2 剖面图

11.3　上机实验

【实验】 绘制如图 11-29 所示的建筑剖面图。

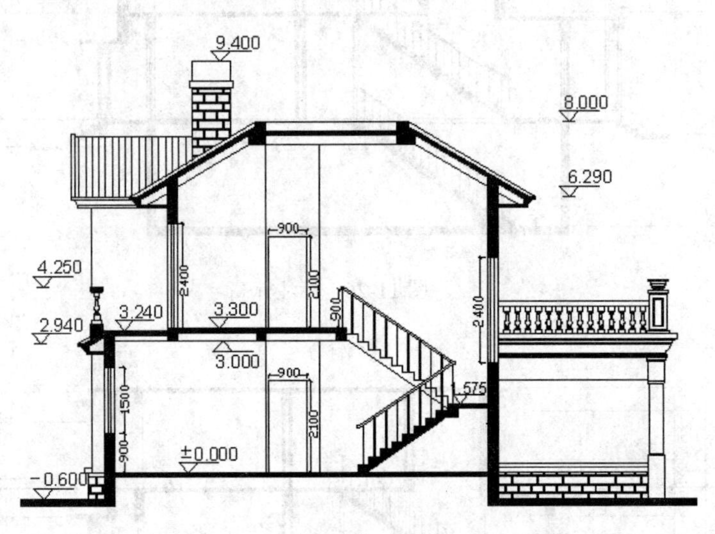

图 11-29　建筑剖面图

操作指导

（1）绘制楼板和墙体。
（2）绘制屋顶和阳台。
（3）绘制楼梯。
（4）绘制门窗。
（5）绘制室外地坪层
（6）标注尺寸和文字说明。

11.4　思考与练习

1．建筑剖面图的内容包括？
2．剖面图的剖切位置是根据什么来选择的？
3．剖面图的绘制步骤？

第 12 章 建筑详图绘制

建筑详图是建筑施工图绘制中的一项重要内容，其与建筑构造设计息息相关。本章首先简要介绍建筑详图的基本知识，然后结合实例讲解在 AutoCAD 2024 中详图绘制的方法和技巧。

学 习 要 点

- 建筑详图概念及图示内容
- 详图绘制的一般步骤
- 绘制某别墅建筑详图

12.1 建筑详图绘制概述

在讲述 AutoCAD 2024 建筑详图绘制之前，本节将简要归纳详图绘制的基本知识和绘制步骤。

12.1.1 建筑详图的概念

前面介绍的平面图、立面图、剖面图均是全局性的图样，由于比例的限制，不可能将一些复杂的细部或局部做法表示清楚，因此需要将这些细部、局部的构造、材料及相互关系采用较大的比例详细绘制出来，以指导施工。这样的建筑图形称为详图，也称大样图。对于局部平面（如厨房、卫生间）放大绘制的图形，习惯叫作放大图。需要绘制详图的位置一般有室内外墙节点、楼梯、电梯、厨房、卫生间、门窗、室内外装饰等构造详图或局部平面放大。

内外墙节点一般用平面图和剖面图表示，常用比例为 1:20。平面节点详图表示出墙、柱或构造柱的材料和构造关系。剖面节点详图即常说的墙身详图，需要表示出墙体与室内外地坪、楼面、屋面的关系，同时表示出相关的门窗洞口、梁或圈梁、雨篷、阳台、女儿墙、檐口、散水、防潮层、屋面防水、地下室防水等构造的做法。墙身详图可以从室内外地坪、防潮层处开始一路画到女儿墙压顶。为了节省图样，在门窗洞口处可以断开，也可以重点绘制地坪、中间层、屋面处的几个节点，而将中间层重复使用的节点集中到一个详图中表示。节点编号一般由上到下编号。

12.1.2 建筑详图图示内容

楼梯详图包括平面图、剖面图及节点三部分。平面图、剖面图常用 1:50 的比例绘制，楼梯中的节点详图可以根据对象大小酌情采用 1:5、1:10、1:20 等比例。楼梯平面图与建筑平面图不同的是，它只需绘制出楼梯及四面相接的墙体；而且，楼梯平面图需要准确地表示出楼梯间净空、梯段长度、梯段宽度、踏步宽度和级数、栏杆（栏板）的大小及位置，以及楼面、平台处的标高等。楼梯间剖面图只需绘制出与楼梯相关的部分，相邻部分可用折断线断开。选择在底层第一跑梯并能够剖到门窗的位置剖切，向底层另一跑梯段方向投射。尺寸需要标注层高、平台、梯段、门窗洞口、栏杆高度等竖向尺寸，并应标注出室内外地坪、平台、平台梁底面的标高。水平方向需要标注定位轴线及编号、轴线尺寸、平台、梯段尺寸等。梯段尺寸一般用“踏步宽（高）×级数=梯段宽（高）”的形式表示。此外，楼梯剖面上还应注明栏杆构造节点详图的索引编号。

电梯详图一般包括电梯间平面图、机房平面图和电梯间剖面图三个部分，常用 1:50 的比例绘制。平面图需要表示出电梯井、电梯厅、前室相对定位轴线的尺寸及自身的净空尺寸，表示出电梯图例及配重位置、电梯编号、门洞大小及开取形式、地坪标高等。机房平面图需表示出设备平台位置及平面尺寸、顶面标高、楼面标高，以及通往平台的梯子形式等内容。

剖面图需要剖在电梯井、门洞处，表示出地坪、楼层、地坑、机房平台的竖向尺寸和高度，标注出门洞高度。为了节约图样，中间相同部分可以折断绘制。

厨房、卫生间放大图根据其大小可酌情采用 1:30、1:40、1:50 的比例绘制。需要详细表示出各种设备的形状、大小、位置、地面设计标高、地面排水方向以及坡度等，对于需要进一步说明的构造节点，须标明详图索引符号、绘制节点详图，或引用图集。

门窗详图包括立面图、断面图、节点详图等内容。立面图常用 1:20 的比例绘制，断面图常用 1:5 的比例绘制，节点图常用 1:10 的比例绘制。标准化的门窗可以引用有关标准图集，说明其门窗图集编号和所在位置。根据《建筑工程设计文件编制深度规定》（2016 版），非标准的门窗、幕墙需绘制详图。如委托加工，需绘制出立面分格图，标明开取扇、开取方向，说明材料、颜色，以及与主体结构的连接方式等。

就图形而言，详图兼有平面图、立面图、剖面图的特征，它综合了平面图、立面图、剖面图绘制的基本操作方法，并具有自己的特点，只要掌握一定的绘图程序，难度应不大。真正的难度在于对建筑构造、建筑材料和建筑规范等相关知识的掌握。

12.1.3 详图绘制的一般步骤

（1）图形轮廓绘制：包括断面轮廓。

（2）材料图例填充：包括各种材料图例选用和填充。

（3）符号、尺寸、文字等标注：包括设计深度要求的轴线及编号、标高、索引、折断符号和尺寸、说明文字等。

12.2 某别墅建筑详图绘制

本节以别墅建筑详图为例讲述建筑详图绘制的一般方法与技巧。

12.2.1 绘制墙身节点 1

墙身节点①包括屋面防水、隔热层的做法，如图 12-1 所示。

01 绘制檐口轮廓。单击“默认”选项卡“绘图”面板中的“直线”按钮、“圆弧”按钮、“圆”按钮和“多行文字”按钮A，绘制轴线、楼板和檐口轮廓线，结果如图 12-2 所示。单击“默认”选项卡“修改”面板中的“偏移”按钮，将檐口轮廓线向外偏移 50，完成抹灰的绘制，结果如图 12-3 所示。

02 绘制防水层。单击“默认”选项卡“修改”面板中的“偏移”按钮，将楼板层分别向上偏移 20、40、20、10 和 40，并将偏移后的直线设置为细实线，结果如图 12-4 所示。单击“默认”选项卡“绘图”面板中的“多段线”按钮，绘制防水卷材，多段线宽度为 1，转角处作圆弧处理，结果如图 12-5 所示。

03 图案填充。单击“默认”选项卡“绘图”面板中的“图案填充”按钮，依次填充各种材料图例，钢筋混凝土采用“ANSI31”和“AR-CONC”图案的叠加，聚苯乙烯泡沫塑料采用“ANSI37”图案，结果如图 12-6 所示。

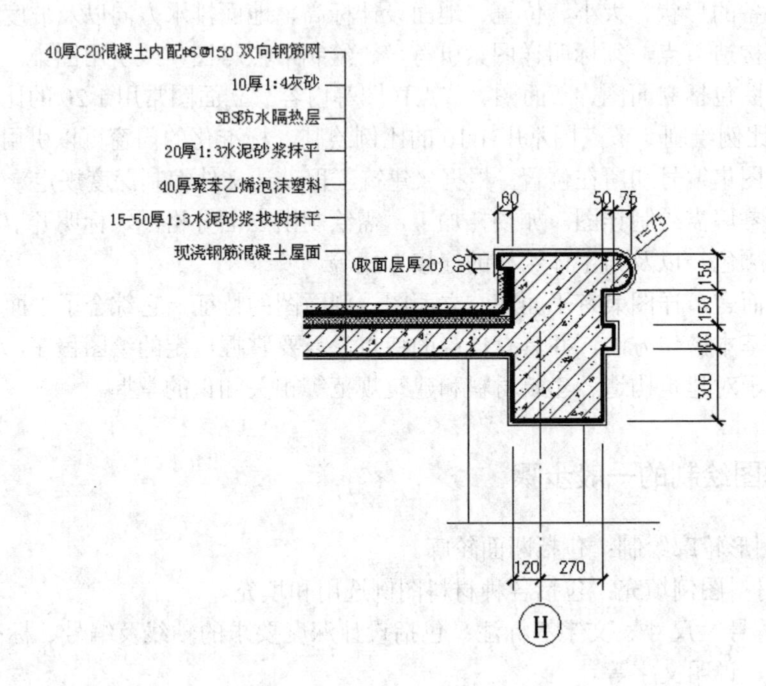

图 12-1　墙身节点①

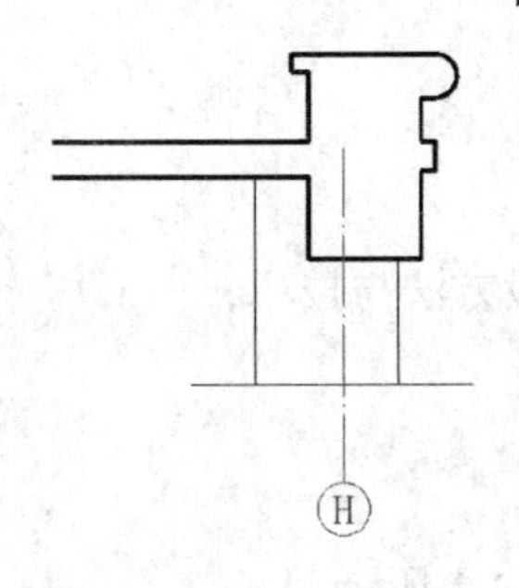

图 12-2　绘制檐口轮廓线

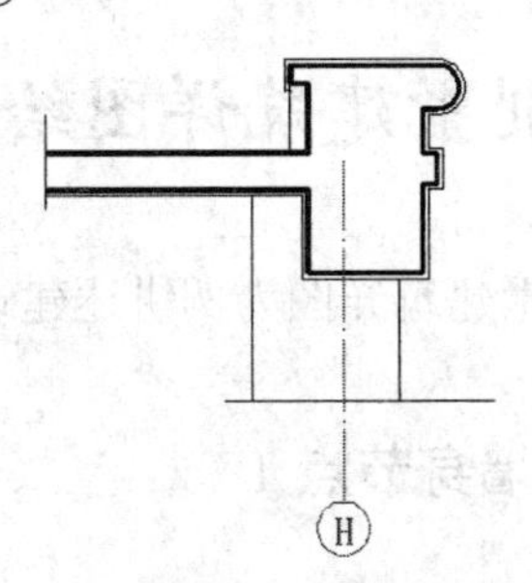

图 12-3　绘制檐口抹灰

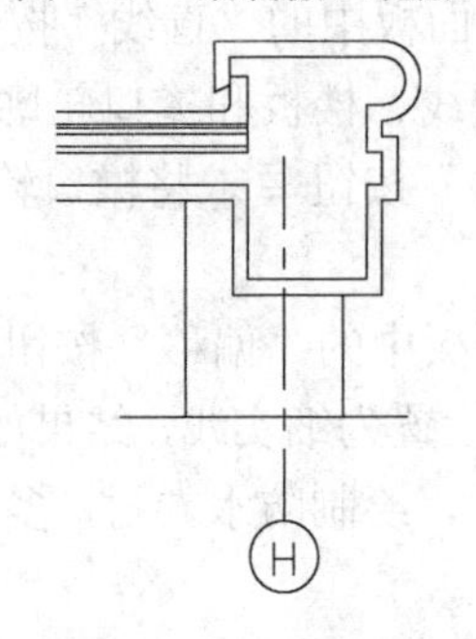

图 12-4　偏移直线

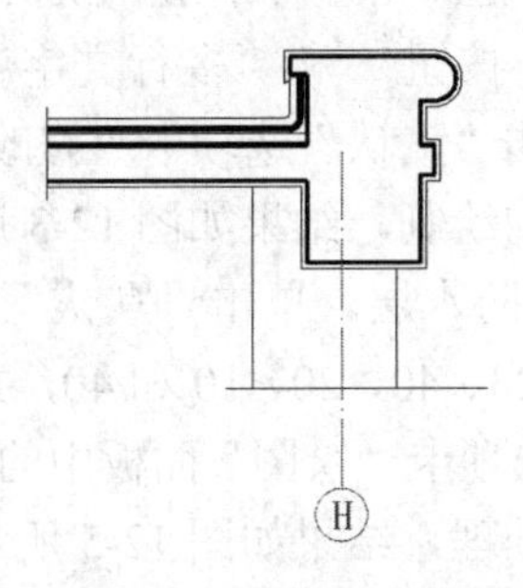

图 12-5　绘制防水卷材

04 尺寸标注。单击“注释”选项卡“标注”面板中的“线性”按钮、“连续”按钮和“半径”按钮标注，进行尺寸标注，结果如图 12-7 所示。

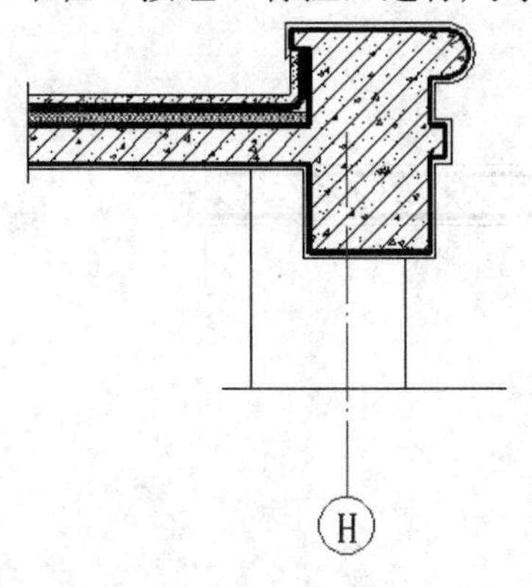

图 12-6　图案填充

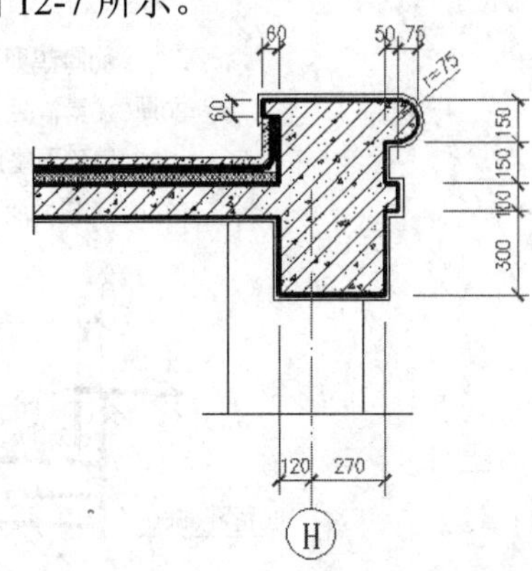

图 12-7　尺寸标注

05 文字说明。单击“默认”选项卡“绘图”面板中的“直线”按钮，绘制引出线，然后单击“默认”选项卡“注释”面板中的“多行文字”按钮 A，说明屋面防水层的多层次构造，最终完成墙身节点①的绘制，结果如图 12-8 所示。

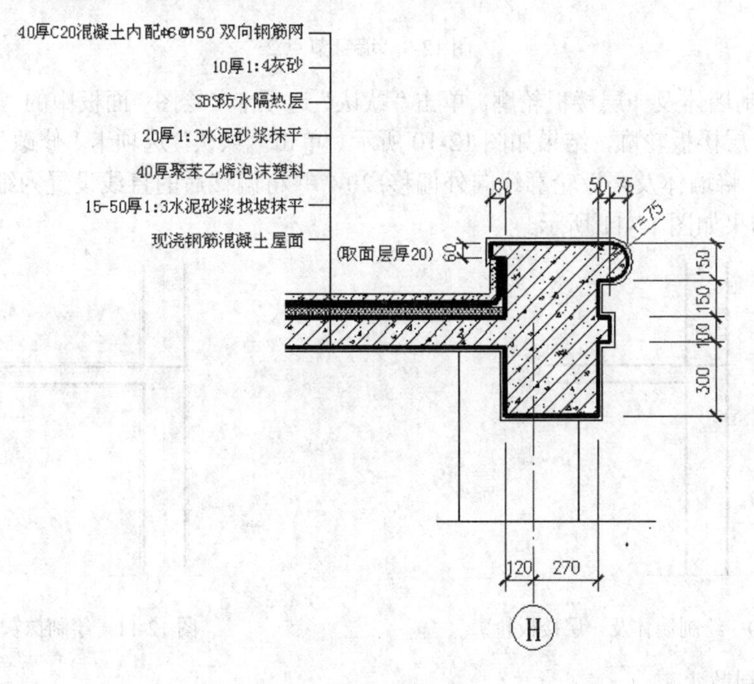

图 12-8　墙身节点①

12.2.2　绘制墙身节点 2

墙身节点②包括墙体与室内外地坪的关系以及散水的做法，如图 12-9 所示。

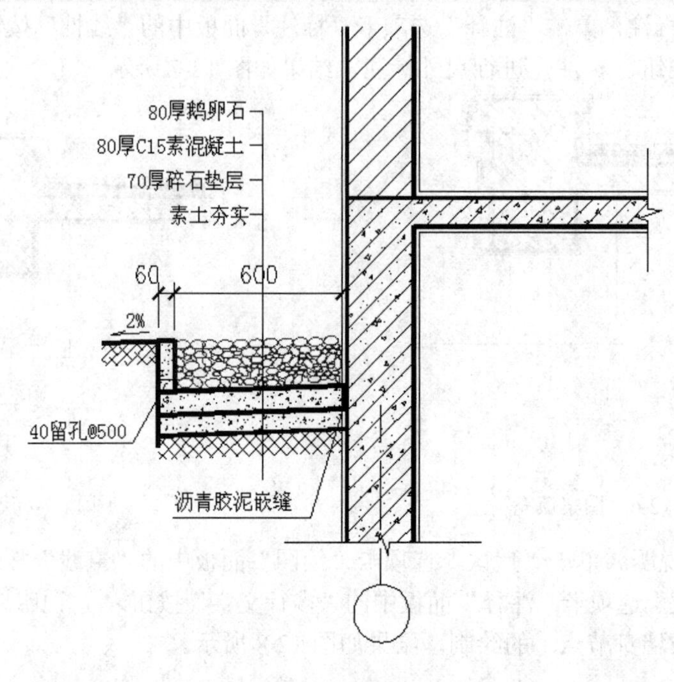

图 12-9 墙身节点 2

01 绘制墙体及一层楼板轮廓。单击“默认”选项卡“绘图”面板中的“直线”按钮╱，绘制墙体及一层楼板轮廓，结果如图 12-10 所示。单击“默认”选项卡“修改”面板中的“偏移”按钮⊆，将墙体及楼板轮廓线向外偏移 20，并将偏移后的直线设置为细实线，完成抹灰的绘制，结果如图 12-11 所示。

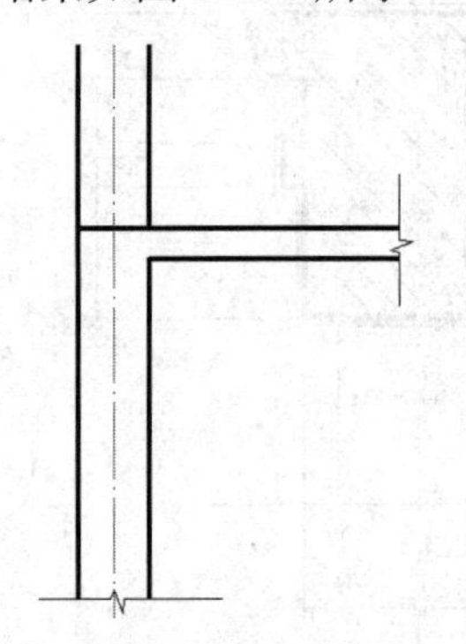

图 12-10 绘制墙体及一层楼板轮廓

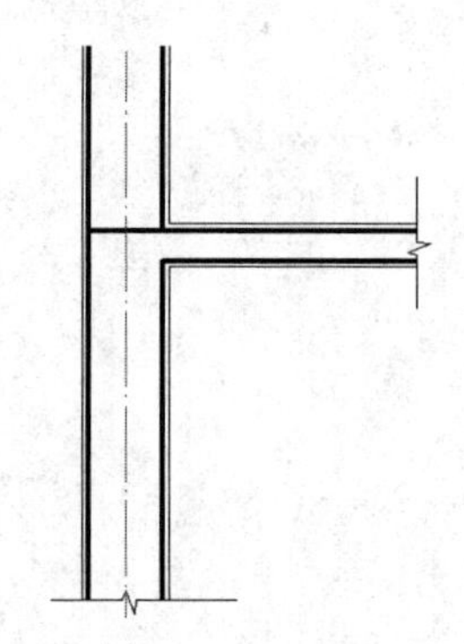

图 12-11 绘制抹灰

02 绘制散水。

❶单击“默认”选项卡“修改”面板中的“偏移”按钮⊆，将墙线左侧的轮廓线依次向左偏移 615、60，将一层楼板下侧轮廓线依次向下偏移 367、182、80、71，然后单击“默认”选项卡“修改”面板中的“移动”按钮✥，将向下偏移的直线向左移动，结果如图 12-12 所示。

❷单击“默认”选项卡“修改”面板中的“旋转”按钮 C，将移动后的直线以最下侧直线的右端点为基点进行旋转，旋转角度为 2°，结果如图 12-13 所示。

❸单击“默认”选项卡“修改”面板中的“修剪”按钮 ，修剪图中多余的直线，结果如图 12-14 所示。

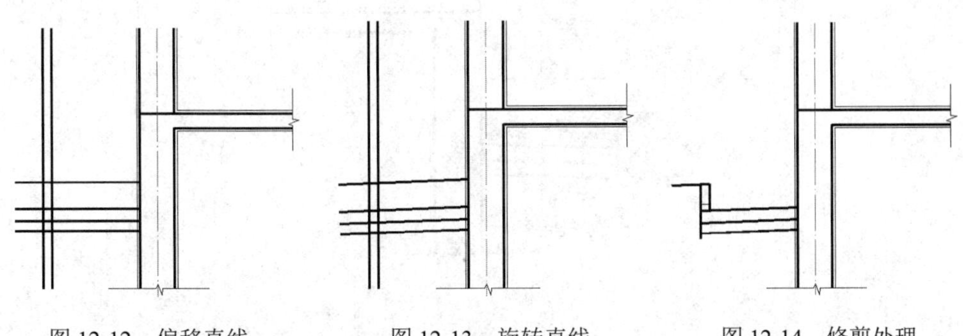

图 12-12　偏移直线　　图 12-13　旋转直线　　图 12-14　修剪处理

❹图案填充。单击“默认”选项卡“绘图”面板中的“图案填充”按钮 ，依次填充各种材料图例，钢筋混凝土采用“ANSI31”和“AR-CONC”图案的叠加，砖墙采用“ANSI31”图案，素土采用“ANSI37”图案，素混凝土采用“AR-CONC”图案，单击“默认”选项卡“绘图”面板中的“轴，端点”按钮 和单击“默认”选项卡“修改”面板中的“复制”按钮 绘制鹅卵石图案，结果如图 12-15 所示。

❺尺寸标注。单击“默认”选项卡“注释”面板中的“线性”按钮 、“直线”按钮 和“多行文字”按钮 A，进行尺寸标注，结果如图 12-16 所示。

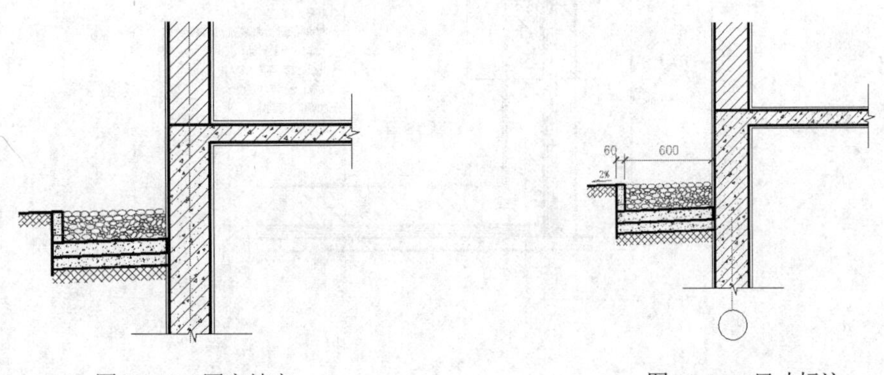

图 12-15　图案填充　　图 12-16　尺寸标注

❻文字说明。单击“默认”选项卡“绘图”面板中的“直线”按钮 ，绘制引出线，然后单击“默认”选项卡“注释”面板中的“多行文字”按钮 A，说明散水的多层次构造，最终完成墙身节点②的绘制，结果如图 12-17 所示。

12.2.3　绘制墙身节点 3

墙身节点③包括地下室地坪的做法和墙体防潮层的做法，如图 12-18 所示。

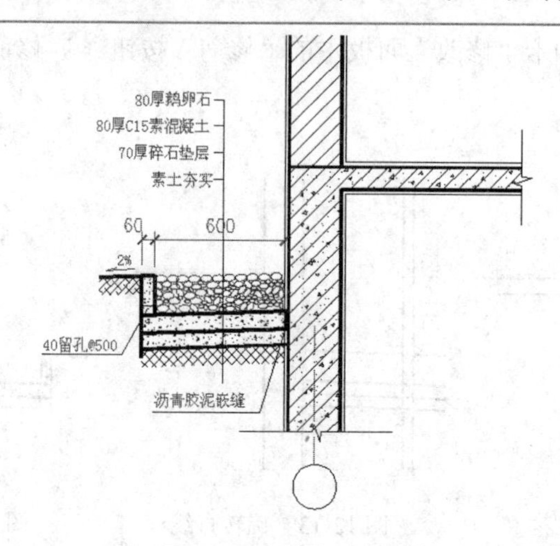

图 12-17　墙身节点②

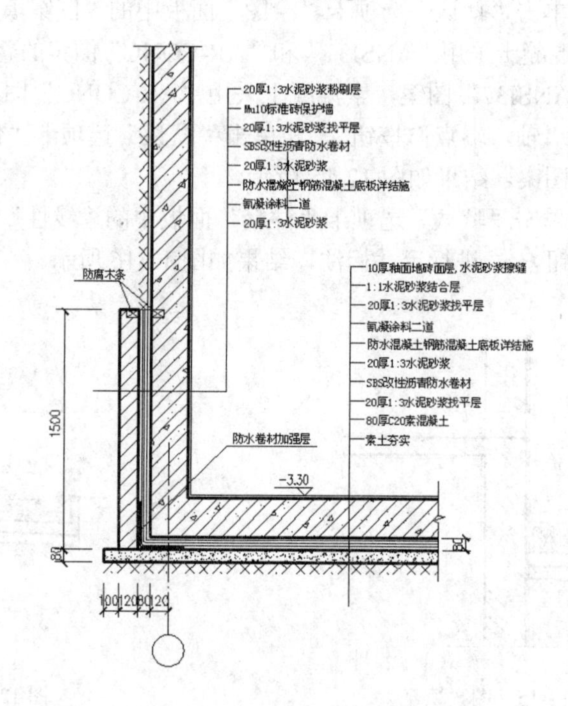

图 12-18　墙身节点③

01 绘制地下室墙体及底部。单击“默认”选项卡“绘图”面板中的“直线”按钮╱，绘制地下室墙体及底部轮廓，结果如图 12-19 所示。单击“默认”选项卡“修改”面板中的“偏移”按钮⊆，将轮廓线向外偏移 20，并将偏移后的直线设置为细实线，完成抹灰的绘制，结果如图 12-20 所示。

02 绘制防潮层。

❶单击“默认”选项卡“修改”面板中的“偏移”按钮⊆，将墙线左侧的抹灰线依次向左偏移 20、16、24、120、100，将底部的抹灰线依次向下偏移 20、16、24、80，然后单击

“默认”选项卡“修改”面板中的“修剪”按钮，修剪偏移后的直线，再单击“默认”选项卡“修改”面板中的“圆角”按钮，将直角处倒圆角，并修改线段的宽度，结果如图12-21所示。

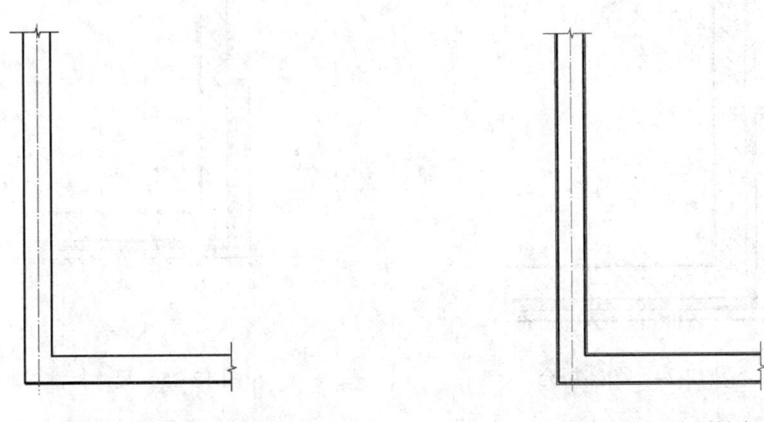

图 12-19　绘制地下室墙体及底部　　图 12-20　绘制抹灰

❷单击“默认”选项卡“绘图”面板中的“直线”按钮，绘制防腐木条，结果如图12-22所示。

❸单击“默认”选项卡“绘图”面板中的“多段线”按钮，绘制防水卷材，结果如图12-23所示。

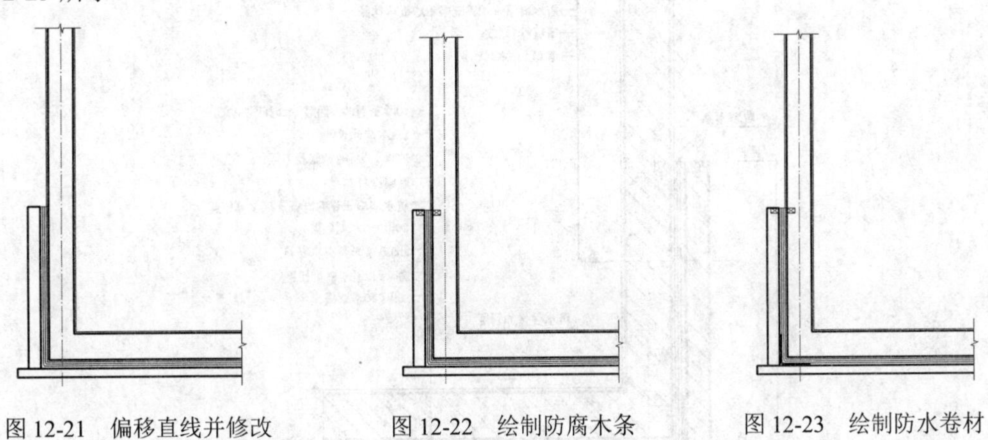

图 12-21　偏移直线并修改　　图 12-22　绘制防腐木条　　图 12-23　绘制防水卷材

❹图案填充。单击“默认”选项卡“绘图”面板中的“图案填充”按钮，依次填充各种材料图例，钢筋混凝土采用“ANSI31”和“AR-CONC”图案的叠加，砖墙采用“ANSI31”图案，素土采用“ANSI37”图案，素混凝土采用“AR-CONC”图案，结果如图12-24所示。

❺尺寸标注。单击“默认”选项卡“注释”面板中的“线性”按钮、“直线”和“多行文字”命令A，进行尺寸标注和标高标注，结果如图12-25所示。

❻文字说明。单击“默认”选项卡“绘图”面板中的“直线”按钮，绘制引出线单击“默认”选项卡“注释”面板中的“多行文字”按钮A，说明散水的多层次构造，最终完成墙身节点③的绘制，结果如图12-26所示。

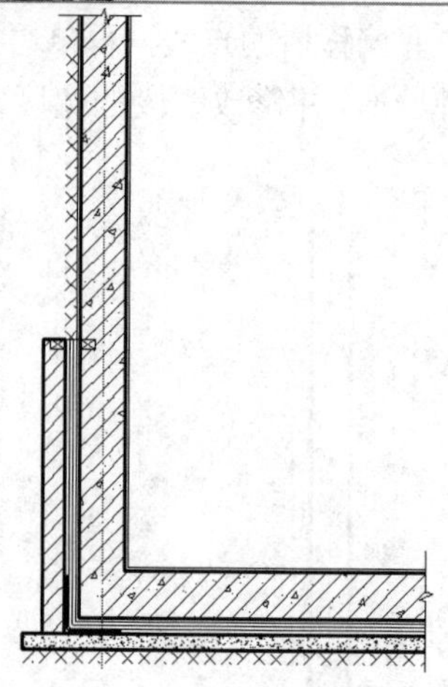

图 12-24　图案填充

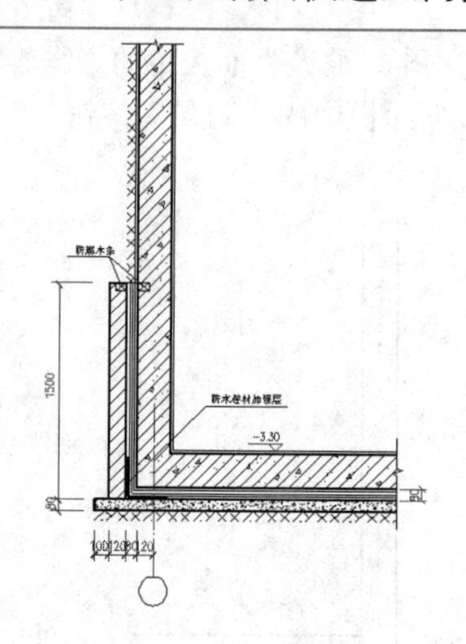

图 12-25　尺寸标注

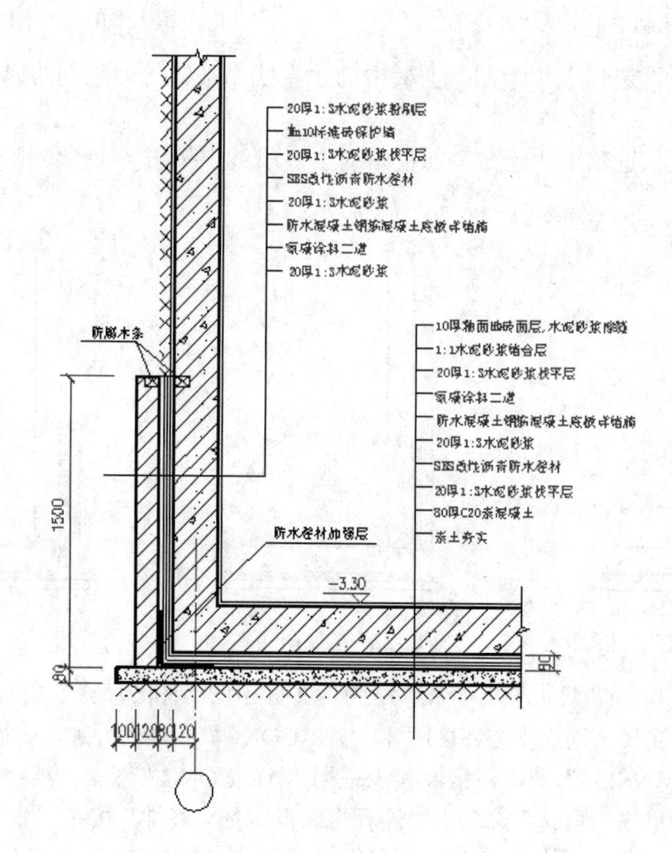

图 12-26　墙身节点③

12.3 上机实验

【实验】 绘制如图 12-27 所示的栏杆详图。

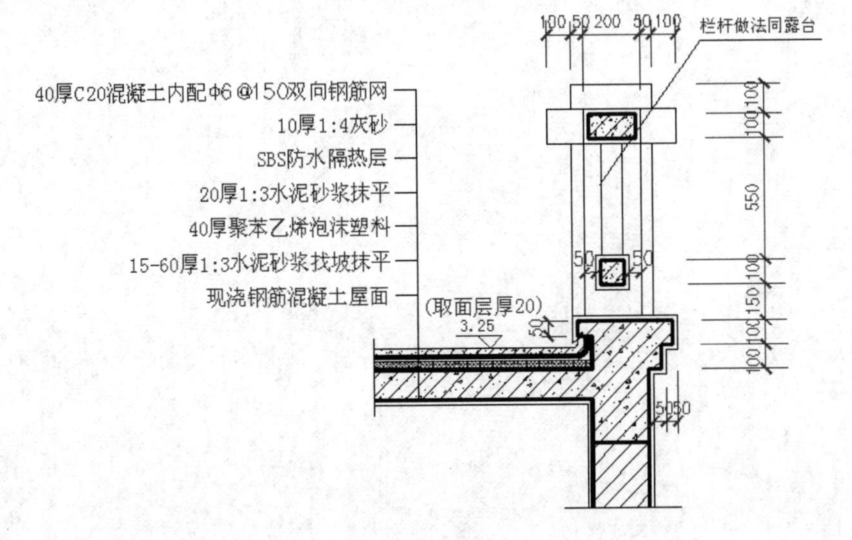

图 12-27　栏杆详图

操作指导

（1）绘制栏杆详图。
（2）图案填充。
（3）标注尺寸和文字说明。

12.4 思考与练习

1．建筑详图的内容包括哪些？
2．建筑详图的绘制步骤？
3．绘制建筑详图应注意哪些事项？